Fünf Jahre lang habe ich dieses Buch nicht benutzt,
ich weiß aber, daß die Geographie-Studenten in
derselben Zeit es bestimmt gut hätten gebrauchen können.

Was liegt da näher, als an die Stelle zu geben, wo es gute
Dienste leisten kann.
Aus solchen Werken habe ich in zu Beginn meines Studiums
1971-76 auch gelernt - für einen Beruf, der nach nunmehr
20 Jahren immer noch Freude macht.

Juli 1996   , Erdkundelehrer
                          am Gymnasium Elsensee
                               in Quickborn

Kuhle · Glazialgeomorphologie

Matthias Kuhle

Glazialgeomorphologie

mit 73 Fotos und 22 Figuren im Text

Wissenschaftliche Buchgesellschaft
Darmstadt

Einbandgestaltung: Studio Franz & McBeath, Stuttgart.
Einbandbild: Das Foto zeigt im Hintergrund den 4710 m hohen Ushba.
Es ist der markanteste Gipfel im Zentralkaukasus.
Im Mittel- und Vordergrund der nach Norden abfließende Sckelda-Gletscher (Kaukasus-Nordabdachung);
gesehen aus etwa 4000 m Höhe. – Foto M. Kuhle, 1.10.1990.

Die Deutsche Bibliothek – CIP-Einheitsaufnahme

Kuhle, Matthias:
Glazialgeomorphologie / Matthias Kuhle. –
Darmstadt: Wiss. Buchges., 1991
 ISBN 3-534-06892-0

Bestellnummer 06892-0

Das Werk ist in allen seinen Teilen urheberrechtlich geschützt.
Jede Verwertung ist ohne Zustimmung des Verlages unzulässig.
Das gilt insbesondere für Vervielfältigungen,
Übersetzungen, Mikroverfilmungen und die Einspeicherung in
und Verarbeitung durch elektronische Systeme.

© 1991 by Wissenschaftliche Buchgesellschaft, Darmstadt
Gedruckt auf säurefreiem und alterungsbeständigem Bilderdruckpapier
Satz: Setzerei Gutowski, Weiterstadt
Druck und Einband: Wissenschaftliche Buchgesellschaft, Darmstadt
Printed in Germany
Schrift: Linotype Times, 9.5/11 u. 8.5/10

ISBN 3-534-06892-0

Inhaltsverzeichnis

Verzeichnis der Fotos IX

Verzeichnis der Figuren XI

Vorwort XIII

1.
Wichtige glaziäre Abtragungsformen
und Abtragungsvorgänge 1
1.1
Die glazialen Täler 1
1.1.1
Der Einfluß des subglazialen Schmelzwassers auf die glaziäre Kerbtalform . 6
1.1.2
Die Trogflankenformen, Schliffborde,
Schliffkehlen und die Bergschrund-
linien 8
1.1.3
Zur Bilanz von Wandschluchten und
Schliffborden 13
1.1.4
Die Wandfußsockel 14
1.2
Die Kare 16
1.2.1
Zur Karentstehung 23
1.3
Zu Rundhöckern, Schliffschwellen und
Schliffwannen (mit exemplarischen
wissenschaftstheoretischen Erwägungen) 28
1.3.1
Zum Problem der Überformung am
Beispiel von Rundhöckern, die dem
Periglazialklima ausgesetzt sind . . . 34

2.
Glaziäre, glazifluviale und fluvioglaziale
Akkumulations- und Abtragungsvor-
gänge im Fels und im glazigenen,
glazifluvialen und fluvioglazialen
Lockergestein 37
2.1
Die Schotterfluren 37
2.1.1
Gletscherrückgang und Schotterflur-
einschneidung 47
2.2
Die paraglaziale und subglaziale
Schmelzwasserarbeit und ihre Leitformen: Klammen mit Strudeltöpfen,
Rinnen im Lockergestein, Aufschüttungen wie Oser respektive Esker . 47
2.2.1
Die Klammen 53
2.2.1.1
Wie weit trägt das Aktualitätsprinzip?
(Hier abgehandelt am Beispiel subglazialer Erosion) 55
2.2.2
Die Wirkungen des Schmelzwassers im
subglazialen Lockergestein 57
2.2.3
Zur subglazialen Rinnenbildung in den
Flachlandeisgebieten 62
2.2.3.1
Ein Einschub zur Interferenz von Inlandeis und Permafrost 63
2.2.4
Zur Esker- respektive Oserbildung . . 64
2.3
Moränen in auf die wichtigsten Leit- und
Übergangsformen konzentrierter
Darstellung 66
2.3.1
Die Ufer- und Endmoränen 66

2.3.1.1
Der Endmoränengürtel als am stärksten
beanspruchter Gletscherrandbereich . 75
2.3.1.2
Die Stapel- und Satzendmoräne . . . 78
2.3.1.2.1
Die Satzendmoräne – eine Gletscher-
zungenpseudomorphose 78
2.3.1.3
Die Satzendmoräne und das Problem
der Blockgletscherentstehung 81
2.3.2
Die Damm- und Podestmoränen als
forcierte Grundmoränenablagerungen . 84
2.3.2.1
Die Proportionen sind einem Eisstrom
inhärent 84
2.3.2.2
Die Endmoränenformen und Hang-
prozesse von Podest- und Dammgletschern 90
2.3.3
Gletscherzungenbifurkationen vor den
Widerlagern von Endmoränen . . . 91
2.3.3.1
Die Beteiligung der Schmelzwasserarbeit
an der Bifurkation und vergleichbaren
Gletscherzungendurchbrüchen . . . 92
2.3.4
Ein Exkurs zur Gletscherteilstrom-
separierung 92
2.3.5
Die Grundmoräne 95
2.3.5.1
Ein wissenschaftstheoretischer Exkurs . 96
2.3.5.2
Ein weiterer erkenntnistheoretischer
Einschub, der die Produktivität von
Begriffen betrifft 101
2.3.5.3
Die subglazialen Klammeinschneidungen und Schluchten als Grundmoränen-
fallen 102
2.3.5.4
Weitere Ausführungen zur Resistenz von
Grundmoränen 103
2.3.5.5
Die Grundmoränenrampe in ihrer
Entstehung aus der Überschiebungs-
grundmoränenrampe 104
2.3.5.6
Zur Verbreitung von vorzeitlichen
Grundmoränen 106
2.3.5.7
Ein Einschub zur Frage nach der
historischen Dimension in der Glazialgeomorphologie 107
2.3.5.8
Die Grundmoränenbeschaffenheit in
Hochtibet als geomorphologischer und
sedimentologischer Indikator eines
subtropischen Inlandeises 108
2.3.6
Die Muren und verwandte feuchte
Massenbewegungen wie 'mudflows' als
Erscheinungen, die glaziären
Diamiktiten konvergente Ablagerungen
produzieren 116
2.3.6.1
Die polygenetische Mure am 28. August
1983 119
2.3.6.2
Sedimentologische Unterschiede von
Mure zu Moräne 120
2.3.7
Die Erratika 123
2.3.7.1
Ein weiterer wissenschaftstheoretischer,
eher noch semantischer Einschub . . 124
2.3.7.2
Die wichtigsten Merkmale von Erratika
in exemplarischer Darstellung . . . 125
2.3.7.3
Zur Frage des Erratikablockalters und
zur Verwitterungsintensität . . . 127
2.3.7.4
Weitere Beispiele von Erratikavorkommen – diesmal aus dem Karakorum,
dem Transhimalaya und aus Südtibet . 131
2.3.7.5
Ein Einschub zur Wissenschafts-
psychologie 132
2.3.7.6
Ein Einschub zum Verhältnis von Wissen-
schaftslogik und analytisch-technischem
Aufwand 137

Inhaltsverzeichnis

2.3.7.7
Einzelne erratische Blöcke werden
immer über der Schneegrenze abgelegt . 141
2.3.7.8
Der wesentliche Unterschied von einer
Erratikastreu zu erratikaführender
Grundmoräne im Hinblick auf die
Relation zur Schneegrenze 145
2.3.7.9
Der durch Erratika gewonnene Hinweis
auf die Ausdehnung der vorzeitlichen
Eisbedeckung 145
2.3.8
Die Kames, Kamesterrassen und
ähnliche Übergangsbildungen . . . 147
2.3.8.1
Die Kamesterrassen und glazigene Uferbildungen 150
2.3.8.2
Zur Abgrenzung zwischen Kamesterrasse und einer durch Flußerosion
entstandenen Terrassenbildung . . . 153
2.3.9
Die Obermoränen 154
2.3.9.1
Zur Möglichkeit der TL-Datierung von
Moränen 159
2.3.9.2
Die Obermoränentypen 160

3.
Supraglaziale Ablationsformen als
glazialklimatische Indikatoren . . . 161
3.1
Die Firneispyramiden als Formentyp
subtropischer Gletscheroberflächen . . 161
3.2
Die Eispyramiden und das Klima . . . 162
3.3
Die Erscheinung der Ablationsschlucht
als ebenfalls spezifisch für subtropische
Gletschergebiete 165
3.4
Zum Problem der genetischen Fassung
von geomorphologischen Begriffen
und über das Risiko ihrer Auflösung
am Beispiel des Begriffes 'Ablationstal' 166

4.
Bortensander als eine neue glazialgenetische Kennform 168
4.1
Die Bortensander als Kennformen
semiarider Vorlandvergletscherungen . 168
4.1.1
Die Hauptmerkmale von Bortensandern 168
4.1.1.1
Ein Einschub zur Auflösung des Gültig-
keitsbereiches vom Aktualitätsprinzip . 172
4.1.1.2
Die charakteristische Grundrißkonfiguration von Bortensandern . . 174
4.2
Die Schwemmschuttfächergenese als
eine auszuschließende Entstehungs-
weise von entfernt konvergenten
Erscheinungen zu den Bortensandern . 176
4.2.1
Zusammenfassende Bemerkungen zur
Leitform 'Bortensander' anhand seiner
beobachtbaren Verbreitung 178
4.2.1.1
Ein Einschub zur Verwechslung von
Bortensandern mit längs von Verwerfungen verstellten Sedimenten . . 180
4.2.2
Fortsetzung der zusammenfassenden
Bemerkungen über Bortensander . . 183
4.3
Zur klimageomorphologischen Bortensanderausdeutung 183
4.3.1
Der Ausnahmefund eines vorzeitlichen
Bortensanders in Alaska – oder wie
aus einer Induktion eine Deduktion
wird 185
4.4
Wann setzt die Bortensanderbildung aus
und wann die Bildung der Gletschertorschotterflur bzw. die des Kegelsanders? 187
4.5
Der Bortensander als eine komplex
zusammengesetzte Leitform, deren
überlieferte Details bedeutenden
Indikatorwert erlangen 188

4.6
Zum Problem der Beweisbarkeit in der Glazialgeomorphologie und zur weitreichenden Bedeutung von Lagebeziehungen – eine Zusammenfassung . 189

4.7
Die Wahrscheinlichkeit eines glazialgeomorphologischen Indizienbeweises . 195

4.8
Zur Möglichkeit weiterer Produktivität in der Glazialgeomorphologie und ihrem Umfeld 197

Literatur 201

Orts- und Sachregister 209

Verzeichnis der Fotos

1: Pisan-Gletscher, Rakaposhi-N-Flanke, Karakorum 3
2: K2-Gletscher und Tschogori von N, Karakorum 6
3: Mittleres Shaksgam-Tal, Aghil u. Karakorum 7
4: Tsangpo-Schlucht im Namche Bawar, SE-Tibet 8
5: Namche Bawar-W-Abdachung, SE-Tibet 10
6: Kangchendzönga-Gletscher, E-Himalaya-N-Abdachung 11
7: Gladangdong-Gletscher, Tangula Shan, Zentraltibet 11
8: Sachen-Gletscher, Nanga Parbat, W-Himalaya 12
9: Kar in der Peak 38-N-Flanke, Mahalangur-Himalaya 14
10: Flankeneis in der Mt. Everest-E-Wand, Zentralhimalaya 15
11: Trogtal im Kebnekaise-Massiv, N-Skandinavien 17
12: Subglaziale Klamm unter dem Hohbalm-Gletscher, W-Alpen 17
13: Kar mit Hängegletscher, Tongqiang Peak, Tibetischer Himalaya 18
14: Kargletscher und Moränenstausee, Nuqssuaq, W-Grönland 20
15: Kurztrog mit Blankeisgletscher, Tramserku, Khumbu-Himalaya 21
16: Schliffwanne mit Grundmoräne in Zentraltibet 22
17: Arktische glaziäre Mittelgebirgslandschaft, Spitzbergen 24
18: Mure im Kakitu-Massiv, NE-Tibet 25
19: Ufermoränenlandschaft am Nuptse-Gletscher, Mahalangur-Himal 26
20: Kangdoshung-Gletscher, Chomolönzo-NE-Wand, E-Himalaya 27
21: Inlandeis-Glaziallandschaft in den Skanden, Dovrefjell 29
22: Rundhöckerlandschaft in Zentraltibet 29
23: Rundhöcker auf Transfluenzpaß, Karakorum-Aghil-System 30
24: Gletscherschrammen im Surukwat-Tal, Aghil-Gebirge, W-Tibet 31
25: Tor und Zunge des K2-Gletschers, Karakorum 38
26: Toteis im Vorfeld des Castner-Gletschers, Alaska 38
27: 42 km langer Skamri-Gletscher, Karakorum-Leeseite 39
28: Schmelzwassertunnel im Plomo-Gletscher, Anden 40
29: Kamesterrassen am Issykul, zentraler Tienshan 42
30: Glazifluviale Einschneidung u. Sander, Muztagh-Tal, Karakorum 42
31: Supraglaziale Schmelzformen, Gorner-Gletscher, Alpen 48
32: Supraglaziale Schmelzwasserbäche, Dunde-Gletscher, Tibet 49
33: Talgletscher kalbt in einen See, Tangula Shan, Zentraltibet 49
34: Subglaziärer Strudeltopf im Tamur-Tal, Kangchendzönga-Himal 50
35: Subglazial angelegte Klamm im Yarkand-Tal, W-Tibet 53
36: Dammgletscher in der Nanga Parbat-S-Flanke, W-Himalaya 58
37: W-Rand des grönländischen Inlandeises bei Söndre Strömfjord 66
38: Ufermoränenaufschluß mit Ufersander, Karakorum-N-Seite 69

39: Geschichtete Ufermoräne am Tres Gemelos-Gletscher, Anden . . . 70
40: Gebankte Ufermoräne, Horcones Inferior-Gletscher, Aconcagua . . 70
41: Bazin-Gletscherrand im Überschüttungsprozeß, Nanga Parbat . 71
42: Endmoränen- und Mittelmoränenlandschaft im Kuenlun-Vorland . . 74
43: Grundmoränenlandschaft im Becken S-lich des Kakitu, NE-Tibet . 74
44: Jannu-W-Gletscher mit Obermoränenabdeckung, E-Himalaya . 77
45: Spätglazialer Ufermoränenzwickel, S-liches Zentraltibet 79
46: Schmelzwassertümpel u. Obermoräne, Horcones Inferior-Gletscher 80
47: Imja Khola-Gletscher mit Eisstausee, Khumbu-Himalaya . . . 80
48: Schlierige Grundmoräne, Vorfeld Horcones Inferior-Gletscher, Anden 81
49: Blockgletscher, Aconcagua-E-Flanke, subtropische Anden . . . 83
50: Podestgletscher, Nanga Parbat-S-Wand, W-Himalaya 85
51: Exarationsrillen in subrezenter Grundmoräne, Zentraltibet . . . 86
52: Gletscherbruch im Ngozumpa-Gletscher, Cho Oyu-Massiv, Himalaya 94
53: Stauchmoräne im Vorland des Kuh-i-Jupar-Massivs, Iraniden 95
54: Grundmoränenaufschluß, Nyainquentanglha-NE-Rand, Zentraltibet 96
55: Gekritztes Geschiebe zentraltibetischer glazialer Grundmoräne . 98

56: Übergang: Grund- zu Ufermoräne mit Exarationsrillen, Karakorum . 101
57: Grundmoräne des Minapin-Gletschers in Klamm, Karakorum-S-Seite 103
58: Hochglaziale Grundmoräne im unteren Indus-Tal, Nanga Parbat . 106
59: Grundmoränenplatte im S-lichen Zentraltibet 113
60: Grundmoränenfläche E-lich des Tangula Shan, Zentraltibet . . . 113
61: Aufschluß in hochglazialer Endmoräne bei Pusha, NW-Rand Tibets 122
62: Aufschluß eines Murkegels im Shaksgam-Tal, Karakorum-N-Seite . 122
63: Pseudoerratische, durchgepauste Blöcke, Tibetischer Himalaya . . 122
64: Dolerit-Rundhöcker mit Erratika, Nugssuaq, W-Grönland 126
65: Endmoränen vom Typ Bortensander, Shisha Pangma, S-Tibet . 129
66: Verwitterter Moränenblock, Shisha Pangma-N-Seite, Tibet 129
67: Granit-Erratika auf anstehendem Rhyolit, Tshü-Tshü La, Tibet . . . 138
68: Ufersander auf dem Randeis des K2-Gletschers, Karakorum . . . 148
69: Mittelmoränenzwickel mit See im Halong-Gletscher, Animachin . . 149
70: Toteisblock am Gladangdong-Gletscher, Tangula Shan, Tibet . . 152
71: Gletschertische am Mittelmoränenansatz des K2-Gletschers 155
72: Senkrechtaufnahme von Bortensandern, Kuenlun, N-Tibet . . . 175
73: Bortensander (Ice Marginal Ramps), Tienshan-Vorland 179

Verzeichnis der Figuren

1: Glaziäre Talquerprofile in den subtropischen Anden 2
2: Glaziäre Himalaya-Quertäler mit Kerb- und Schluchtprofil . . . 5
3: Hocheiszeitliches Eisstromnetz, Aconcagua-Massiv, Anden . . . 9
4: Schematische Modellvorstellung zur Auskolkung von Karen . . . 18
5: Darstellung von Kartypen anhand topographischer Kartenskizzen . . 22
6: Schematische Modellvorstellung zur nival-glazialen Karbildung . . 23
7: 10 Korngrößenanalysen glazial-glazifluvialer Systeme . . 44
8: 8 Korngrößensummenkurven fluvialer und glazifluvialer Sedimente . 44
9: 6 morphoskopische Kompositionen zur Sedimentdifferenzierung . . . 45
10: Klimaparameter und Schmelzwasserabfluß am K2-Gletscher . . . 46
11: Der supra-, intra- und subglaziale Schmelzwasserverlauf . . . 62
12: Subglaziale Schmelzwassererosion in Lockergesteinen 63
13: Moränenrampe und Randtälchen am Yamatri-Gletscher, E-Himalaya . 84
14: Querprofil des eiszeitlichen Tibeteises 109
15: Blockbild des pleistozänen tibetischen Inlandeises 110
16: Röntgendiagramm anstehenden und erratischen Gesteins, Karakorum . 132
17: Diagramm zur Relation von Obermoräne und Ablation 157
18: Schematische Darstellung von Anschluß- und Übergangskegel . . 169
19: Schema der Bortensanderentwicklung bei niedertauendem Eisrand 170
20: Zur Alternative: Bortensanderbildung oder Schwemmfächer . . 177
21: Skizze zur zeitlich-räumlichen Interaktion von Sandertypen 188
22: Schema homologer Merkmale glaziärer Indikatoren und Bortensander 191

Vorwort

Im engeren und eigentlichen Sinn wird Glazialmorphologie seit etwa 175 Jahren betrieben (BERNHARD FRIEDRICH KUHN, JOHN PLAYFAIR, JEAN PIERRE PERRAUDIN, MARIE DEVILLE, IGNAZ VENETZ, J. F. WEISS u. a. 1787–1829), und zwar mit unbestritten großem Erfolg, bedenkt man die eiszeitlich stark veränderte Erdoberfläche, die allein auf diesem methodischen Weg zu rekonstruieren war. Im Zuge der anhaltenden geomorphologischen und quartärgeologischen Bemühungen sind Erfahrungen zusammengekommen, die viele Generationen von Lehrbüchern füllen. Diese Sammlung soll durch die hier gebrachten Forschungsergebnisse weder partiell wiederholt und schon gar nicht in einen neueren Stand versetzt werden. Der Schwerpunkt liegt vielmehr anders – wenn sich natürlich auch Wiederholungen aus systematischen Gründen nicht gänzlich vermeiden lassen –, nämlich auf der glazialgeomorphologischen Sequenz, auf dem räumlichen Zusammenspiel der Leitformen und der Gewichtung von Leitformen und morphologischen Serien. Hierbei wird ein Ansatz verfolgt, der sich am ehesten mit SÖREN KIERKEGAARDS 'Posthorn' verdeutlichen läßt: „Es lebe das Posthorn! Es ist mein Instrument aus vielen Gründen und vornehmlich deshalb, weil man diesem Instrument niemals mit Sicherheit den gleichen Ton entlocken kann; denn es liegt in einem Posthorn eine unendliche Möglichkeit, und wer es an seinen Mund setzt und in ihm seine Weisheit kund macht, er wird sich nie einer Wiederholung schuldig machen, und wer seinem Freunde anstatt einer Erwiderung ein Posthorn reicht zur gefälligen Benutzung, der sagt nichts und erklärt alles" (1843, S. 49).

Die Andersartigkeit als Medium fortschreitender Forschung soll über die exemplarische Gebietswahl, über die Erschließung neuer, d. h. bisher unbearbeiteter heutiger und vorzeitlicher Gletschergebiete erzielt werden. Die alte Matrix glazialgeomorphologischen Inventars hatte sich während der vergangenen zwei Jahrzehnten in unerschlossenen, auf den ersten Blick auch klimatisch ungeeignet erscheinenden, aber dafür sehr hoch aufragenden Gebirgen und Hochländern des weitgehend subtropischen Asien erneut zu bewähren und einige nicht unerhebliche Abwandlungen gefallen zu lassen, die systematisch auf den Gesamtzusammenhang 'zurück-reflektieren'.

Die gewählte Systematik läßt die Wissenschaftsgeschichte außer acht und folgt einer Begriffs-Hierarchie, in der eine Erscheinung und ihre Vernetzung mit topographisch oder sachlich benachbarten Erscheinungen komplexhaft abgehandelt wird. Überlappungen resultieren aus jeweils unterschiedlicher Perspektive, in der sich Gegenstände wiederholen müssen. Das Augenmerk liegt mehr als auf der Einzelform selbst, auf der genetisch erklärend-interpretierenden Sicht, mit der neuartige Erträge in einem Forschungszweig zu erzielen waren, der seit etwa 1955 als weitgehend erledigt und nicht mehr innovativ galt. Womöglich ist es selbst in der empirischen Naturwissenschaft tatsächlich der immer wieder veränderte Blick und sein Winkel, der über stereoskopische Überhöhung hervortreten läßt, was dann keinesfalls als selbstverständlich empfunden werden kann. Und wäre es nicht wahrhaft spannend, wenn eine so vordergründige und recht eigentlich oberflächliche Disziplin wie die der Geomorphologie von Zeit zu Zeit Einsichten erlaubte?

1. Wichtige glaziäre Abtragungsformen und Abtragungsvorgänge

1.1
Die glazialen Täler

Man denkt an *Trogtäler* (s. v. KLEBELSBERG 1948, Bd. 1, S. 349–360), hat damit aber nur teilweise recht, denn vielleicht hat sogar die überwiegende Anzahl glazigener Täler *Kerbenform* (Fig. 1). Das typologische Problem ist hierbei die Frage, ob ein Gletscherkörper wirklich V-förmig auszuschleifen vermag oder vorzeitlich vergletscherte Täler heute eine Kerbtalform haben, die fluvial entstanden ist. Dazu will die wahrscheinlich kerbförmige, präglaziale, also fluviale Vorform bedacht sein, denn es ist nicht sicher, wie stark sie überprägt werden konnte. Hierfür ist nicht allein der konkav ausschleifende Prozeß des Gletscherschurfes, sondern auch eine gewisse Mindestdauer notwendig. Wenn tatsächlich der eigentliche Schliff durch Talgletscher den Flankenschliff über den Grundschliff dominieren läßt und damit ein U- oder Trogprofil schafft, wäre ein Kerbprofil lediglich eine nicht hinreichend überprägte oder postglazial wieder umgestaltete, also eigentlich *fluviale* Form. Das ist aber nicht der Fall (vgl. VISSER 1938, Bd. 2, S. 135–139). In Himalaya- und Karakorum-Quertälern vielmehr, aber stellenweise auch in den Alpen, wo sehr steile Talbodengefälle bestehen, wurden (eiszeitlich) bzw. werden noch heute primär glazigene Kerbtalprofile ausgebildet (Foto 1). Hier überwiegt der Zug im Eiskörper den Druck, so daß die Flankenreibung zurücktritt, während die Grundreibung erosiv wirksam bleibt. Bei der resultierenden Talform, gebildet noch vollständig ohne subglaziale Schmelzwassererosion, entsteht genaugenommen ein zweiteilig zusammengesetztes Profil: Die oberen Talflanken laufen gestreckt zu einem V herab, sind aber in Talgrundnähe durch ein schmales, kleines Rest-U-Profil zusammengeschlossen. Die Ursache für das Resttrogprofil im Talgrund ist im zwangsläufig flächiger als flüssiges Wasser erodierenden Eis zu sehen.

Diese Profilzusammensetzung aus oben V und unten U ist folglich kennzeichnend für steile Glazialtalverläufe *oberhalb* der Schneegrenze (ELA), in denen noch kein subglazialer Schmelzwasseranfall und keine entsprechende Erosion bestehen.

Zwischen dieser qualitativen Zweiteilung: 1. flaches Talgefälle → Trogprofil, 2. steiles Talgefälle → glazigenes Kerbprofil, sind alle Übergänge empirisch. Es gibt an den betreffenden Talflanken leicht konkav, also trogförmig ausgeweitete Kerbprofillinien. Hinsichtlich der Himalaya-Quertäler läßt sich stellenweise von *trogförmiger Schlucht* oder *schluchtförmigem Trog* sprechen (Fig. 2), je nachdem, welche Profilcharakteristika überwiegen (KUHLE 1983a, S. 154–155).

Der Nachweis glazigener Kerbtalbildung wurde durch Schliffe, d. h. im einzelnen durch glazigene Polituren und Schrammen an unverwitterten, vollständig gestreckten Talwandschrägen geführt.

In diesem Zusammenhang gewinnt der Aspekt syn- und postgenetischer Verwitterung an Bedeutung. Oberhalb und in Nähe der Schneegrenze ist die Frostverwitterung so stark, daß im Bereich der Schwarzweißgrenze (im Grenzbereich von Eisoberfläche und Felsflanke) kein intakter Schliff den Gletscherschwund überdauert (Foto 2 □ □). Aus diesem Grund kann die glazigene Kerbtalformentstehung oberhalb der ELA nur durch

1. Glaziäre Abtragungsformen und -vorgänge

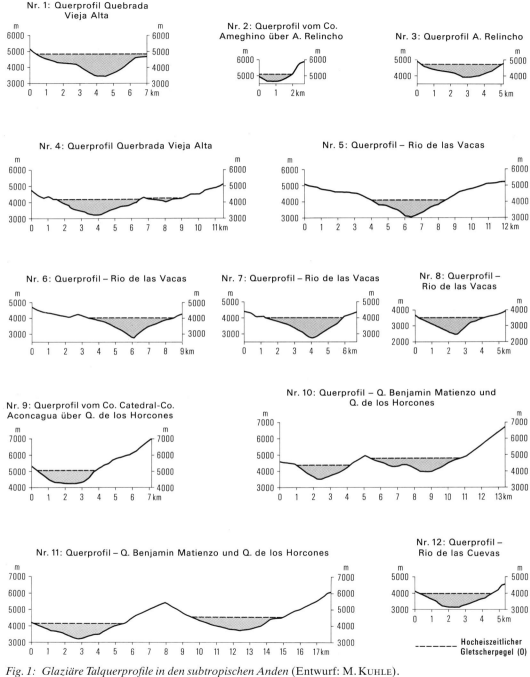

Fig. 1: Glaziäre Talquerprofile in den subtropischen Anden (Entwurf: M. Kuhle).
Unüberhöhte Darstellung von trog- und kerbförmigen glaziären Talquerprofilen mit ihrer maximalen vorzeitlichen Gletscherfüllung in der Aconcagua-Gruppe (Mendoziner Anden, 32°–33°S/70°W). Die Lokalität der Profile ist im Detail Fig. 3 zu entnehmen.

1.1 Die glazialen Täler

Foto 1: Pisan-Gletscher, Rakaposhi-N-Flanke, Karakorum (Aufn.: M. KUHLE, 17.9.1987).
Der steil und weitgehend gestreckt abfließende Pisan-Gletscher hat einen 7788 m hohen Einzugsbereich in der N-Flanke des Rakaposhi (Karakorum, 36°08′N/74°31′E) und fließt auf ca. 2500 m ü. M. bis an die untere Waldtrockengrenze hinab. Er ist ein polythermaler Eisstrom, der oben als kalt, im Mittellauf als temperiert und unten als warm anzusprechen ist.

Extrapolation der gestreckten supraglazialen Talflanken bis unter die Gletscheroberfläche zur Talgefäßtiefenlinie hinab erwiesen werden (Foto 1). Die vorzeitlichen glazigenen Kerbtäler sind demnach am besten durch Flankenschliffe weit unter der Schneegrenze repräsentiert. Dies betrifft allein die langen Talgletscher sehr hoher Einzugsbereiche, deren Zungen entsprechend weit unter die Schneegrenze hinabreichen. Am sichersten ist der Erhalt dort, wo – wie im Himalaya – die hocheiszeitlichen Gletscher bis in die nahezu frostwechselfreie, colline Waldstufe (KUHLE 1982a, Bd. 1, S. 95; 1983a, S. 161; 1990, S. 419–421, Fig. 7–10) hinabreichten (s. Foto 1). Hierin begründet liegt die Unmöglichkeit des Nachweises glazigener Kerbtäler in den Alpen, denn bis in die Alpenvorländer hinaus bestand eiszeitliches Permafrostklima (frdl. mündl. Mittlg. W. HAEBERLI im November 1987, Mainz; s.a. HAEBERLI 1982). Als typisches glazigenes Kerbtal in den Alpen ist

1. Glaziäre Abtragungsformen und -vorgänge

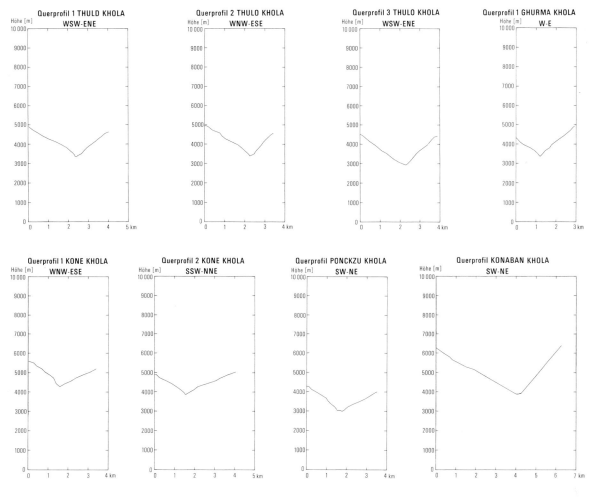

das untere Lötschental zum Rhone-Tal hinab (Berner Oberland) zu nennen.

Mit diesen Indizien unter der ELA ist allerdings leider nur das glaziale Kerbtal unter subglazialem Schmelzwassereinfluß bewiesen und nicht so sehr das rein glazigene Kerbtal. Wie übrigens überhaupt die glazigene Talbildung und kausal verwandte Phänomene wie Schrammen, Polituren, subglaziale Strudeltöpfe wegen des besseren Erhaltungszustandes möglichst weit unten, d. h. unter der vorzeitlichen und rezenten Schneegrenze und zugleich unter der Untergrenze der periglazialen Höhenstufe nachweisbar sind. Zu den rezenten Gletscherenden hinauf nimmt in den Skanden,

den Alpen, den subtropischen Anden, im Karakorum und im Himalaya auch die Güte der Trogtalerhaltung ab. Hierbei überkompensiert offenbar die nach oben hin zunehmende Frostverwitterung die in gleicher Richtung progressive Dauer vorzeitlicher Gletscherarbeit. Sehr deutlich wird diese Erscheinung in den noch heute mit Gletschern belegten Hochtälern des Karakorum, wo unmittelbar über die rezente Gletscheroberfläche stark verwitterte, partienweise frisch beschuttete Felsflanken ohne Glättungen oder Schliffe aufragen (Foto 2 □ □). Dekakilometer talaufwärts hingegen, wo seit mehr als 13 Ka ein Gletscher vollständig fehlt, fallen gut überlieferte Felsrundungen und Schicht-

1.1 Die glazialen Täler

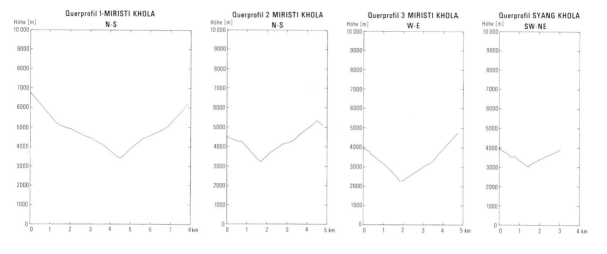

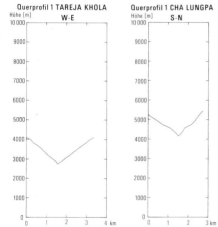

Fig. 2: Glaziäre Himalaya-Quertäler mit Kerb- und Schluchtprofil (Entwurf: M. KUHLE).

14 repräsentative Kerb- und Schluchtprofile (1.nüberhöht) von Himalaya-Tälern, die während des Hochglazials von Talgletschern durchflossen und geformt worden sind. Es handelt sich vornehmlich um Quertäler (Dhaulagiri- und Annapurna-Himal, 28°30'–29°N/83°–84°E).

kopfstreifenschliffe bis 800 m hoch über den Talboden großflächig ins Auge (Foto 3 △).

Die Teilung in Gletschertalausbildung und -erhaltung ist offenbar notwendig, wobei von dem dritten Punkt, der reinen morphodynamischen Intensität – gemeint ist die Abschürfung von Gestein und dessen Verlagerung pro Zeiteinheit –, abgesehen werden kann, wenn das Klimaxstadium der Talform erreicht ist. Aus der Gletscherbilanz respektive dem Fließverhalten in Relation zur ELA resultiert sowohl die größte Eismächtigkeit als auch die höchste Fließgeschwindigkeit von Talgletschern in der Höhe des Schneegrenzniveaus. Hier also entstehen als Funktion von Eisauflast und Fließgeschwindigkeit die glazigenen Talformen am schnellsten und nehmen die eindeutigsten Profile an. Die besten Erhaltungsvoraussetzungen sind jedoch nach dem oben Gesagten wesentlich tiefer positioniert. Dort, wo sich beide Kurven schneiden, sind die perfektesten glazigenen U- oder V-Profile überliefert.

Foto 2: K2-Gletscher und Tschogori von N, Karakorum (Aufn.: M. KUHLE, 3.10.1986).
K2-Gletscher und an seinem Ursprung der 8616 m hohe K2 (Tschogori, Karakorum, 36°N/76°29′E). Der N-Sporn der Gipfelpyramide trennt in 5200 m ü. M. den Eisstrom in seine Ursprungskessel.

1.1.1 Der Einfluß des subglazialen Schmelzwassers auf die glaziäre Kerbtalform

Starken Einfluß auf die glazigene Kerbtalform hat das subglaziale Schmelzwasser, welches unter hohen hydrostatischen Drucken (LOUIS & FISCHER 1979, S. 441), speziell unter langen Talgletschern, wie sie eiszeitlich im Himalaya bestanden haben, abfließt. In diesem Einfluß wäre ein Merkmal zur Rekonstruktion der Schneegrenzhöhe gefunden, denn jene Schmelzwassererosion setzt nicht höher als unterhalb der ELA ein (KUHLE 1976, Bd. 1, S. 173). Die Zerrissenheit der Gletscher, wie sie verstärkt bei schnellfließenden Eisströmen in engen, steilen Tal- oder Schluchtgefäßen (Himalaya-Quertäler) auftritt bzw. vorzeitlich aufgetreten ist (KUHLE 1982a, Bd. 1, S. 50; 1983, S. 117 u. S. 159), läßt supra- und intraglaziales Wasser nur wenig talauswärts versetzt bis auf den Felsgrund durchschlagen und dort mit zunehmender Intensität formungswirksam werden. Dabei sind die betroffenen Talverläufe um so länger, je höher und flächiger die Gletscherein-

1.1 Die glazialen Täler

Foto 3: Mittleres Shaksgam-Tal, Aghil u. Karakorum (Aufn.: M. KUHLE, 1.9.1986).
Mittleres Shaksgam-Tal (36°07′N/76°35′E); der Talboden, die Murkegel (×) und -fächer (□) liegen um 4000 m ü. M. Die flußdurchquerende Kamelkarawane dient als Größenvergleich. Das trogförmige Längstal verläuft N-lich des Karakorum-Hauptkammes (so wie das Rhone-Tal N-lich des Wallis-Hauptkammes angeordnet ist) und führte während der letzten Eiszeit einen großen W-tibetischen Auslaßgletscher ab.

zugsbereiche über die Schneegrenze aufragen, denn die ELA verläuft in etwa halber oder in zwei Fünftel Höhe der Gletschervertikalerstreckung, so daß die Zehrgebiete mit den Gletscherzungen entsprechend tief und länger ausgedehnt talauswärts reichen (v. HÖFER 1879; LOUIS 1955; KUHLE 1986e). Die hochglazialen Himalaya-Gletscher beispielsweise, die in den Quertälern nach Süden abflossen, waren 50–90 km lang (HEUBERGER 1986, S. 29f.; KUHLE 1982a, Bd. 2, Abb. 8; 1990b, S. 420f., Fig. 9) und unterschritten die Schneegrenze um max. 3000 m, so daß sie, über Dekakilometerlängen unter der Schneegrenze verlaufend, auf entsprechende Distanzen subglaziales Schmelzwasser produzierten und formungswirksam werden ließen.

Der ablaufende Prozeß ist durch *Kavitationskorrasion* gekennzeichnet, eine hammerschlagartige Felsbeanspruchung, die durch die sehr hohe Fließgeschwindigkeit gespannten Wassers hervorgerufen wird. Es sind dies die an scharfen Felsvorsprüngen des Bettes auftretenden Vakuolen im vorbeischießenden Wasserkörper, die in Lee des Hindernisses mit großen Energien zusammenbrechen und den Fels klammartig linear erodieren lassen (HJULSTRÖM 1935; LOUIS & FISCHER 1979, S. 223). Wohlgemerkt: dazu sind keine Geschiebe als Erosionswaffen notwendig.

Kennzeichnend ist die Zweiteiligkeit der Talquerprofile: oben sind die Merkmale der leicht konkav ausgeschliffenen glazigenen Kerbform ausgebildet und unten schließt ein fluviales Kerbprofil mit gestreckten Flanken oder sogar eine schmale, klammförmige Kastenform an, die durch rapide Tiefenerosion mit zugehöriger unterschneidender Seitenerosion zu verstehen ist (Foto 4 über bzw. unter ××).

Die syngenetische Gestaltung durch Grundschliff und unterhalb wirksamer Schmelzwassererosion ist theoretisch zu fordern und durch glazigene Glättungen unter den Oberrand der fluvialen Kerbe hinab stellenweise bewiesen. Ganz sicher bereitet die fluviale Einschneidung forcierte Exaration und Detersion vor und

Foto 4: Tsangpo-Schlucht im Namche Bawar, SE-Tibet (Aufn.: M. KUHLE, 22.9.1989).
Die Tsangpo-Schlucht im N-lichen Halbkreisverlauf um das 7651 m hohe Massiv des Namche Bawar (SE-Tibet, 29°40'N/75°10'E). Im Hintergrund die lawinengespeisten Hängegletscher in der N-Flanke des 7151 m hohen Jiala Baili Feng auf der anderen Seite des Tsangpo, welcher hier in 2800 m ü. M. fließt. Die eiszeitliche subglaziale Schmelzwassereinschneidung ließ unter dem Trogprofil (× ×) ein Kerbprofil entstehen.

arbeitet der Glazialerosion in die Hände (KUHLE 1976, Bd. 1, S. 169–175).

Als Folge des Gletscherrückschmelzvorganges während des Spät- und Neoglazials reichen jene subglazial angelegten Kerbformen sehr viel höher hinauf, als die hochglaziale Schneegrenze verlief, und es ist mit der Gletscherreduktion generell der nachträgliche Zuwachs dieser Schmelzwasserformenanteile zu erklären. Vielfach greifen die subglazialen Einschnitte – durchaus analog den unterhalb von kurzen Hang- und Karggletschern ansetzenden, subaerisch angelegten Klammen –, posthochglazial eingesenkt, bis hoch in die glazialzeitlichen Gletschernährgebiete hinauf. Überdies steht der guten Überlieferung glaziärer Schliffformen ohnehin die dann traditionale Weiterbildung der subglazialen Einschnitte durch jüngere oberirdische Flüsse entgegen.

Als Gesetzmäßigkeit formuliert gilt folglich: Die Erhaltung und Überlieferung glazigener Talformen nimmt mit der Gletschereinzugsbereichshöhe und der vorzeitlichen Gletscherlänge ab. Es besteht also ein bemerkenswerter Widerspruch zwischen der eiszeitlichen Vergletscherungsintensität und dem heute erhaltenen Formenschatz, so daß relativ wenig vereist gewesene Gebirgsgruppen, die ehemals nur eine Karvergletscherung und wenige Talgletscher aufgewiesen haben (z.B. die Yosemite-Gruppe in den Rocky Mountains, N-Amerika), einen auf den ersten Blick deutlicheren Formenschatz zeigen als der Himalayabogen mit seinen eiszeitlich ausgedehnten Eisstromnetzen und über 100 km langen Talgletschern. Die Aconcagua-Gruppe in den subtropischen Anden (32°–33°S) liefert gleichfalls ein gutes Beispiel weniger augenfälliger Überlieferung trotz eisstromnetzartiger Talverfüllung (Fig. 3) mit Gletschermächtigkeiten von mehr als 1000 m (vgl. KUHLE 1984c, S. 1642–1644). Natürlich gibt sich die sehr viel größere Vergletscherungsnähe dieser Gebirgsgruppen bereits durch die im Gegensatz zu den Yosemite-Bergen noch heute relativ starken Vereisungen in Form von Talgletschern unmittelbar zu erkennen. Die Formenerhaltung aber ist beinahe proportional zu den Ausmaßen der vorzeitlichen Vereisung schlechter.

1.1.2
Die Trogflankenformen, Schliffborde, Schliffkehlen und die Bergschrundlinien

Einerlei, ob die glazigene Talflanke trogförmig konkav oder mehr kerbtalförmig gestreckt ist, setzt sich an ihr der vorzeitliche Flankenschliff durch Glättungen vom in der Regel stärker zerrunsten Oberhang ab. Diese *Schliffbordglättungen* (v. KLEBELSBERG 1948, Bd. 1, S. 339), die vielfach mit einer prononcierten *Schliffkehle* (ebd., S. 341) nach oben hin enden (Foto 5 ∕), erlauben nur unterhalb der Schneegrenze eine *Schliffgrenze* (ebd., S. 340f., S. 352) und

1.1 Die glazialen Täler

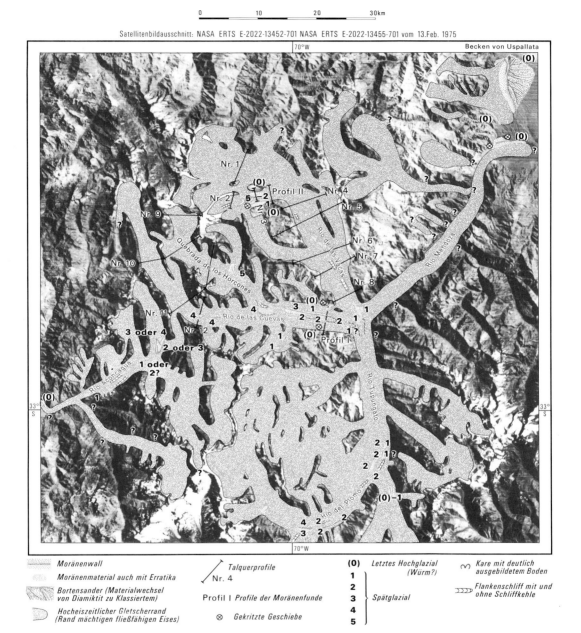

Fig. 3: Hocheiszeitliches Eisstromnetz, Aconcagua-Massiv, Anden (Entwurf: M. KUHLE).
Vgl. Fig. 1.

Foto 5: Namche Bawar-W-Abdachung, SE-Tibet (Aufn.: M. KUHLE, 14.9.1990).
Orographisch rechte Flanke des Tales, das aus der W-Abdachung des Namche Bawar (7651 m, SE-Tibet, 29°39′N/75°09′E) zum Tsangpo hinableitet. Der spät- bis neoglaziale Gletscherpegel lag in 4900 bis 4600 m (╱) der bis dort hinauf geglätteten Metamorphitwand an.

damit, den ehemaligen Gletscherpegel zu diagnostizieren. Nur hier schließt die Gletscheroberfläche mit der Schliffgrenze ab und fällt mit der Schwarzweißgrenze, der Randkluft zwischen Eis und Fels bzw. Schutt, zusammen. Sie wird durch die längs der Randkluft besonders häufigen Frostwechsel noch stärker kenntlich gemacht. Über der ELA jedoch gibt eine Schliffkehle an der Schliffbordobergrenze den Oberrand des tallängs fließenden und ausschürfenden Eiskörpers an, aber nicht die eigentliche Firnoberfläche, die sich wesentlich weiter hinaufziehend konkav an die Talflanke anschmiegt und dieser an einem Bergschrund anliegt. Oberhalb der *Bergschrundlinie* (KUHLE 1983a, S. 134f.) ist das Flankeneis am Fels festgefroren, und in ihr reißt das bereits abfließende, nicht mehr anhaftende Eis vom angefrorenen ab und wandert den Firnmulden der Gletschernährgebiete zu. Diese den Fels ebenfalls denudierende Firnbewegung folgt der Talflankenlinie, verläuft also quer zur eigentlichen Bewegungsrichtung des in der Talachse abfließenden Talgletschers. *Über* der Schneegrenze bildet demnach die Bergschrundlinie die eigentliche Obergrenze des Gletscherschliffes im Talquerprofil. Die *tiefer* als diese angeordneten Schliffkehlen oder Intensitätszunahmen der Glättungen mit annähernd horizontaler Schrammung belegen den Pegel des eigentlichen Talgletscherkörperabflusses (Foto 6 ╱). Von ober- zu unterhalb der Schneegrenze wird folglich die Schliffgrenze des talabwärtigen schleifenden Eiskörpers eindeutiger, denn

1.1 Die glazialen Täler

Foto 6: Kangchendzönga-Gletscher, E-Himalaya-N-Abdachung (Aufn.: M. KUHLE, 7. 1. 1989).
Orographisch linke Flanke des Tales N-lich des Kangchendzönga, in dem der Kangchendzönga-Gletscher abfließt (E-Himalaya, 27°40′N/88°10′E). Sein Pegel liegt bei 5300 m ü. M. (▷). Eiszeitlich und späteiszeitlich lag der Gletscherpegel einige hundert Meter höher: Dort, wo die Flankenschliffglättungen nach oben hin aussetzen, verlief der Pegel des in Talrichtung schleifendes Eises (╱), nicht aber die Firnoberfläche, denn wir befinden uns hier bei 5700 m weit über der damaligen ELA.

Foto 7: Gladangdong-Gletscher, Tangula Shan, Zentraltibet (Aufn.: M. KUHLE, 29. 8. 1989).
Die Zunge des Gladangdong-Gletschers (Tangula Shan-E-Gletscher, 33°30′N/91°20′E) ist als Gebirgseisstrom auf das zentraltibetische Plateau in 5300 m Höhe eingestellt (↓). Sie wird von 6000 bis 6500 m hohen Bergen eingefaßt, ist zum Rand und Ende hin in dekameterhohe Eispyramiden aufgelöst (▽) und auf ihrer N-Seite durch ein breites Ablationstal (□) von der Talflanke abgesetzt.

jener oben überlagerte und verwischende Firnflankenschliff entfällt.

Ein geometrisches Pendant findet die *konkave* Gletscheroberfläche – genauer Firnmuldenoberfläche – oberhalb der ELA in der *konvexen* Gletscheroberfläche unterhalb der Schneegrenze. Es beinhaltet einen in der Mitte des Talgletschers bis zu 70 m höheren Eispegel, als er randlich durch die Schliffgrenze überliefert ist.

In den Subtropen bildet sich die asymmetrische Ablation der Gletscherränder in gleich alten, aber eben unterschiedlich hohen oder oft auch einseitig vollständig fehlenden Flankenschliffen ab (s. u. Kap. 3.3). Entsprechende Ablationsschluchten (Foto 7 □) sind auf der N-Hemisphäre vornehmlich in S- und W-Exposi-

tion ausgebildet und setzen den bewegten Eiskörper durch zwischengeschaltete Ufermoränen oder sogar bis zu Hunderten von Metern breite Ufermulden (vielfach mit Ufersandern oder -seen) von der eigentlichen Talflanke ab (Foto 8) (vgl. KUHLE 1983 a, S. 96–99).

Generell ist der Gletscherflankenschliff im Tallängsprofil eher an das Höhenintervall von einigen hundert Metern oberhalb bis wenige Meter unterhalb der Schneegrenze gebunden, denn hier ist der den Flankenschliff isolierende Ufermoränenanteil noch relativ gering und die Fließgeschwindigkeiten des Eises sind am größten. Entsprechend stark sind die Schleif- und Schürfwirkungen bei allen Querprofilverengungen (Foto 1 → ←), so daß die Flankenschliffe in den steilen Abschnitten der

1. Glaziäre Abtragungsformen und -vorgänge

Foto 8: Sachen-Gletscher, Nanga Parbat, W-Himalaya (Aufn.: M. KUHLE, 10.9.1987).
Die von Obermoräne abgedeckte Zunge des Sachen-Gletschers in der E-Flanke der Chongra-Peaks (Nanga Parbat-Gruppe, W-Himalaya, 35°20′N/74°46′E). Die gut 200 m hohe Ufermoräne und der von der Durchbruchszunge (x) aufgestaute Moränensee wurde in wenig anderer Gestaltung im letzten Jahrhundert (11.9.1856) von A. Schlagintweit gemalt. Das Gletscherende ist in fünf Einzelzungen, die mehr oder minder ausgeprägte Podestmoränen aufschieben (◣ ◣), gegliedert und reicht auf 3400 m hinab.

'schluchtförmigen Trogstrecken' besondere Förderung erfahren (s. Foto 1 rechts unten). Grundsätzlich zeichnet sich mit der Breite der Talgefäße und der Abnahme der Talbodenneigung eine Regression der Flankenschliffausbildung und -erhaltung ab (v. KLEBELSBERG 1948, Bd. 1, S. 334f., S. 338–340 u. S. 357f.). Das wird im Karakorum am deutlichsten, wo selbst unmittelbar oberhalb der rezenten Gletscherränder weder neoglaziale noch historische Schliffe erhalten wurden und wahrscheinlich auch nicht ausgebildet worden sind (s. Foto 2 □ □).

Die deutlichsten Schliffe werden an den Gleithängen von Talbiegungen ausgebildet (s. Foto 19). Die geeignetsten Gesteine hierfür sind großbankige Quarzite, harte massige Kalke und feinkörnige kristalline Gesteine.

1.1.3
Zur Bilanz von Wandschluchten und Schliffborden

Der beste Erhaltungszustand von Flankenschliffen ist in den Trogtälern norwegischer Fjorde zu finden (s. auch Foto 5). Ursächlich ist – abgesehen von der nur wenige Jahrtausende zurückliegenden Enteisung (DE GEER 1954; SAURAMO 1955) – das *ozeanisch-milde* Klima ohne Frostverwitterung und die *geringe Einzugsbereichshöhe* oberhalb der Schliffgrenzen. Je höher Steilwandpartien über den Eispegel aufragen, desto intensiver ist die Zerrunsung und *Wandschluchtenbildung* (s. Foto 2 □ □).

Diese Wandschluchten (KUHLE 1982a, Bd. 1, S. 58 f.) sind auf die Gletscheroberfläche eingestellt und werden einhergehend mit deren Niedertauen abwärts verlängert (KUHLE 1976, Bd. 1, S. 151 f.). Die traditionale Kanalisierung von wandrückverlegenden Denudationsprozessen und ihre lineare Intensivierung führen bei hinreichend hohen Wänden zu umgehender Verwischung und Auflösung der Flankenschliffe. Die Schnelligkeit dieses Vorganges ist z. B. am S-Ufer des über 20 km langen Kangchendzönga-Gletschers, wo die Wände bis zu 1600 m über den Gletscherpegel aufragen und ca. 1000 m über die Schneegrenze reichen, so daß sie Hängegletscherabbrüche aufweisen, die gleichfalls Denudationswaffen liefern und

Schutt aus der Wand erodieren, besonders offenbar (s. Foto 6 unter ╱). Hier wird der erst vor wenigen Jahrzehnten bis Jahrhunderten abgesenkte Eispegel bereits von betreffenden *Runsen* erreicht. Aus einigen der größeren Wandschluchten gehen Lawinenkegel hervor und tragen noch tief unter der ELA zur Gletscherernährung bei. Als zweites Beispiel sind die sehr rauhen Flankenflächen oberhalb der K2-Gletscheroberfläche zu nennen (s. Foto 2 ☐ ☐).

Vorzeitliche Gletscherpegel (neoglaziale, spätglaziale oder gar hocheiszeitliche) sind folglich allenfalls an nach unten angelegten Verengungen respektive Einschnürungen von Wandschluchten und -runsen zu erkennen. Aber nur, wenn sie in gleichsinnig talauswärts geneigten Niveaus aufgereiht auftreten, können sie als ein relativ harter Indikator gelten (KUHLE 1976, Bd. 2, S. 91, Abb. 149, S. 93, Abb. 151 u. S. 97, Abb. 155). Entsprechend dem phasenweisen Niedertauprozeß der Gletscheroberflächen treten vertikal mehrfach gegliederte Wandschluchten auf, die mehrere Etagen von Eisniveaus – meist jedoch nur verschwommen – andeuten. Im heute eisfreien mittleren Tsangpo-Tal, ca. 40 km W-lich vom 7782 m hohen Namche Bawar, deuten sich noch heute einige späteiszeitliche Gletscheroberflächenstände durch das Niveau nach unten in die Luft ausstreichender Runsen und aus diesen hervorgehenden Schuttkegeln an.

Generell schlägt mit *zunehmender Wandhöhe* die *Abtragungsbilanz* von prädominanter Gletschererosion, die die Talflanke glättet und sogar unterschneidet – was die Quantität betrifft –, zu vorherrschender Wandrückverlegung bzw. Abtrag durch Schluchtbildung und Runsenformung um. Im Extremfall konserviert die Gletschereinlage sogar das Relief, indem sie die unteren Wand- bzw. Flankenabschnitte, welche sie bedeckt, von der Wandrückverlegung dispensiert. Die Steilheit der Flanken verhält sich häufig invers zur Abtragungsintensität, so daß sich die zerschluchteten Oberwände gegenüber den glazigen konservierten und unterschnittenen Wänden im und unter dem Schliffgrenzenbereich zurücklehnen.

1.1.4
Die Wandfußsockel

Der Verfasser hat Beispiele hierfür im Dhaulagiri- und Annapurna-Himalaya (Zentralhimalaya) angetroffen, wo die entsprechende lawinen-denudative Oberwandrückverlegung gegenüber einem durch Eiseinfüllung ins Talgefäß konservierten Unterhang zu einer regelrechten *Wandfußsockelbildung* (KUHLE 1982 a, Bd. 1, S. 57 f.; 1983 a, S. 88 f., S. 101 f. u. S. 132 ff.) geführt hat. Derartige Wandfußsockel können bis zu mehrere hundert Meter, im Extremfall sogar über 1 km breit werden. Beispiele bilden die breite Felsterrasse E-lich des Dhaulagiri II im Maryangdi Khola in Höhe des hochglazialen Talgletscherpegels und die Felsterrasse, welche die N-Flanke vom Tilicho-Gipfel nach E bis zur Gletscherterrasse unterhalb von Glacier Dome und Roc Noir fortsetzt (s. auch Foto 9 × u. 43 ×). Wohlgemerkt, hier wirkt sich ein ent-

Foto 9: Kar in der Peak 38-N-Flanke, Mahalangur-Himalaya (Aufn.: M. KUHLE, 18. 10. 1989).

1000 m über der Schneegrenze liegt dieser Karboden (×) in der N-Wand des Peak 38 (Mahalangur-Himalaya, 27°57′N/86°59′E) um 6500 m ü. M., 700 bis 950 m unter dem Grat. Das widerlegt die Auffassung, die Karentwicklung sei an die ELA gebunden, denn diese erreichte auch im Holozän nicht einmal annähernd die betreffende Karbodenhöhe.

1.1 Die glazialen Täler

Foto 10: Flankeneis in der Mt. Everest-E-Wand, Zentralhimalaya (Aufn.: M. KUHLE, 23. 10. 1989).
Mt. Everest-E-Wand (8874 m), deren Lawinenkegel (○) in 5500–5600 m im Kangchung-Gletscher auslaufen (27°58′N/86°58′E). Der denudative Lawinenschliff zerschluchtet die Flanke rück- und nach oben schreitend und löst sie basal in Pfeiler und Sporne auf. Der dabei unter der ELA anfallende Detritus verschuttet die Eisstromoberfläche (▷).

sprechender, nur immer in Abhängigkeit der Bilanzen von Lawinenabgängen und Wandkonservierung durch Flankeneispanzer zu verstehender Vorgang ausschließlich an bzw. unterhalb von sehr hohen, in der Regel weit über 1500 m hoch aufragenden Wänden aus, wie sie für den Himalaya und die Anden kennzeichnend sind, die jedoch in den Alpen weitgehend fehlen (KUHLE 1982a, Bd. 2, Abb. 57 unterhalb 3 u. 9, Abb. 58, Abb. 62 unterhalb 29 bis 17′, Abb. 64 unterhalb 48 bis 10).

In den gleichen Formungskomplex gehören Beobachtungen, die an der Mt. Everest-E-Wand anzustellen sind. Sie ragt von der rezenten Oberfläche des Kangchung-Gletschers in 5550 m ü. M. bis auf 8874 m, also 3300 m, auf und ist oberhalb von etwa 6500–6800 m eine geschlossene, eher nur mittelsteil (35–45°) geneigte Hängegletscherflanke. Unterhalb fällt sie dafür, in scharfe Eislawinen- und Steinschlagrunsen zerschlitzt, zu mehreren großen Eislawinenkegeln am Wandfuß (zur Talgletscheroberfläche) sehr viel steiler (50–60°) ab. Diese scharfen Lawinenrunsen (Foto 10 unterhalb ○)

sind sehr jung und erst seit der späteiszeitlichen Deglaziation gebildet worden. Was nicht ausschließt, daß es im Riß-Würm-Interglazial und ebenso in noch früheren Interglazialen Vorläuferformen gegeben hat, deren fast zerstörte Anlage immer wieder erneut aufgegriffen worden sein kann. Ihre Entstehung vollzog sich dem absinkenden Eispegel hinterher. Die mehr und mehr freigelegte Bergflanke wurde dabei nach unten hin zunehmend mit einbegriffen, was die Schluchten – ganz dem über die verwandten Talflankenschluchten Gesagten entsprechend – oben trichterförmig weit zur Ausbildung gelangen ließ. Unten blieben sie dagegen noch immer sehr eng. Hierin offenbart sich gleichfalls der sukzessive Wegfall einer Abtragungskonservierung. Das Fehlen eines Wandfußsockels hat landschaftshistorische Gründe. Die interglazial immer wieder rückschreitende Erosion – ob auch gelegentlich fluvial oder immer nur durch kleine Talschlußgletscher wie heute verursacht – war im oberen Karma-Tal so groß, daß die Mt. Everest-E-Wand stets von unten her steil gehalten worden war. Daß sich oberhalb von 6500–6800 m keine sehr forcierte Steilwandrückverlegung vollzieht, hat seine Ursache in den oben bereits nachlassenden Lawinenaktivitäten. Das Eis ist dort, etwa 1000–3000 m über der Schneegrenze, sehr kalt, großflächig am Fels festgefroren und durch die stabile Leelage E-lich des Gipfelpunktes so mächtig, daß es durch seinen Hängegletscherpanzer den liegenden Fels schützt. Hieraus ergibt sich die Interpretation, daß die Geländekante, die den Gipfelhang oberhalb von 6500–6800 m Höhe gegen die basale Steilwand absetzt, eine Art von Wandfußsockel andeutet, oberhalb dessen die – wenn auch vergleichsweise weniger intensive – Wandrückverlegung *ununterbrochen* erfolgt, während sie im unterhalb des Wandknickes steil abfallenden basalen Wandstück nur zwischeneiszeitlich wirksam gewesen ist. In dieser konvex abgeknickten Wandform muß offenbar eine Mischform von Steilwand mit podestartig abgesetztem Wandfußsockel gesehen werden, der zwischen einem konkaven Wandfußknick und einem konvexen Knick des Felssockels liegt und einer gestreckt verlaufenden Wandprofillinie eingeordnet ist.

In diesem Übergang von der gestreckten Wand zum felsterrassenförmigen Wandfußsockel liegt ein weiteres grundsätzlich interessantes Beispiel für die Überlagerung der Größen *Prozeßintensität* und *Wirksamkeitsdauer* vor. In diesem Fall überholt die sehr viel größere Prozeßdauer der Oberwandabtragung, die auch hochglazial über die Eisfüllung des Reliefs, also subaerisch erfolgte, ihre geringere Intensität. Es resultiert eine gegenüber der Unterwand zurückgeschliffene Oberwand und jener konvexe Knick, den man auf den ersten Blick, d. h. unter Vernachlässigung des Faktors Zeit, auf eine größere Prozeßintensität im oberen Wandbereich zurückzuführen geneigt gewesen wäre.

1.2
Die Kare

Der systematische Unterschied von einem *Glazialtal* zum *Kar* (WOLDSTEDT 1961, 1. Bd., S. 26, S. 73–76) liegt in der reduzierten Längserstreckung des letzteren. Hier ist sozusagen der Talschluß übriggeblieben. Es gibt in der Literatur auch noch die Zwischenstation in Form des Begriffes *Kurztrog*, bei dem an ein kurzes, in der Regel hängendes Trogtal gedacht ist. Im Querprofil ist jedes Kar auch trogförmig und in der *Übertiefung* seines Felsbodens, der talwärts als *Karschwelle* in ein Gegengefälle übergeht, ist eine entsprechende Verwandtschaft mit dem Troglängsprofil realisiert. Auch das Trogtal oder der Fjord, d. h. das submarine Trogtal, haben Schwellen, die eine Übertiefung belegen. Dokumentiert ist diese Geomorphologie durch *Trogseen*, wie sie z. B. in den Skanden häufig sind (Foto 11). *Karseen* wie Trogseen verlanden durch die Zerschneidung der Felsschwellen bis auf das tiefste Felsbodenniveau bzw. – bei simultaner Aufschüttung des Seebodens – bis auf das Niveau dieses Schwemmbodens hinab. Derartige *Überlaufdurchbrüche*, die im Prinzip durchaus denjenigen durch Endmoränen, welche Zungenbeckenseen aufstauen, entsprechen, jedoch nicht

1.2 Die Kare

Foto 11: Trogtal im Kebnekaise-Massiv, N-Skandinavien (Aufn.: M. KUHLE, 12. 9. 1980).
Klassisches Trogtal in der N-Abdachung des Kebnekaise (schwedische Skanden, 67°47′N/18°55′E) mit einer Reihe von Seen, die die durch Grundschliff übertiefte, typisch glaziäre Gestaltung von Troglängsprofilen belegen.

Foto 12: Subglaziale Klamm unter dem Hohbalm-Gletscher, W-Alpen (Aufn.: M. KUHLE, 30. 7. 1984).
Der zurückschmelzende Hohbalm-Gletscher (W-Alpen, 46°05′N/8°05′E) gibt eine subglazial eingeschnittene Klamm frei, in der das fortgesetzt abfließende Schmelzwasser weiterhin erodiert (↓). Seine Abtragungsintensität ist dem zuvor gespannten Wasser gegenüber allerdings reduziert.

im Lockergestein, sondern im anstehenden Fels erfolgen, haben in der Regel *Klammform*. Die damit verbundene, sehr schnelle Linearerosion, die sich in den charakteristischen, angenähert parallelen, beinahe senkrechten Wänden eines solchen Felseinschnitts äußert, ist in vielen Fällen bereits subglazial (s. o.) angelegt worden (Foto 12 ↓). In der Karschwelle wird die Überformung durch den Grundschliff eines Gletschers erkennbar, denn sie ist regelhaft rundgeschliffen. In der häufigen syngenetischen Zerschneidung der Schwelle durch eine Klamm offenbart sich die Tatsache, daß die Karbodenhöhe in der Regel weit unter der Schneegrenze (GLW, ELA etc.) liegt. Über Jahrzehnte war man bemüht, in der Karbodenhöhe und damit in der Höhenlage der häufig aufgereihten Kare – man sprach darum auch von Karniveau – einen Indikator für die Schneegrenzhöhe zu sehen (z. B. BOBEK 1933). Dementsprechend wurden pleistozäne ELA-Rekonstruktionen an Karniveaus festgemacht. Hier liegt jedoch lediglich eine zeitweilige Koinzidenz von Schneegrenze und Karbodenhöhe vor, die sich prozessual nicht allzu überzeugend als kausal nachweisen läßt. Zwar ist im ELA-Niveau der Gletschergrundschliff am stärksten bei neutraler Vorform, weil hier aus Massenhaushaltsgründen die Eismächtigkeit am größten sein muß, aber die Karform bedarf der Vorform in Gestalt einer Talursprungsmulde, eines Quelltrichters oder einer ähnlichen Form mit bodenähnlicher Verflachung. Derartige Verflachungen sind jedoch – gänzlich unabhängig von einer später ins Relief eingesenkten Schneegrenze und ihrer Verlaufshöhe – an strukturabhängige Verebnungen auf härteren, flachlagernden Schichten oder Bänken oder aber an Altflächenreste gebunden. Damit ist gezeigt, wie in den Karen und in der Karformung zwei voneinander unabhängige Größen – eine geologisch-strukturelle und eine klimatische – miteinander lediglich interferieren.

Der wesentliche Vorgang zur Karformung ist der Grundschliff des in einem Gefällebruch umgelenkten Gletscherflusses vom Steil- zum Flachgefälle am Fuß der Karrückwand (Fig. 4).

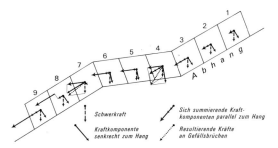

Fig. 4: Schematische Modellvorstellung zur Auskolkung von Karen (nach LOUIS & FISCHER 1979, S. 467, Fig. 106).
Schema des Bodendrucks eines gedachten Stromes aus elastischen Einzelkörpern, d. h. hier eines Gletschers, bei wechselndem Bodengefälle. Aus der Verringerung des Gefälles talabwärts resultiert eine Vergrößerung des Bodendrucks am Fuß der Gefällesteile (Quader 4). Bei talabwärtiger Gefällevergrößerung ergibt sich eine Minderung des Bodendrucks am Oberende der Gefällesteile (Quader 7).

Diese *Umlenkung* von mit dem Gravitationsvektor beinahe parallelem Verlauf der Fließbewegung des an der Karrückwand noch steil abfließenden Eises zur horizontalen Bewegung im flachen Karboden selbst bewirkt die stärksten Drucke und damit kleinräumigen Schürfintensitäten, die zur kennzeichnenden Übertiefung mit Ausbildung eines Gegengefälles (Karschwelle) führen. Diese Schürfintensität muß jedoch ihre größten Beträge weit *über der Schneegrenze* erreichen, weil das Eis in diesem Bereich kalt ist und sich darum dort die reibungsstarke Dynamik von *Blockschollenbewegungen* (R. FINSTERWALDER 1933; PILLEWIZER 1958) abspielt. Diese erfolgt im Gegensatz zur quasi-laminaren Fließung (s. FINSTERWALDER 1897, 1923) temperierten oder gar beinahe 0°C

warmen Eises sehr starr, unelastisch und damit spröde-widerständig, d. h. reibungsintensiv. Tatsächlich gibt es einige große und gut ausgebildete Kare, die zur Gänze weit oberhalb der Schneegrenze liegen. Beispielsweise in der Tilicho-N-Wand, direkt über dem Tilicho-See, um 6200 m Höhe (Annapurna-Himalaya) (KUHLE 1982a, Bd. 2, Abb. 62 zwischen Nr. 29 u. 17′) und in der Peak 38-N-Wand (Lhotse-Gruppe, Himalaya) um 6300–7000 m Höhe (Foto 9 ×).

Wollte man die Entstehung dieser hoch über der ELA liegenden Kare einer Zeit *im* Schneegrenzniveau (s. o.) zuordnen, müßte man ELA-Anhebungen um 600 bzw. mindestens 600–900 m annehmen. Während des Postglazials sind derartige Schneegrenzanhebungen jedoch nicht belegt.

Die Vereisung der Kare führt allerdings nicht durchweg zu einer *echten Übertiefung*, sondern zum überwiegenden Teil zu einer deutlichen Verflachung der Profillinie und einem dann immer noch gleichsinnig geneigten Felsboden hin (Foto 13 □). Man könnte diesen Formungszustand als einen vorläufigen Entwicklungsschritt auf dem Weg zum Klimaxstadium der typischen und dann wirklich übertieften Karform verstehen (RICHTER 1900).

1.2 Die Kare

Zwei Vergletscherungsbereiche sind am Kargletscher zu unterscheiden: einmal die Wandvereisung an der Karrückwand, wo das Flankeneis am Fels festgefroren ist, und dann die eigentliche Gletschereisfüllung des Karbodens, welche aufgrund ihrer sehr viel größeren Mächtigkeit unterhalb eines Bergschrundes fließfähig ist. In dieser Hinsicht kommt ein Kargletscher einem Wandfußgletscher gleich, dessen eigentliche Zunge unterhalb einer steilen Rückwand ansetzt (Wandgletscher, Kargletscher bei LOUIS & FISCHER 1979, S. 432). Häufig sind auf diese Zunge Lawinenkegel eingestellt, die zum eigentlichen Gletscher peripher zusammenwachsen und Merkmale eines regenerierten Gletschers tragen (vgl. hierzu KUHLE 1987g, S. 212, Fig. 3). Diese Regeneration des von Rückwandterrassen abbrechenden Gletschereises kann sowohl ober- wie auch unterhalb der Schneegrenze erfolgen. Im ersten Fall handelt es sich um einen Wandfußgletscher vom Firnkesseltyp, im zweiten um einen Lawinenkessel- oder Lawinenkegelgletscher (VISSER 1934; SCHNEIDER 1962; KUHLE 1982a, Bd. 1, S. 173).

Eine signifikante geomorphologische Unterschiedlichkeit ergibt sich für die Karform aus der Gestalt des Berglandes, in das sie eingelassen ist. So entstehen in den grönländischen oder skandinavischen Fjellgebieten sogenannte 'Botner' (RICHTER 1896), Kare mit drittel- oder viertelkreisförmiger Wandeinfassung, die beinahe überall bis in dieselbe Höhe aufragt (Foto 14 ▽). Dieser Kartyp steht dem alpinen bzw. dem an sich zuspitzende Berg-

Foto 13: Kar mit Hängegletscher, Tongqiang Peak, Tibetischer Himalaya (Aufn.: M. KUHLE, 21. 9. 1984).
Kar (□) mit 6956 m hohem Einzugsbereich (Tongqiang Peak, 28°05′N/86°50′E) und gleichmäßig geneigt abfließendem, vollständig verschuttetem Hängegletscher, der die Ufermoränen des Zentralen Rongbuk-Gletschers (Mt. Everest-N-Abdachung) durchbricht und eine Moränenkanzel (Podestmoräne) ins Profil des Haupttales hinausbaut (△). Die bis zu 20 m hohen Eispyramiden verlieren zugunsten der Obermoränendecke (× ○) mehr und mehr an Grundfläche.

gipfel gebundenen Kar gegenüber, dessen Rückwand ein Gipfelaufbau bildet und dessen Einfassungswände nicht – wie im anderen Fall – wie ein Lehnsessel geformt sind, sondern in steilen Graten zum Karboden abfallen (Foto 15).

Benachbart positionierte Kare oder Kurztröge, die auch als Hochtalkare bezeichnet worden sind, wuchsen dann im Laufe der pleistozänen Gletscherschwankungen zu sogenannten Großkaren zusammen (Fig. 5g). Dabei werden durch die Karwandrückverlegung, die forciert an der Schwarzweißgrenze erfolgt und in der Regel durch eine Unternagungskehle vorbereitet wird, die Trenngrate zwischen den benachbarten Karen mehr und mehr von Scharten durchbrochen und letztlich abgetragen. Es entstehen kleinere, rundgeschliffene Transfluenzpässe zwischen den benachbarten Eiszentren, und die karauswärtigsten restierenden Trenngratrelikte werden zu *Torsäulen* (s. Foto 21 ○) und zuletzt gänzlich überschliffenen Rundhöckern umgearbeitet. Auf diesem Wege lassen nurmehr durch flache Schliffschwellen und sogenannte Karplatteninseln gegliederte Karbodenbereiche die ursprüngliche Anordnung der ehemaligen Einzelkare erkennen. Der allerletzte Schritt ist der zu einer in Talflankenerstreckung ausgedehnten *Karterrasse* (MAULL 1958, S. 384–387).

An einer solchen Entwicklung von Großkaren ist die generelle Tendenz der glazialen Flachformenentwicklung besonders deutlich erkennbar. In dieser Hinsicht hat die Glaziallandschaftsentstehung durchaus Ähnlichkeit mit der frostwechselinduzierten Periglaziallandschaftsentwicklung, bei der alle durch die Schuttdecke aufragenden Felstürme und -grate forciert angegriffen und in die gesamte ausgeglättete Schutthang- (Frostausgleichshang- oder Glatthang-)Oberfläche miteinbezogen und nivelliert werden. Hier werden von den Kargletschern die zwischenliegenden Grate und Nebengipfel gleichfalls beschleunigt abgetragen und in ihrer Grundfläche zugunsten einer nurmehr sanft-reliefierten Schliffschwellen- und -wannenlandschaft reduziert.

Hinsichtlich der Formungsart besteht Ver-

1. Glaziäre Abtragungsformen und -vorgänge

Foto 14: Kargletscher und Moränenstausee, Nuqssuaq, W-Grönland (Aufn.: M. KUHLE, 5.8.1979).
Der zurückschmelzende Gletscher erreichte noch kürzlich den Moränenstausee und hat im Verlauf der Interglazialzeiten eine Karform ausgearbeitet, die für die Fjellandschaften, welche mit Hochflächen ausgestattet sind, typisch ist. Die Rückwände bilden keine Gipfelflanke aus, sondern werden vom Plateaurand abgeschlossen (▽). Die älteren Ufermoränen (●) werden durch die Schmelzwasser der Schneeflecken (○) und Permafrostkerne zu 'protalus ramparts' umgestaltet (W-Grönland, Nuqssuaq, 70°10′N/52°W, um 400 m ü. M.).

Foto 15: Kurztrog mit Blankeisgletscher, Tramserku, Khumbu-Himalaya (Aufn.: M. KUHLE, 3.9.1982).
Kurztrog bzw. Kar mit einer Rückwand in der W-Flanke des 6346 m hohen Tramserku-W-Gipfels (Khumbu-Himalaya, 27°47′N/86°47′E). An der Gipfelzinne ist Riffel- oder Sägerillenfirn als Indikator monsunfeuchter subtropischer Gletscherregionen deutlich.

1. Glaziäre Abtragungsformen und -vorgänge

Foto 16: Schliffwanne mit Grundmoräne in Zentraltibet (Aufn.: M. KUHLE, 4. 9. 1989).
Mit Grundmoräne verfüllte Schliffwanne in Zentraltibet S-lich von Ando in 4600 m Höhe (31°52'N/91°42'E). Die im Hintergrund sichtbaren Rahmenhöhen sind als vom Inlandeis gerundete Schliffschwellen überliefert (○), während jüngere polymikte Blocklehme (erratischer Lyditblock ×, Granitblöcke □) die hochglazialen Schliffböden abdecken.

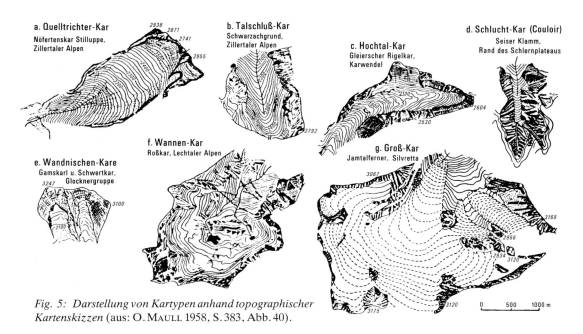

Fig. 5: Darstellung von Kartypen anhand topographischer Kartenskizzen (aus: O. MAULL 1958, S. 383, Abb. 40).

gleichbarkeit mit den nivellierenden, flächenschaffenden Vorgängen unter Plateaugletschern, Eiskappen und Inlandeisen. In Zentraltibet, wo weit über 1000 m Eisauflage für die Eiszeit belegt sind und das wahrscheinlich partienweise von einem über 2000 m mächtigen Inlandeis abgeschliffen wurde, sind flache Schliffwannen und -schwellen die Regel. Dazwischen liegen gut gerundete und herabgeschliffene Felsrücken und Rundhöcker. Scharfe Grate und spitze sowie weitaufragende Gipfel fehlen vollständig (s. Foto 16 ○).

1.2.1 Zur Karentstehung

Der ursprüngliche und darum wohl eindeutigste Ansatz der Karerklärung geht von einer rein nival-glazialen Genese aus. Ein Schneefleck entsteht durch Einwehung in eine Hangdelle, eine kleine Depression, und führt mit seinem Schmelzwasser feinen Verwitterungsschutt ab. Aufgrund seiner der umliegenden Schneedecke gegenüber größeren Mächtigkeit dauert er bis weit in das Jahr hinein aus, erreicht den Sommer, und ab einer gewissen Größe wird er sogar zum perennierenden Schneefleck. Seine Ränder lassen die Frostverwitterung zunehmen, so daß sich ein *Frostkliff* mit einer Unternagungskehle und mehr und mehr die Steilstufe einer zunächst noch kleinen Rückwand bildet. Hiermit ist eine *Nivationsnische* entstanden, die im Zusammenhang dieser Vorentstehungstheorie das erste Stadium darstellt. Ein Schneefleck ist noch kein Gletscher, gewinnt jedoch mit zunehmender Größe an Ähnlichkeit und bewegt sich bei entsprechender Hangneigung unter Ausübung von Grundschliff abwärts. Er leistet damit eine karoidschaffende Arbeit, die der eines Gletschers durchaus entspricht (s. Fotos 17 u. 18). In der Relation von Neigung und Schnee-, Altschnee- bzw. Firnmächtigkeit liegen die hangiale Bewegungsintensität und die Hohlformschaffenden Möglichkeiten begründet (Fig. 6). Dabei ist natürlich, genau wie beim glazialen Grundschliff, der aufgenommene Untermoränenschutt als Schleifwaffe notwendig. Auch Schnee versetzt also Verwitterungsdetritus,

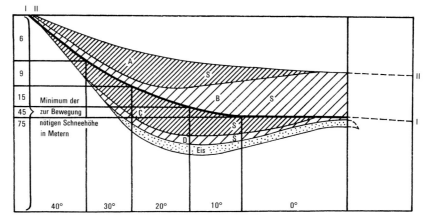

Fig. 6: Schematische Modellvorstellung zur nival-glazialen Karbildung (nach I. BOWMANN 1916; aus: LOUIS & FISCHER 1979, S. 474).

Linie I–I ist das ursprüngliche Profil des Hanges. Auf ihm lagert Schnee mit seiner Oberfläche II–II. Die Grad-Zahlen unten geben die Böschung des ursprünglichen Hanges an. Je geringer diese Böschung ist, desto größere Mächtigkeit ist nötig, um den Schnee zur Abwärtsbewegung zu veranlassen. Die Minimalmächtigkeit bewegten Schnees ist links für die einzelnen Hangabschnitte in Metern angegeben. Die Schneemächtigkeit BS reicht an jedem Punkt des ursprünglichen Hanges zur Bewegung aus. Die Schneeoberfläche II–II bedingt einen Schneeüberschuß AS, der über den Böschungen 10–30° am bedeutendsten ist. Die dadurch dort verstärkte Bewegung führt zugleich als Funktion des erhöhten Belastungsdrucks zu intensiviertem Grundschliff. Er bedingt die Erosion des Ausraumes CS. Wird die dabei entstandene Gegenböschung > 5°, dann entstehen Firn und Eis im Bereich DS, und es setzt Glazialerosion ein, die aus der initialen Nivation resultiert.

24　　　　　　　　　　1. Glaziäre Abtragungsformen und -vorgänge

darunter den, der am Oberrand des Schneeflecks in die Randspalte hineingeraten ist, und erodiert nicht unmittelbar, sondern allein mit seiner Hilfe. Dabei fehlt es natürlich noch an dem Druck, der den Gletscherschliff so viel wirkungsvoller werden läßt. Der Übergang von der Schnee- und Firneinlage zum Firn- und Gletschereis erfolgt über die Mächtigkeits- und Druckzunahme beim Fließvorgang. Generell reichen perennierende Schnee- und Firnmächtigkeiten von wenigen Dekametern, um Gletschereis mit einer Dichte von $> 0{,}83$ g/cm^3 entstehen zu lassen. Je wärmer und damit feuchter der Schnee ist, desto schneller kompaktiert er zu Firn und Eis, womit ein Teil des Auflastdruckes entbehrlich wird und durch Druckmetamorphose ersetzt wird, so daß im Extremfall sogar nur wenige

Foto 17: Arktische glaziäre Mittelgebirgslandschaft, Spitzbergen (Aufn.: M. KUHLE, 18. 7. 1976).
Glaziäre Mittelgebirgslandschaft in der Arktis (Dicksonland, Spitzbergen, 78°35'N/15°50'E). Die Tröge des Sauridalen (Hintergr.) und des Idodalen (Mittel- u. Vordergr.), durch eine hochglaziale Inlandeisdecke entstanden, werden von Karoidbildung (○) sowie einschneidender Runsenspülung (▽) als Aktivitäten typisch ozeanischer Nivation überprägt.

Foto 18: Mure im Kakitu-Massiv, NE-Tibet (Aufn.: M. KUHLE, 11. 8. 1981).
Mure, die von einem Nivationstrichter in etwa 5000 m ü. M. ausgegangen ist und die auf einem Murkegel in ca. 4600 m Höhe ausläuft (NE-Tibet, Kakitu-Massiv, 38°10'N/96°19'E). Es handelt sich um Granitschutt, der im oberen Abschnitt abgeführt, dann in zwei Wällen neben der Tiefenlinie aufgehäuft (→ ←) und ganz unten als Zungenvollform (× ×) sedimentiert wird.

1.2 Die Kare

Meter mächtige Schneeauflagen zu Eis verdichten können (vgl. SHARP 1951; BENSON 1962; MÜLLER 1962).

Die Erscheinung der Kartreppe ist interessant, weil sie oft beschrieben, jedoch selten im Gelände beobachtet worden ist (LEHMANN 1920). Hier wird von einer bis zu drei Höhenlagen übereinander besetzenden Einnistung von Karoiden auf dem eben beschriebenen Entstehungsweg ausgegangen. Dabei liegt wohl der Gedanke an eine oszillierende Schneegrenze nahe. Das obere Kar der Treppe entstand bei höchster ELA in den Zwischeneiszeiten; das mittlere früh- und spätglazial und das tiefste während der Eiszeit. Verbunden sind derartige übereinander eingelassene Hohlformen durch die Schmelzwasserabflußbahn des jeweils höheren Kars. An diesen Erosionsrinnen und Wand- bzw. Hangschluchten oder klammähnlich scharf determiniert eingelassenen Abflußbahnen sind jene Nival-Glazial-Formenschüsseln perlschnurartig aufgereiht.

Foto 19: Ufermoränenlandschaft im Nuptse-Gletscher, Mahalangur-Himal (Aufn.: M. KUHLE, 3. 11. 1982).
Rechter Rand des Nuptse-Gletschers (Mahalangur-Himal, 5300 m, 27°55'N/86°50'E) mit der jüngsten und mehreren älteren Generationen von Ufermoränen (▽); davor die schuttbedeckte Oberfläche des heruntergeschmolzenen Eisstromes (□). Die Ufermoränen sind einander angelagert worden. Sie engen das Gletscherbett ein und gehören in die Zeit vom Neoglazial bis zum 'little ice-age'. Die ca. 200 m höhere Uferbildung (○) ist im Spätglazial entstanden und dementsprechend solifluidal abgerundet worden.

Oft wachsen sie auch zu einem Schlucht- oder Schlauchkar, orientiert an der bereits eingearbeiteten Schwächezone der Abflußrinne, zu einer dementsprechend länglichen Karform zusammen (KUHLE 1976, Bd. 1, S. 182; Bd. 2, S. 89, Abb. 147, linkes Bilddrittel).

Der Karentstehung in gewissem Sinne günstig ist eine alternierende Deglaziation in den Zwischeneiszeiten. In dieser Periode ist die Frostverwitterung in ihrer Summe gesehen aufbereitungs- und abtragungsintensiver als eine ununterbrochene Eiseinlage, deren Grundschliff nach vergleichsweise kurzer Zeit allein auf bergfrischem Gestein wirksam wäre. Zwischenzeitliche physikalische Verwitterung bereitet immer wieder einen erneuten glaziären Abtrag mit optimaler Wirksamkeit vor. Wie wesentlich die Frostverwitterung in die Kargestaltung eingreift, wird an der bedeutenden Verschuttung von Karmulden in den Dolomiten, z. B. in der Brenta- und Sella-Gruppe, offenbar (s. Foto 19 ×). Eine erneute Gletschereinlage räumt zuerst den Detritus wieder aus und bewirkt, daß in dieser ersten Phase in Relation zur Kleinheit des Gletschers auffällig mächtige Endmoränen zusammengeschoben werden.

Aufgrund ihrer Gestalt ist es eine Eigenschaft von Karen, Talschlüsse zu bilden oder sich an den Plattenschüssen der Talschlüsse 'hinaufzutreppen'. Sie bilden, häufig auch in den obersten Bezirken der Talflanken angelegt, die Gletscherursprungsmulden zur Zeit einer tief ins Relief eingesenkten Schneegrenze, die zu einem haupttalausfüllenden Eisstromnetz führt. Aus diesen Kar- bzw. Ursprungsmulden, die bei hier unterstellter Eisauffüllung des Gesamtreliefs zu Firnmulden geworden sind, gehen die bis unter die Wände verästelten Eisstromzweige hervor und schließen damit einen in der Regel ertragreichen Lawineneinzugsbereich an das Gesamtgletschernährgebiet mit an. Es gibt Gebirge, wie z. B. das Karakorum-

Foto 20: Kangdoshung-Gletscher, Chomolönzo-NE-Wand, E-Himalaya (Aufn.: M. KUHLE, 23. 10. 1989).
Der Kangdoshung-Gletscher setzt in 5100 m unter der 2500 m hohen Chomolönzo-NE-Wand (E-Himalaya, 27°58′N/87°07′E) in einem karähnlichen Kurztrog mit horizontal gestrecktem, schwellenlosen Längsprofil an (×). Unterhalb der ELA schmilzt eine mächtige Obermoräne aus. Der Eisstrom erreicht das Haupttal (Karma-Tal) und baut eine Stirnmoräne (Endmoräne) mit flacherem Außenhang auf (○). Sie ist vom Schmelzwasserbach zerschnitten worden.

System, die eine in seinem Gefälle ungebrochen durchziehende, d. h. ungestufte Talbodengestaltung bis hinauf an die steilwandigen Talschlüsse haben. Das gilt für den Talausraum am K2-Gletscher wie auch am Batura-Gletscher, am Skyang Kangri-Gletscher und vielen anderen. Die Frage entsteht, ob betreffende, mit ihren Böden ohne Höhenunterschied unmittelbar an die Haupttalbodenschräge stufenlos angeschlossenen Gletscherursprungsmulden – also auch ohne an eine Karschwelle gebundenen Steilabfall ins Haupttal hinab – als Kare zu bezeichnen sind. Sie wären sozusagen die eigentlichen Talschlüsse im engeren Sinne und müßten als eigene abgeschlossene Form, ohne ihre Verlängerung im sprunglos anschließenden Talverlauf, gedacht werden (s. Foto 20 ×).

1.3
Zu Rundhöckern, Schliffschwellen und Schliffwannen (mit exemplarischen wissenschaftstheoretischen Erwägungen)

Besonders deutlich, und deshalb stellvertretend für beinahe alle glazialgeomorphologischen *Leitformen*, lassen die *Rundhöcker* (WOLDSTEDT 1961, Bd. 1, S. 71–73, S. 79f., S. 80, S. 99 u. S. 100), die man im Gelände antrifft, nur in den seltensten Fällen die typologisch gedachte *Idealform* vor Augen treten. Dennoch ist die *ideelle* Fassung, der geistige Entwurf derselben von wesentlicher Bedeutung für die notwendige Bildung ihres *Begriffes*. Ein solcher muß die Kongruenz von Form und Prozeß respektive Genese erreichen, um über die Gestalt die eindeutig zuzuordnende, d. h. einzig mögliche Art der Entstehung mitzuliefern.

Alle Rundhöcker wären perfekte Strömungsformen mit flachem *Stoß*- (Luv-) und steilem *Leehang*, wenn sie dem Vorgang des überschleifenden Eises mit seiner abhobelnden Wirkung 1. lange genug ausgesetzt gewesen wären, wenn 2. die Eisfließrichtung immer die gleiche geblieben wäre und es sich 3. um Eis nahe der Gefrierpunktgrenze, d. h. nahe am *Druckschmelzpunkt* (vgl. v. KLEBELSBERG 1948, Bd. 1, S. 103) handeln würde und nicht auch um solches, das eher kalt ist und einige bis viele Minusgrade aufweist. Typologisch ist an einen glatt geschliffenen Felsrücken gedacht mit delphinrückenartig flach gewölbtem, dem Eis zugekehrten Profilhang, der jenseits seiner Kulmination mehr oder minder abrupt und getreppt abbricht. Das durch diesen Felswiderstand hinaufgedrückte und damit im Fließprofil unter Druck kompensierte Gletschereis erfährt eine Druckschmelzung und bildet einen Wasserfilm, unter dessen Gleitwirkung der Fels perfekt geglättet und in der Regel auch geschrammt wird (Foto 22 △). Dann ist die Kulmination überschritten, und es findet Druckentlastung statt, was schlagartige Abkühlung bedeutet. Beim Wiedergefrieren des Wassers friert der Fels am Gletschereis fest. Dabei werden große Gesteinsbruchstücke, Blöcke aus dem leeseitigen Verband des Rundhöckers, *extrahiert*, woraus jene leeseitige Treppung resultiert (s. andeutungsweise auf Foto 21 ○). Je mächtiger das Eis und je höher die Fließgeschwindigkeit, desto größer ist der Druck am Grundeis und um so plastischer ist dasselbe, bei zugleich erreichtem, flüssiges Wasser als Schmiermittel lieferndem Druckschmelzpunkt. Hieraus erklärt sich eine im Querprofil kleinräumig reliefierte Rundhöckergestaltung (Foto 23 ○).

Findet man eine derartige *kleinreliefierte* Rundhöckerform, wie sie der Autor beispielsweise auf einem gut 600 m über den benachbarten Talbodenniveaus gelegenen Transfluenzpaß zwischen Muztagh-Tal und Shaksgam-Tal in der Karakorum-N-Abdachung angetroffen hat, so besteht darin ein Hinweis auf sehr große *Eisüberlaufmächtigkeit* (KUHLE 1988f, S. 138). Also ist damit nicht nur ein vorzeitlicher Gletscherpegel von 600 m plus 100 oder 200 m belegt, sondern ein weitaus höherer. Das bedeutet in diesem Fall zugleich eine Eismächtigkeit von annähernd 1000 m über dem Rundhöcker, wie die um 1000 m höher gelegenen Schliffspuren der benachbarten Talflanken beweisen. Allerdings ist aus derartiger Rundhöckerform nur sehr mittelbar und rein tendenziell auf eine sehr große Eismächtigkeit zu schließen, weil der hohe Druck am Grunde eines überfließenden Gletscherkörpers ein Produkt aus den Faktoren *Eismächtigkeit* und *Fließgeschwindigkeit* ist. Generell gilt, daß die *Fließgeschwindigkeit* von Talgletschern mit ihrer Mächtigkeit zunimmt, was auf der Querschnitts- bzw. Volumenzunahme gegenüber der weniger stark gesteigerten Reibung basiert. Für eine sehr große Eismächtigkeit als Rückschluß auf jene glazialgeomorphologische Indikation des fein ausmodellierten Rundbuckels spricht im angeführten Testgebiet überdies die sehr *geringe* Eistemperatur, die für *aride* Gletschergebiete typisch ist. Die niederschlagsabgewandte Seite des Karakorum-Hauptkammes hat dementsprechend eine relativ *hoch* verlaufende, d.h. an sehr niedrigen Temperaturen – in Kompensation der fehlenden Schneefallmenge – orientierte *Schneegrenze*. Die auf unserer Expedition 1986 am K2-N-Gletscher gemessenen Eistemperaturen im ELA-Niveau betrugen um −10°C (KUHLE 1987f, S. 413ff.). Sie liegen in den Alpen im Schneegrenzniveau bei −3 bis −4°C, also

Foto 21: Inlandeis-Glaziallandschaft in den Skanden, Dovrefjell (Aufn.: M. KUHLE, 1.9.1980).

Glaziallandschaft in den Skanden (Dovrefjell, 62°27′N/9°11′E), die durch 1–2 km mächtige Inlandeisauflage während der hochglazialen Vergletscherungen und interglazialen Karvergletscherungen (×) gestaltet wurde. Die abgeschliffenen Felsböden (Vordergrund) sind durch während des Holozäns in situ herausgewitterte Blockschuttstreu überkleidet.

Foto 22: Rundhöckerlandschaft in Zentraltibet (Aufn.: M. KUHLE, 4.9.1989).
Rundhöckerlandschaft in Zentraltibet, die in Metamorphiten ausgeformt ist. Die perfekt geschürfte und deutlich geschrammte Stromlinienvollform im Zentrum des Ausschnitts (△) ist in Querrichtung zur Inlandeisfließrichtung von links nach rechts (hier NE nach SW) zwischen Ando und Nyanquentanglha in einer Basishöhe von etwa 4600 m ü. M. aufgenommen worden.

30   1. Glaziäre Abtragungsformen und -vorgänge

Foto 23: Rundhöcker auf Transfluenzpaß, Karakorum-Aghil-System (Aufn.: M. KUHLE, 19.10.1986).
Feinreliefierter Rundhöcker im Kalzit (○) auf dem 4500 m hohen Transfluenzpaß zwischen Muztagh- und Shaksgam-Tal in der Karakorum-N-Abdachung (36°05′N/76°29′E). Er bezeugt, daß das umliegende Talrelief (▽ □) zur letzten Eiszeit durch Gletscher ausgefüllt gewesen ist. Die Feinreliefierung (↓) in seiner Schleifform belegt, daß die Eismächtigkeit über dem Höcker sehr bedeutend gewesen sein muß, damit der hierzu notwendige Druckschmelzpunkt erreicht wurde und der daraus resultierende Wasserfilm entstehen konnte.

der Temperatur des Druckschmelzpunktes viel näher. Während der Eiszeit und auch noch während des Spätglazials war es in W-Tibet und im Karakorum-System eher noch trockener als heute (KUHLE, HERTERICH & CALOV 1989, S. 204 f.). Aus diesem Grund lag die Eistemperatur wahrscheinlich noch tiefer, so daß im Karakorum ein kaltes Eisstromnetz, ähnlich dem heutigen in den Randgebirgen der Antarktis, bestanden haben muß. Bei geringer Mächtigkeit wäre dieses Eis demnach eher am Felsgrund festgefroren, als unter Beteiligung von Druckschmelzwasser derartig weich und kleinräumig modellierte Grundschliffformen zu produzieren.

In Hochtibet, speziell in S-Tibet, wurden jedoch auch Indikationen von eher kaltem Grundschliff angetroffen (s. Foto 22 △). Das sind weniger gut geglättete Rundhöcker und Schliffwannenschwellen, deren Gesamtform zwar den Gletschergrundschliff erkennen läßt,

aber deren Oberflächenbearbeitung zu keiner Politur und Schrammung geführt hat. Hierbei interferieren zwei Dinge: einmal die klimatischen Bedingungen, zum zweiten die mehr oder minder gut für Glättungen geeignete Gesteinsbeschaffenheit, denn Migmatite wie Hornfels oder Phyllite, dünnbankige Kalke sowie Dolomite (KUHLE 1989d, S. 268, Abb. 6) eignen sich schlechter als massige Kalke, Granite und Gneise, wenngleich diese auch Schrammen schlechter erhalten, als das für Quarzite gilt, die für die Überlieferung von Politur und Gletscherschlifftexturen am geeignetsten sind (Foto 24). Die ausgewählten Exempel aus S-Tibet sind, in Ermangelung anderer Gesteine, tatsächlich in den genannten, wenig günstigen Metamorphiten ausgebildet. Zugleich müssen aber auch Beispiele perfekt ausgebildeter und erhaltener Gletscherschliffe mit Polituren an Rundhöckern in sogar seiger stehenden, eigentlich sehr leicht aussplit-

1.3 Rundhöcker, Schliffschwellen und Schliffwannen

Foto 24: Gletscherschrammen im Surukwat-Tal, Aghil-Gebirge, W-Tibet (Aufn.: M. KUHLE, 28. 8. 1989).
Gletscherschrammen in 3700 m Höhe in der orographisch rechten Flanke des Aghil-Tales (Surukwat-Schlucht, 36°18′N/76°37′E) in der N-Abdachung des Aghil-Gebirges. Sie sind durch hohe Aridität in eisen-mangan-inkrustiertem Quarzit ausgebildet. Der frische Erhaltungszustand bestätigt eine noch spätglaziale Eisstromnetzausfüllung des Yarkand-Talsystems zwischen Aghil und Kuenlun.

ternden und verwitterbaren, dünnschichtigen metamorphen Glimmerschiefern angeführt werden, wie sie der Verfasser in W-Tibet (KUHLE 1988f, S. 142c, Bild 5) im Konfluenzbereich von Yarkand- und Surukwat-Tal (zwischen Aghil-Gebirge und Kuenlun) in 3500 m ü. M. angetroffen hat (s. Fotos 22 u. 23). Andererseits stellt sich die Frage nach der *Überliefe-* *rungsqualität* in kontinentalem, frostwechselintensiven Hochland- und Gebirgsklima, d. h. der seit der Deglaziation erfolgten Zerstörung von Politur und Schliff. Auch sie ist in feinlamellierten Schichtgesteinen am größten. Es bleibt aber schwer entscheidbar, ob in einer rauhen Rundhöckeroberfläche der ursprüngliche subglaziale Felszustand eines kalten, schmelzwasserfreien und darum aussplitternden Eisschurfes vorliegt oder ein postglaziales Verwitterungsprodukt.

Die Modellvorstellung des Autors geht dahin: Dort, wo wegen seiner Randnähe das Tibeteis nur mehr geringere Mächtigkeiten und als Folge davon mehrere Zentren und nur einen dementsprechend geringfügigen zentral-peripher orientierten Abfluß aufgewiesen hat, war die hochglaziale Eisdecke vielerorts am Felsgrund festgefroren. Die erfolgende Eisbewegung muß dabei ebenfalls kalt, d. h. in Art der Blockbewegung ruckweise und in starren Blöcken erfolgt sein (PILLEWIZER 1958). Das war dann ein Scharren und Kratzen rauhen, d. h. schuttreichen Untereises auf dem mineralischen Boden bei sehr hohem, schmiermittelfreiem (wasserlosen) Reibungskoeffizienten.

Ein in diesem Zusammenhang unübersehbarer Punkt betrifft die in allen geomorphologischen Sachverhalten auftretenden prozessualen Mischungen; das sich aufbauende Eis ist noch nicht kalt, aber geringmächtig während des Frühglazials. Dabei friert das Eis nach einiger Zeit zunehmender Abkühlung und ELA-Depression am Felsgrund in Zentraltibet fest. Das geschieht in der Phase, in welcher es zwar schon kalt ist, aber die zu geringe Mächtigkeit der aufgebauten Eiskuppel einen Druckschmelzvorgang noch nicht ermöglicht. Dazu kommt, daß sich das Plateaueis Tibets, welches sich frühheiszeitlich aufbaute, noch nicht oder jedenfalls kaum fließend fortbewegte, was die Grundeistemperatur ebenfalls eher niedrig gehalten haben muß. Der flußlose Eisaufbau erfolgte so lange, bis die Auslaßgletscher steil vom Hochplateau durch die Randgebirge des Himalaya im Süden und im Kuenlun im Norden in die tiefen, warmen Lagen hinabflossen. Hier, unterhalb von 4000–2000 m, im Extremfall sogar unter 1000 m (JACOBSEN 1990, S. 65; KUHLE 1980; ONO 1986, S. 36 f. u. a.), weit unten im Ablationsbereich, schmolzen sie kleinräumig so stark ab, daß dies den gesamten randlichen Inlandeisausfluß kompensierte. Dieser maximale Eisabfluß setzte jedoch erst nach dem kompletten Aufbau der tibetischen Inlandeiskuppel ein. Dann war die Eismächtigkeit maximal und erreichte 1500 m, d. h. stellenweise noch weit mehr. Sie wuchs wahrscheinlich bis auf 2000 oder 2500 m an (KUHLE 1989d, S. 267, Abb. 3 u. 4; 1989e, S. 6/7, Abb. 2). Als dieses Stadium während des Hochglazials nach einem Eisaufbau von 10×10^3 bis 30×10^3 Jahren – je nach Niederschlagsmenge (vgl. KUHLE et al. 1989, S. 204–206; KUHLE 1989d, S. 281) – erreicht war, konnte trotz der geringen Temperaturen im oberen, oberflächennahen Eiskörper am Inlandeisgrund der Druckschmelzpunkt über die jetzt bedeutende Mächtigkeit und dann zugenommene Fließbewegung erreicht worden sein. Der spät- und postglaziale Schneegrenzanstieg bzw. atmosphärische Erwärmungsvorgang und das resultierende Abschmelzen des Inlandeises haben dann im Anschluß an das Hochglazial bis hin zur postglazialen Deglaziation ebenfalls eher warmen, d. h. wassergeschmierten Grundschliff gezeitigt. Aus diesem Ablauf geht also ein Wechsel von erst kurzzeitig warmem, dann kaltem frühglazialen Grundschliff hervor, der sich zum Hochglazial wieder in warmen Grundschliff verwandelte, welcher bis durch die spätglaziale Deglaziation hindurch anhält. Das geomorphologische Resultat dürfte folglich ein durch einen 'Mischschliff' entstandener Rundbuckel sein, der zuletzt eher *Politur* erhielt, als daß er rauh aus dem abschmelzenden Eis hervorgegangen wäre.

Generell gilt, wenn man einen Inlandeisbereich hinsichtlich seines Grundschliffes analysiert, daß dieser zum Zentrum hin abgenommen haben muß. In Zentraltibet müssen folglich undeutliche Rundhöcker als Fließrichtungsanzeiger häufig sein. Das ist ein bisher noch nicht statistisch-systematisch untersuchtes Problem. Aber auch in den eiszeitlich vergletscherten Randgebieten Tibets waren präglaziale Berg-, Tal- und Beckenlandschaften, die eine fluviale Anlage hatten, die interglazial das ganze Pleistozän hindurch immer wieder rejuveniert werden konnte, durch diese Strukturen kreuzende Gletscherabflüsse glazigen zu überprägen. Schliffformen wie Rundhöcker, Schliffschwellen und -wannen folgen demnach nicht immer einer glaziären Abflußrichtung, sondern *interferieren* sozusagen als eine 'geomorphologische Diagonale' zwischen der Richtung fluvialer Erosion und der eines das Relief ausfüllenden, dann überdeckenden und zuletzt überlaufenden Inlandeises.

Das topographische Begriffspaar *Schliffschwellen* und *-wannen* verhält sich wie Berg und Tal, d. h. wie korrespondierende Voll- und Hohlformen, wobei der Gletscher diese vornehmlich glättet, während er jene aufgrund geringerer Resistenz herausbricht, -pflügt und -schürft. Später hält sich dann in der Depression Grundmoränenmaterial und als Schotterlage wird subglazialer sowie postglazialer Schwemmschutt eingetragen (Foto 16, s. auch 22).

Es ist eine in der Geomorphologie allgemeine Beobachtung, daß selbst die einfachsten Leitformen, wie etwa *Rundhöcker*, in denen sich nur relativ wenige Merkmale kombinieren, eine bis an die Grenze des Erkennbaren führende Entstellung des Idealtypus erfahren können – auch ohne, daß etwas Seltenes, eigentlich nicht Dazugehöriges an seiner Entstehungsgeschichte beteiligt gewesen sein muß. Allein die Überlagerung von *Gesteinsart* und *-struktur, Eistemperatur* und *-fließrichtung* sowie lokaler morphologischer Geschichte, also der Vorform als Kombination von abtragend-ausarbeitenden klimaspezifischen Agenzien in Abhängigkeit von der Reliefenergie bzw. der Topographie – und das alles quantitativ variiert in der Dimension 'Zeit' –, entscheiden über die beobachtbare Rundhöckererscheinung als ein Endresultat. Und je eindeutiger nun, trotz aller dieser Störfaktoren mit ihrer geradezu *historischen Einmaligkeit*, der abgelaufene Prozeß in der Form wiederzufinden ist, desto besser ist die Typenbildung in ihr gelungen und um so sicherer ist ihr *klimagenetischer Indikatorwert*.

Verdächtig ähnliche Konvergenzformen sind *Yardangs*, Windbuckel des aerodynamischen Reliefs, wie man sie beispielsweise im Borku-Bergland in der E-lichen Zentralsahara angetroffen hat (HAGEDORN 1971, u. a. S. 115) oder wie man sie aus dem Tsaidam-Becken am N-Rand Tibets beschrieben hat (HALIMOV & FEZER 1986, S. 211–216; 1988, S. 605 f.). Diese *Korrasionsformen*, die an vegetationsarme Gebiete mit erheblicher äolischer Sandbewegung gebunden sind, treten in der Sahara in demselben Höhenintervall auf wie altpaläozoische Vereisungsformen; damals lag der Südpol in Afrika (vgl. SCHWARZBACH 1973, S. 153 f.). Die permokarbonische Gondwana-Vergletscherung koinzidiert mit den heute äolischer Formung ausgesetzten Gebieten des südwestlichen Oman und Saudi-Arabiens (ebd., S. 165). Hieraus ergäbe sich die Möglichkeit zur Verwechslung, die aber bei zeitlich geringerem Abstand in der Regel entfällt. In diesem Fall tritt dann die Vertikaldistanz mit ihrer hypsometrischen Klimavarianz zwischen die konvergenten Formen. Beispielsweise liegen die *Yardangs* im Tsaidam-Becken um 2800–3000 m Höhe oder in der Wüste Gobi in 1400 m und tiefer, während die letzteiszeitlichen benachbarten *Rundhöckerfluren* in Hochtibet zwischen 4000 und 5500 m ü. M. (im Extrem bis 6000 m im Tangula Shan, nach KUHLE 1990 c) anzutreffen sind. Eine mittelbare genetische Verknüpfung liegt hier sogar vor. Als die Rundhöcker unter dem tibetischen Eis aufgebaut worden sind, hat das Schmelzwasser zu Seebildungen in den heute ariden N-lichen Vorländern Hochtibets geführt. Die hierbei sedimentierten Limnite wurden postglazial partienweise durch Deflation ausgehoben, und die dabei stehengebliebenen Windbuckel (desert cities) wurden durch Korrasion zu Yardangs, d. h. aerodynamisch einwandfreier Form, zu Ende gestaltet. Hierbei handelt es sich jedoch um so weiches Material, daß eine vergleichbare Form durch Eisschurf nicht zustande gekommen wäre. Der Buckel wäre vollständig herunter- und abgeschliffen worden. Genau besehen, gleichen sich betreffende Formen auch nur partienweise, nicht aber als Ganzheit: Während ein Rundhöcker auf der stoßabgewandten Seite steil und getreppt abbricht, was auf die Spezialität der *Regelation* (V. KLEBELSBERG 1948, Bd. 1, S. 44) zurückgeht, schwänzt ein Windbuckel leeseits sowohl in der Aufsicht wie auch im Längsprofil schmal und spitz aus, was in der Konstruktion von Schiffs-, mehr noch von Flugzeugrumpfen nachempfunden worden ist. Ein Yardang hat Ähnlichkeit mit den strömungsgünstigen Formenelementen einer Kaulquappe.

1.3.1
Zum Problem der Überformung am Beispiel von Rundhöckern, die dem Periglazialklima ausgesetzt sind

Nach der *Deglaziation* sind Rundhöckerfluren in der Regel *periglaziärer* Überformung ausgesetzt. Das gilt in den vorzeitlichen Inlandeis- und Eisstromnetzgebieten Europas und Nordamerikas nicht in dem Maße wie in Hochasien, wo man sich klimatisch auch heute noch weitgehend über der Baum- bzw. Waldgrenze befindet und das periglaziale Milieu auch noch jetzt anhält. In jenen gegenwärtig bis unter die Mischwaldgrenze hinab bewaldeten Tieflandeisgebieten der nördlichen Nordhalbkugel kam ein Periglazialklima an betreffenden Rundhöckern sogar großflächig *überhaupt nicht* zum Tragen, weil die spät- und postglaziale Erwärmung *schneller* erfolgte als die Deglaziation und das Niveau der periglazialen Höhenstufe bei endlicher Eisfreiheit *keine Geländeberührung* mehr hatte. Das ist der Grund dafür, daß in Kanada wie auch in Finnland und Südschweden die am besten erhaltenen Grundschliff-, d. h. Rundhöckerlandschaften bestehen.

Umgekehrt ist zu folgern, daß die noch heute und damit lange Zeit der rezenten Vergletscherung und Schneegrenze naheliegende Frostverwitterung die Rundhöckerfluren am stärksten entstellt und überformt. Dies ist die Ursache dafür, daß der *geomorphologische Anschluß* des hochglazialen an den rezenten Formungsbereich so schwer gelungen ist und es bis ins 19. Jahrhundert gedauert hat, bevor man in den Alpen und in Skandinavien eine vorzeitlich viel weiter als jetzt ausgedehnte Vereisung zu entdecken vermochte. Zwischen den rezenten Gletscherenden bzw. Arealen der noch größeren Eisbedeckung während des 'little ice-age'

und den eiszeitlichen Gletscherrandlagen liegt der breite Gürtel *spätglazialen Periglazialmilieus*. Hierbei ist noch ein weiterer Aspekt zu überdenken. Je tiefer die ELA in eine Landschaft einsinkt, je mehr *Vertikaldistanz* sie also der Vergletscherung erschließt, desto *relativ tiefer* hinab fließen die Gletscherzungen, d. h. um so weiter durch die tieferen klimatischen Höhenstufen und damit zunächst durch die Periglazialstufe reichen die Gletscherenden hindurch. Was nun wieder bedeutet, daß umgekehrt die periglaziale Überformung des deglazierten Reliefs dort am stärksten ist, wo die ELA *gerade eben* eine Hochplateaufläche nach oben hin verlassen hat. In diesem Fall verbleiben große Flächen *ohne Eisbedeckung im Frostwechselklima*. Das ist in Tibet der Fall. Das Gebiet liegt noch heute kaum unter der Schneegrenze. Hier also ist – trotz größter Nähe zur in entsprechender Weise wirksamen Gletscherhöhenstufe – die *Zerstörung und Überprägung* der Rundhöckerfluren am stärksten. Insofern könnte man von einer tieferen Höhenstufe mit besserer Glazialformenerhaltung sprechen (KUHLE 1982a, Bd. 1, S. 59 f.; 1983, S. 156 f.), die im fluviatilen, eher humiden gemäßigt-temperierten Bereich weit unter der periglazialen Höhenstufe liegt. Aus diesem Grunde wurden die besterhaltenen älter-vorzeitlichen Gletscherschliffe im Himalaya um nur mehr 2000 m ü. M. (KUHLE 1982a, Bd. 1, S. 60; Bd. 2, Abb. 125 u. 126) und in den Alpen, z. B. im Gletschergarten von Luzern, in unter 1000 m Höhe angetroffen.

Die periglaziäre Überformung ist überdies im hochkontinentalen, eher ariden und subtropischen Milieu stärker als im feuchtmaritimen, weswegen auch die frischesten Rundhöckerfluren an den luvseitig-feuchten Fjordküsten der Skanden anzutreffen sind. Wer also in Skandinavien Glazialmorphologie gelernt hat, dem erscheinen die überlieferten Rundhöcker und Felsglättungen im subtropischen Hochtibet mit seinen 200–300 Frostwechseln pro Jahr vergleichsweise gering und von zweifelhafter Evidenz. Diese Tendenz ist bereits auf einem 150 km langen Skandenquerprofil von der skandinavischen WNW-Küste mit seinen

1.3 Rundhöcker, Schliffschwellen und Schliffwannen

blanken Trogflanken und sauberen Plattenschüssen über den Jostedalsbreen und die Berge von Jotunheimen hinweg bis in die E-Abdachung des Dovrefjell nachvollziehbar. In letzterem dominieren abdeckende, blockreiche, solifluidale Wanderschuttdecken, und beinahe alle Rundhöckerflächen sind tiefgründig in in situ verwitterten Blockschutt aufgelöst (Foto 21). Das Klima ist hier bereits deutlich kontinentaler und dementsprechend frostwechselreicher als an der Küste (vgl. GARLEFF 1970).

Was sich durch die Frostverwitterung verändert, ist die unmittelbare Rundhöckeroberfläche. Die Politur und der Schliff mit seinen Schrammungen splittern aus, und der subglazial noch bergfrische Fels wird zu mehr oder minder grobem oder scherbigem Schutt, dessen Verlagerung in Form solifluidaler Wanderschuttdecken vor sich geht (KUHLE 1982 d, S. 19-21). Doch alle diese tendenziell aufrauhenden Prozesse erfolgen *konkordant* zur einstigen Felsschliffoberfläche. Auch der *periglaziale Materialversatz* über Frosthub, senkrecht zur Rundhöckeroberfläche, mit Absetzung des Materials parallel zum Vektor der Gravitationskraft, verändert die vorzeitliche Rundhöckerform nicht grundsätzlich, denn er erfolgt streng der glaziären Vorformoberfläche folgend und schwächt durch die übereinanderlaufenden *Erdströme* (FURRER 1969) und Wanderschuttdeckenfronten allenfalls die markante Schärfe des Fußknicks am Rande des Rundhöckers etwas ab. Eigentlich wird also der Rundhöcker gar nicht verändert, sondern nur seine Schliffflächen verlieren ihren Glanz, ihre Geschlossenheit und Härte. Hieraus konnte bei den Arbeiten in Hochasien und speziell in Tibet sogar mittelbar auf eine vorzeitliche Gletscherabdeckung geschlossen werden, denn es gibt keinen anderen Grund für diese sehr geringmächtigen, vielerorts nur wenige Dezimeter erreichenden Schuttdicken auf derart abgerundeten, der Verwitterung exponierten Felsrücken und -hügeln als eine noch kürzliche Eisbedeckung. Diese Schuttauflagen formen jene Hügel nicht, sondern liegen ihnen die Form einhaltend auf, womit sie als *sekundär*

erkannt und als *Folge*, aber nicht als Ursache betrachtet werden müssen. Es ist jedoch kein Prozeß als der durch überströmendes Eis bekannt, der jene primären Rundungen schaffen könnte. Insofern kann die Solifluktion *nicht eigentlich* als rundhöckerüberformend verstanden werden. Bei im Verlauf des Pleistozäns nie erfolgter Gletscherabdeckung der tibetischen Hochlandflächen wäre zwangsläufig ein sehr viel mächtigerer und nicht fast vollständig gleichmäßiger Schuttüberzug zu erwarten. Worin also ein zweites Argument für die jeweils hochglazial zwischengeschalteten glaziären Abtrags- und Schleifprozesse gefunden ist. 1. erhaltene, gerundete Form, die nicht primär periglaziär ist, und 2. gleichmäßiger, dünner Schuttfilm, der für sehr kurze, nur wenige Jahrtausende andauernde Frostverwitterungs- und Solifluktionsvorgänge spricht.

In diesem Punkt ist das *Grundproblem* von Formenumgestaltung und -überprägung durch einen anderen Formungsstil bei veränderten klimatischen oder anderen Konditionen und der nur *traditionalen* Weiterbildung berührt. Wohl kaum jemals greift ein andersartiger Formungsprozeß völlig unvermittelt verändernd in eine Oberfläche ein. *Immer* bleibt an der Grenzfläche zwischen Lithosphäre und Atmosphäre eine *Interaktion* bestehen, die die vererbte Oberflächenform *tendenziell konserviert*, d. h. eine nur *langsame* Umgestaltung zuläßt.

Fraglos ist *Linearerosion* an Rundhöckerhängen umgestaltend wirksamer als der von sich aus denudative Prozeß der Solifluktion, der sich flächig an die Vorform anpaßt und nicht rechtwinklig-zerstörend angreift. Aber auch der quer-angreifend orientierte Vorgang wird zunächst durch die unverwitterte Glätte der plattig-geschlossenen Rundhöckeroberfläche, die als *versiegelte* Fläche jegliche *Feuchtigkeitskonzentration* zu einem Wasserfaden verhindert, ausgeschlossen. Dies ist belegt durch die intakt erhaltenen Rundhöcker im humidfluviatilen Formungsmilieu Südschwedens. Offenbar bedarf es der *geomorphologischen Sukzession*, bei der mittels eines vorbereitenden Vorganges die Möglichkeit zu einem darauf folgenden geschaffen wird. Die *Über-

kleidung eines Rundhöckers mit einem Verwitterungsmantel ist eine solche Vorbereitung für die *Linearerosion*. Die nun ohne Schwierigkeiten mögliche Einschneidung in einen Schuttmantel mit einem dabei erzielten konzentrierten Wasserfaden befähigt sie, *linear* auf den unter dem Schutt liegenden Fels einzuwirken. Der aufliegende Schuttmantel garantiert zudem durch die schwammartig gehaltene *Feuchtigkeit* eine in zunehmender Schnelligkeit fortwirkende *Frostverwitterung*, die, den anfänglich blanken Fels aufrauhend, ihn dann aussplitternd und -brechend auflöst und dadurch Vorarbeit für den konzentriert einwirkenden Wasserfaden leistet. Die infolge der *Frostschuttdeckenbildung* wirksame *Runsenspülung* ist für *ozeanische* Periglazialgebiete über das Vorhandensein lange ausdauernder oder sogar perennierender *Schneeflecken* kennzeichnend (Foto 17). Vorrangig deren im Sommer – zur Zeit der größten *Permafrostauftaumächtigkeit* – wirksamen Schmelzvorgänge garantieren das nun gut mögliche Einschneiden von Wasserfäden. In kontinentalen und speziell *subtropischen* Gebieten, wie in Tibet, ist die *Insolation* zu stark und die *Verdunstung* zu intensiv für ausdauernde Schneeflecken (vgl. hierzu KUHLE 1990c, S. 320–322), und konzentriert ablaufendes Wasser fehlt weitgehend. Auch sind hier – bei sehr viel größerer *Frostwechselhäufigkeit* – die solifluidalen Prozesse so wirksam, daß die linienhaften Narben in der Wanderschuttdecke, in denen das Wasser kurzfristig kanalisiert abkommen kann, schnellstmöglich wieder geschlossen werden.

In diese *Bilanzüberlegungen* des Landschaftshaushaltes gehen immer verkomplizierend die petrovarianten Verhältnisse mit ein. Die hier herausdestillierten *natürlichen Versuchsanordnungen*, welche die Faktoren einer solchen Analyse isolierbar machen sollen, können nur qualitativ-tendenziell ausfallen und liefern keine *naiv programmierbaren* absoluten Größen.

Will man etwas festhalten, so könnte dies folgendermaßen formuliert werden: Nur dort sind vorzeitliche Rundhöckerlandschaften gut erhalten, wo eine vorbereitend zerstörende periglaziale Morphodynamik *nicht* oder nur *kurzzeitig* bestanden hat. Das gilt für alle ehemals vergletscherten *ozeanischen* Tiefländer, wohingegen die *kontinentalen* – wegen ihrer großen Höhe *zwangsläufig* subtropischen oder tropischen – Hochplateaus in relativ geringer Vertikaldistanz zur heutigen Schneegrenzhöhe periglaziär *stark* überarbeitet worden sein müssen. Daß jedoch auch hier die Rundhöcker- und Grundschlifflandschaft recht gut auf den *zweiten Blick* erkennbar geblieben ist, wird durch den *konkordanten* Überformungsstil des Periglazialklimas verständlich, der das Glazialrelief noch lange durchschimmern läßt.

Was an dieser Stelle als ein Nebenbei erscheinen mag, bekam bereits einige Bedeutung bei dem nicht sonderlich geglückten Versuch, sich für die subtropischen Gebirge Hochasiens und Tibets an eine andere Zeitvorstellung zur Einschätzung der dort überlieferten Glazialformen zu gewöhnen. Die Kompilation v. WISSMANNS (1959) hat hier ihre Schwäche, denn sie hält alle Schliffformenreste aufgrund ihrer, mit europäischen Verhältnissen verglichen, weit stärkeren Verwitterung und Überformung für sehr viel älter als Würmglazial. Dabei ist es in den wesentlich extremeren Hochgebirgen Asiens neben der subtropisch-periglaziären Verwitterung auch noch die weit *bedeutendere Vertikaldistanz* des Reliefs, die fast alle umgestaltenden und überprägenden Prozesse intensiviert. Darum kann man zusammenfassen: Was v. WISSMANN (ebd.) für alt hält und in das Mittelpleistozän stellt (wie das auch die jüngeren chinesischen Autoren, u. a. SHI YAFENG et al. 1979; ZHENG BENXING 1988; LI TIANCHI 1988, noch für richtig halten), gehört in die *letzte Eiszeit*, und was jene Autoren in die Würmhochzeit einordnen, lief im Spätglazial ab. Und weiter: Die bei jenen Autoren sogenannten spätglazialen Erscheinungen sind jedoch nur um 2000–4500 YBP alt. Sie gehören demnach in die Abteilung des Neoglazials (KUHLE 1985b, S. 35–38; 1986a, S. 439–442, S. 454; 1989d, S. 267–275).

2. Glaziäre, glazifluviale und fluvioglaziale Akkumulations- und Abtragungsvorgänge im Fels und im glazigenen, glazifluvialen und fluvioglazialen Lockergestein

2.1
Die Schotterfluren

Sie sind als topographisch losgelöste Erscheinung im Kontext der glazigenen Landschaft als konvergent mit *rein fluvialen* Schotterablagerungen ohne Indikatorwert, denn aufgeschüttet von Schmelzwässern sind sie zugleich rein fluviale Ablagerungen und tragen als Sediment alle einschlägigen fluvialen Merkmale. Die Schotterfluren sind gewaschen, d. h. nach Korngrößen klassiert, stratifiziert und damit den Moränen gegenüber in den *beiden Extremen* der Korngrößenverteilung beschnitten: Sowohl die extreme Grobfraktion, die sehr großen Blöcke, wie auch die feinen Körner, d. h. Ton, Schluff und Silt, werden durch den Wassertransport eliminiert. Die sehr großen Blöcke werden aufgrund der nicht hinreichenden Transportkraft des Wassers am Moränenkomplex in Eisrandnähe liegengelassen und die Feinfraktion wird selbst noch im Winter oder den relativ kalten Übergangsjahreszeiten, also während geringer Schmelzwasserführung, ausgespült und abgeführt.

Es liegt hier ein Beispiel vor für die *unterschiedliche Objektivierung* dieses Tatbestandes, denn die *Blockfraktion fehlt* betreffenden Korngrößenhistogrammen, während jene *Feinfraktion vorhanden bleibt*, weil sie durch alle Schotterflurprofile hindurchtransportiert wird. Gerade der vergletscherte Einzugsbereich stellt einen großen Vorrat von Ton bis Silt als Nachschub bereit, so daß das abgeführte Substrat fortgesetzt ergänzt wird (Fig. 7 Nr. 3,4,7,10 u. Fig. 8 Nr. 1, 5). Damit wird eine grundsätzliche Schwäche quantitativer Analysen berührt: Das Histogramm macht jedenfalls das extrem, d. h. diametral entgegengesetzte Prozeßgefüge nicht transparent, das sich zwischen *leichter* und *fehlender Transportierbarkeit* bewegt. Erstere sorgt durch *Nachschub* für *Präsenz* der Feinkörner, im anderen Fall besteht nur die Möglichkeit für Anwesenheit von am Ort *verbleibenden Moränenblöcken* während des Wechsels zu fluvialer Auswaschung und Schotterflurbildung bei Gletscherrückzug, aber *keine Blockzufuhr*.

Definierbar als 'Schotterflur' werden die Sedimente allein durch ihre *glazialperiphere Lage* außerhalb und im unmittelbaren, oft auch verzahnten Anschluß an Endmoränenkomplexe. Die Gleichzeitigkeit von Moräne und glazialfluvialem Sediment gibt letzterem die Diagnostizierbarkeit als Gletscherstandsyndrom.

Die Rede ist in erster Linie von der Gletschertorschotterflur, wobei der Begriff 'Schotterflur' oder glazifluviales Schotterfeld als Synonym für *Sander im Gebirge* steht (MAULL 1958, S. 402), d. h. für zumeist durch Talgefäße kanalisierte Sander, die aufgrund marginaler Begrenzung nicht zum *Kegelsander* (WOLDSTEDT 1961, Bd. 1, S. 136ff.) ausfächern können. Im einfachsten Fall setzen die Schüttungen unmittelbar am Gletschertor an oder greifen bei weit gestaltetem Schmelzwasserauslaß noch einige Dekameter tief in das Gewölbe des Schmelzwassertunnels unter die Gletscherzunge hinauf (Foto 25 recht von ▽). Es sind überdies Situationen zu beobachten, wo Eisbrücken über dem Schmelzwasserfluß als Relikte zurückgeschmolzener Gletscherzungen auf 50 bis 200 m Länge stehengeblieben sind, die aktuelle Schotterfluraufschüttung weit auswärts des rezenten Gletschertores einschnüren und eine partielle Sedimentationsfalle teilweise aufstauen (Foto 26). Nicht allein lokal, sondern

Foto 25: Tor und Zunge des K2-Gletschers, Karakorum (Aufn.: M. KUHLE, 2.9.1986).

Zunge des K2-Gletschers mit Gletschertor und spätsommerlicher Schmelzwasserschüttung (drei Lastkamele als Größenvergleich) in der Karakorum-N-Abdachung (36°N/76°28′E). Die Zungenstirn ist im Vorstoß begriffen, was an ihrer dekametergroßen Höhe und bedeutenden Steilheit unmittelbar sichtbar ist. Eine 1–2 m mächtige Obermoräne bedeckt das Gletscherende.

Foto 26: Toteis im Vorfeld des Castner-Gletschers, Alaska (Aufn.: M. KUHLE, 21.7.1983).

Vorfeld des im Rückschmelzen begriffenen Castner-Gletschers in der E-lichen Alaska Range (N-Amerika, 63°18′N/145°31′W; 1000 m ü. M.), in dem sich Toteiskomplexe (×), die am Ende des Gletschers bereits abgetrennt sind, erhalten haben. Sie werden von metermächtiger Obermoränenauflage vor der Insolation geschützt, wodurch sie Jahrzehnte überdauern und sogar von bis zu mannshohem Gebüsch bewachsen werden. Der ehemalige subglaziale Schmelzwasserverlauf hat sich erhalten, so daß das Toteis untertunnelt ist (↓), teilweise aber auch umflossen wird. Die Bereiche taleinwärts solcher Tunneleingänge fungieren als Sedimentationsfallen und lassen Schotterteilfelder austauen (□).

auch prozessual läßt sich keine ganz scharfe Trennlinie der Schotterfluren im Eisrand erkennen, weil alle andauernd erfolgenden kleinräumigen Oszillationen des Gletschers zu einem episodischen Überfahrenwerden des Schotterfluransatzes führen. Die Schotterfelder werden dabei nur in seltenen Fällen aufgestaucht. Zumeist bleiben sie trotz der erheblichen Eisdrücke nahezu unversehrt (Foto 27). Aus diesem Hin und Her des Gletscherrandes resultiert die häufige Verzahnung von Schotterflur mit Grundmoräne (Foto 28 ○).

Im Zusammenhang mit Sandern, wie sie die Schmelzakkumulationen von großen Piedmontvereisungen oder Inlandeisen, die in Flach- bzw. Tiefländern mit ihren Eisrändern zu liegen kommen, hervorbringen, sind unverhältnismäßig größere subglaziale Schotterablagerungen, ganze *Tunneltälerfüllungen*, wie sie dann bei der Deglazation zu *Osern* oder *Eskern* führen, realisiert. Das sind *bahndammähnliche*, über Kilometer gestreckte, horizontal-geschichtete Schotterkörper mit durch *Versturz* gestörten Rändern. Der randliche Nachsturz der Schotterschichten kann auch in einem *sukzessiven* Prozeß zu abwärts verkrümmten Schichten führen, die bei schmaleren Oserprofilen nach oben halbkonvexe, oberflächenparallele Schichtgewölbe gestalten. Betreffendes Nachsacken und Verbiegen oder Verstürzen folgt der abschmelzenden Gletschereiswanderung, die für die subglaziale Aufschüttung als eine Form und Fassung fungierte. Oser sind von einer paläozoischen Eiszeit bei veränderter Südpol-Lage aus dem Raum der heutigen Sahara bekannt und kennzeichnen die Aus- und Niedertaulandschaft des Weichsel-Glazials in Finnland (s. weiterführende Kapitel 2.2–2.3).

Sind Endmoränenkränze, genauer gesagt Stirnmoränen, vorhanden, so hat der Gletscherbach in der Regel einen *Moränendurchbruch* eingeschnitten, was bei prononciert herausgeschuppten Stauchmoränen besonders der Fall ist und hier häufig ein richtiges *Überlaufsdurchbruchs-Tälchen* geschaffen hat. Dieser bei Talgletscherzungen zumeist kürzere Kerbtalverlauf in Moränenmaterial (Foto 20 ○) hat

Foto 27: *42 km langer Skamri-Gletscher, Karakorum-Leeseite* (Aufn.: M. KUHLE, 18. 10. 1986).
Zungenende des ca. 42 km langen Skamri-Gletschers (Karakorum-N-Seite, 36°07′N/76°20′E, 4100 m ü. M.), der als dendritischer Talgletscher aus zahlreichen Nebeneisströmen zusammengesetzt ist. Die größten unter ihnen bilden das Gletscherende und sind bis dorthin durch Mittelmoränen separiert (○). Das Blankeis zwischen den Obermoränenflächen (×) hat eine Zackeneis- oder Eispyramidenstruktur ausgebildet. Vom Gletscherbach wird ein Kegelsander aufgebaut.

unterschnittene, materialabhängig-steile Haldenhänge und *unterbricht* den sonst gewöhnlich am Tor der bereits zurückgeschmolzenen Gletscherzunge ansetzenden Schotterflurstrang. Erst während eines weiterentwickelten Stadiums, das durch sich zunehmend etablierende *Lateralerosion* gekennzeichnet ist und eine kleine Talsohle schaffen konnte, leitet ein durchgängiger Schotterflur- bzw. glazifluvialer Schottersohlenstrang durch den Endmoränenkomplex hindurch und fächert außerhalb auf die Breite des gesamten Talgefäßes aus. Er füllt den Abstand zwischen den an die Talseiten angelegten *älteren* Ufermoränen (Fig. 9).

Die beschriebene Formensequenz wurde auch in vergletscherten (resp. vorzeitlich vergletscherten) Gebirgsvorländern beobachtet,

40   2. Akkumulations- und Abtragungsvorgänge

Foto 28: Schmelzwassertunnel im Plomo-Gletscher, Anden (Aufn.: M. KUHLE, 7. 2. 1980).
Subglazialer Schmelzwassertunnel des Plomo-Gletschers (Anden, Cerro Juncal-Gruppe, 33°05′N/70°00′W). Das hin und wieder in Blöcken (■) nachbrechende Eisgewölbe ist durch Ablationsschalen strukturiert. Die sehr dicht gepreßte Grundmoräne (◇) wird aus im Grundeis geschichteter Innenmoräne (↑) lagenweise aufgebaut.

wo sie allerdings eine der Topographie entsprechende Modifikation durch mit *Sanderschürzen* (v. KLEBELSBERG 1948, Bd. 1, S. 299) und *Bortensandern* (s. weiterführendes Kapitel 4) kombinierte Endmoränenzüge erhält. Das *Moränentälchen* wird um einige hundert Meter bis zu wenigen Kilometern weit durch steil von den Stirnmoränengraten herab über die Moränenaußenhänge gelegte Bortensanderrampen ins Vorland hinaus verlängert (s. Fig. 19). Nicht unmittelbar hinter den Moränen, sondern hinter den in der Gletschertorschotterflur mehr und mehr ertrinkenden, steil unter diese abtauchenden Bortensanderrampen fächert die Schotterflur (Fig. 9) – sich zu einem *Kegelsander* entwickelnd – weit auseinander. Auf diese Weise schließen sich dann im weiteren Vorland, in einigen Kilometern Entfernung von den Bortensandern, benachbarte Kegelsander *distal* zusammen und verzahnen sich randlich. Beispiele dieser Art wurden im Quilian Shan, im Kuenlun, Tienshan und in der Himalaya-N-Abdachung beobachtet (KUHLE 1982b, S. 68–70; 1984a, S. 129–131, Abb. 3–5;

1990d, S. 206–220; 1984b, S. 299, Foto 6, S. 301; 1989a, S. 236f., Fig. 15 u. 19; HÖVERMANN & KUHLE 1985, S. 33, S. 47, Abb. 8, S. 51, Abb. 11).

Die Reihenfolge und *glaziale Serie*, gebildet durch eine Endmoräne mit anschließendem Bortensander, durch die ein talförmiger Durchbruch die Gletschertorschotterflur kanalisiert, die sich dann unterhalb als Schwemmschuttfächer ausbreitet, wird lokal variiert. Das gilt beispielsweise für die Formenserie der jüngeren, weniger ausdauernden Gletscherstände im N-lichen Vorland des zentralen Tienshan (am S-Ufer des Issykul, W-lich der Stadt Prshewalsk), die durch ältere Endmoränen mit Bortensandern kanalisiert das tiefere Gebirgsvorland erreichten und sich dort, außerhalb jener Bortensander von Endmoränen und Kamesterrassen eingefaßt, *hammerkopfartig* ausbreiteten. An diesen Endmoränen fehlen die Bortensander, und außerhalb setzen entsprechend unmittelbar jene Kegelsander – genaugenommen müßten sie 'Fächersander' heißen – an (Foto 29).

Als eine andere topographische Besonderheit von Schotterflurbedingungen, die gleichfalls Distanz zum Eisrand für das Einsetzen dieser Ablagerungen bedeutet, wurde unter dem Begriff 'indirekte Schotterflur' anhand des sehr reliefenergetischen Himalaya ein weiterer glazifluvialer Sedimentationstyp ausgewiesen (KUHLE 1982a, Bd. 1, S. 116–118; 1983b, S. 334–339). Wie generell alle Akkumulationen, und dem Prinzip nach noch verstärkt die fluvialen Sedimente, ist er für seine *Ablagerung* an ein *Flachrelief*, in dem Fall an einen flachen Talboden, gebunden. Steil endende Gletscher lassen ihren Schmelzwasserbach *kerbförmig* einschneiden. Durch diese Kerbe wird das glaziale Schutt- und Schottermaterial hindurchtransportiert und auf dem nächsten unterhalb gelegenen Talboden zunächst fächerförmig und dann als Talschottersohle abgelegt. Eine Beobachtung, die bei Hänge- und Hängetalgletschern, die innerhalb einer Konfluenzstufe enden, überall ihre Bestätigung findet. Exemplarisch hierfür sind alle heute nicht extrem stark vergletscherten Hochgebirge (Foto 30 ▽).

Eine *unterbrochene Schotterflur* gehört systematisch in denselben Zusammenhang und tritt auf, wenn sich das Gletscherzungenende über einen konvexen Gefälleknick zurückzieht, z. B. über eine Konfluenzstufe in ein flaches Hänge- oder Hochtal, demnach also flach endet. Hier wird nahe am Gletschertor Schotterakkumulation möglich; dann schließt die Steilstufe mit ihrer Kerbstrecke an, und die Schotterflur wird unterbrochen, bis sie auf dem flachen Haupttalboden, also eine Etage tiefer, erneut aufgeschüttet wird. Diese untere Aufschüttung geschieht synchron mit der oberen.

In diesem Sinne ist natürlich eine fast beliebige Vielstufigkeit von indirekten Schotterfluren, z. B. im sehr vieletagigen Himalaya mit Vertikaldistanzen von über 8000 m, denkbar. Hier könnte man von einer 'Schotterflurtreppe' sprechen (KUHLE 1983a, S. 338). In der NE-Auslage des Dhaulagiri-Himal (Zentralhimalaya) sind von den Hochtälern des Tibetischen Himalaya zwischen Mukut- und Sangda-Himal mit rezenten kegelförmigen Schotterflurablagerungen im Hidden Valley und im Tachgarbo Lungpa insgesamt sieben indirekte Schotterfluretagen zu differenzieren. Die folgenden Etagen sind dabei auszuweisen: um 5500–4700 m ü. M. über dem Boden des Cha Lungpa, um 4200–3700 m bei Sangda, zwischen 3000–2400 Höhe in der Talkammer von Dhampu, 1800–1700 m bei Ghasa, 1600–1200 m bis unterhalb von Tatopani und 1000–600 m und tiefer in der untersten Talkammer des Thak Khola zwischen Rhanipauwa und auswärts von Beni. Sie sind durch sechs Steilstufen von max. 500 m Höhe mit Kerbtalstrecken sowie Klammen gegliedert und überspannen eine Vertikaldistanz von etwa 5000 m.

Zweifellos wird hierbei der *rein fluviale* Anteil der Aufschüttungen immer bedeutender und Korngrößenanalysen bringen diese Differenzierung durch Merkmale der Schotterkörperzusammensetzung, beispielsweise im Yarkand-Tal (Längstal zwischen Kuenlun und Aghil am W-Rand Tibets), zum Ausdruck (s. Fig. 7 u. 8).

In Fig. 7 zeigen die Kurven Nr. 3, 4, 7 und 10 die charakteristische Zusammensetzung von durch Talgefäße kanalisierten Schotterfluren, die spätglazialen Alters sind. Sie liegen im

Foto 29: Kamesterrassen am Issykul, zentraler Tienshan (Aufn.: M. KUHLE, 10. 9. 1988).
Kamesterrassen (□ □ □) im N-lichen Vorland des zentralen Tienshan (42°20'N/77°50'E, 1700 m ü. M.). Die eiszeitliche Gletscherzunge hat sich, aus dem Tal links (◇) kommend, hammerkopfartig ausgebreitet. Gegen ihren in drei Phasen niedertauenden Rand wurden die drei Kamesniveaus (□ □ □) glazifluvial aufgeschüttet.

Foto 30: Glazifluviale Einschneidung und Sander, Muztagh-Tal, Karakorum (Aufn.: M. KUHLE, 17. 10. 1986).

Die spitze Zunge eines Nebengletschers (↓) endet unmittelbar oberhalb der steilen, fast klammähnlich scharfen Schluchtkerbe (▽), die vom Schmelzwasser eingeschnitten wird. Unterhalb, auf dem Boden des Haupttales (Muztagh-Tal, Karakorum-N-Seite, 36°04'N/76°21'E, 4100 m ü. M.), setzt ein indirekter Sanderkegel an, der zugleich durch Murdynamik aufgebaut wird.

Yarkandtalboden um 3800 m ü. M. und hatten direkten Anschluß an die zugehörigen Eisrandlagen oder sind allenfalls gemischt mit *indirekten Schotterfluren* erster Ordnung mit sehr unterschiedlichen Transportentfernungen von Kilometer- bis Dekakilometerdistanzen. Ihnen stehen Kurven aus demselben Talgefäß gegenüber (Nr. 1 u. 5), deren Substrat rezent oder subrezent abgelagert worden ist und die als indirekte Schotterfluren dritter oder vierter Ordnung (Schotterflurtreppe mit drei oder vier Stufen) einen größeren systematischen Abstand zu jenen spätglazialen Schotterfluren haben als zu breit auseinanderfächernde im Gebirgsvorland in nur 1500 m ü. M. mit Transportentfernungen von 80 km (Nr. 2 u. 8). Anders herum argumentiert, haben die spätglazialen Talschotter (Nr. 3, 4, 7, 10) größere Ähnlichkeit selbst mit Endmoränen- und Mudflow-Sedimenten ihres Höhenintervalls (Nr. 6 u. 9) als mit den betreffenden sehr indirekten Schotterfluren (Nr. 1 u. 5). Hiermit wird – ganz abgesehen von den offenbar fehlenden Qualitätssprüngen in den Histogrammen, die, wie Fig. 7 belegt, durch ein Tal kanalisierte Schotterflursedimente moränischen Diamiktiten näher rückt als Kegelsandern in 2300 m geringerer Meereshöhe oder indirekten Schot-

2.1 Die Schotterfluren

terfluren dritter oder vierter Ordnung desselben Höhenbereiches – klar, daß ein eher *fließender Übergang* in der Korngrößenverteilung von Schmelzwasser- zu gemischten Flußablagerungen und sogar auch zu glaziären Diamiktiten und Murdiamiktiten besteht.

Will man bei der sedimentologischen Analyse noch weitergehen und die *Morphometrie* mit Hilfe der Methode von CALLIEUX (1936 u. 1942; verfeinert von PACHUR 1987) zu Rate ziehen, so läßt sich leider auch damit *keine Signifikanzerhöhung* zur eindeutigen Ansprache der Schotterflursedimente erzielen (Fig. 9). Die ersten vier Säulendiagramme betreffen die vier im Yarkand-Tal kanalisierten Schotterfluren (vgl. Fig. 7, Nr. 3, 4, 7, 10) in ca. 3800 m ü. M. (24. 8. 86/1/5 u. 24. 10. 86/1/1 a–d/2). Obwohl sie im wesentlichen eine übereinstimmende petrographische Zusammensetzung als Resultat derselben Einzugsbereiche haben, sehen die Graphen sehr unterschiedlich aus. Das muß bei ebenfalls übereinstimmender Genese durch Gletscherschmelzwassertransport und -ablagerung erstaunen und zeigt die *extreme Variationsbreite* der Kornformzusammensetzungen in Sandern für die Fraktionen > 200 µ. Die ersten zwei Proben weisen kaum polierte, fluvial transportierte Körner auf, während die Säulendiagramme 3 und 4 (von links) von fluvialpolierten Körnern große bis dominante Anteile (45–50%) zeigen. Das äolische und das unbearbeitete, frisch herausgewitterte Material halten

sich in den Säulendiagrammen 1 und 2 (/1 und /5) beinahe die Waage. Die großen Anteile von äolisch-mattierten Körnern (51–63%) sind mit den *semiariden* bis *vollariden* Klimabedingungen zu erklären, unter denen die Schotterfluren während des jüngeren Spätglazials aufgebaut worden sind. Noch heute ist das Yarkand-Tal sehr trocken (KUHLE 1987f, S. 413), und die Vegetation fehlt – bis auf sporadische Zwergsträucher – beinahe vollständig, so daß Deflationsprozesse sehr wirksam werden konnten und immer noch sind. Die bedeutenden Anteile an unbearbeitetem Substrat in allen vier Diagrammen (von links), die bei 38 bis 53,5% liegen, spiegeln das Hochgebirgsrelief mit seinem bedeutenden *autochthonen Schuttanfall* aus den unterschnittenen Hangschuttdecken, Schuttkegeln und -halden wider. Das Säulendiagramm 17. 8. 86/2 betrifft die um 1500 m ü. M. liegenden Kegelsanderbildungen im N-lichen Vorland des Kuenlun-Gebirges (vgl. Fig. 7 u. 8, Nr. 2) und zeigt eine sehr deutliche Vormacht der äolisch-mattierten Körner (77%). Tatsächlich sind diese Kegelsander hochletzteiszeitlicher Entstehung und darum seit beinahe 20000 Jahren den mit der Höhenabnahme bedeutender werdenden Sandwinden des Tarimbeckens (Wüste Taklamakan) ausgesetzt. Als Kontrast ist mit dem letzten Säulendiagramm (20. 8. 1986/1) ein Endmoränensubstrat aus dem Kuenlun-Gebirge (Tal von Kodi, SW-lich der Stadt Yeh

Cheng) vorgestellt, was in 3700 m Höhe sedimentiert worden ist (Fig. 7 u. 8, Nr. 6). Seine Vormacht von polierten Körnern (56%) – ob nun vom Wasser oder von der Eisbewegung kann methodisch nicht aufgelöst werden – ist typisch.

Als repräsentatives Abflußverhalten von Schmelzwässern, die prototypische Schotterfelder aufbauen, ist das Beispiel des K2-Gletscherbaches ausgewählt worden (Foto 25). Die Abflußdaten wurden durch die Messungen einflußnehmender Klimaparameter (Lufttemperatur, relative Feuchte, Windrichtung, Windweg, Wolkenbedeckung und Luftdruck) kontrolliert (Fig. 10). Sie sind einmal am Gletschertor in 4100 m und dann in 40 m geringerer Höhe (4060 m ü. M.), 1,24 km entfernt vom Gletschertor, aufgezeichnet worden. In diesem Bach kommen die Wasser des 22 km langen K2-Gletschers als Haupteisstrom und die der angeschlossenen orographisch linken und rechten Nebengletscher, wie z. B. des orographisch rechten Skyang Kangri-Gletschers, zusammen. Das sind ca. 143 km^2 Gletscherfläche, die angeschlossen sind. Die spätsommerliche Abflußkurve (als repräsentativ wurden gemessen der 4.–5. 9. 1986) zeichnet nur *wenig verzögert* die Lufttemperaturen bzw. die Globalstrahlungskurve nach. Der ausgeprägtere 'runoff-peak' zwischen 12 und 14 Uhr erklärt sich aus der am Gletscher um die Mittagsstunde am weitesten hinaufreichenden Insolationsabla-

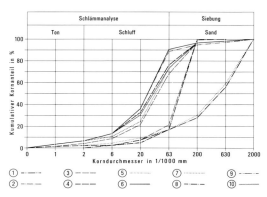

Fig. 7: 10 Korngrößenanalysen glazial-glazifluvialer Systeme (Entwurf: M. KUHLE).

Es handelt sich um Proben glazial-glazifluvialer und fluvialer Systeme von 36–36°20'N bei 38°50'E zwischen 4000 und 1400 m ü. M. Nr. 1 u. 5: fluviale Terrassen um 3800 m ü. M. im Yarkand-Tal mit Granitanteilen aus dem Kuenlun- und metamorphen Ton-, Silt- und Sandsteinen aus dem Aghil-Gebirge. Nr. 2 u. 8: kennzeichnen 1–2° geneigte hochglaziale Kegelsander im Vorland des Kuenlun um 1500 m ü. M., 80 km (Transportentfernung) vom anstehenden Gebirgsfuß entfernt. Nr. 6 ist einer Endmoräne in 3740 m ü. M. entnommen und hat eine identische Charakteristik mit Nr. 9, die einer Mure in gleicher Höhe entnommen worden ist. Beide sind in einem granitischen Abschnitt des Kuenlun nach 15 km Transportentfernung abgelagert worden. Nr. 3, 4, 7 u. 10 kennzeichnen spätglaziale, indirekte Sander- bzw. glazifluviale Talschotterfluren im Yarkand-Tal (3800 m ü. M.) zwischen Aghil und Kuenlun.

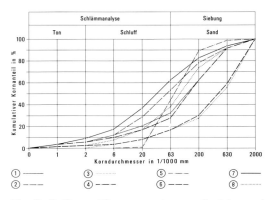

Fig. 8: 8 Korngrößensummenkurven fluvialer und glazifluvialer Sedimente (Entwurf: M. KUHLE).

(Vgl. Fig. 7, 36°–36°20'N bis 38°50'E, 1400–4000 m ü. M., semiarid-kaltes, kontinentales Hochlandmilieu.) Nr. 5 u. 8 kennzeichnen sehr große, flach geneigte (1°) Schwemmschuttfächer aus polymiktem Material bei Transportentfernungen von über 100 km. Nr. 1, 2, 4 u. 7 entstammen Schottersedimenten von Schuttfächern, die auf enge Kuenlun-Quertalböden eingestellt sind. Das granitische und metamorphe Material wurde max. 10 km weit verlagert. Nr. 3 u. 6 (= Fig. 7, Nr. 1 u. 5) zeigen gut gewaschene, fluviale Materialien, welche aus Metamorphiten und Graniten aufgebaut sind, aus dem mittleren Yarkand-Talboden (3800 m ü. M.) mit bis zu 100 km Transportentfernungen.

tion. Die Lufttemperatur hingegen hat ihr Maximum erst ein bis zwei Stunden später am Nachmittag.

Auch im Hochsommer (Juli und August) dürfte die mit der Fließgeschwindigkeit zunehmende Wasserführung kaum größer sein als während der auf unserer Expedition 1986 erfaßten längeren Schönwetterperiode Anfang September. Im Oktober hat bereits der hochkontinentale Winter der Karakorum-N-Abdachung begonnen. Die nahezu identischen 'run-offs' vom 28./29. 9. und 15./16. 10. 86 haben in unterschiedlicher Wetterlage, die die Jahreszeitendifferenz abfängt, ihre Ursache. Der Winterablauf konnte aus expeditiven Gründen (wir mußten Anfang November 1986, noch vor Beginn des winterlichen Schneefalls, über die Pässe zurückkehren) nicht erfaßt werden, dürfte aber, den ausgeprägten Frösten dieser Jahreszeit in über 4000 m Höhe entsprechend, im Dezember und Januar (wahrscheinlich von November bis Februar) gegen Null gehen. Es leitet sich damit ein rasant-turbulenter Aufbau der Schotterfluren während der sommerlichen Abflußspitzen ab. Eine Konsolidierungsphase tritt während des auf 1/5 bis 1/3 reduzierten Abflusses der Übergangsjahreszeiten ein. In dieser Phase steigt der Hauptbach nicht mehr über sein engbegrenztes Bett hinaus. Ein Großteil der anastomosierenden Gerinnenetze in der breiten Schottersohle des nächstgrößeren Tales höherer Ordnung – wie hier des Muztagh-Tales und dann, als noch höhere Ordnung, des Shaksgam-Tales (Fotos 3 Vordergr. u. 23 ▽) – fallen trocken und werden erst wieder ein Jahr später bearbeitet. In den Übergangsjahreszeiten restieren die Grobkomponenten in den Hauptbachbetten, während vorrangig das Feinsubstrat ausgewaschen wird. Im Sommer dagegen werden dort auch noch

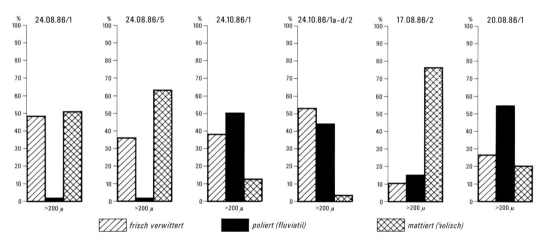

Fig. 9: 6 morphoskopische Kompositionen zur Sedimentdifferenzierung (Entwurf: M. KUHLE).
Oberflächentexturen von Körnern > 200 µm (s. Fig. 7 u. 8). Die Proben 24. 8. 86 /1 u. /5 (Fig. 8, Nr. 1 u. 7) zeigen die Merkmale kurzen Transports (< 10 km) mit annähernd gleichen Anteilen von frisch verwitterten, kantigen und äolisch mattierten Oberflächen, während fluvialpoliertes Material beinahe vollständig fehlt. Die Proben 24. 10. 86 /1 und 1a–d/2 (Fig. 7, Nr. 3 u. 10) wurden glazifluvialen Schotterflurterrassen im semiariden Yarkand-Tal entnommen. Die größere Transportentfernung dokumentiert sich in der Prädominanz der fluvialen Politur in 24. 10. 86/1 gegenüber der von unbearbeiteten Anteilen in 24. 10. 86/1a–d/2. Trotz relativ großer fluvialer Transportentfernungen wird das Sediment 17. 8. 86/2 (Fig. 7, Nr. 8) von äolisch mattierten Oberflächen dominiert, was typisch für die umgelagerten Körner des untersuchten Größenspektrums unter vollariden Klimabedingungen ist. Probe 20. 8. 86/1 (Fig. 7, Nr. 6) weist die Merkmale von Moräne bei Transportentfernungen bis zu 15 km durch eine Vormacht von fluvialpolierten Kornoberflächen auf; den zweitgrößten Anteil hat das frisch verwitterte und glaziär abgeschürfte Material inne. Die restlichen 20% belegen die äolischen Kornanteile der charakteristischen semiariden Moränen Hochasiens.

die Blöcke bewegt und auf den dann überschwemmten Schotterflächen beidseits des Hauptbettes, dort, wo die Fließgeschwindigkeit abnimmt, werden Silt, Sand, Kiese und bis faustgroße Gerölle verdriftet. Durch derartige Jahresgänge, die durch die Abflußtagesgänge sommerzeitlich am ähnlichsten, d. h. am vollständigsten stundenweise nachgeahmt werden, ist die horizontale Netzstruktur der Schotterfelder durch die großen Korngrößen und deren Zellenverfüllung mittels der kleinen Komponenten verständlich.

Für die jahreszeitlich *anastomosierende* Gerinneführung ursächlich ist der generell und speziell im Sommerhalbjahr mit Schutt *überfrachtete* Gletscherschmelzwasserabfluß. Die unmittelbar außerhalb des Gletschertores abnehmende Transportkraft ist durch die selbst in von Talgefäßen kanalisierten Schotterfluren auf wenige Kilometer rapide abnehmende max. Korngröße belegt. Bei *Kegelsandern* (Schotterflurfächern) in breiten Tälern (Shaksgam-Tal z. B., s. Fotos 3 □, 23 □) oder gar Gebirgsvorländern ist die Fraktionsabnahme natürlich noch unmittelbarer evident. Diese sehr rasche Aufschüttung der mit großen Anteilen von Frostschutt legierten glazigenen Komponenten läßt die Wasserliniamente immer wieder und kurzperiodisch die mit Akkumulat verklausten Gerinne verlassen und

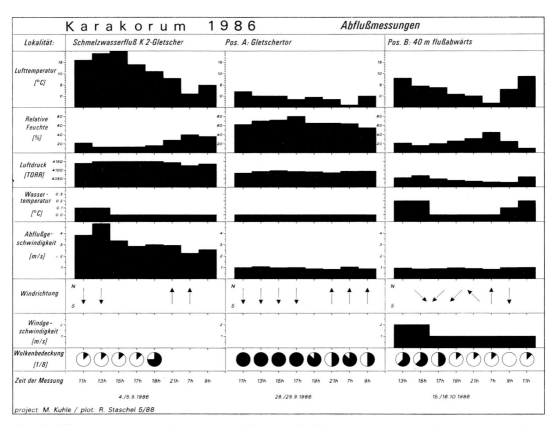

Fig. 10: Klimaparameter und Schmelzwasserabfluß am K2-Gletscher (Messungen: H. DIETRICH; Projekt: M. KUHLE; Entwurf: R. STASCHEL).
Repräsentatives Zusammenspiel der wesentlichen Klimaparameter für die Abflußsituation an mittellangen (15–25 km) Karakorum-Gletschern. Zunehmende Gletscherlänge verzögert und dämpft die Reaktion der Abflußmenge auf die Witterung.

zwischenliegende Areale erneut bearbeiten, d.h. bei vorstoßender oder stagnierender Gletscherzunge aufschütten.

2.1.1
Gletscherrückgang und Schotterflureinschneidung

Ein *fluviatiles Grundgesetz* besteht in der Tieferlegung einer Tiefenlinie bei erosiver Rückverlegung der Ursprungsmulde. Entsprechend verhält sich der Schmelzwasserbach auswärts des Gletschertores beim *Gletscherzungenrückgang*. Er schneidet die Schotterflur ein (v. KLEBELSBERG 1949, Bd. 2, S. 643 f.). Das gilt sowohl für Kegelsander in Piedmontbereichen wie auch für talkanalisierte Schotterfluren. Die immer gleichermaßen – bei konstant gebliebenem Last-Kraft-Gefüge – durchhängende, d.h. in betreffendem Lockergestein permanent *maturin* gehaltene Gefällekurve wird mit dem rückweichenden Gletschertor *talaufwärts verschoben* (Foto 27). Die durch eine solche Einschneidung entstandene *Schotterflurterrasse* oder *-terrassentreppe* steht mit ihrer Stufung in genetischem Zusammenhang mit jedem relativ stabilen Gletscherstand, mit jeder Endmoränengeneration (vgl. SOERGEL 1924). In diesem Punkt kann eine Schotterflurterrasse sogar Stirnmoräne morphochronologisch ersetzen und – als 'Sanderwurzel' unmittelbar am Eisrand ansetzend – einen tiefsten Gletscherrand dokumentieren. Der *simultane, gemischte* Ablagerungsvorgang von gletscherzusammengeschobener Endmoräne und schmelzwasseraufgeschütteter Schotterflur bewirkt eine *typische Verzahnung* beider Sedimenttypen (diamiktitisch und gewaschen-klassiert), die ihre Gleichzeitigkeit belegt. Entsprechende Aufschlüsse sind bei älteren Generationen im Terrassenanriß überliefert, aber auch geomorphologisch durch den unmittelbaren Übergang von einer Endmoräne zur Schotterterrasse belegt (s. Foto 25 ×). Entweder die taleinwärts aussetzende Schotterflurterrasse allein oder deutlicher noch der Materialwechsel der ansetzenden fluvialen Terrasse zum Diamiktit der Endmoräne machen eine vorzeitliche Eisrandlage eindeutig rekonstruierbar. Die hohe Evidenz des *Materialwechsels* liegt in der Merkmalskombination und Merkmalsverdoppelung. Das will heißen: Eine Terrasse kann rein fluvial sein (ohne glazifluvial zu sein) und, bedingt durch Erosion, zufällig aussetzen, und ein Diamiktit kann allein durch eine Mure oder Rutschung entstehen; in der *Kombination* von einem Diamiktit und einer Schotterablagerung aber, in die er übergeht und mit der er verzahnt ist, scheiden alle jene anderen Entstehungsmöglichkeiten aus, und es bleibt allein die *Glazialgenese* übrig (KUHLE 1990 a, S. 207–210).

2.2
Die paraglaziale und subglaziale Schmelzwasserarbeit und ihre Leitformen: Klammen mit Strudeltöpfen, Rinnen im Lockergestein, Aufschüttungen wie Oser respektive Esker

Die *subglazialen* Schmelzwasserabkommen resultieren aus Wasser, das zunächst unterhalb der Schneegrenze in das Eis infiltriert, um von dort immer tiefer bis schließlich unter den Gletscherkörper zu gelangen. Voraussetzung für diesen Vorgang ist eine permeable Eisoberfläche, welche in der Regel durch den Gletscherabfluß über *Reliefunebenheiten* erreicht wird. Jedenfalls sind Spannungen bis an die Eisoberfläche notwendig, die immer durch *differierende Fließgeschwindigkeiten* verursacht sind und zum Aufreißen von Spalten führen. An ihnen orientiert, bildet das in supraglazialen Bächen konzentrierte Schmelzwasser (Foto 31 ▽ ▽) *Gletscherbrunnen* aus (MAULL 1958, S. 345, s. Gletschermühle). Das sind Trichterformen in der Gletscheroberfläche, in die sich das Wasser ergießt und

Foto 31: *Supraglaziale Schmelzformen, Gorner-Gletscher, Alpen* (Aufn.: M. KUHLE, 20. 8. 1985). Ausschnitt des Gorner-Gletschers (Wallis, Alpen, 46°N/8°E, um 3000 m ü. M.). Sein gut 4500 m hoher Einzugsbereich nimmt neben primärem Schneeniederschlag auch Lawinen aus der Lyskammflanke auf (×). Unter der ELA schmelzen Mittelmoränen aus. Das Schmelzwasser mäandriert in supraglazialen Rinnen und läuft in Gletscherbrunnen (▽ ▽) in den Eiskörper hinein.

die sich zu annähernd runden Röhren verengen. Sie gewinnen, durch den herabstürzenden, auftreffenden Wasserstrahl ausgekolkt, schnell an Tiefe, bis der gesamte Eiskörper durchteuft ist. Das geschieht jedoch nicht ohne eingeschaltete *intraglaziäre* Horizontalverläufe. Diese entstehen durch die schichtenweise Verschiebung des Gletscherkörpers im Vertikalprofil gegeneinander (PHILIPP 1920). Solche *Scherhorizonte und -flächen* sind die Folge sprunghaft unterschiedlicher Fließgeschwindigkeit (v. KLEBELSBERG 1948, Bd. 1, S. 66 u. S. 69). Nahe der Oberfläche ist die Fließgeschwindigkeit des Gletschers in der Regel am größten und nimmt, durch seine Grundreibung abgebremst, zu seinem Boden hin zu (vgl. MAULL 1958, S. 354).

Großanteilig supraglazial erfolgt die Schmelz-

wasserabfuhr dementsprechend auf flachen Plateaueisen oder Inlandeissektoren mit in Relation zur Gletschermächtigkeit geringem Liegendrelief. Ein dem Verfasser besonders geläufiges Beispiel liegt neben mehreren anderen in N-Tibet, im Kakitu-Massiv, einer zentralen Gebirgsgruppe des Quilian Shan. Es ist der 57 km² große Dunde-Gletscher, der als plateaugletscherförmige Eiskappe einer Granitrumpffläche zwischen etwa 4900 und 5100 m Basishöhe aufliegt. Die Gletschermächtigkeit beträgt 200–300 m. In die im Prinzip *radialstrahlig* in dieses Plateau zurückerodierten Täler fließen talgletscherförmige Auslaßgletscherzungen bis auf 4600–4700 m hinab. An ihnen tritt jeweils aus einem Gletschertor das an der oberen Basis der Zunge, im Bereich der Gletscherspalten des Konvexknickes am Plateaurand, infiltrierte Schmelzwasser als nur zuletzt subglazial abgeleitet aus. Zwischen diesen Auslaßgletscherzungen erstreckt sich der sie verbindende Eisrand, der auf den marginalen Plateauflächen mit einem – je nach augenblicklicher Massenbilanz – flacheren oder steileren Eisrand aussetzt. Dieser Rand kann im Extrem die Gestalt eines dekameterhohen, steilen Eiskliffs (60–80°) als Ausdruck kalt-arider, hochkontinentaler Verhältnisse mit mittleren Eistemperaturen von ca. −6° bis −10° C im ELA-Niveau annehmen (SUN ZUOZHE 1987, S. 60, Tab. 5). Gletschereinwärts dieser Hochplateaueisränder, die den überwiegenden Anteil des gesamten Gletscherrandes bilden, bleibt das Eis spaltenfrei. Hier fließt das Schmelzwasser in annähernd parallel angeordneten, nur wenig pendelnden *supraglazialen Schmelzwasserrinnen* ab (Foto 32). Entsprechende Verhältnisse sind auch auf vielen Talgletscherzungen im Abschnitt des untersten, bewegungsärmsten Drittels der Zunge, weit unterhalb der ELA anzutreffen (s. Foto 33 ▽) (Beispiele: Halang-Gletscher im Animachin-Massiv, E-Tibet; Gorner-Gletscher und Mer de Glace, W-Alpen, und auf den größten der vergleichsweise recht kleinen Talgletscher in Jotunheimen, S-Skanden). Hier sind die Eisbewegungen auf wenige Millimeter pro Tag (5–13 mm/T.) reduziert (ebd., S. 56, Tab. 4).

2.2 Leitformen der Schmelzwasserarbeit

Das in den intraglaziären Wassersäulen nachdrückende Schmelzwasser führt zu subglazialem Abfluß unter *hydrostatischem* Druck. Gespanntes Wasser wird lokal *volumenausfüllend* durch ein Röhrensystem gedrückt, wobei aus dem Druck eine *hohe Fließgeschwindigkeit* resultiert, welche ursächlich für eine spezielle Art von reiner, d. h. sogar ganz *ohne* Erosionswaffen möglicher Erosion ist. Das Wasser selbst also beansprucht die im Fels ausgebildete Unterseite der Abflußröhre, die oben vom hangenden Eis des Gletschers abgeschlossen wird, und erweitert sie durch Materialzerrüttung. Unbestritten sind daran faktisch Blöcke, Schotter und Kiese unter jedem Gletscher beteiligt, jedoch sind sie für diesen Prozeß nicht notwendig. Es handelt sich um die sogenannte *Kavitationskorrasion*. Das über die Widerstände feiner Felskanten und -vorsprünge rasant gedrückte Wasser hebt hier leicht vom Fels

Foto 32: Supraglaziale Schmelzwasserbäche, Dunde-Gletscher, Tibet (Aufn.: M. KUHLE, 9. 8. 1981).

Supraglaziale Schmelzwasserbäche in 5100 m ü. M. auf dem Dunde-Gletscher (NE-Tibet, 38°03′N/ 96°28′E). Diese Eiskappe ist ein kalter (−8,6° C in 7,2 m Eistiefe an der ELA in 4900 m ü. M.; SUN ZUOZHE 1987, S. 60), spaltenfreier Plateaugletscher.

Foto 33: Talgletscher kalbt in einen See, Tangula Shan, Zentraltibet (Aufn.: M. KUHLE, 23. 8. 1989).

Talschlußgletscher im Tangula Shan (33°26′N/ 91°14′E), der in einen durch historische Endmoränen aufgestauten See kalbt. Die glaziale Serie ist vom Zungenbecken über die Endmoränen bis zu den anschließenden Schotterfluren in dieser Aufnahme übersichtlich.

ab, wobei *Kavernen* zwischen Wasser und Gestein entstehen, die als Funktion der hohen Liquidität des Wassers nach einem geringen 'Sprungabstand' wieder zusammenbrechen respektive sich schlagartig und knallend schließen. Begleitet ist dieser Vorgang von hammerschlagartiger Beanspruchung der betreffenden Felsstelle. Sie wird infolge von *Materialermüdung* zerrüttet, abgelöst und mitgeführt. Diese durch schießendes Wasser hervorgerufene Erosion läßt scharf eingelassene, leicht gewundene und perfekt ausgeglättete Röhrensysteme entstehen, die sich als Ergebnis der linienhaft und überaus schnell arbeitenden Abtragung, einem Sägeschnitt vergleichbar, steilflankig in das Anstehende einlassen. Sie bilden *subglaziale Klammformen* aus, in denen das nachbrechende oder auch als Grundmoräne hineingedrückte Lockergestein infolge der hohen Wasserdrucke fast vollständig abtransportiert wird. Wenn stellenweise dennoch große und gut gerundete, dem Wasser in Relation zu ihrem Gewicht wenig Widerstand bietende Blöcke *ortsfest* bleiben, können sie, als Bohrköpfe wirkend, *Strudeltöpfe* (MAULL 1958, S. 166 u. S. 312) entstehen lassen. Die Blöcke werden im ortsfesten Wirbel einer senkrechten Wasserwalze leicht hin- und hertanzend bewegt, kleinere Blöcke mitunter auch mitgedreht, und schleifen sich dabei mahlsteinartig bis zu mehrere Meter tief in das anstehende Gestein ein. Die Bildung von Strudeltöpfen erfolgt beinahe immer vor kleinen, durch Gesteinshärteunterschiede bedingten Rippen und Schwellen im Wasserröhrenverlauf, weil ein solches Widerlager den Mahlstein zu Beginn jener Entwicklung festhält (Foto 34).

Die gemachten Ausführungen waren bemüht, die Prozesse entmischt, d.h. so rein und eindeutig wie möglich darzustellen. Das entspricht – unsystematisch wie geomorphologische Abläufe in Realität zu sein pflegen – nicht den Tatsachen, sondern lediglich ihren gedachten Ausschnitten. So ist kaum irgendwo eine Klamm anzutreffen, die, wenn auch subglazial angelegt, frei von Erosionswaffen, von kleinen Schotterbänken mit Kies-, Sand- und

Foto 34: Subglaziärer Strudeltopf im Tamur-Tal, Kangchendzönga-Himal (Aufn.: M. KUHLE, 26.12. 1988).

Hoch- bis späteiszeitlich angelegter Strudeltopf in der orographisch linken Flanke des Tamur-Tales in 1420 m Höhe, ca. 50 m über der Taltiefenlinie (Kangchendzönga-Massiv-S-Abdachung, 27°30′N/ 87°50′E). Diese unter hydrostatischem Druck im Gneis ausgebildete Spülform (×) gehört zu einer ganzen Serie von Töpfen, die ihre Entstehung einer den Talgrund verfüllenden Gletschereinlage verdankt und subglazial angelegt worden ist.

sogar Siltanteilen wäre; zumal sie nur post-, nicht aber subglazial unmittelbar zu untersuchen ist. Dennoch: Wir erschließen aus der Logik der notwendig abgelaufenen Prozesse die weitgehende *subglaziale Schotterfreiheit* und rechnen die nachprüfbare Detritusführung eher der subaerischen Abflußperiode ohne die Wirksamkeit des hydrostatischen Druckes zu. Der Prozeß der *Kavitationserosion*, die im Schiffsbauwesen auch als Hammerschlagkorrasion bezeichnet wird, konnte an Turbinentunneln von Kraftwerken wie auch an den in Triebschächten laufenden Schiffsschrauben von Hochseeschleppern aus hochwertigen Stahlen beobachtet werden (LOUIS & FISCHER 1979, S. 23, S. 435 u. S. 441). Das Material muß in

Relation zu seiner Härte in sehr kurzen Abständen ausgewechselt werden, weil es infolge der Beanspruchung durch die zusammenbrechenden Vakuolen abschuppt (exfoliert) und auch bricht.

Keiner dieser Schlüsse ist demnach unmittelbar nachprüfbar, sondern muß mit Hilfskonstruktionen wie *Analogiebildungen* erarbeitet und plausibilisiert werden, womit Irrtümer schwer ausgeschlossen werden und an den Nahtstellen jener indirekten Argumentation Eingang finden können.

Von über die Morphodynamik von Strudeltöpfen hinausweisendem Interesse ist ihr Indikatorwert in besonderer *topographischer Beziehung*, in ihrer Lagebeziehung zur Gesamtheit des Reliefs. Normalerweise sind Strudeltöpfe an die Tiefenlinie eines Tales gebunden, denn dort werden subglaziale Klammen angelegt und im Postglazial subaerisch weitergebildet. Auch legt bei der Geländebegehung eines inzwischen eisfreien Talausraumes die herkömmliche Verbreitung, d. i. in gewissem Sinne auch der Augenschein, die Suche nach Strudeltöpfen im Grunde tief eingelassener Kerben nahe. Es gibt aber auch Gebiete, wo selbst das nicht einmal selbstverständlich ist, sondern wo unter heutigen Klimabedingungen überhaupt keine Strudeltöpfe – selbst in der Tiefenlinie nicht – entstehen. Als Beispiel ist der Kuh-i-Jupar, ein SE-persisches (-iranisches), bis auf 4135 m ansteigendes Kalkmassiv bei 29–30°N S-lich von Kerman im Zagros-Gebirge (Kermaner Scharung, Kuhrud-Gebirge) anzuführen. Heute trifft man dort nur im NE-Wandschatten Schnee und Firn von perennierenden Lawinenkegeln an, sonst aber fehlt bis zu den Gipfeln hinauf *ausdauernder Schnee* als ein entfernter Anklang an eine Vergletscherung, und die rezente ELA muß auf 4500–4600 m oder noch höher geschätzt werden (KUHLE 1974, S. 482). An der Tiefenlinie des Darne Karson, des größten nach N abführenden Tales, ist eine dekametertiefe und kilometerlange Klamm in den Talboden eingelassen. Heute läuft hier nur im Frühjahr, während der Schneeschmelze, für einige Tage bzw. maximal wenige Wochen ein moderat formungswirksamer Wildbach. Er vermochte bei gleichzeitig intensiver, der Klammbildung entgegenwirkender Frostverwitterung in betreffenden Höhenlagen zwischen 2400 und 2850 m ü. M. weder die Klamm einzuschneiden, die er allenfalls relativ schuttfrei und sauber hält, noch die recht großen, mehrere Meter tiefen Strudeltöpfe einzuarbeiten (KUHLE 1976, Bd. 2, S. 60, Abb. 104 u. 105). Zum geringen Jahresniederschlag von etwa 200 mm, was für diese Höhenstufe sowie den steilen Sonnenstand sehr wenig ist und als Merkmal eines ariden Berglandes gelten muß, treten die massigen, chemisch sehr reinen Kreidekalke, die das Tal aufbauen und perfekt verkarsten. Ein Großteil des geringen Niederschlages kommt also subterran, und damit für die Tiefenlinien nicht formungswirksam, ab. Es ist zur Erklärung der *Klammbildung* darum zumindest eine Permafrosttafel notwendig, die den Untergrund gegen das infiltrierende Karstwasser versiegelt und für diejenige der *Strudeltopfentstehung* gespanntes Wasser, d. h. subglazial abgeflossenes Schmelzwasser. Beides, so muß durch flankierende glazialmorphologishhe Belege, wie sie ein Trogtal, Gletscherschliff und Moränen im Gebirgsvorland bis auf 1900 und 2200 m Höhe hinab darstellen (KUHLE 1974, S. 481; 1976, S. 193 u. S. 195), gefolgert werden, war hocheiszeitlich durch Temperaturabsenkungen von 9–11° C, d. h. eine Schneegrenzdepression von 1440–1640 m möglich (ebd., S. 197). Im Darne Karson floß ein über 500 m mächtiger Eisstrom ab, und seine ELA verlief in etwa 2930 m während der letzten Vereisung (ebd., S. 198 u. S. 195), womit wahrscheinlich gemacht wird, daß die um 2820 m *einsetzende Klammeinschneidung* subglazial entstanden ist (ebd., S. 173). Während der vorletzten Vereisung verlief die Schneegrenze um etwa 100 m tiefer, was eine bereits *mittelpleistozäne Anlage* nahelegt. Auch noch während der *spätglazialen* Deglaziationsperioden sind die Möglichkeiten zu Jahrtausende während *subglazialen Strudeltopfbildungen* bei langsam ansteigender ELA gegeben.

Nach diesem Exkurs, der zwar noch nicht aus der Tiefenlinie heraus, dafür aber zu einer solchen in sehr gletscherfeindlichem Gebiet führte, ist auf die besondere *topographische Situation* von Strudeltöpfen und ihren glaziären Beweischarakter, von dem eingangs die Rede war, zurückzukommen. Beispielsweise haben Strudelköpfe auf im Quer- und Längsprofil gestreckten, aber *steil geböschten* Felsflächen, wie sie Plattenschüsse an Talschlüssen oder Mündungsstufen darstellen, großen Indikatorwert zur Rekonstruktion einer Eisauflage. Das gilt speziell, wenn die Strudeltöpfe an keine – auch nur andeutungsweise vorhandene – Tiefenlinie gebunden, sondern topographisch völlig unvermittelt in plattig-flachen Felsgrund eingearbeitet worden ist. Ebenfalls im Kuh-i-Jupar konnte ein solches Beispiel beobachtet werden: Dort liegt in der unreliefierten Felsfläche einer zum 2250 m hoch liegenden Gebirgsvorland geneigten Mündungsstufe in 2570 m – d.h. 320 m über dem Piedmontbereich – ein halb mit Feinmaterial verfüllter Strudeltopf, eingelassen in den Kreidekalk (KUHLE 1976, Bd. 2, S. 47, Abb. 78). Er muß als *Gletschertopf* angesprochen werden. Eine andere, rein subaerisch-fluviale Genese scheidet darum aus, weil es dazu der Kanalisierung und Konzentration eines kräftigen Wasserabkommens bedarf; das vermag subaerisch nur die hier fehlende Tiefenlinie. An dieser Stelle hat jene Aufgabe der Kanalisierung ein subglazialer *Schmelzwassertunnel* übernommen. Das Gletschereis also bildete die Form und kanalisierende Fassung, die das Wasser erosionsfähig bündelte. Auch in den N-lichen Kalkalpen gibt es Beispiele für in Flächen eingelassene Gletschertöpfe, so im eiszeitlich abdeckend vergletscherten Steinernen Meer zwischen Ingolstädter Hütte und Riemannhaus.

Eine weitere, wohl wesentlich verbreitetere topographische Anordnung von Strudeltöpfen mit *zwangsläufig* glazifluvialer Genese ist die hoch über den Tiefenlinien an den Felsgesimsen steiler Talflanken. Hier oben, Dekameter über dem Talgrund, finden sich ausgespülte Hohlkehlen mit kompletten oder halbseitigen Strudeltöpfen von mitunter bedeutenden Dimensionen eingelassen. Partienweise sind sie noch dazu mit Rundhöcker- oder Flankenschliffflächen kombiniert. Beispielhaft sind die schönen Gletschertöpfe orographisch rechts, etwa 1 km talauswärts des Bodengletschers, d.i. die Zunge des Gorner-Gletschers. Gut 100 m über der rezenten Tiefenlinie sind sie in die Leehänge eines großen, noch neo- oder spätglazial übergletscherten Rundhökkers eingearbeitet. Im E-Himalaya, im Tamur-Tal in der Kangchendzönga-Gruppe, hat der Verfasser einwärts der Siedlung Chirwa um 1400 m ü.M. orographisch links, im Bereich ausgedehnter glaziärer Flankenglättungen an Gneisen, frischerhaltene Gletschertöpfe angetroffen (KUHLE 1990b, S. 419, Fig. 6 u. S. 421, Fig. 9). Sie hängen ca. 50 m über der Talschottersohle und gehen auf eine zwischen Gletscher- und Talfelsflanke arbeitenden Schmelzwasserstrom zurück (s. Foto 34). Auch hier liefert der Gletscher die allein mögliche *Schmelzwasserfassung* weit über der Taltiefenlinie. Sie belegt eine vielhorizontige intraglaziäre Wasserführung, ganz ähnlich dem vielschichtigen, uneinheitlichen Karstwasserspiegel. Um den hydrostatischen Druck zu erklären, den diese Kolkformen bezeugen, muß auf eine weit höher liegende Gletscheroberfläche geschlossen werden. Als letztes Beispiel sind Gletschertöpfe aus der Bernina-Gruppe-S-Abdachung zu nennen. Auch sie liegen weit über dem glazialen Hängetalboden, sogar noch etwa 15–20 m über der heutigen Stauseeoberfläche und beweisen, im Prinzip ähnlich wie die im Tamur-Tal, eine fluvioglaziale Lateralerosion, die die Talflanken unterschneidend steiler werden ließ. Es gibt Forscher wie TIETZE (1958, 1961 u. 1973), die in dieser intra- und subglazialen Lateralerosion an den Glazialtalflanken die eigentliche Ursache für die Trogtalform sehen. Tatsächlich sind die auffällig steilen Trogtalflankenmittelabschnitte bisher nicht wirklich befriedigend durch den angeblich unterschneidenden Gletscherschurf und -schliff zu erklären. Dem Verfasser erscheint diese alternative Erklärung durch die einen Flankenschliff vorbereitende laterale, subglaziale und damit sehr abtragungsintensive (s.o.) Erosion in Form von Schmelzwasserrinnen, die sogar Hohlkehlenbildung erzielt, einleuchtend. Es besteht auch keine Schwierigkeit, die

2.2 Leitformen der Schmelzwasserarbeit

nachbrechende und *abschleifende* Wirkung des dem Wasser hinterherarbeitenden Flankenschliffs des Eises (s. auch Kapitel 2.2.1) für wahrscheinlich zu halten, wo heute kaum mehr Gletschertöpfe und verwandte Formenelemente subglazialer Wassererosion *nachweisbar* sind, denn die laterale Wasserführung hoch an der Felsflanke bleibt der Wahrscheinlichkeit nach beinahe immer eher aus als der spätglaziale Flankenschliff des noch länger bis hoch hinauf dem Talhang anliegenden Gletschers. Legt man eine solche, durch subglaziale fluviale *Seitenauskolkung* induzierte Trogbildung zugrunde, müßten gut und eindeutig ausgestaltete U-Talabschnitte ausnahmslos *unter der ELA* gebildet worden sein. Was zwar schwerlich nachweisbar, aber auch nicht einfach zu widerlegen ist, weil die Schneegrenze von einem Interglazial über das Hochglazial zu einem erneuten Interglazial die gesamte Vertikale ihrer Schwankungsbreite sukzessive – von *oben nach unten* und wieder zurück *nach oben* – zweimal durchläuft. Aus diesem Grund sind alle überlieferten Trogformen notwendigerweise hinsichtlich der für ihre Bildung mit ursächlichen Schneegrenzhöhe bzw. Klimabedingungen *Mehrzeitformen*.

2.2.1 Die Klammen

Oben war andeutungsweise von Klammeinschnitten die Rede, die *subglazial* erfolgten und deren Intensität auf der Rasanz hydrostatisch gespannten Wassers basiert (Foto 35). Das gilt vorrangig für die Anlage von sich klammartig eng einlassender *Tiefenerosion*. Besteht jedoch erst einmal ein solcher wenige Meter tiefer Einschnitt, so erfolgt die Fortführung der Linearerosion auch nach dem Gletscherrückgang *subaerisch* in dem einmal festgelegten Felsbett. Der erste Formungsansatz, die initiale Einschneidung in das zuvor unversehrte Gestein – so die Auffassung –, ist allerdings weit eher, wenn nicht überhaupt *nur* durch den subglazialen Spezialprozeß denkbar, womit man auch systematisch die Klammen als geson-

Foto 35: *Subglazial angelegte Klamm im Yarkand-Tal, W-Tibet* (Aufn.: M. KUHLE, 27.8. 1986).
Typische Klammform mit annähernd senkrechten Wänden und einem abdeckend durchflossenen Boden (Aghil-Gebirge, Yarkand-Tal, 3400 m ü. M., 36°23′N/76°41′E). Die Klamm wurde subglazial angelegt, was durch die systematisch entstandenen Gletscherschliffe (Felsglättungen durch Grundschliff ▽) bewiesen ist.

derten geomorphologischen Formentyp der Fluvioglazialschluchten isoliert hätte.

Wieder zeichnet sich ein Grundproblem von *Systematik* und *Nomenklatur* ab: Stehen eine Form und ihr Begriff, etwa 'Klamm', für einen eindeutig faßbaren *Formungsprozeß* oder für einen aus verschiedenen Prozessen zusammengesetzten Ablauf, der zu einer bestimmten *Form* führt? Hier muß die Analyse fließend und damit von einer produktiven Unschärfe bleiben, um neuen Perspektiven und Einsichten gegenüber offen zu sein.

Der Verfasser vertritt darum den Ansatz, daß zwar viele Klammen subglazial angelegt worden sind, jedoch subaerische Weiterführung erfahren haben. Das muß zwangsläufig bei einem andersartigen, wenngleich *verwandten*, nämlich auch fluviatilen Prozeß geschehen sein.

Der subglaziale Formungsanteil gewinnt, als den Gletscherschliff vorbereitend, seine besondere Bedeutung. Man kann am Oberrand vieler Klammen eine in diese *hineinfassende* Grundschliffwirkung nachweisen. Es sind den ursprünglich scharfkantigen Rand abrundende Felsglättungen und -polituren vorhanden, welche die in die Klamm hinein nachfassende Eisarbeit beweisen. Die evidenteste Abfolge ist: 1. eine geologische *Schwächezone* im Talboden, der die gesamte Talanlage zumeist ihre Entstehung verdankt, wird zur strukturellen Voraussetzung der dieser Unstetigkeitsfläche nachtastenden subglazialen Erosion; es handelt sich um Verwerfungen, deren Harnische, wie beispielsweise die in der Partnach-Klamm (N-liche Kalkalpen), durch ihre geradflächigen Rekristallisationsfluchten leicht von dem erwähnten Gletscherschliff unterscheidbar sind. Nicht ausgeschlossen werden soll auch die Klammanlage auf senkrechten Kluftscharungen. 2. der hangende Gletscher drückt sein zuvor über eine uneingeschnittene Felsfläche relativ widerstandsarm hinwegschleifendes Eis von oben in den Klammspalt hinein. Sein Grundreibungswiderstand erhöht sich beträchtlich, so daß der Grundschliff in seiner absplitternden und herausbrechenden Wirkung, die einer solchen Ansatzrauhigkeit bedarf, mit exponentieller Schnelle fortschreitet (KUHLE 1976, Bd. 1, S. 171 f.). 3. weil der Grundschliff großflächig nachzieht, kann er in der Tieferlegung des Talbodens auf ganzer Breite mit der Klammeinschneidung zwar nicht Schritt halten, verdankt ihr aber einen erheblichen, wenn nicht sogar den wesentlichen Impuls für die Glazialerosion überhaupt.

Diese prozessual unmittelbar schwerlich nachweisbare Sicht würde in der Vorstellung, daß die Glazialerosion, der subglazialen Schmelzwassererosion als notwendige Vorreiterin nachfolgend, allein nennenswerte Beträge erzielt, die die *subglaziale Klammanlage* systematisch *enger* an die Glazialgeomorphologie binden und sie für den verstärkten Tiefenschurf in den Ablationsgebieten, in den Gletscherabschnitten unterhalb der Schneegrenze, in Anspruch nehmen. Aber auch hier ist wieder ein *Nacheinander* der Abläufe nicht auszuschließen, und jede erneute Gletscherüberfahrung wird die vorgefundene Spaltöffnung einer rein oder vorrangig subaerisch eingearbeiteten Klamm zum fördernden Ansatz ihrer *Exarations-, Detersions-* und *Extraktionsvorgänge* nutzen.

Führen wir uns die subglaziale Klammeinschneidung in ihrer *Vorreiterposition* des glaziären Grundschliffs vor Augen, so wird ihre Aufhebung bei hinreichend weit herabgesenkter ELA wegen fehlenden Schmelzwassers ebenfalls deutlich. Die Klammbildungsprozesse unter dem Gletscher wandern erst dann wieder talaufwärts, wenn die Schneegrenze erneut angehoben wird. An diesem zwangsläufigen Entwicklungsgang wird deutlich, daß weder die postglazial überlieferte Klamm eine nur *geringfügige* Glazialerosion dahingehend belegt, da sie sonst werodiert sein müßte, noch eine fehlende Klamm den sehr *starken* Grundschliff beweist, denn das Profil könnte über der ELA gelegen haben. Ablesbar bleibt allein – wie an allen geomorphologischen Indikatoren – die *Verhältnismäßigkeit* von Grundschliff zu subglazialer Klammeinschneidung. Was die *absoluten Erosionsbeträge* betrifft, so spricht jeder Nachweis für den Bestand einer tiefen oder auch nur flachen subglazialen Klamm für einen *stärkeren Grundschliff*, als er ohne Klamm bei sonst gleichen Bedingungen möglich wäre.

Der durch subglaziale Schmelzwassererosion vorbereitete Grundschliff eines Gletschers ist in einem *steilen Quertalrelief* wie in dem der Hohen Himalaya-S-Abdachung bei zugleich sehr großer, weit über die ELA hinaufreichender Einzugsbereichshöhe der Gletscher, am bedeutendsten (s. Kapitel 1.1.1). Hier reichten hochglazial die Talgletscherzungen bis zu 3000 m tief unter die ELA hinab, und das auf Horizontaldistanzen von 25–60 km, so daß daraus eine *enorme* subglaziale Schmelzwasserzufuhr über einen Talgrundabfall von etwa 4000 auf 1000 m ü. M. hinab formungswirksam gewesen sein muß (KUHLE 1982a, Bd. 1, S. 150–152; Bd. 2, Abb. 8, C, E, e, f; 1990b, S. 419 ff., Fig. 9). Derartige Verhältnisse, wie sie vom Verfasser im Dhaulagiri- und Annapurna-Himal und in den E-licheren Gebieten der Mt. Everest- und Kangchendzönga-Gruppe für das letzte Hochglazial rekonstruiert werden konnten, haben unter rezenten Klimabedingungen auf der Erde *keine Entsprechung*, weshalb sie über das *Aktualitätsprinzip nicht recht zugänglich* sind. Heute nämlich reichen *nirgends* Gletscher 3000 m tief unter die Schneegrenze bis in die Stufe der feucht-temperierten Wälder hinab, wie sie eiszeitlich um 200 bis 2000 m ü. M. in den Himalaya-Vorketten, welche von den Gletscherenden erreicht worden sind, bestanden haben.

2.2.1.1
Wie weit trägt das Aktualitätsprinzip? (Hier abgehandelt am Beispiel subglazialer Erosion)

Bevor die Beschreibung der durch subglaziale Linearerosion induzierten Glazialtalform fortgeführt wird, muß in die aufgeworfene methodische Lücke eines außer Kraft gesetzten Aktualitätsprinzips (LYELL 1830–1833) kurz eingehakt werden, denn das methodisch Prinzipielle hat allemal den Vorrang vor der regionalen Variante eines Formungstypus. Gerade in der Glazialgeomorphologie, die heute mit so viel *kleineren Gletschern* für ihre Analogien vorliebnehmen muß, als sie zur Eiszeit bestanden haben, als ca. 46 · 10^6 km^2 Eis, etwa 30 · 10^6 km^2 mehr als heute, die dreifache Landfläche bedeckten (MARCINEK 1984, S.142f.; KUHLE 1989d, S.280), muß das *Aktualitätsprinzip* im engen Sinne des Wortes als methodisch *nicht einlösbar* gelten, denn das, was uns *heute* geomorphologisch erfaßbar wird, ist unter *eiszeitlichen* Bedingungen entstanden. Die exponentielle Veränderung der Bedingungen zur eiszeitlichen Vergletscherung wird über den Vorgang der Schneegrenzeinsenkung in das Relief über die weltweit mehr oder weniger sicher bestimmten Depressionsbeträge von rund 1200 m am unmittelbarsten nachvollziehbar (KUHLE 1987g, S.210ff.). Die *ELA-Depression* kann in den Hochgebirgen beinahe mit dem Faktor 2 multipliziert werden, um die Absenkung der *Vergletscherungsgrenze* zu erfassen. (Es gilt:

$$\text{ELA}_{\text{Depr.}} = \frac{tp - ti}{2} \; (\text{m ü. M.});$$

tp = rezente und ti = eiszeitliche Gletscherzungenendhöhenlage.) Das bedeutet eine Gletscherzungenabsenkung um annähernd 200 m pro 0,6°C Abkühlung. Alle anderen *geographischen Höhengrenzen*, darunter auch die geomorphologischen, wie die *Untergrenze der Periglazialregion*, senkten sich – bei sonst unveränderten Bedingungen als Voraussetzung des Vergleiches – um nur 100 m pro 0,6°C ab. Dies gilt, unter der Einschränkung, daß es sich um die Absenkung der Mitteltemperatur des *wärmsten Monats* handelt, beispielsweise auch für die *Baumgrenze*. Hiermit wird offenbar, daß die eiszeitliche Vergletscherung diese unterhalb anschließenden Höhengürtel notwendig sehr viel tiefer – auch relativ weiter – hinab durchragt (periglaziale Höhenstufe) bzw. noch erreicht hat (Waldhöhenstufe), als dies heute der Fall sein kann. In ozeanischen oder monsunfeuchten Gebieten dürfte bei großen Einzugsbereichshöhen die *Gletscherbedeckung* im *Hochglazial* die *Periglazialregion* vollständig überdeckt oder jedenfalls annähernd 'ausgequetscht' haben. Dort, wo die *rezenten* Gletscher weit *über* der *Permafrostlinie*, also in periglazialem Milieu enden, ihre Endmoränen gänzlich anderer, nämlich periglaziärer Morphodynamik zur Überformung aussetzen (was für die kleineren Hängegletscher des Hohen Himalaya gilt), ermöglichte ihr *exponentielles hochglaziales Absteigen* der damals ausgebildeten dendritischen Talgletscher in Verlängerung der heutigen Gletscher das Aufschieben ihrer Endmoränen *tief* unten im feuchten *Montanwald niedrigster Stufe*. Das geschah bis zu 2700 m *unter* der damals nur um 800–1400 m abgesenkten Permafrostlinie (KUHLE 1982a, Bd. 1, S.149). Die Gletscherenden waren somit *eiszeitlich* vielerorts mit sehr viel *wärmeren* Klimabedingungen geomorphologisch konfrontiert als heute, was Konsequenzen für die subglaziale Schmelzwasserarbeit haben mußte, d. h., sie muß sehr viel *intensiver* gewesen sein. Ein Punkt, für den man gegenwärtig kein Augenmaß gewinnen kann. Das heißt, das Aktualitätsprinzip hat keine richtige Geltung, und man muß versuchen, es sich über die erhaltenen geomorphologischen Indikationen, sozusagen indirekt, zu schaffen.

Diese, gegenüber heutigen Verhältnissen sehr *verstärkt* unter den Talgletscherzungen des eiszeitlichen Himalaya wirksame *Linearerosion* bereitete den glaziären Grundschliff folglich nicht nur etwas vor, sondern wurde zum regelrechten *Schrittmacher der Glazialeintiefung*. Die Glazialtäler waren infolgedessen auch *glazigene Kerbtäler*. Zu der subglazialen Wasserarbeit, die zugleich von der *Taltiefenliniensteilheit* für ihre Prozeßintensität profitierte, gesellten sich die durch sie bedingten dominierenden *Zugkräfte* im Gletscher. Sie bewirken, in dieselbe Richtung förderlich, die Bevorzugung des *Grundschliffs* gegenüber dem Flankenschliff (s. Kapitel 1.1.1). Die Talgletscher erodierten darum die oberen *Klammkanten* als ihren einzigen Auflagebereich in jenen schluchtartig engen Talgründen wirksam und schnell hinweg, so daß sie nur mehr als konvexe *Felsknickleisten* eine unterste, etwas steilere, tiefenliniennahe Kerbe vom *Gesamtkerbprofil* dieser Glazialtäler absetzen (Foto 35 △).

Auf den ersten Blick gesehen und ohne das Wissen von einer so tief hinabreichenden *pleistozänen* Vergletscherung bis in die Himalaya-Quertalprofile unter 2000 m Meereshöhe hinab würde der beidseitige *Felshangknick* 30–100 m über der Tiefenlinie als Hinweis auf eine plötzlich verstärkte Linearerosion mißzuverstehen sein. Für derartige Erscheinungen bemüht man in der Regel eine erneut eingesetzte *Hebung* oder *Hebungsverstärkung*, die die Einschneidung rejuveniert haben könnte. Der Gedanke ist hier jedoch abwegig, weil es in der Himalaya-S-Abdachung in den in Frage kommenden Zeiträumen des Pleistozäns auch zuvor nie an maximaler Reliefenergie, die die Abflußgeschwindigkeit auf Höchstwerte beschleunigt, gefehlt hat. Der als zweites noch aufscheinende Aspekt ist der einer abrupten Niederschlagsverstärkung, die die Linearerosion plötzlich intensiviert haben könnte. Das ist eine Erklärungsvariante, die allein für das post-spätglaziale Holozän seit dem Ausschmelzen betreffender Talgletscher in Betracht käme. Sie ist durch keine flankierenden Belege zu *stützen*, aber auch *nicht zu widerlegen*. Dadurch jedoch, daß oberhalb dieser Knickleiste an einigen der untersuchten Talflanken bis mehrere hundert Meter aufwärts eindeutig glaziäre, konkav ausholende *Schliffe* mit *Felsglättungen*, partienweise sogar mit Gletscherschrammen, belegt sind (z. B. KUHLE 1982a, Bd. II, Abb. 124–129), ist die Gletschereinlage bewiesen und die oben vorgeschlagene Deutung die ohne Alternative zwangloseste und damit überzeugendste.

Bei allen diesen Überlegungen muß die scholastisch-normative *Absolutheitsperspektive* vermieden werden. Aus diesem Grund ist es ein Anliegen, alternative oder scheinbar alternative Erklärungsversuche mitzuliefern. Bei allen geomorphologischen Analysen muß der *Schwerpunkt* von Argumentation und Nachweis auf der *Lagebeziehung* der im Gelände angetroffenen Indikatoren liegen. Deshalb setzt sich jede im Zusammenhang dieser Ausführungen notwendigerweise *generalisierte* Aussage aus einer *Beobachtungsvielfalt* zusammen, die im einzelnen partikular und inhomogen bleiben muß und darum nur über eine Vielzahl von *Wiederholungen* ein standardisiertes Bild rechtfertigt. Damit wird also konzidiert, daß einige Interpretationen von einzelnen Befunden noch nicht gesichert sein mögen. Dies soll betont werden. Gerade hierin liegt aber der Vorzug jeder *lebendigen*, d. h. noch *produktiven* wissenschaftlichen Tätigkeit und der Grund für die Langeweile, die alles geschlossen und geklärt Präsentierte hervorruft.

Im unteren Thak Khola-Durchbruchstal, unmittelbar im Anschluß an die Schluchtstrecke bei der Siedlung Kabre mit ihrer engen Klamm zwischen Dhaulagiri- und Annapurna-Massiv (W-licher Zentralhimalaya), wurde eine *Ineinanderschachtelung* von zwei trog- bzw. kastenförmigen Talquerprofilen beobachtet, deren Erklärung noch einen Schritt weiterführt als nur zur subglazialen Schmelzwassererosion (KUHLE 1982a, S. 174f.; 1983a, S. 117). Die erste Anlage erfolgte im Früh- bis Hochglazial, als das auf einer 32 km langen Distanz unterhalb der ELA sich sammelnde Wasser an dieser Stelle rund 2200–2400 m unter der Schneegrenzhöhe formungswirksam wurde und zunächst eine *Kerbe* in den aus Gneisen bestehenden, vom Talgletscher flach erodierten Schliffboden eingearbeitet hat. Wie der deutlich über jüngere Endmoränen dokumentierte Gletscherrückgang während des Spätglazials zeigt, schloß sich dann eine Phase an, während der die nun weit zurückgeschmolzene, nur noch schmale, ausspitzende Gletscherzunge in jene Schmelzwasserkerbe *einsank* und diese durch einen Flankenschliff auf niedrigerem Niveau *kastenförmig ausschliff* und erweiterte. Das geschah wohl auch bei gleichzeitiger, in einer ebenfalls tieferen Etage erfolgenden subglazialen Wasserarbeit. Dieser letzte Schritt der Entwicklung ist allenfalls noch in der rezenten Klamm von Kabre, die sehr schmal ist und frisch eingelassen erscheint, zu erahnen, wird aber talauswärts im wieder etwas flacheren anschließenden Talverlauf, falls überhaupt vorhanden, durch die postglazialen Schotterflureinfüllungen einer Talsohle verdeckt.

Auf diesem Weg stößt man auf die Möglichkeit einer *glaziären Talineinanderschachtelung*. Sie wird als Wechselspiel von *Gletscherschliff* und *Schmelzarbeit* verständlich, was von der Art der eigentlichen *Wirkungsweise* her auf einen *alternierenden*, *denudativen* und *linearen* Vorgang zurückgehe, aber die Gleichzeitigkeit der Prozesse nicht ausschließen muß.

2.2.2
Die Wirkungen des Schmelzwassers im subglazialen Lockergestein

Auch in diesem Zusammenhang läßt sich von *alternierenden* Vorgängen reden, wenn auf einen talbildenden Abtragungsprozeß ein Akkumulationsvorgang mit der Ablage von *Lockergestein* (Grundmoräne, glazifluviales Material etc.) folgt und dieses dann wiederum durch subglaziale Schmelzwasserarbeit ausgeräumt wird. Womit wir zunächst noch in der *Gebirgsgletscherwelt* verharren, denn in den Gebieten der ausgedehnten *Flachlandvereisungen*, d. h. denen vorzeitlicher Inlandseise, fehlen – jedenfalls in ihren peripheren schmelzwasserreichen Abschnitten – die auszuschleifenden Täler im Anstehenden, und *alle* Vorgänge spielen sich im *Lockergestein* ab.

Wie oben bereits berührt, können die unteren Profilabschnitte von Gletschertälern mit Grundmoräne oder Schotterablagerungen sowohl *subglazial*, wie im ersten Fall immer, als auch *interglazial* und dann *subaerisch* verfüllt werden. Jeder erneute Talgletschervorstoß bringt über die sogenannten *Vorstoßschotter* eine solche Felsgrund- oder auch Grundmoränenabdeckung mit sich. Hierbei wird häufig zuerst eine zentrale Schmelzwasserkerbe, eine Klamm, verfüllt. Für hochasiatische Gebirge, die durch ihre intensive *Frostverwitterung* und eine anteilsmäßig erhebliche *Lawinenernährung* der Gletscher die bedeutendste Moränenförderung aufweisen, sind sogenannte *Podest- oder Dammgletscher* (vgl. HEIM & GANSSER 1939, S. 233; v. KLEBELSBERG 1948, Bd. 2, S. 828; KUHLE 1987c, S. 213) charakteristisch (s. Kapitel 2.4). Diese im Extremfall bis zu mehrere hundert Meter mächtigen *Moränensockel*, die dammartig den sich auf ihnen aufhöhenden Eisströmen unterlagern (Foto 36), werden vorzugsweise während des allgemeinen Gletscherrückganges aufgebaut. Dann nämlich, wenn vermehrt Innenmoräne zu Grundmoräne *austaut* und die *Schürfleistung* nachläßt. Damit wird zugleich deutlich, weswegen die Podest- bzw. Dammaufhöhung zum *Gletscherende* hin *zunimmt* und erst unterhalb der ELA einsetzt. Derzeit ist eine günstige Phase, um Podest- respektive Dammgletscher zu studieren, denn seit 1820–1860 überwiegt der Gletscherrückgang, der bei kleineren Talgletschern einen Schwund von bis zu 50 *Volumenprozent* bedeutete, was immensen Innenmoränenanfall gezeitigt hat. Bei diesen relativ zu den eiszeitlichen nur sehr kleinen Gletschern kann man andererseits kaum Informationen über die subglaziale Interaktion von bedeutender Untermoräne, Grundmoräne und Damm- oder Podestmoräne mit *bedeutendem*

Foto 36: Dammgletscher in der Nanga Parbat-S-Flanke, W-Himalaya (Aufn.: M. KUHLE, 5.9. 1987).
Der Bazin-Gletscher in der Nanga Parbat-S-Flanke (35°12′N/74°39′E) als ein typischer Dammgletscher. Der Eisstrom wird durch Lawinen (○) aus der über 7000 m hinaufreichenden Eisflanke gespeist. Der resultierende Schuttreichtum wird sowohl in Obermoräne (△) wie auch in einen Untermoränensockel, auf dem der Eisstrom abfließt, umgesetzt.

Schmelzwasser in enger Talfüllung gewinnen, denn dazu fehlt ihnen der Wasseranfall genauso wie die komplette *Talquerprofilausfüllung*, die den *paraglazialen* Abfluß in *Ufertälern* zugunsten des subglazialen Abflusses klein hält. Für die Himalaya-S-Abdachung sind bis 80 km lange Talgletscher rekonstruierbar (z. B. KUHLE 1990b, S. 419ff., Fig. 9), die im untersten Abschnitt ihres Zungenverlaufes, mancherorts über viele Kilometer, auf Grundmoräne, die einen talbodenbildenden Vorstoßschotterkörper überlagerte, abgeflossen sind. Rezent kann man derartige Verhältnisse am ehesten in der Alaska Range (N-Amerika) oder an Karakorum-Gletschern (W-Hochasien) studieren.

Beispielsweise fließt der größte Gletscher des 6193 m hohen Mount McKinley-Massivs, der Muldrow-Gletscher, mit seiner dekakilometerlangen Talgletscherzunge auf einer Lockergesteinsverfüllung. Das ist am unmittelbaren Zungenende sichtbar. Ebenso enden der 42 km lange Skamri-(Crevasses-)Gletscher und der benachbarte dekakilometerlange Sarpo Laggo-Gletscher in der Karakorum-N-Abdachung mit über 7000 m hohen, lawinenreichen Einzugsbereichen auf bis zu kilometerbreiten Talschottersohlen (s. Fotos 27 u. 2).

An dieser Stelle wird ein Vorschlag eingeblendet. Zwei Worte, nämlich 'glazifluvial' oder 'glazifluviatil' und 'fluvioglazial', die üblicherweise synonym verwendet werden, sollten – einer begrifflichen Bedürftigkeit folgend – *unterschiedlichen* Inhalten zugeordnet werden. Unter *glazifluviatilen* Sedimenten sind oben Sander bzw. Schotterfluren, also Ablagerungen verstanden worden, die *außerhalb* des Eisrandes abgelagert wurden (s. Kapitel 2.1). Das soll so bleiben. Folglich steht 'fluvioglazial' für unter dem Eis, d. h. durch *subglaziale* Schmelzwasser abgelagerte Schotter. Beide Arten von Material tragen keine unmittelbar verschiedenen Merkmale, die sie ohne das Vorhandensein eines Gletschers differenzierbar machte. Ihre genetischen Implikationen aber helfen, über die an den Schotterkomponenten selbst nicht zu diagnostizierenden Unterschiedlichkeiten hinaus, sie über ihre *Lagebeziehung zum Eis* zu erkennen. Dies bereits hat seinen Wert, ist ein Gewinn an sich, denn derartige genetisch-normativen Unterscheidungen und Gliederungen sind produktiv und haben schon häufig auf Fährten geführt, die letztlich auf empirische Evidenzen stoßen ließen, welche dann eine unmittelbarere Differenzierung nachzuweisen ermöglichten. Hier ist darum von *fluvioglazialen* Ablagerungen die Rede, die gerade im *Grenzbereich zur Grundmoräne* in ihrer Gesamtheit als Schichtkomplex und -verband stellenweise Merkmale tragen, die *glazifluviale* Materialien, welche von entspanntem Wasser und ohne dislozierende Eisauflast sedimentiert worden sind, *nicht* tragen können. Gedacht ist an Durchmischungen, Pressungen und Verschuppungen oder faltende Stauchungen, die nur ein überfließender Gletscher ausrichten kann.

Was das Schmelzwasser unter diesen dekakilometerlangen Eisströmen bewirkt, ist nur indirekt erschließbar. Jedenfalls kommt es am Gletscherende, sich aus einem *Gletschertor* ergießend, an die Oberfläche. Es gibt allerdings auch Wasserausgüsse, die auf bis zu vier Gletschertore verteilt sind, wie LEUTELT (1938) am Taschach-Ferner (Ötztaler Alpen) beobachtet hat. Normalerweise bewegt sich subglaziales Schmelzwasser dieser Art einige hundert Meter gletscherzungeneinwärts ebenfalls schon auf dem *Schotteroberflächenniveau*.

Das hat der Verfasser einwärts des Plomo-Gletschertores (Nevado del Plomo-Gruppe, Anden, 33°S) beispielhaft beobachten können (s. Foto 28 ×; vgl. auch RUSSELS [1893] Beobachtungen am Malaspina-Gletscher). Ursächlich hierfür ist die abnehmende und schließlich vollständig *ausklingende Gletscherbewegung* zum Zungenende hin. Hier erfolgen dann kaum mehr Störungen der Schmelzwasserbahnen durch Eisdislokationen. Das gilt weiter gletschereinwärts nicht mehr. Dort werden darum *Eisbarrieren* und deren fortgesetzte Verschiebungen für beträchtliche *Turbulenzen* und im *Lockergestein* leicht realisierbare *Auskolkungen* sorgen. Mit taleinwärts ebenfalls zunehmender Gletschermächtigkeit erhöht sich außerdem der *hydrostatische* Druck und damit die *Fließgeschwindigkeit* des Wassers und seine *Erosionswirkung*. Hier dürften – in Analogie zu den *Klammen* im Anstehenden – tiefe *Schmelzwasserrinnen* die Grundmoräne und die *sukzessive* gletscherauswärts verdrifteten Schotterlagen zergliedern. Ein wesentlicher Unterschied ist durch die *Lockerheit* des ausgeholten Gesteins gegeben. Ihm fehlt die *randliche Standfestigkeit*, und es ist einer *fortgesetzten Verlagerung* des Substrates zugänglich. Örtlich wechselnd werden Hohlformen auch wieder *rückgängig* gemacht und durch Vollformen in Gestalt von *Schotterbänken* ersetzt. Diese fehlende Standfestigkeit erlaubt es dem Gletscher – im Gegensatz zum soliden Felsboden – durch seine Auflast das Lockergestein, die Grundmoräne und Schotter zu *verdrücken*. Aus diesen Gründen werden sowohl *trotz* als auch *wegen* der Materialweichheit eher *flache* Schotterrinnen – und zwar jeweils *mehrere* quasi-parallel nebeneinander – unter dem Gletscher ausgebildet. (Weitergehend s. WOLDSTEDT 1961, Bd. 1, S. 23–25, S. 122–124 u. S. 137–142.)

Nach diesen Überlegungen am rezenten und darum zugleich verdeckenden Gletscherbeispiel zurück zu den durch Deglaziation freigelegten *Talgrundexempeln* des *eiszeitlich* vergletscherten Himalaya. Das untere Thak Khola zwischen Tatopani und Ranipauwa (Dhaulagiri- und Annapurna-Gruppe, Zentraler Himalaya) zeigt im Verlaufe der letzten 20–30 km des vorzeitlichen Thak Khola-Gletschers Spuren eines *zeitlichen Wechsels* zwischen *subglazialer Talverfüllung* durch Grundmoräne bzw. Schotter und *subglazialer Klammeinschneidung* bis tief in das anstehende Gestein hinein. Heute ist beides *partiell überliefert* nachvollziehbar. Überdies bestehen unterhalb der Zungenendlage 350 m hohe *glazifluviale Terrassen*, die sehr abrupt bei jener Siedlung Ranipauwa einsetzen (Details s. KUHLE 1983a, S. 123–128 u. S. 193–196; 1982a, Bd. 2, Abb. 98, S. 101 u. S. 103–107). Bis etwa dort hinab und nicht weiter muß der *hochglaziale* Thak Khola-Gletscher geflossen sein. Da die Oberfläche der allein als Gletschertorschotterflurenrest zu verstehenden Terrasse um 350 m höher liegt als die *heutige Taltiefenlinie, muß* der gesamte Talverlauf während der Zeit des betreffenden hochglazialen Eisrandes um 1100 m ü. M. über Dekakilometer einwärts mit einem *Schottersockel* verfüllt gewesen sein (ebd., Bd. 2, Abb. 8). Die eiszeitliche Existenz der den Gletscher unterlagernden Schotterverfüllung des Tales geht auch aus den Resten von *Ufer- und Endmoränendiamiktiten* hervor, die noch einmal deutlich mehr als 100 m, stellenweise über 200 m an den Talflanken über jenes Terrassenoberflächenniveau hinaus – und das natürlich wenige Kilometer taleinwärts – abgelegt worden sind (ebd., Abb. 102 u. 103). Da nun aber kein Gletscher mit einer über 450 m mächtigen Zunge abschließt, sondern auf weniger als 100 m Mächtigkeit herabschmilzt, ehe er am unmittelbaren Gletscherzungenende sehr steil auf wenige hundert Meter Horizontaldistanz aufhört, muß der Gletscher, der hier endete, von jenem mehrere hundert Meter mächtigen *Talschotterkörper* unterlegt gewesen sein. Andernfalls hätte er an seinem Ende nicht 490 bis 630 m über der heutigen Tiefenlinie *Moränen* ablagern können. Die postglaziale Ausräumung dieses ca. 350 m mächtigen Schottersockels stellt bei dem sehr bedeutenden Abfluß des Kali Gandaki kein Problem dar.

Aus diesen Verhältnissen ergibt sich folgende für *exemplarisch* gehaltene Deutung, wobei hier im *extremen Hochgebirge* wegen der *beträchtlichen Hebungsraten* der Gesamtablauf für *einen Glazialzyklus* gedacht werden soll: 1. Ein Talgletscher schürft ein Trogprofil aus, das ist der *breit* ausladende Talausraum oberhalb der *engen* Schlucht im Talgrund. 2. Gleichzeitig erfolgt eine fluvioglaziale, d. h. *subglaziale Schmelzwassererosion*, die den Trog *einkerbt*. 3. Während des ausklingenden Hochglazials zum Spätglazial hin erfolgt eine Gletscherregression, die sich bei dekakilometerlangen Eisströmen zunächst in einer *Mächtigkeitsabnahme* äußert und mit starker *Moränenproduktion* sowie der fluvioglazialen *Aufschotterung* einhergegangen sein muß. In dieser Zeit also wurde das *subglaziale Schluchtprofil verfüllt* und der Gletscher baute seinen Podest, seinen Damm, auf. Das war zugleich die Zeit, in der die *niveaugleiche Gletschertorschotterflur* akkumuliert wurde. 4. Anschließend erfolgte der *Rückschmelzprozeß* des Gletscherzungenendes und damit verbunden die Einschneidung und Ausräumung der fluvioglazialen Schotterfüllung aus dem subglazialen Schluchtprofil.

In derartigen Fällen *kombinierter* Abläufe von subglazialer Erosion und Akkumulation muß neben diesem gestauchten, d. h. auf eine Eiszeit konzentrierten Modell, ein *gestrecktes Modell* durchdacht werden. Ein Modell, das zwei Eiszeiten, also zumindest *eine* ältere Eiszeit miteinbezieht. Noch mehr als eine Eiszeit zu berücksichtigen verbietet im Gebirge die tektonische Hebung, die natürlich – wie im obigen Himalaya-Beispiel – besonders stark ist (ca. 3–5 mm/J nach SCHNEIDER 1957, S. 468 u. S. 475; GANSSER 1983, S. 19). Diese Hebung bedingt eine sehr viel tiefere (um 1200 m niedrigere) Gletschereinzugsbereichshöhe bereits während der Riß-Eiszeit (ca. 120000 YBP) und eine noch tiefere während der älteren Eiszeiten. Das bedeutet einen weniger tief hinab erfolgenden Abfluß der damaligen Gletscher, womöglich nicht einmal in den in Rede stehenden Talbereich hinein. Hierbei gilt, daß die vorletzte Eiszeit (Riß) in etwa der letzten (Würm) an Intensität entsprach. Die ELA war rißzeitlich weltweit etwa 100–200 m tiefer abgesenkt als während des Würmglazials (u. a. KUHLE 1976, Bd. 1, S. 197).

Der Vorteil des *gestreckten Modells* bestände darin, daß das obere *ausladende Talquerprofil* als von einem *Riß-Gletscher* ausgeschliffen denkbar wäre und die *Würmvereisung* mit ihren als Vorgang sehr geläufigen Vorstoßschotterablagerungen (s. Kapitel 2.1 u. 2.1.1) das subglaziale untere, schluchtartig enge Profil verfüllt haben könnte. Der subglaziale kerbförmige Einschnitt in den Troggrund hinein ist dabei als mit der Trogbildung simultan hochrißzeitlich zu denken. Gegen das gestauchte Modell spricht, daß man von einem während des Hochglazials sehr viel tieferen Talgletscherabstieg als nur bis zur oberen Wurzel der 350-m-Terrassen ausgehen müßte, um diese – wie das oben geschehen ist – mit ihrer Aufschüttung in das Spätglazial stellen zu können. Für diese sehr mächtige spätglaziale Aufschüttung fehlt bisher der Beleg – was den Vorgang allerdings nicht ausschließt.

Beim *gestreckten Modell* wäre dagegen der durch die Vorstoßschotter des Würmglazials verfüllte untere, etwa 350 m tiefe Profilbereich unterhalb des Gletscherendes in seiner auswärts gedachten Fortsetzung zwanglos die *Oberfläche der* 350-m-Terrasse, deren Niveau das Gletscherzungenende aufgelegen hat. Die *Einschneidung* wäre dann in stimmiger Weise der ausklingenden Hocheiszeit mit ihrem einsetzenden *Gletscherrückgang* zuzuordnen.

Mit dieser Auffassung *kreuzt* sich die oben angeführte Variante einer zum Spätglazial hin mit dem *langsamen Austauprozeß* des Talgletschers und dem daraus resultierenden *Moränenschuttanfall* erfolgenden *subglazialen Aufschüttung* und *Podestaufhöhung* der Gletscherzunge um jenen 350-m-Betrag. Bei dieser Gegenüberstellung, die diametrale Positionen betrifft, welche jeweils einiges für sich haben, schält sich ein Bilanzumschwung hinsichtlich des Auf- oder Abbaus von subglazialen Akkumulationen heraus: Wie im Kapitel 2.1 über die Schotterfluren ausgeführt, kann als verbindlich gelten, daß der Gletscherrückgang mit einer *Einschneidung* des Schmelzwasserflusses in die Schotterflur einhergeht. Darum kann jeder Eisrandlage regelhaft eine *Terrasse* zugeordnet werden, die am Außenhang der zugehörigen Endmoräne einsetzt. Hier wäre demnach der *Gletscherschwund* mit *Erosion* gekoppelt. Unterstellt man, daß *Gletschertorschotterflurterrassenbildung* mit subglazialer *Schotterkörpererosion* einhergeht und simultan abläuft, was über die Einsenkung des Schmelzwasserflusses, der eine *ausgeglichen durchhängende Gefällekurve* anstrebt, als wahrscheinlich gelten muß, dann scheint dem die *gleichzeitige Dammgletscheraufhöhung* – die gleichfalls an den Gletscherschwund gebunden ist – zu widersprechen. Hier liegt eine offenkundige *Gegenläufigkeit* vor, die bisher nicht untersucht ist. Sie scheint am ehesten auflösbar durch eine *weniger starke Verknüpfung* mit der *Gletscherdammaufhöhung*. Sie würde bei einer solchen Veränderung der Position wesentlich von der *absoluten Schuttzufuhr* und nicht so sehr von der *relativen* im Verhältnis zum *Eisvolumen* abhängen. Hiermit erscheint dem Verfasser – bisher allerdings nur hypothetisch – die im gestreckten Modell geforderte *Koinzidenz* von *Podestmoränenaufbau* und *Vorstoßschotteraufschüttung* während einer *aufkommenden* Eiszeit und dem zugehörigen *Talgletschervorstoß* am ehesten realisiert gewesen zu sein.

Wenn hier von *aufkommender Eiszeit* die Rede ist und nicht nur von Würmglazial, wird ein weiterer Aspekt berührt, der für das *gestreckte Modell* spricht, nämlich die *abgeschlossene Einheitlichkeit* eines jeden Glazials. Dies bedeutet, daß das, was rißeiszeitlich abgelaufen ist, sich würmeiszeitlich im Prinzip wiederholt hat, wenngleich die gesamte Taleintiefung sowie die Ausschleifung des oberen, rein glaziären Profilausschnitts und auch die Erosion des unteren fluvioglazialen Profilteiles, d.i. die klammähnliche Eintiefung, sich kumulativ fortschreitend weiterentwickelt haben muß.

Aus diesen Reflektionen ergibt sich folgende Gliederung der Prozeßphasen: 1. Gletschervorstoß mit Vorstoßschotteraufschüttung, die dann vom Gletscher auf einem vom *Vorstoß selbst aufgehöhten* Schotterbett überfahren wird. 2. Der Gletscher schmilzt spät-hochglazial zurück, wobei die nun fluvioglazialen Schotter bis zur Tiefenlinie im Felsbett *ausgeräumt* werden. 3. Es liegt in der Natur der subglazialen Aufschüttung, gletscherabwärts mächtiger zu werden (s. Kapitel 2.3.2), darum wird sie dementsprechend von oben *talauswärts fortschreitend* ausgeräumt und gibt den Felsboden des Tales von oben nach unten frei. Das bedeutet eine von oben talabwärts wirksam werdende *subglaziale Erosion der Felsen* und Klammentwicklung. Aus diesem Grund kann die subglaziale Klammbildung *nie* den *tiefsten Eisrand* erreichen. Dieser *muß* bereits zurückgezogen sein, bevor die talabwärts fortschreitende *Klammeinschneidung* das Gletscherende erreicht haben kann. Die subglaziale Klammeinschneidung ist konsequenterweise ins *frühe Spätglazial* einzuordnen.

Eine der vielen Fragen, die also nicht befriedigend beantwortet werden kann, ist die nach der *Zusammengehörigkeit* bzw. *Trennbarkeit* von *subglazialer Lockergesteinsakkumulation* durch Podestmoränenbildung respektive in Form von Dammgletschern auf der einen Seite und fluvioglazialer *Schotterakkumulation* im Pegel der Gletschertorschotterflur auswärts des Gletscherendes auf der anderen Seite. Es ist bisher ungeklärt, ob es sich um *eine Prozeßkombination* handelt oder um zweierlei Erscheinungen *genetisch eindeutiger Trennbarkeit*. Eine Klärung ist von entscheidendem Interesse für das zuvor Gesagte. Denn wären es *zwei Prozesse* und Erscheinungen, so könnte es sich beim Beispiel des unteren hocheiszeitlichen Thak Khola-Gletschers im Zentralhimalaya um eine *rein fluvioglaziale Schotterakkumulation* gehandelt haben und nicht um eine Dammgletscherbildung. Das würde zugleich bedeuten, daß es einer *Dammoräne* offenstände, sich bevorzugt beim *Gletscherrückgang* aufzubauen. In diesem Fall hätte sie mit dem skizzierten Beispiel keine Berührung und der im anderen Fall bestehende *Phasenwiderspruch* wäre damit *ausgeräumt*.

2.2.3
Zur subglazialen Rinnenbildung in den Flachlandeisgebieten

In der Anlage von subglazialen Rinnen im Randsaum, d.h. im Ablationsgebiet von *Inlandeisen*, ist *auch im Flachland* eine *Reliefabhängigkeit* vorhanden. Die aus einem großen Eisschildkomplex herausfließenden Auslaßgletscherzungen folgen immer selbst nur wenig prononcierten Geländedepressionen. Die Zungen liegen weit im Ablationsgebiet und sind deshalb aus warmem, sehr fließfähigem Eis aufgebaut. Darum ist es ihnen möglich, sich selbst an kaum wahrnehmbaren, nur sehr flach eingelassenen Tiefenlinien zu orientieren. Solche Tiefenlinien werden dann von der *fluvioglazialen Rinnenbildung* stärker eingetieft und – wie das Beispiel der perlschnurartig aufgereihten Berliner Rinnenseen belegt – von *Übertiefungsschwellen* gegliedert (vgl. hierzu USSING 1903; WERTH 1909).

Wie weiter oben bereits angesprochen (s. Kapitel 2.2.2), sind jene *Rinnen* unverhältnismäßig *breiter* als *Klammen* im Verhältnis zu ihrer Tiefe, was auf die fehlende *Standfestigkeit* des Lockergesteins zurückgeht (Fig. 11 u. 12). Auch die Form ist dadurch eine andere. Sie ist *kerbenförmig* und nicht *kastenähnlich*. Der Grundriß der Oberränder zeigt eine sehr viel größere Amplitude im Ausbauchen und Divergieren bzw. in den zu den Einschnürungen führenden Konvergenzen der Rinnenränder, während die Klammränder einer parallelen Führung näher bleiben.

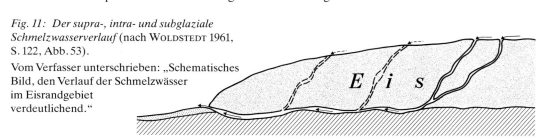

Fig. 11: Der supra-, intra- und subglaziale Schmelzwasserverlauf (nach WOLDSTEDT 1961, S. 122, Abb. 53).

Vom Verfasser unterschrieben: „Schematisches Bild, den Verlauf der Schmelzwässer im Eisrandgebiet verdeutlichend."

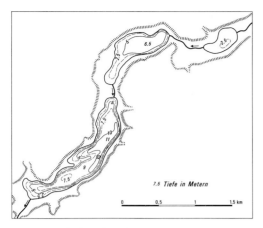

Fig. 12: Subglaziale Schmelzwassererosion in Lokkergesteinen (nach WOLDSTEDT 1926, zit. aus: 1961, S. 123, Abb. 54).

Als Beispiel subglazialer Schmelzwassererosion in Lockergesteinen ist die „Tiefenkarte der Jelser Seen in Nordschleswig. Tiefe in Metern" ausgewählt worden. Die Rinnenseen weisen unter hydrostatischem Druck entstandene Übertiefungen auf. Ihre Oberränder sind durch primäre und sekundäre Nachstürze etwas verbreitert worden.

2.2.3.1
Ein Einschub zur Interferenz von Inlandeis und Permafrost

Entgegenwirkendes, weil das Substrat festlegendes Element ist der *Permafrost*, der in den Randgebieten der eiszeitlichen nordischen Inlandeise von den Auslaßgletscherzungen *überfahren* worden sein dürfte (vgl. hierzu als Analogie diesbez. Ausführungen über Permafrost im grönländischen Inlandeisgebiet bei WEIDICK 1968, S. 73, Fig. 25). Er gab den Rinnenformen eine tendenziell *strafferen* Form. Ob der Permafrost *subglazial überdauerte* oder über die isolierende Wirkung der Eisdecke sein *Ausschmelzprozeß* initiiert wurde, ist ein *offenes* Problem (s. POSER 1947). Die Gletscherabdeckung verhindert das *Eindringen der Winterfröste* in den Boden und staut die *Erdwärme*, indem sie ihre Abfuhr an die Atmosphäre unterbindet. Generell gilt, daß ein unter dem *randlichen* – und verstärkt unter dem *zentralen* – Inlandeis (vgl. GROSSWALD 1983, S. 108, Karte 25 u. S. 159, Karte 42) erhaltener Permafrostboden kalte und damit *kontinentale Verhältnisse* belegt (vgl. KUDRYAVTSEV, KONDRAT'YEWA & ROMANOVSKIY 1978, Fig. 2). Je *feuchter*, d. h. *maritimer* ein Inlandeis ist, desto mehr basiert seine Ernährung auf der *Niederschlagsmenge* und nicht so sehr auf den niedrigen Temperaturen. Der Eisrand fließt hier bis in beinahe gemäßigte Klimazonen nach S hinab. In den *kontinentaleren* Inlandeisgebieten, wie sie in jüngster Zeit von GROSSWALD (1988; mündl. Mittlg. und unveröffentl. Kartenskizze) für N-Sibirien in weit *größeren Ausmaßen* angenommen werden, als zuvor für beweisbar gehalten wurde, koinzidieren Gebiete mit *rezentem* und *fossilem* Permafrost mit dem betreffenden Inlandeisgrundriß. Sowohl für das N-europäische wie auch das N-amerikanische Inlandeis bestanden letzteiszeitlich (und wahrscheinlich auch während der *älteren* pleistozänen Vereisungsperioden) deutlich kontinentalere Klimaverhältnisse als heute, was mit den *trockengefallenen* angrenzenden *Schelfgebieten* und der verringerten *Feuchtigkeitskapazität* der um annähernd 10° C abgekühlten Luft erklärt wird. Die Niederschläge waren global um 10–30% geringer als heute (FLOHN, mündl. Mittlg. vom November 1987). Verstärkt aber galt das für die *sibirischen* Inlandeisgebiete, deren Lokalität auch heute weitaus kontinental-trockener ist, weswegen hier die mächtigsten rezenten, weit über 100 m Tiefgang erreichenden Permafrostvorkommen nachweisbar sind (POPOV, ROZENBAUM & VOSTOKOVA 1978, Permafrostkarte d. UdSSR 1 : 4000000). In *Sibirien* waren die Verhältnisse *ähnlich* wie beim *Tibetischen Inlandeis*. Es war hocheiszeitlich wahrscheinlich trocken und damit sowohl im ELA-Niveau als auch am Eisrand tendenziell kalt (KUHLE et al. 1989, S. 204–206). Wobei der Vergleich allerdings insofern hinkt, als die eiszeitlichen tibetischen *Auslaßgletscherzungen*, vom Plateaurand und durch die Randgebirge hindurchfließend, sehr steil in viel wärmere Höhenstufen, tief unter das Niveau des zentralen Inlandeises, hinabgeflossen sind und damit *doch* als *temperierte* bis *warme Gletscher-*

zungen endeten. Das sibirische Eis endete als *Tief-* bzw. *Flachlandeis* angenähert niveaugleich mit der Basishöhe seiner zentralen Kuppel. Hier lagen die Jahresmitteltemperaturen der Luft, die entscheidend für die *Entwicklung* und *Erhaltung* von Dauerfrostboden sind (vgl. u. a. WASHBURN 1979, z. B. S. 29, Fig. 3. 7), bei unter $-4°$ bis $-8°C$; wahrscheinlich sogar deutlich tiefer ($-10°$ bis $-12°C$). Damit handelte es sich selbst noch im Ablationsbereich des Inlandeises um eher kaltes Eis, welches dem im Frühglazial und noch *vor der Vergletscherung* entwickelten Dauerfrostboden nach der Überfahrung nichts anhaben konnte. Generell zeigten unsere Gletschereistemperaturmessungen (auf den Expeditionen 1984, 1986, 1989 zum Mt. Everest, K2 und Tangula Shan, Zentraltibet), daß sich ab 5 m Eistiefe abwärts die Jahrestemperatur der Luft an der Eisoberfläche bis auf etwa $1,0°C$ genau widerspiegelt. Das bedeutet, daß die Jahreslufttemperatur durch eine Inlandeisabdeckung so weit hindurchschlägt und so tief hineingreift, wie sie die inlandeiseinwärts zunehmende *Eisbasistemperatur*, die über die *Mächtigkeitszunahme* des Eises dem *Druckschmelzpunkt* nähergebracht wird, zu kompensieren in der Lage ist. Damit ist belegt, daß auch *subglazialer Permafrost* nicht allein zu erhalten, sondern – bei noch niedrigerem Temperaturniveau – sogar zu bilden ist.

Der durch einschlägige Leitformen wie *Tundrenpolygone* (Eiskeilnetze) und *Pingos* erkennbare *Permafrost* ist allerdings nur im *periglazialen Gebiet* im ursprünglichen Sinne, d. h. peripher um die vorzeitlichen Inlandeisgrenzen herum, gut rekonstruierbar. *Subglazial* sind diese Formen gänzlich vom Eisschurf unmöglich gemacht und, soweit präglazial vorhanden, ganz sicher zerstört worden.

Nach diesen Überlegungen sind wir geneigt, die Frage der subglazialen *Rinnenbildungen* im *lockeren* quartären Gestein unter *Permafrosteinfluß* als generell möglich und vielerorts erfolgt zu beantworten, denn es koinzidiert die notwendige *periphere Lage der Rinnen*, die sie an die Ablationsgebiete bindet, mit der für die *Permafrosterhaltung* – und unter noch kälteren Bedingungen sogar für die Dauerfrostbodenbildung – notwendig *geringen* Eismächtigkeit. Dennoch ist dies eine sehr integrale Aussage, die regional differenziert werden muß. Extrem *ozeanische* Gebiete, wie die Eisränder W-Schottlands und auch W-Jütlands dürften subglazial *permafrostfrei* gewesen sein. Die Inlandeisgebiete Sibiriens oder die Gletscherareale des N-amerikanischen Eises zum in der amerikanischen Literatur für gletscherfrei gehaltenen Zentralalaska hin (u. a. PÉWÉ & REGER 1972; PÉWÉ 1975), die sehr kalt und trocken waren, müßten bis weit unter das Inlandeis hinein *abgedeckten Permafrost* aufgewiesen haben.

Ob sich aus dieser Differenzierung eine Veränderung für die Form der eisfrei überlieferten *subglazialen Rinnen* ergibt, ist bisher nicht untersucht worden. Die Wichtigkeit einer solchen Untersuchung liegt auf der Hand. Damit nämlich wäre ein weiterer Indikator für *kalte oder wärmere Inlandeisränder* zu finden, was den Zugang zum Paläoklima der Inlandeise dergestalt erweitern könnte, daß über die *Kontinentalität* oder *Maritimität* des Eisrandes Jahrestemperatur- und Niederschlagsabschätzungen möglich würden.

2.2.4
Zur Esker- respektive Oserbildung

Ein in allen Handbüchern planmäßig verfolgtes Thema ist die Beschreibung von *Schmelzwassertunnelfüllungen*, von *Eskern* bzw. *Osern*, die die besonders auffällig geformten fluvioglazialen Ablagerungen der Flachlandeisgebiete ausmachen (WOLDSTEDT 1961, S. 124–133; v. KLEBELSBERG 1948/49, Bd. 1 u. 2, S. 282, S. 292–295, S. 374, S. 495, S. 603, S. 609, S. 617 f., S. 628 u. S. 638–642). Diese Ausführungen, die vorrangig an dem Gang der Forschung in ihrer *derzeitigen Ausrichtung* orientiert sind, sehen sich – im Detail betrachtet – sehr *vielfältigen* Erscheinungen gegenüber, die ausgedehnteste Darstellungen ermöglichen. Zugleich sind sie jedoch in der Feststellung zusammenfaßbar: 'Das fließende Gletschereis kann in seinen Ablationsgebieten beinahe *jede Art von Akkumulation* entstehen lassen.' Konzentriert man sich dagegen auf die *vielerorts übereinstimmenden wichtigsten Striche* bei der Skizzierung dieser Ablagerungen, so sind sie von *trivialer* und damit einigermaßen unbefriedigender *Schlichtheit*. Ursächlich ist wohl eine so mancher geomorphologischen Erscheinung innewohnende Unattraktivität zur Erklärung weiterreichender *Zusammenhänge*. Ähnlich geht es dem Forscher mitunter bei der beinahe zwangsläufig im *Vordergründigen* steckenbleibenden Beschreibung der *Strukturbodenvielfalt*, die das *periglaziale Milieu* bietet. Auch der Karstformenschatz hat damit verwandte Anklänge und die unglücklicherweise auch noch nach Größen und Dimensionen normierende, computerauswertbare geomorphologische Detailkartierung des vergangenen Jahrzehnts (GMK 1 : 25000 der BRD) hat es durch die *Extraktion genetischer Inhalte* fertig bekommen, über die Formalisierung selbst noch die Reste von Erkenntnisträchtigkeit auszutreiben (KUHLE 1989c, S. 41–48, S. 51 f. u. S. 54–56). Das ist ein – vielleicht notwendiger – Endpunkt, wie er immer einmal wieder, so mit der Scholastik im Mittelalter, mit der Zählbarkeit von Erscheinungen zuletzt während des Positivismus hat erreicht werden müssen (CARNAP 1976, S. 59).

Darum also an dieser Stelle in gebotener Kürze: Dort, wo das subglaziale Schmelzwasser infolge seines *Last-Kraft-Gefüges* das Lockergestein nicht mehr rinnenförmig *auskolkt* oder Geschiebe aus der Grundmoräne *auswäscht* und schotterartig transportiert, sondern über *hydrostatischen Druckabfall* die Transportkraft nachläßt, wird gewaschenes Material im Korngrößenspektrum von Schotterfluren und auch in vergleichbarer Weise *klassiert* abgelegt. Hierzu stehen die Räumlichkeiten von Eistunneln zur Verfügung; das sind vom Schmelzwasser ausgekolkte Gewölbe, die als *kuchenformähnliche Fassung*, jedoch in sehr ausgedehnter, länglicher, bis 100 km Erstreckung, die Aufschotterung randlich und nach oben hin limitieren. Die hierbei entstehenden, einem *Eisenbahndamm ähnlichen*

Wälle sind entweder *hügelig* oder *terrassenähnlich flach* ausgebildet. Sie sind mitunter leicht hin- und hergebogen, und es finden sich auch Verzweigungen. Die dann später ausgetaut, d. h. ohne ihre Eisfassung in Erscheinung tretenden Oser *verstürzen randlich*. Es resultieren daraus am Rand *abgeknickte* oder – falls der Abtauvorgang langsam und kontinuierlich im Schichtabfall umgesetzt wurde – *herabgebogene* Schichtverläufe im Oserquerprofil (LEIVISKÄ 1928). Die Oserbildung scheint mehr oder minder eng an den *Niedertauvorgang* des Inlandeises gebunden zu sein. Jedenfalls gilt das für die sehr langen, ungestört ausgebildeten Wallformen, denn das Eis darf bei ihrer Entstehung kaum als noch in starkem Fließbewegungsvorgang gedacht werden, sonst wären sie durch jene Eisdynamik gestört, unterbrochen und versetzt worden. Eine Fließbewegungsabnahme besteht natürlich ohnehin, d. h. selbst bei *positiver Gletschermassenbilanz* zum Inlandeisrand hin *ohne Niedertauvorgang*. In einer abgewandelten Vorstellung kann die Oserentstehung durch ein *zurückschmelzendes Gletschertor*, aus dessen Öffnung die Schotter als erhabener Wall unmittelbar vom Schmelzwasser herausgeworfen worden sind, gedacht werden (KRAUSE zitiert nach MAULL 1958, S. 400). Die im Querschnitt randlich häufig verbogenen Schotterschichten (s. o.) sprechen jedoch für eine gänzlich *subglaziale* Aufschüttung. Eine derartige 'Gletschertoraufschüttungsvorstellung' erscheint dem Verfasser jedoch verwegen in Anbetracht der *fehlenden* Beobachtungen von vergleichbaren Vorgängen an *rezenten Gletschertoren*. Auch würde durch sie nicht recht begründbar, weswegen Oserbildung auf Flachland-Inlandeise spezialisiert ist, denn rückschmelzende und zugleich stark schüttende Gletschertore mit erheblichen Schuttvorräten gibt es auch an Gebirgsgletschern (s. Fotos 25 u. 27). Hierin ist wohl eher ein Beleg dafür gefunden, daß die *starke Eisbewegung* der im Talgefäß kanalisierten Gebirgsgletscher solche Wallformerhaltung unmöglich macht. Das wäre außerhalb des rückschmelzenden Gletschertores jedoch ohne Belang. Darin liegt ein weiterer Hinweis dafür, daß Oser wohl

Foto 37: W-Rand des grönländischen Inlandeises bei Söndre Strömfjord (Aufn.: M. KUHLE, 25. 7. 1979).
W-Rand des grönländischen Inlandeises (E-lich Söndre Strömfjord, 67°N/51°W) mit zwei Auslaßgletscherzungen (↓ ↓), Endmoränen (▽) und Gletschertorschotterfluren (○). Die Rundhöckerfluren sind bis an den Eisrand durch jüngste Verwitterungs- und Solifluktionsvorgänge mancherorts (□ □) deutlich verändert worden.

doch *gänzlich subglazial* aufgeschüttet und erst dann vom Eis entlassen werden, ähnlich wie der Schlick vom Schlickwurm. Eine weitere Bildungsalternative ist die intraglaziale Genese (PHILIPP 1929). Sie ist gut vorstellbar und dürfte sich an Exempeln, deren Schichtgefüge erheblich gestört ist, am besten verstehen lassen. An derartigen Osern wäre dann nicht nur die randliche Fassung weggefallen, sondern dazu noch im Liegenden sukzessive das mehr und mehr totfallende Eis ausgeschmolzen, was zusätzlich die *zentralen Schotter* des Dammes verstürzen läßt. In solchen *Oserbesonderheiten* können dann bereits fluvioglaziale Varianten von Kamesbildungen erkannt werden (s. Kapitel 2. 3. 8).

2.3 Moränen in auf die wichtigsten Leit- und Übergangsformen konzentrierter Darstellung

2.3.1 Die Ufer- und Endmoränen

Primär vom Gletschereis *zusammengeschobene Lockergesteinsmassen* sind Moränen. Dabei ist es gleichgültig, ob es sich um zusammengeschobene und dabei umgelagerte, gestauchte, geschuppte Schotterbänke handelt oder in *größerer Ferne* aufgenommene und vom Ort ihrer Verwitterung herangefrachtete Detritusmassen.

2.3 Moränen

Vom Musterbild eines *Talgletschers* her bietet sich die Unterscheidung von *Ufer-* und *Endmoräne* an, wenngleich *Ufermoränen* regelhaft zur Taltiefenlinie hin zu Endmoränen umbiegen und nicht selten – lediglich vom Schmelzwasserfaden unterbrochen – *zusammenlaufen* (Foto 33). Es besteht damit ein kontinuierlicher Übergang zwischen beiden Moränentypen. Weitgespannte Piedmontgletscherloben oder in dieser Hinsicht verwandte Inlandeisloben, wie sie letzteiszeitlich N-Deutschland erreichten, bildeten ausschließlich Endmoränen bzw., topographisch noch genauer fixiert, *Stirnmoränen* aus. Das gilt jedoch für die W-grönländischen Inlandeis-Auslaßgletscher nicht, weil sie durch ein *Mittelgebirgsrelief* kanalisierte, talgletscherzungenähnliche Gletscherenden aufweisen (Foto 37 ↓ ↓). Anhand dieser kurzen Gegenüberstellung wird die *Lagebeziehung zum Gletscher*, zu seiner Fließrichtung und Form, zum *konstituierenden* Kriterium für die *Moränenbegriffsbestimmung*.

Damit sind zugleich genetische Implikationen ergriffen, denn die Lagebeziehung entscheidet über die Art des *Aufschüttungsprozesses* und die *Form* der Moränen.

In diesem Zusammenhang sind interessante inverse Strukturen der *Beschreibungs-, Abgrenzungs- und Definitionstendenzen* verfolgbar, die an der *Gegenüberstellung* von Ufer- und Endmoränen repräsentativ zutage treten. So liegen vom Material her Endmoränen in ihrer *ausgesprochensten* Variante als *Stirnmoränen* vor der Stirn der Gletscherzunge (s. a. v. KLEBELSBERG 1948, Bd. 1, S. 162–167, S. 184 f. u. S. 276–279). Das ist neben der Grundmoräne die *eigentlichste Moräne*, die es geben kann, denn der Gletscher hat derartige Ablagerungen bei *vollkommener Durchmischung* zusammengeschoben (ZILLIACUS 1987; LUNDQVIST 1984 u. 1989, Fig. 1; DREIMANIS 1969 u. 1982). Dem Material fehlt in der Regel jede *innere Ordnung* in Form von Schichtung oder auch nur Bankung und Klassierung. Es ist *chaotisch* und dergestalt diamiktitisch, daß die großen Blöcke am oberen Ende des Korngrößenspektrums neben den *feinkörnigsten* Peliten zu liegen kommen. Durch diese wurden sie voneinander isoliert und in großer, *unregelmäßiger* Entfernung voneinander sedimentiert. Die *komplette Durchmischung* kommt überdies noch häufig durch die *polymikte* Gesteinszusammensetzung, was die *Petrographie* der Komponenten betrifft, aber auch durch deren morphometrische Merkmale (von kantig über kantengerundet und facettiert bis gerundet zu gut gerundet; letzteres über aufgenommene fluvioglaziale oder glazifluviale Schotter) zum Ausdruck. Überdies sind zwei *kombinierte Durchmischungsarten* in einem Stirnmoränenaufschluß mancherorts nachweisbar. Neben der *strukturlosen* Durchmischung des Substrates von den größten bis zu den kleinsten Komponenten sind stellenweise *Stauchungsscherflächen* zu beobachten. Sie verraten ein *wiederholtes* Anrennen der Gletscherstirn gegen die primär zur Ruhe gelangte Ablagerung dadurch, daß sich eine nachträgliche, verschuppungsartige Dislokation von Akkumulationsteilkomplexen gegeneinander ablesen läßt. In die nämliche Richtung einer noch höhergradigen Ordnungslosigkeit sind die vielerorts mit in den Diamiktit eingestauchten glazilimnischen Sandschmitzen und glazifluviatilen oder fluvioglazialen Schotternester unter dem Aspekt der Verletzung ihrer Primärlagerung zu nennen (Foto 38 × ○).

Die *Ufermoräne*, die mitunter fälschlich als Seitenmoräne bezeichnet wird und auch von dieser herrührt, indem sie eine am seitlichen Gletscherrand bereits abgesetzte, gänzlich ausgetaute oder allenfalls noch etwas toteisdurchsetzte Moräne ist, die lange Zeit am äußersten Gletscherrand mitgeführt worden ist, weist im Gegensatz zur Stirnmoräne *Bankungen* und sogar Ansätze von *unsauberen Schichtungen* auf. Hiermit bildet sich eine Art *Fluidaltextur* der Sedimentation durch das schuttheranführende *Entlangstreifen* des sehr spitzwinklig auf den Ufermoränenwall auftreffenden Gletschereises ab (Foto 39 △). Nicht selten sind ganze *Zeilen* in einer Reihe am steilen Ufermoräneninnenhang angelagerter großer Blöcke zu beobachten, die gleichfalls das *Entlangfahren* eines mit sehr grober Obermoräne versehenen Gletschers belegen (KUHLE 1976, Bd. 1, S. 108; Bd. 2, Abb. 49 u. 139). Blockreiche Obermoräne kann als Ausnahmeerscheinung durch auf die Gletscherfläche niedergegangene *Bergstürze* (Bergsturzmoräne; s. u. a. HEUBERGER 1966) entstehen, wobei diese in einem glaziären, durch Flankenschliff unterschnittenen, steilflankigen Talrelief – sozusagen *glazigen* vorbereitet – häufiger als im Fluvialrelief auftreten und somit zum *moränenaufbauenden Milieu* mit dazugehören.

Mit der schwerpunktmäßigen Darstellung des Konnexes von *Prozeß und Form* – hier von Gletscherform, -ernährung, -dynamik und *Moränenablagerung* – ist die möglichst *eindeutige Zuordnung* von beidem beabsichtigt. Nicht die Moränenform *an sich* und ihr innerer Aufbau zählen, sondern ihr *Indikatorwert* für die Rekonstruktion *vorzeitlicher* Gletscherbedeckung und Gletscherart hinsichtlich einer *paleoklimatischen* Aussage. Dies bedeutet, daß nur die *geomorphologisch-sedimentologische* Analyse als Mittel zum Zweck wahrhaft begeistern kann, denn sie genügt zum einen dem *Funktionstrieb* und beantwortet zum anderen die Frage: *Und wozu das Ganze?*

Im *Rückkoppelungsverhältnis* von Gletscher und Ufermoräne liegen Eispegelschwankungen begründet. Der vorstoßende Talgletscher baut beide Ufermoränenwälle auf, deren Entfernung voneinander sich nach der *Gletscherbreite* richtet. Diese Breite wird dann aber auch für die *zukünftigen Oszillationen* des Glet-

Foto 38: Ufermoränenaufschluß mit Ufersander, Karakorum-N-Seite (Aufn.: M. KUHLE, 2. 9. 1986).
Gut 100 m hoher Ufermoränenaufschluß, 2 km auswärts des K2-Gletscherendes in 4100 m ü. M. (Karakorum, 36°N/76°28′E). In den dicht gepreßten Diamiktit sind schlierige Strukturen aus Schotternestern (○) und glazilimnischen Sanden (×) eingestaucht. Die gut klassierten Deckschichten (□) darüber sind die glazifluvial sedimentierten Schotter eines Ufersanders, der in die Ufermulde zwischen Gletscher und Talhang geschüttet worden ist.

2.3 Moränen

2. Akkumulations- und Abtragungsvorgänge

Foto 39: Geschichtete Ufermoräne am Tres Gemelos-Gletscher, Anden (Aufn.: M. KUHLE, 21. 1. 1980).
Geschichtete Ufermoräne des Tres Gemelos-Gletschers (Rio Blanco, Mendoziner Anden, 32°55'S/ 70°05'W, 4050 m ü. M.). Diese Textur (△) zeigt eine gewisse unsaubere Klassierung, wie sie für eine lagenweise Sedimentation durch den Schutt abstreifendes Gletschereis kennzeichnend ist.

Foto 40: Gebankte Ufermoräne, Horcones Inferior-Gletscher, Aconcagua (Aufn.: M. KUHLE, 17. 3. 1980).
Die rechte Ufermoräne des Horcones Inferior-Gletschers (Aconcagua-Gruppe, Anden, 4150 m, 32°40'S/ 69°57' W) ist durch mehrere Überschüttungen lagenweise aufgeschichteten Materials (□ ○) aufgebaut worden (links eine Person als Größenvergleich). 30 m tiefer liegt die rezente, obermoränenbedeckte Gletscheroberfläche (×). Am jenseitigen Gletscherrand sind Murkegel und -bahnen, die unterhalb der verschneiten Runsen ansetzen, aufgereiht (△).

schers durch das *Widerlager* jener anfänglichen Moränen festgelegt. Einer sehr *viel positiveren Massenbilanz* bleibt also allein der Ausweg nach oben bis zum Oberrand der Ufermoränenfirste hinauf und sogar noch höher: dann erfolgt *Moränenüberschüttung* (Foto 40 □ ○). Es wird auf den Top des Walles noch weiteres Schuttmaterial (Obermoränenmaterial) aufgebracht (vgl. RÖTHLISBERGER & SCHNEEBELI 1976, S. 40 ff.). Dabei wird die bei hinreichendem zeitlichem Abstand zur primären Wallerrichtung ausgebildete *Vegetation* (in Form von alpinem Rasen, seltener, weil in geringerer Meereshöhe, von alpiner Zwergstrauchheide) *verschüttet*. Ihre Rückstände lassen sich zusammen mit dem ebenfalls erhaltenen Bodenhumus über das ^{14}C-Kohlenstoff-Isotop radiometrisch datieren und erlauben eine *absolute Zeitansprache* jener *Überschüttung*, die in der Regel an einen *Gletschervorstoß* gebunden ist. Aufgrund der hohen Viskosität des Gletschereises kann die Eisstromoberfläche sehr deutlich, um mehrere Meter weit, über einen unmittelbar benachbarten Ufermoränenfirst aufragen, ohne daß deshalb bereits der *Überschüttungsvorgang* einsetzen muß (Fotos 41 u. 36). Dieser beginnt, genauso wie der Aufbau einer *Stapelmoräne*, mit dem Herabstürzen des Blockwerkes vom unmittelbar benachbarten Eis. Bei noch fortgesetzter Eisaufhöhung rutscht dann

2.3 Moränen

Foto 41: *Bazin-Gletscherrand im Überschüttungsprozeß, Nanga Parbat* (Aufn.: M. KUHLE, 1.9.1987).
Orographisch linker Rand des Bazin-Gletschers (Nanga Parbat-S-Abdachung, 35°15'N/74°35'E). Der Eiskörper überragt die Moräne um 15–20 m, und der abrutschende Obermoränenschutt überschüttet ihren First und den Ufermoränenaußenhang (↘ ↘), so daß beide weiter aufgehöht werden.

zusätzlich feineren Detritus ab und *häufelt* den Ufermoränenwall um – unter Umständen – viele Meter weiter auf.

Bisweilen erfolgen an den *schwächsten Stellen* von durch das andrängende Eis gefährdeten Ufermoränen auch *Durchbrüche*, so daß hier das zentrale Moränengefäß, welches das zunehmende Volumen des vorstoßenden Eises kaum mehr zu fassen und zu halten vermochte, entlastet wird (Foto 8 ×). Solche 'Entlastungsnebenzungen' ergießen sich in die *Ufermulden* oder -täler hinein und transportieren *jüngeres* Moränenmaterial in den talflankennäheren Bereich des *ältesten*, dort vielfach sogar noch als Grundmoräne abgelagerten Lockermaterials.

Der Rand des überschüttenden *Gletschers* ist jedoch nirgends wie eine dort, wo sie überschüttet, überlaufende *Flüssigkeit* über den Moränenfirst geflossen. Dazu ist selbst 'warmes', quasi-laminar fließendes Eis *nicht flüssig genug*, was zugleich bedeutet – einmal als Denkmodell angenommen –, daß dort, wo das Eis *wassergleich* über den Rand eines Gefäßes fließend wirksam gewesen sein könnte, die halbe Moräne weggerissen worden sein müßte – so starr-mechanisch könnte dieser Vorgang bei der hohen Viskosität des Eises nur sein. Und das ist dann genau der Prozeß, der zu der oben angeführten *anderen Variante der Ufermoränenbeanspruchung* durch einen anschwellenden Gletscherkörper geführt hat: zum seitlichen, randlichen *Durchbruch jener Entlastungsgletscherzunge*, die, basaler ansetzend, die Ufermoräne eher wegreißt und *nicht* aufschüttet.

Es handelt sich hier um einen der nicht seltenen Fälle, wo eine *Wortentlehnung*, nämlich die von der durch Wasser erfolgten *Überschüttung*, wie sie durch den über das Ufer tretenden Fluß etwa die ganze Talaue mit Sand, Silt und Ton aufschüttet, einen *falschen Begriff* suggeriert. Die *Analogie* zwischen dem in beiden Fällen 'in einem Bett fließen' und 'bis über den Rand anschwellen' ist zwar gelungen, jedoch nur vordergründig, nicht aber hinsichtlich des *eigentlichen Ablagerungsvorganges*. In dem eine *Matrix* bildenden Ausgangsbegriff, der das Wasser vor Augen hat, wird sehr wohl 'geschüttet'. Das gilt für den zähen, fast starren Gletscherrand jedoch *nicht mehr*. Denn es ist ein *Qualitätssprung* von der *Flüssigkeit* zum beinahe starr *transportierenden Medium* vollzogen, welches dementsprechend nicht mehr 'aufschüttet', sondern 'an- oder aufhäufelt'.

Sehr viel *häufiger* ist als ein *korrespondierender* Vorgang die *Moränenanlagerung* vertreten. Dabei bilden sich die *erneuten Gletschervorstöße* durch jeweils an den alten Ufermoräneninnenhang 'angeklebte' Ufermoränenlagen, die maximal die Höhe des älteren Walles erreichen, ab. Auf diesem Wege wird das Gletscherbettquerprofil immer *enger*. In einigen Fällen sind ganze *Serien von Ufermoränenwällen* aufgereiht und durch kleine *Ufermulden* voneinander abgesetzt. Ein besonders beredtes Beispiel hierzu liefert der Nuptse-S-Gletscher in der Mt. Everest-Gruppe (Foto 19

▽ ▽). Wie dort fächern häufig die aneinander *angelagerten* Moränenwälle hinter Talknicken, die mit *Querprofileinschnürungen* z. B. durch in das Talgefäß hinein vorspringenden Rundhöckern bzw. beschliffenen *Spornen* einhergehen, im Fließschatten jener Vorsprünge weit auseinander (s. Foto 19). Spannend ist, daß die *Moränenanlagerung* – die, weil sie am vegetationssterilen Innensteilhang erfolgt, nicht unmittelbar wie die Überschüttung ^{14}C-datierbar ist – *gleichfalls* für *Gletschervorstöße* kennzeichnend ist. *Warum* der Gletscher *wann wie* verfährt, wann er 'überschüttet' und wann er 'anlagert', ist noch nicht in allen wichtigen Einzelheiten bekannt. Jedenfalls ist die *Anlagerung* von Ufermoränenwällen an einen *Gletscherzuwachs* gebunden, der sich vornehmlich in einem *vorstoßenden Gletscherzungenende* äußert und darum *keine* hinreichende *Oberflächenaufhöhung* aufweist, die zu einer *Moränenüberschüttung* führen könnte. Aus diesem Grunde ist nach der Ursache eines geringeren Eisrückstaus zu suchen. Daß das Gletscherende so frei und ungehindert vorzustoßen vermag, könnte am fehlenden Widerlager älterer Stirnmoränen liegen. Hierfür mag vielerorts eine *Talweitung* oder – was auf das gleiche hinausläuft – die Einmündung des Nebentalgletschers in ein eisfreies Tal höherer Ordnung ursächlich sein. Letzterer Fall ist beispielhaft am Ende des Batura-Gletschers im Zentralkarakorum realisiert, wo sein Zungenende in der Mündung in das obere Hunza-Tal einen um ein Vielfaches größeren Talraum antrifft, als ihn der mittlere Batura-Gletscherverlauf zur Verfügung hat. Darum konnte die ursprünglich breit auseinandergelaufene und damit flach gewordene Gletscherzunge nur geringfügige Stirnmoränen zusammenschieben. Weder ihre geringe Mächtigkeit und damit ihr niedriger *Schürfdruck* noch der ebenfalls durch ihr Auseinanderfließen verringerte, sich auf eine sehr viel breitere Gletscherstirn aufteilende *Schubdruck* vermochten nennenswert konzentrierte Geschiebemassen aufzuhäufen und zu einem erheblichen Widerlager zu verdichten. Ein erneuter Vorstoß wird sich auf die Schwachstellen in einem solchen primären Endmoränenbogen konzentrieren und sie dort leicht durchstoßen. Der nächste Vorstoß hat dann die Möglichkeit, die schmaler werdende Gletscherzunge an einer anderen Schwachstelle der Stirnmoränendeponie mit ihrer *vergrößerten* Mächtigkeit und entsprechend gebündelter Schub- bzw. Stoßkraft durchzudrücken. Je schmaler nun also auf dem Weg der zunehmenden *Lateralakkumulation* durch Ufermoränenanlagerung das Gletscherbett des Akkumulationsbereiches wird, in desto geringere Meereshöhe gelangt das Gletscherzungenende bei *gleichgebliebener* Ernährungsbilanz hinab auf den Talboden. Die 'Vorstoßdistanz' (SCHNEEBELI et al. 1976, S. 41) vergrößert sich. Das bedeutet, daß ein *schmalerer* Gletscher tiefer hinab vorstößt als ein breiter bei *übereinstimmender* Schneegrenzhöhe. Daher orientiert sich die ELA-Berechnung in neuerer Zeit, weit mehr als früher üblich, an den *Reliefparametern* (KUHLE 1986e u. 1988c) wie *Gletscherneigung* über und unter der Schneegrenze sowie indirekt auch an den *Gletscherflächen* und nicht nur an der ehemals allein zu Rate gezogenen obersten *Einzugsbereichshöhe* und dem Gletscherzungenende (wie z. B. bei v. HÖFER 1879, LOUIS 1955 u. a.).

Natürlich sind Taltopographien, die die *Zugkräfte* im Gletscher *erhöhen*, der Ufermoränenanlagerung günstig, denn sie wirken einer Gletschermächtigkeitszunahme, die ja immer aus *Druckkräften* folgt, entgegen. Solche Topographien zeichnen sich aus durch nach unten hin *steiler werdende* Taltiefenlinienkurven, wie sie an Hängetälern mit steiler Mündungsstufe anzutreffen sind. Der untere Abschnitt der Gletscherzunge hängt also steil herab und hält durch seine Gewichtszugkräfte das Eis im mittleren Talgletscherverlauf flachgründig und schmal. Ein Vorstoß kann sich hier allenfalls noch in einer *Moränenanlagerung* äußern, wahrscheinlich aber bildete er bereits zuvor schon keine oder kaum Ufermoränen aus und oszilliert so gut wie überhaupt nicht in der Breite – was die Voraussetzung für Anlagerungsvorgänge wäre –, sondern *ausschließlich* in der Zunge. Er reagiert demnach bei positiver Massenbilanz allein durch eine *Gletscherzungenvorstoßbewegung*.

2.3 Moränen

Zusammenfassend läßt sich folglich sagen, daß *flache* Talgefäßgefälle, die die *Druckkräfte* im Gletscher überwiegen lassen, die Voraussetzung zur *Ufermoränenaufhäufelung* (-überschüttung) darstellen. Dieser Vorgang wird durch große Widerstände für das Gletscherabflußverhalten, wie Talquerschnittsverengungen oder Knicke der Talachse, forciert.

Überwiegen die *Zugkräfte*, was bei steilem Talgefälle zutrifft, so fehlen Überschüttungen, und es treten Anlagerungen auf. Bei extrem steilem Gefälle setzen Ufermoränenanlagerungen vollständig aus, und mitunter werden überhaupt keine Ufermoränen ausgebildet (Foto 15 ↓).

Der in diesen Darlegungen immer wiederkehrende Hauptunterschied zwischen den beiden grundsätzlich verschiedenen topographischen Situationen, die ein *Talgletscher* gegenüber einem Gebirgsvorland- sowie Inlandeisauslaßgletscher vorfindet, soll ebenfalls auf die Erscheinungen *Überschüttung* und *Anlagerung* hin untersucht werden. Vorland- und Inlandeisgletscherzungen sind beinahe frei zu nennen in ihren Abflußmöglichkeiten. Im Gebirgsvorland besteht allerdings eine gewisse *Gletscherkanalisierung* durch den *Talausgang*, aus welchem sich das im Vorland ausbreitende Eis ergießt und von dem her der sich *ausweitende Vorlandlobus* seinen *Hauptimpuls* erfährt. Die Beobachtungen im N-lichen Alpenvorland zeigen, daß diese Kanalisierung *von Eiszeit zu Eiszeit* immer *schmalere* und darum *direkter* ins Gebirgsvorland hinausfließende Gletscherzungen aufgewiesen hat (vgl. PENCK & BRÜCKNER 1901–1909, S. 146 u. ›Karte des eiszeitlichen Inn- und Salzachvorlandgletschers‹; SCHAEFER 1981). Das hat seine Ursache in der sukzessive erfolgenden Verlegung der *Fließschatten* des Talausganges mit Ufermoränenmaterial. Ufermoränenakkumulationen finden sich demnach überall dort, wo der *Eisbewegungsvektor* über einen *zunehmenden Winkel* aus dem *Stromstrich*, der die Talachse des Einzugsbereiches verlängert, hinaus immer kleiner wird und schließlich gegen Null geht. Das auf diese Weise aufgebaute Widerlager errichtet eine sozusagen quasi-natürliche *Talverlängerung*. Es entsteht dabei ein Moränental, das sich in den Piedmontbereich hinaus erstreckt (Foto 42). Aus dieser Entwicklung wird unmittelbar ersichtlich, daß 'Moränenüberschüttungen' bei sehr starken, d. h. mit *großen Eismächtigkeiten* verbundenen Vorstößen am beidseitigen Ansatz der Ufermoränen erfolgen. Das ist in der Regel dort der Fall, wo die anstehenden Felssporne des Gebirgstalausganges abtauchen. Weiter in das Vorland hinaus gehen die *Überschüttungen* in *Anlagerungen* über, um dann, in größter Entfernung vom Talausgang, an Bereiche zu stoßen, die während der vorhergehenden Eiszeit womöglich noch nicht vergletschert gewesen sind – was aufgrund der damals noch bedeutenden *lateralen Ausuferung* des Piedmonteises während jener älteren Vereisungen zwingend ist. Dabei muß berücksichtigt werden, daß jene *Anlagerungen* an die *spätglazialen Ufermoränen* und *Kamesterrassenbildungen* erfolgten, die gegenüber der vorhergehenden Hocheiszeit bereits schmaler gewordene Zungenbecken einfaßten. Auswärts und in *Verlängerung* der Anlagerungen, dort, wohin die Gletscherzunge nun erstmalig gelangt, entstehen dann völlig *neue Ufermoränen*. Sie biegen zu Endmoränen um und fassen einen *tiefsten, schmalen* und folglich neuen Zungenbeckenbereich ein. Entsprechende Verhältnisse wurden beispielsweise im S-lichen Vorland des Kakitu-Massivs in N-Tibet (E-licher Ta-K'en-Ta-Fan Shan bei 38°N/ 96°15'E) beobachtet (HÖVERMANN & KUHLE 1985, S. 30–31). Hier wurde im Verlauf der pleistozänen *Vorlandvergletscherungen*, vornehmlich während der früh- und spätglazialen Vorstöße, zwischen 4500 und 3900 m ü. M. eine *parallelstreifige Ufer- bzw. Mittel- und Endmoränenlandschaft* durch zuletzt nur noch schmale, wenige Kilometer breite Eiszungen aufgebaut (ebd., S. 43, Abb. 4). Ursprünglich und primär aber bestand ein marginal vollständig *zusammenhängender* Piedmonteiskomplex, der aus 20 aufgereihten Paralleltälern je nach der Einzugsbereichsgröße und -höhe differenzierten Zufluß erhielt (Foto 43). Dort liegt noch eine zusätzliche Spezialität vor: Die genannten Moränen sind als beidseits bean-

74   2. Akkumulations- und Abtragungsvorgänge

Foto 42: Endmoränen- und Mittelmoränenlandschaft im Kuenlun-Vorland (Aufn.: M. KUHLE, 30. 10. 1986).
Parallelstreifige Endmoränen- und Ufer- resp. Mitttelmoränenlandschaft im N-lichen Kuenlun-Vorland, nahe der Siedlung Pusha (37°N/77°E, Basishöhe 2000 m ü. M.). Die dekakilometerlangen pleistozänen Auslaßgletscher des tibetischen Inlandeises haben während jeder erneuten Hocheiszeit diese glaziären Diamiktitwälle (×), die mit 300–600 m Höhe regelrechte Talformen einfassen, weiter ins Gebirgsvorland ausgebaut. Dies erfolgte von links in Fortsetzung der Kuenlun-Gebirgstäler.

Foto 43: Grundmoränenlandschaft im Becken S-lich des Kakitu, NE-Tibet (Satellitenaufnahme NASA ERTS E-1517-03425-7, 22. 12. 1973).
Streifige Grundmoränenlandschaft im S-lichen Vorland des Kakitu-Gebirges (Quilian Shan, NE-Tibet, 38°N/ 96°15′E). Spätglaziale Grundmoränenwälle (/ /) verlängern die Gebirgstäler bzw. deren Flanken von 4500 m bis auf 3900 m ü. M. hinab ins Vorland hinaus und sind über 10 km lang. Sie wirkten als Fassung für die seichten kalten Gletscher, die im jüngeren Spätglazial die Gebirgsgruppe verlassen haben.

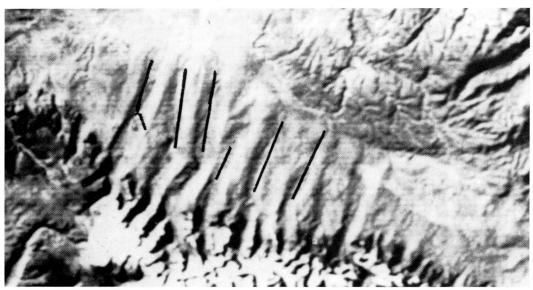

spruchte Mittelmoränenwälle *symmetrisch* aufgebaut, was normal ist; aber sie sind zugleich auffällig weich geformt, was auf eine zeitlich *zwischen den Ablagerungsphasen* erfolgte vollständige Vorlandeisabdeckung hinweist. Diese *Mittelmoränen* waren also *zwischenzeitlich* von ihrer Lage her zu *Grundmoränen* geworden. Ein zusätzlicher *überglättender* Faktor ist die noch heute oberhalb von 4000 m Höhe stark wirksame Solifluktion (KUHLE 1984d, 1985e u. 1987c).

Ein *Inlandeis*, als *Flachlandeis* verstanden, bildet, die Anordnung dieser Abhandlung konsequent weiterverfolgend, den noch ausstehenden Endpunkt im Gletscherverhalten hinsichtlich der *Ufermoränengestaltung*. Hier sind die Auslaßgletscherzungen in ihrer Lage *reine Rückkoppelungsprodukte* des primären Abflußverhaltens und nicht mehr an räumlich fixierte Talauslässe gebunden. Dort also, wo das Gletschereis primär zungenförmig aus dem *Verband des Inlandeises* – was in diesem Zusammenhang als ein Flachlandeis auf *quartären Lockersedimenten* gedacht wird – *abstrahlt* und Auslaßgletscher bildet, *entsteht* ein Gletscherzungenbett. In dieses stoßen die Auslaßzungen späterer Generationen immer wieder vor, bis das Zungenbecken glazifluvial und mit Moränenmaterial verfüllt ist und eine *Zungenverlagerung* in eine dann daneben liegende Depression durch einen der oben beschriebenen Ufermoränendurchbrüche erfolgt. Bevor der Durchbruch stattfindet, ist das Stadium der *Moränenüberschüttung* ('-aufhäufelung') erreicht. Von genereller Bedeutung ist demnach am Rand der Inlandeise die Moränenüberschüttung, denn sie ist kennzeichnend für den erheblichen *Abflußwiderstand* der Auslaßzungen, der durch das geringe *Flachlandgefälle* und die damit einhergehende Verlegung des Eisabflusses durch *Moränenbarrieren* bedingt ist. Die Auslaßgletscherzungen verlagern sich folglich ständig im Verlaufe der Vereisungsperioden und verteilen entsprechend dem Prinzip eines hin- und herpendelnden Wildbaches, der einen Schwemmschuttfächer aufbaut, das moränische Lockergestein beinahe *gleichmäßig* um den Inlandeisrand. An diese 'Gleichmäßigkeit' ist natürlich – dem sehr viel zäheren Medium 'Eis' entsprechend – nicht die Anforderung zu stellen, der das Wasser als Aufschüttungsagens genügt. Diese Gleichmäßigkeit verlangt sowohl ein zeitlich wie auch ein räumlich geringeres, gröberes Auflösungsvermögen. Jener Schwemmschuttkegelvergleich hinkt natürlich auch noch hinsichtlich seines festen Ausgangspunktes, seiner fixen Wurzel, die der Talausgang, aus dem der Wildbach zur Aufschüttung ins Vorland austritt, bildet. Durch dieses Merkmal erinnert er an die zuvor abgehandelte Vorlandvergletscherung, die gleichfalls aus Gebirgstälern hervorgeht.

2.3.1.1
Der Endmoränengürtel als am stärksten beanspruchter Gletscherrandbereich

Hier ist der Ort, auf die *Endmoränenlagen* und *Stirnmoränen* zurückzukommen. An ihnen spielen sich die sichtbarsten *Gletscherrandveränderungen* ab. Im Vergleich zu diesem frontalen Bereich ist derjenige von Ufermoränen sehr viel stabiler, konstanter. Das Verhältnis von *Gletscherlängenschwankung* zu *Gletscherbreitenoszillation* bewegt sich zwischen 10:1 bei kleinen Eisströmen, Kar- und Hängegletschern und 1000:1 oder noch höher bei langen Talgletschern. Noch *unwesentlicher* als die Gletscherbreitenschwankungen treten die *Pegelschwankungen* in der räumlichen Gesamtfunktion der Gletschermassenbilanz in Erscheinung. Darum wohl spricht man vorrangig von *Gletschervorstoß oder -rückgang*, wenn Gletscherschwankungen registriert und kommentiert werden und nicht von der sehr viel schwerer faßbaren *Volumenveränderung*, die allerdings durchaus am signifikantesten sein kann, weil sie bei sehr kleinen Gletschern, wie z. B. Hängegletschern, schnell bis zu 50% erreicht.

Dieser Bereich, der im Gletschervorfeld, durch bereits kleine Klimaschwankungen bedingt, weitaus am meisten beansprucht wird, ist auch noch zusätzlich in seiner *Talachsen-* und *Tiefenlinienlage* den stärksten *glazifluvialen* Aktivitäten ausgesetzt. Das exponiert den Stirnmoränenbereich noch speziell der Veränderung und Überarbeitung (s. Fotos 25 u. 27). Daß die Gletscherendlagen so *überaus ruhelos* und klimatisch beinahe die sensibelsten Anzeiger sind, die es gibt, ist über die zweifache *Übersetzung* jeder ELA-Absenkung zu begreifen. (Eine Schneegrenzabsenkung um z.B. 50 m bedeutet einen Gletscherendenabstieg um annähernd 100 m.) Weiter ist über die vergleichsweise flache Talbodenneigung, die einen Zungenabstieg um nur 100 m allein durch einen Vorstoß um viele 100 m bis zu einigen Kilometern ermöglicht, ein erheblicher bzw. sensibler Eisrandausschlag bedingt. In diesem Zusammenhang besteht eine grundsätzlich *größere Oszillationsbeanspruchung* der unmittelbaren Zungenvorfelder für *kleinere Talgletscher*, an denen sich feinere Klimaschwankungen noch unmittelbarer umsetzen als in den großen, sehr viel trägeren Eisströmen.

Die unterschiedliche *Einregelung* der Komponentenlängsachsen bildet die stärkeren *Schub-* und *Stauchvorgänge* (vgl. Stauchmoräne bei GRIPP 1929 u. 1938) als Funktion eines stumpferen Eisschubauftreffwinkels, als er sich bei Ufermoränen findet, unmittelbar ab. Die *querliegende* und *vertikale* sowie auch noch die *diagonale* Einregelungsgruppe (III, VI und II, Einregelungstafel nach POSER & HÖVERMANN 1952) dominieren dementsprechend zusammen und liefern einen signifikanten Unterschied zur charakteristischen Situmetrie von Ufermoränen, in denen Maxima von 30–50% der Gruppe I auftreten können. In Stauchmoränen können bis zu 50% und mehr der Gruppe IV angehören. Absolute Anteilsangaben, d.h. verbindliche Abgrenzungen, wie sie in einigen Handbüchern üblich sind, müssen jedoch abgelehnt werden, weil hier die Moränenkomponentenpetrographie, darunter die *durchschnittlichen* Längsachsenlängen der integrierten Fraktionen, wie der *Wassersättigungsgrad* des Diamiktits, aber auch das Merkmal ob 'fett' oder 'mager' (der *Tonanteil*) sowie nicht zuletzt die Art der *Schub-* und Stauchbewegung, ob 'langsam' oder 'schnell', mit ursächlicher Bedeutung beteiligt sind. Was davon *prädominante* Einflußgröße und was nur *Randbedingung* ist, muß bisher als ungeklärt gelten.

Am eindeutigsten ist die Form der – allerdings selten unüberarbeitet bleibenden (s.o.) – Endmoräne ansprechbar (s. Foto 20 ○). Sie hat die immer sehr *bedeutende* Evidenz eines *ganzheitlich wahrnehmbaren* und zugleich aus mehreren Formenelementen *unverwechselbarer Lagebeziehung* zusammengesetzten Gefüges für sich. Der Moräneninnenhang ist steil, der Außenhang flacher. Je ausdauernder, d.h. je persistenter, desto flachhangiger ist ein Endmoränenwall. Generell ist der Endmoräneninnenhang *flacher* als der von Ufermoränen, deren Innenhänge häufig *Wandsteilheiten* von 45–80° erreichen (s. Foto 19). Ähnliche Steilheiten sind an Endmoränenhängen nicht gänzlich ausgeschlossen, aber weit seltener (Fotos 44 u. 20). Ursächlich für diesen Unterschied ist die an Ufermoränen erfolgende *Unterschneidung* durch die entlanggezogenen, abgesenkten Gletscherränder. Sie scheidet wegen fehlender paralleler Gletscherbewegung an den Stirnmoränen aus. Das Höhenverhältnis von Gebirgsgletscherendmoräneninnen- zu -außenhängen beträgt häufig etwa 1 : 1, wohingegen die in die *Ufermulden* abfallenden Ufermoränenaußenhänge regelhaft nur einen *Bruchteil* der Innenmoränenhanghöhe erreichen (s. Foto 19 ▽). Das Verhältnis von 2 : 1 wird dabei kaum je registriert, und selbst das von 3 : 1 ist selten realisiert. Begründet muß dies damit werden, daß eine Stirnmoräne nach außen auf das Niveau eines älteren, notwendig *tiefer* gelegenen Zungenbeckenbodens abfällt,

Foto 44: Jannu-W-Gletscher mit Obermoränenabdeckung, E-Himalaya (Aufn.: M. KUHLE, 1.1.1989). Der Jannu-W-Gletscher mit seinem 7710 m hohen Einzugsbereich (Kangchendzönga-Gruppe, E-Himalaya, 27°40′N/88°01′E). Von Eisbalkonen der Wandfußsockel (×) durch Eislawinen versorgt, ist der Eisstrom mit Obermoräne abgedeckt. An die hundert Meter über den rezenten Gletscher aufragende Moräneneinfassung sind bortensanderartige Sanderschürzen angeschlossen (╱ ╱).

2.3 Moränen

während die Ufermoränen überwiegend *hoch über dem Talboden klebende Akkumulationsleisten* ausbilden, die mancherorts sogar nur beinahe ebene Terrassenflächen fast ohne außenseitige Einmuldung aufweisen und im Extremfall sogar aus dem sonst steiler abfallenden Talhangprofil hervorbauchen, *ohne* eine nach oben abschließende Ebenheit, geschweige denn einen *Gegenabfall in ein Ufertälchen* hinein, aufzuweisen. Solche vorrangig am *Akkumulat*, kaum jedoch noch an der Form festmachbare Ufermoränen, die vielfach sehr abtragungsexponiert liegen und nur als *Reste einer Ufermoräne* in Erscheinung treten, sind in der Regel ebenfalls im Tallängsverlauf nur mehr sporadisch vorhanden und an einigen Talflanken vollständig abgerutscht oder denudativ entfernt (s. Foto 6 ↓).

2.3.1.2
Die Stapel- und Satzendmoräne

Dort, wo die Gletscherstirn stabil über längere Zeit liegenbleibt und den Schutt nicht bulldozerartig zusammenschiebt, sondern eher noch *etwas zurückweicht*, entstehen *Stapelmoränen* (WOLDSTEDT 1961, Bd. 1, S. 29). Ihr Aufbau geschieht durch von der Gletscheroberfläche *über* den Steilabfall der Zungenstirn *herabrutschende* Obermoräne (s. Foto 25). Speziell bei *lawinenernährten* Eisströmen erfolgt ein mächtiger Obermoränenaufbau, der gegen das Gletscherzungenende hin mehrere Meter mächtig werden kann. Da sich an der ortsfesten Zungenstirn der Abschmelzprozeß und der nachdrängende Eisfließvorgang die Waage halten, wird der vom Oberrand der Zungenstirn nachstürzende, fortwährend wie auf einem Förderband nachgelieferte Obermoränendetritus auf immer derselben, das Gletscherzungenende im Halbkreis umlaufenden Basislinie aufhäufelnd *gestapelt*. Die herabrutschenden Schuttpartikel, die an warmen Tagen ununterbrochen abkommen, folgen dabei den durch Schmelzwasser ausgeformten Eisrunsen, die die Gletscherzungenstirn parallelstreifig kannelieren, und bilden unten kleine Schuttkegel, die in die Runsen

hinaufgreifen (s. Foto 25 ▽). Sie verstürzen bei einem anschließenden Gletscherrückgang zu einer Vielzahl kleiner Stapelendmoränenhügel. Bei nachfolgendem Vorstoß wird aus ihnen ein entsprechend dimensionierter, zumeist wenige Meter hoher Wall *zusammengeschoben*. Die leichten Oszillationen von einigen Talgletscherzungen, die die sogenannten *Jahreszeiten- oder Wintermoränen* aufbauen, führen bei generellem Gletscherrückzug, der von kleineren jahreszeitlichen Vorstößen jener Art überlagert wird, zu *waschbrettartiger* Bildung aus betreffenden kleinen Wällen in Serien von bis zu 10 oder mehr Stück. ONO (1984) hat über solche *annuellen* Moränenmuster aus dem Vorfeld eines Langtang Himal-Gletschers berichtet.

An die beschriebenen Schuttkegel schließt sich regelhaft ein mehrere Dekameter breiter Gletschervorfeldsaum an, der sich durch eine sehr *grobe Blockstreu* auszeichnet. In ihm kommen diejenigen sehr großen Komponenten zu liegen, die über ihre größere kinetische Energie beim Ablauf über die Eisschräge der Gletscherstirn und ihre geringere Rollreibung aufgrund ihrer großen Rollradien, deutlich *weiter* verfrachtet werden als der Feindetritus. Noch entfernter und nur mehr vereinzelt sind zimmer- bis hüttengroße Riesenblöcke entsprechend ihrer Reichweiten anzutreffen.

2.3.1.2.1
Die Satzendmoräne –
eine Gletscherzungenpseudomorphose

Dieser Moränentyp ('Satz'-Endmoräne s. GRIPP 1929; v. KLEBELSBERG 1948, Bd. 1, S. 160; 1949, Bd. 2, S. 575), der durchaus beides in Kombination liefert, Endmoräne und Ufermoräne und zusätzlich noch eine mächtige *Ablationsmoränendecke*, ist am häufigsten von *kleinen Hoch- und Hängetalgletschern* hinterlassen worden. Diese Hinterlassenschaft wird bei gleichzeitiger noch bestehender Gletscherzungeneiseinlage noch nicht deutlich, sondern erst beim *Ausschmelzen*. Dann gestaltet die Satzendmoräne das *vorzeitliche* Gletscherzungenende in *abgeflachter* Form nach. An die

Endmoränenlagen schließen sich randlich taleinwärts die Ufermoränen und – als Vollform dazwischen – die durch das Austauen des Eises herabgelegte *Obermoräne* als eine *Ablationsmoräne*, die sich auf die Grundmoräne deckte, an. Mit der *üppigen* Ablationsmoräne, die neben der Obermoräne auch niedergetaute Innenmoräne enthält, ist indirekt ein Hinweis auf steile, durch Felssturz, Steinschlag und/oder Lawinenernährung gekennzeichnete Gletscher gegeben. Auf dem *Luftbild* und mehr noch auf der *Satellitenaufnahme* sind Satzendmoränen von noch 'lebenden', vollständig mit Schutt abgedeckten Gletscherzungen (vgl. Foto 27) nicht deutlich zu unterscheiden. Ein ähnliches Bild bieten rein periglaziäre, an die Einlage von *Permafrost-Segregationseis* gebundene Erscheinungen, die bei einigen Autoren als 'Blockgletscher' eingeordnet werden (vgl. u. a. ØSTREM 1964; WHITE 1976; JOHNSON 1980; PATERSON 1981; GORBUNOV 1983). Auch erfolgt der *Übergang* von einem mit Obermoräne abgedeckten, noch 'lebenden', d. h. *fließfähigen* Gletscher zu einer nur noch Toteis in minder oder mehr fraktionierter Anteilsmäßigkeit enthaltenden Gletscherzunge, die sich nicht mehr bewegt, bis hin zur vollständig eisfreien *Satzendmoräne*, fließend. Daß eine Satzendmoräne *subrezenten* Alters noch kürzlich totes oder sogar fließfähiges Eis enthalten hat, wird häufig an den auf ihrer Oberfläche erhaltenen *See- bzw. Tümpelbildungen* deutlich (s. Foto 45). Entsprechende glaziäre *Thermokarsterscheinungen* sind auch von noch intakten, mit Obermoräne bedeckten Gletscherzungen her bekannt (Foto 46). Sie vererben sich als gletscherauswärts zunehmend standortfeste Bildungen bis hin zum Stadium des vollständig ausgetauten Gletschereises in die *abgeschlossene* Satzendmoränenentwicklung hinein. Diejenigen Tümpel, die *Klarwasser* enthalten, verraten *Quellwasserzufuhr*, während trübes Wasser auf die *Suspension* von *Gletscherschmelzwasser* hinweist und das noch unter dem Schutt vorhandene Gletschereis offenbart (s. Foto 47 ○). Was sich im Bereich der eigentlichen *Satzendmoränenablage* in Nähe des Gletscherzungenendes hinsichtlich des

Foto 45: Spätglazialer Ufermoränenzwickel, S-liches Zentraltibet (Aufn.: M. KUHLE, 10. 8. 1989).
Aufgrund geringer solifluidaler Überformung ins Spätglazial einzuordnender Ufermoränenzwickel an der rechten Flanke des Nyainquentanglha-E-Tales, 600–800 m über der Taltiefenlinie (S-liches Zentraltibet, 30°19′N/90°38′E). Der Talausraum war bis zu diesem Niveau vom Gletschereis verfüllt. Der kleine runde See ist ein Söll, d. h. durch austauendes Toteis entstanden. Sein Spiegel liegt in 5154 m ü. M.

mehr und mehr austauenden Gletschereises und jener Seebildungen zeitlich nacheinander abspielt, ist im *Gletscherzungenlängsprofil gleichzeitig* zu beobachten: Von der ELA aus abwärts nimmt die *Schuttabdeckung* des Eises und dann die *Obermoränendicke* zu, jetzt setzen zuerst noch kleine *Kryokarstseen*, die in den Eiskörper eingelassen sind, ein; allmählich läßt sich gletscherzungenauswärts selbst an den Tümpelufern kein Eis mehr erkennen, aber ihr Wasser ist immer noch gletscherschmelzwassertrübe. Es wird dann weiter gletscherabwärts in den Tümpeln, die vom unmittelbaren Schmelzwasserzufluß abgetrennt sind, *klar*, womit der Übergang vom noch *fließenden* über den bereits *toten* Gletscherzungenbereich

Foto 46: Schmelzwassertümpel u. Obermoräne, Horcones Inferior-Gletscher (Aufn.: M. KUHLE, 14. 3. 1980).

Der Horcones Inferior-Gletscher setzt mehr als 600 m unter der ELA am Fuß der Aconcagua-E-Wand in 4200 m ü. M. an (Hintergr. rechts). Er wird ausschließlich von Lawinen ernährt (▽), so daß eine bis metermächtige Obermoräne den Eisstrom abdeckt (×). Ausschmelzende Eisbereiche sowie Nachstürze lassen nicht ortsfeste temporäre Schmelzwassertümpel entstehen. An Permafrost gebundene Blockgletscher (□) sind mit orographisch rechten Ufermoränen verzahnt (Anden, 32°41′S/70°W).

Foto 47: Imja Khola-Gletscher mit Eisstausee, Khumbu-Himalaya (Aufn.: M. KUHLE, 30. 10. 1982).
Die Imja Khola-Gletscherzunge (aus 5800 m ü. M., Khumbu-Himal, 27°55′N/86°55′E) ist im Zurückschmelzen begriffen, so daß sich ein Eisstausee entwickelt hat (○). Talauswärts ihres Endes münden kurz angeschlossene rechte Nebengletscher, die unter der über 7500 m hohen Lhotse Nuptse-S-Wand ansetzen, in das Haupttal ein (□).

spülen vermag. Die liegende Grundmoräne ist dagegen sehr *dicht* durch den hohen Auflagedruck und ihren beträchtlichen Lehmgehalt. Der Unterschied zwischen einer Ablationsmoräne und einer Grundmoräne ist wegen des beschriebenen *Matrixwechsels* bereits auf den ersten Blick deutlich, denn letzterer fehlt das *Porenvolumen* beinahe völlig (Foto 48 ○). In die gleiche Richtung weisen die signifikant unterschiedlichen Dichten beider Moränenlagen, die bei gleicher Ausgangsgesteinszusammensetzung um 0,1 bis 0,25 g/cm^3 sprunghaft wechseln können.

2.3.1.3
Die Satzendmoräne und das Problem der Blockgletscherentstehung

Die in der Literatur intensiv diskutierte Frage der *Blockgletscherentstehung* aus ehemaligen Blankeisgletschern (v. KLEBELSBERG 1948, Bd. 1, S. 47, S. 157 u. S. 192/193; VALBUSA 1932, 'Petrai', 'Rock Glaciers', 'Christocrene'; R.L. IVES 1940; KESSELI 1941; WAHRHAFTIG & COX 1959; HÖLLERMANN 1964; KUHLE 1982a, Bd. 1, S. 136–139) gehört hierher, denn tatsächlich liefert eine *Satzendmoräne* eines kleineren, d.h. *wenig unterhalb* der Schneegrenze und damit noch *über* der *Permafrostlinie* endenden Gletschers eine geeignete Hülse für einen Blockgletscher. Das gilt, speziell in *arid-kontinentalen* Gebieten, sogar für größere Gletscher, weil die an die *Jahresdurchschnittstemperatur* gebundene *Permafrostuntergrenze* dort bis zu 1000 m unter der *Schneegrenze* zu liegen kommt. Das trifft beispielsweise in S-, W- und N-Tibet zu, aber auch in den subtropischen Anden, etwa in der Aconcagua-Gruppe (32–33°S). Schwierig zu beantworten bleibt die Frage, ob es sich im Einzelfall bereits um eine Blockgletscherbewegung im periglaziären Sinne mit *Aufeisbildung* in den Poren des Moränenmaterials handelt oder ob es noch immer ein *Gletschereiskern* ist, der die Fließdynamik ermöglicht. Ein dubioses Beispiel liefert der Saschen-Gletscher, der E-lich vom Chongra Peak (Nanga Parbat-Gruppe, W-Himalaya) abfließt und in 3500 (3482) m Höhe

Foto 48: Schlierige Grundmoräne, Vorfeld Horcones Inferior-Gletscher, Anden (Aufn.: M. KUHLE, 13.3. 1980).
Grundmoränenaufschluß im Vorfeld des Horcones Inferior-Gletschers (3650 m ü.M., Mendoziner Anden, 32°43'S/69°57'W). Die schlierigen Strukturen zwischen den einzelnen topfartigen Zellen (○) belegen das syngenetische Ausschmelzen von Gletschergrundeis während des Überfließungsprozesses mit der lagenweisen Anreicherung von austauender Innenmoräne. Darüber deckt eine deutlich porösere Ablationsmoräne (×) diskordant ab.

bis auf die *Satzendmoräne* vollzogen ist. Würde man hier eine Bohrung niederbringen (was wegen der Grobblockanteile allerdings kaum gelingen wird), so wäre nur noch glaziärer Diamiktit, d.h. *reine Moräne*, zu durchteufen. Diese Moränenablagerung ist *zweiteilig*. Die hangende Ablationsmoränendecke (vgl. FLINT 1947, S. 111, Abb. 27) ist durch im Mittel sehr viel *gröberes Material* ausgewiesen. Ihr fehlt es vor allem an *Ton- und Siltfraktionsanteilen*. Ursächlich für die Abfuhr von Peliten ist das aus den primär sehr bedeutenden Zwischenräumen ausschmelzende Eis des niedertauenden Gletschers, dessen Schmelzwasser, nach unten absickernd, nur das Feinsubstrat auszu-

in seinem orographisch rechten Ufertal den Sango Sar-See (Rama-See) aufstaut. Das geschieht mit einer Art *Durchbruchsgletscherzunge*, die, vom Stammstrom und seiner Richtung abzweigend, die Ufermoräne durchbrochen hat (s. Kapitel 2.3.1.1). Diese Zunge nimmt zwar vom stark mit Obermoräne abgedeckten *Blankeisgletscherkörper*, der noch bis auf etwa 3345 m ü. M. abfließt, ihren Ausgang, trägt jedoch selbst alle geomorphologischen Merkmale einer *Blockgletscherzunge* (Foto 8 ×). Nirgends mehr ist massives Gletschereis sichtbar, und ihre Oberfläche ist *quer* zu einer – über den steilen Stirnabfall mit frisch versetztem Schutt als rezent nachweisbaren – Fließbewegungsrichtung von *Stauchwällen* strukturiert. Diese Wülste belegen das noch heutige *Nachdrängen* des Blocksubstrates. Sehr ähnliche Formen, die gleichfalls als die Zungen solcher *Satzendmoränen* querende *Stauchwallstrukturen* diagnostiziert werden konnten, sind auf S-amerikanischen Blockgletschern zu beobachten. Gemeint ist: Es sind eindeutige *Satzendmoränen*, die sich genauso eindeutig als *Blockgletscher* bewegen. Jenen andinen Exemplaren fehlt allerdings der rezente *Blankeiseinzugsbereich*. In den ehemals ganz sicher von Wandfußgletschern eingenommenen *Karmulden* liegt heute ebenfalls sich *blockgletscherartig bewegender* Satzendmoränenschutt. Allenfalls die steile Karrückwand weist *perennierende Schneeflecken* auf oder – soweit sie genügend weit hinaufreicht, um von der lokalorographischen Schneegrenze gequert zu werden – *Eiscouloirs*, die am Wandfuß ausdauernde *Schnee-Lawinenkegel* aufbauen (Foto 49 ○). Das in den Schutt der Satzmoräne infiltrierende *Schneeschmelzwasser* kann in den Hohlräumen, zu Permafrosteis gefrierend, zum 'Schmiermittel' für die *Blockschuttbewegung* werden. Das Hauptproblem für die Erklärung von Blockgletschern *ohne* die Entwicklung von einem Blankeisgletscher her, besteht in der initialen Herkunft des *Blockschuttkörpers*, der sich dann über das Zwischenraummedium des Segregationseises (vgl. WASHBURN 1979, S. 62–71) in Bewegung setzt. Was die *großen Blockgletscher* oder 'Blockströme', wie sie aus dem Hindukush von GRÖTZBACH (1965) beschrieben und abgebildet werden und wie sie auf der S-Hemisphäre in den subtropischen Anden gleichfalls vorkommen, betrifft, so sind sie am überzeugendsten, wenn nicht überhaupt nur als zur Fließbewegung rejuvenierte Satzendmoränen zu erklären. Daß dieser Bezug zwischen Gletschern und Blockgletschern als nur *indirekt* verstanden werden darf, wie HAEBERLI (1985, S. 123) meint, wird bezweifelt.

Kleine Blockgletscher werden dagegen durchaus als rein periglaziärer Entstehung in der Permafrosthöhenstufe des Gebirges verständlich (HAEBERLI 1985, S. 9, Fig. 2, S. 14, Fig. 6, S. 15, Fig. 7 u. S. 69, Fig. 40). Unterhalb von steilen Felswänden, etwa an der Basis von Karrückwänden, kann sich durch *Massenselbstbewegung* herangefrachteter Verwitterungsschutt, d.h. durch Steinschlag oder Felsstürze, eine Grobschuttakkumulation aufbauen, die dann, von gefrorenem Schneeschmelzwasser durchsetzt, eine für Permafrostblockschutt typische *gletscherähnliche Fließbewegung* eingeht (ebd., S. 82–100; PILLEWIZER 1957; LLIBOUTRY 1987, S. 119–125, S. 180–182, S. 390–393 u. S. 438–441). Ein Teilaspekt, der hinsichtlich der Blockgletschergröße mit *gegen* eine rein periglaziale Genese spricht, ist die in dieser Höhenstufe zwischen der Untergrenze des diskontinuierlichen Permafrostes und der ELA *kaum vorhandene Zeit* zum Aufbau jener umfänglichen Detritusmassen *kilometerlanger Blockgletscher*, denn weltweit war die ELA – und damit die Vergletscherungsuntergrenze um den annähernd doppelten Betrag – noch während der vergangenen 15 bis 10 Ka um mehr als 500 m respektive annähernd 1000 m abgesenkt und der heutige *Blockgletscherhöhengürtel* gänzlich gletscherbedeckt. Ebenfalls aus dieser Perspektive bedurfte es der *glaziären* Vorarbeit zur Blockgletscherentstehung, d.h. stellen sich Blockgletscher als eine *Mehrzeitform* dar (HAEBERLI 1985, S. 124). Selbst an den *kleinen* Blockgletscherbildungen haben aus diesem Grund die durch bestehende *Glazialmoränen* – wie etwa aus Ufermoränenhügeln – gebildeten Blockgletscher den zahlenmäßig größten

2.3 Moränen   83

Foto 49: Blockgletscher, Aconcagua-E-Flanke, subtropische Anden (Aufn.: M. KUHLE, 27.3.1980).
Blockgletscher, der aus einem Kar unterhalb steiler Rückwände abfließt und zu dessen Einzugsbereich große, perennierende Schneeflecken und Firneiscouloirs (○) gehören, deren Schmelzwässer den Nachschub für den enthaltenen Permafrostkern stellen (Aconcagua-E-Flanke, Anden, 4250–4400 m ü. M., 32°59′S/69°58′W). Die Querwülste auf der Blockgletscheroberfläche (▽) sowie seine frische, steile Stirn (↓) belegen die rezente Fließbewegung.

Anteil an einschlägigen *Permafrostblockfließungen*. Das hat seinen begünstigenden Faktor nicht allein in der Grobschuttansammlung einer Ufermoräne, sondern auch in den für die *Schneeinwehung* geeigneten Verhältnissen der *Ufermulde*. Der dort gehaltene und in seiner Akkumulation geförderte Schnee liefert das für periglaziäre Permafrostdynamik *unentbehr-*

liche Wasser (s. Foto 14 ○). Diese Entwicklung kleiner Blockgletscher sowohl aus dadurch deformierten Ufermoränen wie auch aus *Steinschlagkegeln* oder -halden unterhalb von Felswänden führt regelhaft zur Bildung von *protalus ramparts*, das sind häufig mehrere parallel angeordnete *Grobschuttwülste* (KUHLE 1982a, Bd. 1, S. 137f.; Bd. 2, Abb. 19–22 ▽ ▽; 1983,

S. 37, Abb. 3, S. 40, Abb. 4 u. S. 46, Abb. 5) bzw. -wälle, die zur Taltiefenlinie hin durchhängend ihre Dynamik erkennen lassen. Auch sie haben in ihrem Klimaxstadium *Satzendmoränencharakter*, sind jedoch, soweit sie allein aus Steinschlagrunsen hervorgehen, eindeutig als *keine* Glazialformen nachgewiesen, aber wegen ihrer Ähnlichkeit als *konvergente* Erscheinungen anzusprechen. Die jenen *Fließ*- bzw. *Stauwülsten* inhärenten kleinen Gegengefälle lassen Dellen entstehen, die auch wieder einen den Prozeß rückgekoppelt verstärkenden *Schneeintrag* ermöglichen. In derartigen *protalus ramparts* sind zugleich geomorphologische Anklänge zu *Schneehaldenmoränen* vorhanden. Das sind Formen, die durch eine *perennierende* Schneeinlage und über diese abrodelnden, für den Vorgang besonders geeigneten Grobschutt *passiv*, d. h. *ohne* wesentliche Eigenbewegung des Schnees, in *verwandter* Auf- und Grundrißkonfiguration aufgebaut werden.

2.3.2
Die Damm- und Podestmoränen als forcierte Grundmoränenablagerungen

Derartige Bildungen werden von HEIM (1933) und von HEIM & GANSSER (1939, S. 233) für den Yamatri-Gletscher beschrieben (Fig. 13).

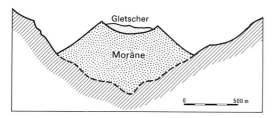

Fig. 13: *Moränenrampe und Randtälchen am Yamatri-Gletscher, E-Himalaya* (nach v. WISSMANN 1959, S. 1130, Abb. 1).
Der Abbildungstext dazu lautet: „Querschnitt durch den Yamatri-Gletscher an der nepalischen Seite des Kangchendzönga mit Moränenrampe und Randtälchen; nach einer Photographie von G. DYHRENFURTH."

Ebenfalls im Bereich von *Gebirgsgletschern* und dort, wo der *Schuttanfall* aufgrund von subtropisch intensiver Frostverwitterung und bedeutender, in den Steilwänden *denudativ* wirksamer *Lawinenabgänge* extrem hoch ist, bilden sich *Damm*- oder *Podest-Gletscher* aus. v. WISSMANN (1959, Tafel IV) benutzt dafür bezüglich einer in entsprechender Weise einen kleinen Hanggletscher aufhöhenden Moräne die Bezeichnung 'Moränenkanzel'. Ihr Hauptmerkmal ist eine um viele Dekameter bis max. sogar 200–300 m aufgehöhte *Untermoräne*, auf der der Eisstrom auf einem dammartigen Podest abfließt (vgl. Kapitel 2.2.2) (s. Foto 36). Ausnahmslos sind derartige *Dammgletscher* zugleich auch von einer üppigen Obermoräne abgedeckt (s. Fotos 41 u. 8). Die Proportionen sind einem Eisstrom ganz offenbar inhärent, denn solche Dammgletscher belegen eine generell an Eisströmen zu konstatierende *dimensionelle Gleichgewichtigkeit*, die sich im Verhältnis *von Gletscherbreite zu -mächtigkeit* sowie zum *Abflußgefälle* und zur *Moränenanreicherung* äußert. Da hier ohnehin nur Gletscherzungenbereiche weit *unterhalb* der Schneegrenze von dieser Dammbildung betroffen sind, handelt es sich übereinstimmend um *warmes* Gletschereis, so daß über das *Fließverhalten* in jene *Proportionen* hineinwirkende *Temperaturunterschiede* vernachlässigt werden können und weitgehend entfallen.

2.3.2.1
Die Proportionen sind einem Eisstrom inhärent

Die Proportionen der Dammgletscherzungen entwickeln sich *ohne* die Kanalisierung durch das Talgefäß und geben sich gerade damit als inhärent zu erkennen. Das ist jedoch keine Erkenntnis, die sich allein an *Dammgletschern* gewinnen ließe; sie wird an diesen allerdings besonders deutlich, wenn man jenen eigenartig hohen *Moränensockel* vor Augen hat, der, in der Mitte gelegen und *ohne* Bergflankenkontakt, das Talgefäß verfolgt. An der Südsüdost-Seite des Nanga Parbat fließen in auffälliger Häufung mehrere dieser Damm- und Podestgletscher entweder unmittelbar aus der Bergflanke oder aus kurzen, engen Stichtälern in den weit größeren Ausraum des Rupal-Tales hinaus. Sie nehmen sich hier wie sehr hohe Eisenbahntrassen aus, die in das Haupttalgefälle einbiegen, ohne auch nur basal die Talflanken zu berühren oder von diesen gar eine Richtungsweisung zu erhalten. Die den Gletscherproportionen *innewohnende* Eigenständigkeit und auffällige Unabhängigkeit von einem deutlich größeren für die Eisausbreitung zur Verfügung stehenden Raum des sehr viel breiteren Talgefäßes ist eigentlich bei allen Arten von Talgletschern wie auch Flachlandinlandeis-Auslaßgletscherzungen evident. Bei den normalen, d. h. unaufgehöhten Talgletschern sind die von den Talflanken in *Ufermuldenbreite* abrückenden Ufermoränen und Eisränder ein entsprechender Hinweis. Dabei ist vornehmlich auf die äußere, älteste Ufermoränenentstehung, die als primär zu bezeichnen ist, zu verweisen, denn nur sie ist in sozusagen 'freier Wahl' des Gletschers entstanden, indem sich ihre Akkumulation nach der primären Breite des Eisstromes richtete (Kapitel 2.3.1.1). Die späteren Gletscherbreiten werden dann zunehmend – in der Regel durch *Moränenanlagerung* geringer werdend – von der einmal bestehenden Ufermoräneneinfassung *kanalisiert*. Bei Auslaßgletscherzungen von *Inlandeisen* in Flachländern wird der primär zungenförmige Ausbruch – die konvexe Ausbuchtung des Eisrandes, aus der er entsteht – an konturlosflachen Lokalitäten ohne jedes Relief gut demonstrierbar. Ihre mehr oder minder große Breite und Eismächtigkeit wird ausschließlich aus dem *Fließverhalten* als Wirkung der Faktoren *Grundreibung* (mit Adhäsion) und *Eistemperatur* und damit verbunder *Kohäsion* erklärbar. Daß die durch *extreme Schuttführung* ausgezeichneten Dammgletscher im Vergleich mit Blankeisströmen so auffällig schmal in Erscheinung treten, ist bisher nicht recht verständlich geworden (Foto 50). Nahe liegt, daß die *Oberflächenspannung* des Fließkörpers durch die vergrößerte Anteilsmäßigkeit des um das ca. 2,5fach dichteren Mediums 'Fels-

Foto 50: Podestgletscher, Nanga Parbat-S-Wand, W-Himalaya (Aufn.: M. KUHLE, 5. 9. 1987).
Ein steiler Hängegletscher der Nanga Parbat-S-Wand (Tap-Alm, 3610 m ü. M., 35°12′N/74°37′E), der die Merkmale eines Podestgletschers trägt (□ ↓). Die schuttbedeckte Zunge (□) schmilzt derzeit zurück und hinterläßt einen sehr auslaufgefährdeten Moränensee (○) mit einem Überlaufdurchbruch (▽).

blockwerk' erheblich zunimmt, womit eine *weniger laminare* und damit verstärkt *starre Eisdynamik* erzielt wird, die bei *geringerem Gletscherquerschnitt* realisiert werden kann. In Analogie bewegen sich Blockströme (Blockgletscher) deutlich langsamer, d. h. höher viskos als schuttfreie Gletscherkörper.

Es wäre nicht hinreichend, nur von großem Schuttreichtum der Dammgletscher zu sprechen. Es ist speziell die *Untermoräne* und dann ausgefällt die Grundmoräne, die in diesem Typ extremer auftritt. Die aus den oberen Einfassungswänden des Einzugsbereiches abkommenden Lawinen, speziell die sehr *abriebintensiven* Eislawinen, laufen an den Wandfüßen in hierdurch schuttreichen *Lawinenkegeln* aus (s. Foto 10 ○). Bei diesem Vorgang muß der durch die abfließende Bewegung des unterhalb ansetzenden Gletschers *breit gehaltene* Bergschrund – jene *Randkluft* zwischen stationär am Steilwandfels festgefrorenem *Flankeneis* und dem eigentlichen Talgletscherkörper – gekreuzt werden. Das geschieht immer nur partiell. Ein Teil des Eis-Schutt-Gemisches ergießt sich bei jedem Lawinenabgang in die Randkluft und gerät hierbei unmittelbar unter den Gletscherkörper an den Grund des Talgefäßes. Da also das gesamte Halbrund eines der oft zahlreichen Ursprungskessel eines Dammgletschers vollständig von *Eislawinenkegeln* besetzt ist und der beschriebene Vorgang sehr häufig und zugleich großflächig und dadurch mit bedeutendem Anteil an der Gesamternährung des Gletschers abläuft, geraten erhebliche Schuttmassen auf diesem Wege bereits an der *Gletscherwurzel* – und nicht erst durch langsam absetzendes Austauen im unteren Abschnitt der Gletscherzunge – an die *Basis des Eiskörpers* (Fotos 20 × u. 36 ○). Auch noch dort, wo sich talauswärts an die Einfassungswände des oberen Einzugsbereiches zunehmend unvereiste Talflanken mit ihren Schuttfüßen anschließen, gerät *unmittelbar* von diesen gletscherunterschnittenen Schuttflanken oder *mittelbar* über eine Zwischenlagerung in Ufermoränen, die der Eisstrom randlich berührt und von deren Steilabbrüchen große Schuttmengen in die *Randkluft* verstürzen, *umfangreicher Detritus unter* den Gletscher (s. Foto 10 ○). Weitere Schuttzufuhr erfolgt an *Nebentaleinmündungen*. Speziell dort, wo der Nebengletscher den Haupttalgletscher nicht mehr erreicht, sondern dessen besonders materialreiche Zungenenddeponien von dem *unter* dem Hauptgletscher abfließenden Schmelzwasser unter dessen Eis verfrachtet werden, ist die hier in Rede stehende subglaziale Detrituszufuhr bedeutend (Foto 51). Gleichfalls produktiv sind angeschlossene Hängegletscher, die aus stark verschutteten Wandnischenkaren einmünden (Foto 38 □). Der sich auf diesem Weg aufhöhende, dammartige Moränensockel, auf dem der Gletscher immer weiter aufschüttend fließt, wird offenbar vom subglazialen Schmelzwasser *nicht* zugleich abgetragen. Es durchsickert allenfalls das Grobblockwerk und spült

Foto 51: Exarationsrillen in subrezenter Grundmoräne, Zentraltibet (Aufn.: M. KUHLE, 30. 8. 1989). Der Gladangdong-Gletscher (▽ ▽, Tangula Shan, Zentraltibet, 33°28′N/91°10′E) wird von diesem orographisch linken Nebengletscher (□) nicht mehr erreicht. In seinem Vorfeld ist die Grundmoräne von Exarationsrillen zerfurcht hinterlassen worden (↑). Der gleichfalls zurückschmelzende Hauptgletscherrand löst sich dabei in Toteisblöcke auf (↓).

dabei das Feinmaterial aus bzw. verlagert es. Daß diese *Versickerung* nicht tiefgründig erfolgt, sondern das Schmelzwasser unmittelbar unter dem tiefsten Eisrand des dem Schuttsockel auflagernden Gletscherzungenendes hervortritt und nicht anderswo talauswärts aus dem Schutt als Quasi-Quellwasser im weiteren Gletschervorfeld, belegen zahlreiche Beispiele. So der direkte Rupalflanken-Hängegletscher am Nanga Parbat-S-Abfall. Er endete 1987 als steil herabgeführter Dammgletscher, dessen Zunge die Stirnmoräne nicht ganz erreicht, sondern in einen *Moränensee* mündet. Dieser ruht gleichfalls dem Moränendamm in gleichem Niveau wie das Zungenende auf und entwässert oberirdisch durch einen *Überlaufdurchbruch* durch den Endmoränenkranz. (Foto 50 ○).

Zweierlei Verhältnismäßigkeiten von Dammgletscherufermoränenhöhen zu den Eisoberflächen sind zu beobachten: 1. Die Gletscheroberfläche reicht bis an die Ufermoränenfirsthöhe heran und *überragt* sie sogar um ein weniges, wobei dann Schmelzwasser über die Moränen treten kann und eine an die Ufermoränen anschließende *Sanderschürze* einen steilen *Übergangskegel* aufbaut. Dieser Fall ist im Schaigiri-Gletscher (Nanga Parbat-Gruppe, vgl. auch Fotos 50 ↓ u. 8 ↓↓) realisiert. 2. Die Gletscheroberfläche liegt Dekameter *unter* dem Ufermoränenfirstniveau, was für den benachbarten Bazin-Gletscher gilt (Foto 36 △). In der Generalisierung ist diese Aussage allerdings nicht ganz zutreffend, sie gilt vielmehr auf der *überwiegenden* Länge des Gletscherverlaufes. Im Mittellauf der Zunge jedoch erreicht das Eis eine *größere* Höhe als die orographisch linke Ufermoräne. Talein- und talabwärts hingegen überragt die Ufermoräne das Eis um bis zu mehrere Dekameter. Diese Beobachtung belegt einen *kinematischen* Berg, der wie eine *Welle* der zeitweilig *positiven* Ernährungsbilanz von seinem Ursprungsgebiet am Fuß der Nanga Parbat-SE-Wand bis zum Zungenende – welches, wenn es von ihm erreicht ist, vorstoßen wird – den Eisstrom überläuft. Eine relativ zur Ufermoräne *ansteigende* Gletscheroberfläche weist der Sachen-Gletscher auf, an dessen Ufermoränenwurzel das mit Obermoräne abgedeckte Eis 1987 mehr als 100 m *unter* dem Moränengrat gelegen hat, während sein Eis im Querprofil am Sango Sar (See) die Moräne beinahe erreichte (es lag 1987 5 bis 3 m tiefer), um sie dann einen Kilometer gletscherauswärts sogar um wenige Meter zu *überragen* (Foto 8 ▽, vgl. Foto 41). Ähnlich liegen die Verhältnisse am Hängegletscher der direkten Rupal-Flanke (Nanga Parbat-S-Seite). Auch hier befindet sich wenige hundert Meter unter der ELA die Eisoberfläche etwas unter dem Ufermoränenniveau. Abwärts folgte im Beobachtungsjahr 1987 ein kinematischer Berg, der das Ufermoränenniveau *überschritt*, und wiederum abwärts verläuft die Gletscheroberfläche trotz des durch einen Randabfall deutlichen Gletscherrückganges, der mit einer vom Endmoränenbogen zurückgeschmolzenen Gletscherzunge korrespondiert, *über* dem Ufermoränenniveau (s. Foto 50 □).

In diesen Beispielen zeigt sich das Grundsätzliche der Dammgletscherausbildung am deutlichsten – nämlich die zunehmende *Gletscheraufhöhung* durch Unter- oder Grundmoräne. Da sie weitgehend *klimaunabhängig* abläuft, läßt sich die gletscherauswärts mehr und mehr durchschlagende *Podestaufhöhung* selbst an Eisoberflächen ablesen, die *zurückschmelzenden* Gletschern angehören. Gerade die letzten Beispiele zeigen eine den Rück- und Niederschmelzvorgang *überkompensierende* Dammaufhöhung, die von der gletscherauswärts abnehmenden Höhendifferenz zwischen Ufermoränenfirst und Eisoberfläche herleitbar ist.

Die *Gletscherformeigendynamik*, wie sie sich in der Horizontalen anhand nicht vollständiger Talquerschnittausfüllung zeigt, ist ebenso an der vertikalen Dimensionierung von Gletschern ablesbar. Das offenbart die *Dammgletschererscheinung* sehr deutlich. Hier schafft sich der Eisstrom nicht allein ein *schmaleres* Bett durch die Talflankenauskleidung mit voluminösen Ufermoränen, sondern er *höht* überdies sein Bett auf und verringert dadurch sein *Abflußgefälle*. *Damit bremst* sich der Gletscher selbst. Das geschieht jedoch, ohne daß der Eisstrom dadurch regelhaft *breiter* würde, was bei zunehmenden Druckkräften zu fordern wäre. Offenbar hält sich der *Volumenverlust* durch Ablation mit der zu erwartenden *Gletscherverbreiterung* die Waage. Es ist tatsächlich auffallend, wie *langgestreckt parallel* die Dammgletscherränder geführt sind und über wie viele Kilometer sie auf erhöhtem Schuttdamm abfließen, ohne dabei schmaler zu werden (s. Fotos 50 u. 36). Erst das unmittelbare Gletscherzungenende läuft sehr plötzlich konisch zusammen. Diese Beobachtung kontrastiert zu den Grundrissen von unaufgehöhten *Blankeisgletschern*, die in der Regel auf einer viel *größeren Distanz* schmaler werden, wenn sie von keinem Talgefäß kanalisiert werden. Damit ist ein weiterer Hinweis auf eine durch Rückkoppelung bedingte, dem Dammgletscher inhärente Form gefunden. Ein Merkmal, das ihn vom unaufgehöhten Blankeisstrom differenziert.

Die Neigung des aufgeschütteten Dammes bedarf eines hinreichenden Gefälles, um den Gletscher *fließfähig* zu erhalten, andernfalls würde der Eisfluß *stocken*, der talabwärtige Dammausbau enden und der Gletscher randlich ausufern. Damit wäre der Damm *zerstört*. Die Dammaufhöhung erfolgt zwangsläufig in *rückstauender* Akkumulation, d. h., die Akkumulation setzt unten an der Zungenspitze ein und legt das Eis sehr gleichmäßig *bergwärts* höher. Auf diesem Weg wird der Vorgang verständlich, denn indem der *Untermoränennachschub* das Zungenende nicht mehr erreicht, erfolgt die Aufhöhung einwärts des Gletscherendes verstärkt und stellt damit das *Zungenendengefälle* wieder her, womit der *Eisnachschub* bis zum Gletscherende und damit der Dammaufbau in seiner Gesamtheit *gewährleistet* bleibt. Zugleich geht in das Gefüge die *auswärts zunehmend* austauende *Innenmoräne* mit ein. Es ist also nicht allein die Verdriftung der primären Unter- bzw. Grundmoräne wirksam. Das bedeutet auch, daß die Druck- und Geschwindigkeitsabnahme des Eises, die zu *abnehmender* Materialverdriftung führt, zunehmend durch an Ort und Stelle erfolgende *Ausschmelzzufuhr* von Schuttmaterial ersetzt wird. Eine solche *Ablationsmoränenspende* muß gletscherabwärts darum als zunehmend dammbildend verstanden werden, weil die Eisbewegung abnimmt, während die Ablation steigt, womit gezeigt wird, daß der Dammaufbau *wesentlich* mit vom *Innenmoränenanteil* des Gletschers abhängt. Auch dieser hat eine, genauso wie die in den Bergschrund und die Randkluft gelieferte Schuttzufuhr, weitgehende *Eislawinengenese*. Das gilt für die *Obermoränen* gleichfalls. Sie *schützen* bei hinreichender *Mächtigkeit* vor der unmittelbaren *Einstrahlungsablation* und geben vornehmlich *randlich* in die Dammaufhöhung etwas mit ein. Ihr Hauptanteil wird jedoch bis zum *Gletscherende* verfrachtet und dort im *Endmoränenlager* abgesetzt, welches nur bei einem *überfahrenden* Vorstoß in den eigentlichen Damm integrierbar ist.

In der Dammgletschererscheinung liegt ein perfektes Beispiel zur *Rückkoppelungsproblematik* vor, das sowohl durch die *kausale* wie auch eine *finale* Betrachtungsweise – sozusagen formal-logisch von beiden Seiten – eine zunehmende Klärung erfährt. *Final* insofern, als man sich im Gelände der *vollendeten Erscheinung* gegenübersieht, deren *Entstehung* es nachzuvollziehen gilt. *Kausal* insofern, als diese einzelnen kleinen Gebirgsgletscherformen *eiszeitlich* nicht bestanden haben und seitdem ausgebildet worden sind, womit sie sich (kausal) aus den damaligen *Vorformenverhältnissen* entwickelt haben müssen. Beide Vorgehensweisen verhalten sich zueinander wie ein gleichzeitiger beidseitiger Tunnelanstich, wobei das *Ziel* dieser Kunst darin besteht, daß sich beide Tunnelröhren in der Bergmitte tatsächlich auch *treffen*. Der Blick auf verwandte Erscheinungen der *Dammgletscher*, nämlich auf die *Podestgletscher* (vgl. KUHLE 1987c, S. 213), die als Dammgletscher unter *anderen topographischen* Voraussetzungen zu verstehen sind, weil sie allein in *Hängetalmündungen* auftreten, macht den im Prinzip ähnlich ablaufenden Prozeß noch etwas deutlicher. Sie bringen jene bei v. WISSMANN (1959, Tafel IV) angeführten 'Moränenkanzeln' zustande. Nachdem die noch *weitere Verflachung*, d. h. *Abflachung* des Tal- und damit primären Gletschergefälles durch die Dammaufhöhung untersucht worden ist, folgt mit den *Podestgletschern* ein Fall von *Aufrechterhaltung* des Talboden- und Gletschergefälles in den Steilabfall einer Mündungsstufe hinein. Der Hängetalgletscher fördert seinen *Grundmoränenschutt* zur Mündungsstufe, d. h. zur *konvexen* Talbodenversteilung, wo er in schnell ansteigender Mächtigkeit zu einem *Podest* aufgehöht wird. Während der *Schuttsockel* im Verlauf des mittleren, noch gleichmäßig-flach geneigten Hängetalbodens eine eher *normal-geringmächtige* Grundmoräne ist, setzt die Mächtigkeitszunahme *genau dort* ein, wo der Eisstrom *andernfalls* seine vertikale Richtung, d. h. seine Neigung verändern und steil *abwärts abknicken* würde. Hierin offenbart sich ein weiteres *Grundmerkmal*. Der Gletscher 'will' nach Möglichkeit seine Richtung nicht verändern, er *schiebt geradeaus* weiter, obwohl sich seine Zunge – sich an die

2.3 Moränen

Mündungsstufe anschmiegend – steil abwärts wenden müßte, indem sie der Gravitation folgt. Die Gletscherzunge verhält sich gänzlich unerwartet, als verfüge sie über Fließgeschwindigkeiten, die sie sich von der Mündungsstufe wie vom Tisch einer *Sprungschanze* abheben ließen, den dabei entstandenen Zwischenraum zwischen dem liegenden Felsboden der Mündungsstufe und dem *abgehobenen* Gletschereis ihrer Podest-Grundmoräne durch den Vorgang der Materialverdriftung auffüllend. Derartige *Podestmoränen* sind weniger an bestimmte *Klimazonen* gebunden als die *Dammgletschermoränen*, welche für die *subtropischen* Hochgebirge typisch sind. Podestmoränenkanzeln sind sowohl in der *Arktis*, z.B. auf Grönland, wie auch in der *Subarktis* zu beobachten (Skandinavien). Auch in den *Subtropen* der Süd- und Nordhemisphäre, in den Südamerikanischen Anden und in Tibet mit seinen einfassenden Gebirgssystemen sind sie vertreten (Fotos 13 u. 50). Interessanterweise ist es zur Ausbildung von *Podestmoränen* im Gegensatz zu der von *Dammoränen* unerheblich, ob die Einzugsbereiche *Lawinenzufuhr* aufweisen, d.h. steilflankig sind oder nicht, denn viele der Podestmoränen treten an *Plateaugletscherauslaßzungen* auf. Sie fließen also von einem Hochplateau herab, dessen Moränenzulieferung nur relativ gering sein kann. Selbst beim steilen Abfluß über den konvexen Plateaurand kann kaum allzuviel Moränenschutt von ihnen aufgenommen werden. Eine Beobachtung, die insofern wichtig ist, als die *Dammgletscherbildung* demgegenüber sehr eng an exzessive Schuttzufuhr gebunden ist, während das für *Podestgletscher* – obwohl sie sich gleichfalls des Schutts zum Aufbau des Podestes bedienen – nicht in dieser *Ausgesprochenheit* gilt. Es gibt topographische Situationen, die durch ihre *Haupttalufermoränenleisten* aus der Verlegenheit dieses Widerspruchs helfen. Der Nebengletscher verläßt das Nebental und setzt sich auf der podestähnlichen Form einer vorzeitlichen Haupttalufermoränen-Terrasse noch einige hundert Meter weit in das Haupttalprofil hinein fort. Ein Beispiel gibt der im W-lichen Paralleltal vom Rongbuk-Tal (Mt. Everest-Gebiet-N-Seite) abfließende Talgletscher (KUHLE 1988g, S. 496f., Fig. 58 ×× rechts u. Fig. 59 Vordergrund) sowie einige sehr kurze *Hängetalgletscher* und *Kargletscher* in demselben Gebiet (ebd., S. 496f., Fig. 60 ● ●). In allen diesen Fällen kommt zugleich eine Genese durch eine ursprüngliche *Gletscherüberschiebung* des Nebentaleisstromes- auf den Haupttaleisstrom als Erklärung für die *ersten Ansätze* der Podestmoränenbildung in Frage. Der in größerer Höhe einige hundert Meter über dem Haupttalboden einmündende *Hängetalgletscher* schiebt sich der Oberfläche des Haupttaleisstromes, das war der Liegendgletscher, auf. Das sind Phänomene, die VISSER (1938, Bd. 2, u.a. S. 88–90, Fig. 51 u. 52, Sheet No. II) im Karakorum im Detail – allerdings nicht hinsichtlich von Podestmoränenentstehung – studiert hat. Dabei bilden sich zunächst *Zwischenmoränenlagen* zwischen Hangend- und Liegendgletscher. Diese lassen sich rezent an einem randlichen Eisaufschluß zwischen den *zwei* Gletschereispaketen unmittelbar erkennbar nachweisen. Ein Teil solcher *Unter-* und *Grundmoräne* des Hangendgletschers wird bei jener Überschiebung abgestreift und in die Ufermulden- oder -tälchen hineingespachtelt und gedrückt. Es bildet sich eine *Überschiebungsgrundmoränenrampe* (KUHLE 1983a, S. 238) aus. Diese Moränenrampe wird bei *absinkender* Haupttalgletscheroberfläche und immer geringer werdender Aufschiebungshöhe einerseits *abgeflacht*, und andererseits wird unter dem skizzierten Impuls des Gletschers, sein *Gefälle möglichst konstant* zu halten, das liegende Gletschereis zunehmend durch Lockergesteinssubstrat ersetzt. Ist zuletzt der Haupt- bzw. Liegendgletscher vollends *ausgetaut*, dann bleibt ein *Moränensockel* übrig, der sich in entsprechender Mächtigkeit vom Haupttalboden bis hinauf auf den Boden des Hängetales aufgebaut hat und der aus einer immer mächtiger gewordenen *Überschiebungsrampe* entstanden ist (Foto 13 △). Bisher kann nicht mit Sicherheit die Rede davon sein, daß dies die *einzige Möglichkeit* des Podestmoränenaufbaus ist, wenngleich auf diesem Wege transparent würde, warum es *nicht* eines primär-klimatisch so reichen Schuttangebots bedarf, wie er für die Dammgletscher notwendig ist. Der Verfasser hat bisher den Eindruck, daß es *beide* Varianten des Podestmoränenaufbaus gibt: 1. die primäre, die eine *Nebengletscherschuttförderung* über die Konfluenzstufenabfälle hinaus bis ins Haupttalprofil unterstellt, und 2. die sekundäre, infolge des Aufbaus einer *Überschiebungsgrundmoränenrampe* als eine modifizierte *Reliktform* entstandene Podestmoräne.

2.3.2.2
Die Endmoränenformen und Hangprozesse von Podest- und Dammgletschern

Im Falle von Damm- und Podestgletschern gilt jene oben für normale Talgletscher als gültig ausgewiesene *Endmoränengestaltung*, die sich im Gegensatz zu Ufermoränen durch einen etwa *gleich hoch* hinterlassenen Innen- wie Außenmoränenhang auszeichnet (s. Foto 20 ○), *nicht mehr*. Hier ist auch der *Außenhang* einer Endmoräne weitaus *höher* als der Innenhang (s. Foto 50). Das hat seine Ursache im innerhalb des End- oder Stirnmoränenbogens *aufgehöhten Gletscherbett*, von dem aus der eigentliche Moränenhang bis zum Moränenfirst ansteigt. Der Moränenaußenhang fällt hier weitaus tiefer ab und kann, so z. B. im Nyainquentanglha (Zentraltibet, SE-lich des Nam Tso bzw. Tengri Nor), bis zu 350 m tief zum Haupttalboden hinab verlaufen, während der zugehörige Innenhang dort nur etwa 70 m hoch ist. Dieser beispielhafte und trotz seiner bedeutenden Höhe durchaus repräsentative Podestendmoränenaußenhang trägt als *typologisches* Merkmal – neben der Höhe, die zwangsläufig mit der Konfluenzstufe korrespondieren muß – eine auffällig große *Steilheit*, die nach oben hin zunimmt. Infolgedessen sind derartige konkave Hänge auffällig labil, was zugleich mit einem allgemeineren Indikator für *Jugendlichkeit* von Moränenhängen interferiert. Ein alter Damm- oder Podestmoränenaußenhang ist natürlich gleichfalls – wie das für jedwede Hänge gilt – *flacher* als ein frischer. Die große Hangsteilheit und speziell das *Aufsteilen des Oberhanges* von basal etwa 20 Grad über 30 Grad im Mittelhang auf bis zu 40 Grad und stellenweise noch darüber im Oberhang läßt solche Stirnmoränenhänge zum Risiko für unterliegende *besiedelte* oder vom Almbetrieb mit Schafs- oder Yaknomaden belegte Talkammern werden. Im August 1989 wurden im Tal SW-lich der um 7100 m hohen Hauptgipfel des Nyainquentanglha (S-liches Zentraltibet) an dem beschriebenen Podestmoränenaußenhang, forciert bei monsunalen Regenfällen, *Schuttrutschungen*, gepaart mit dem Abkommen von bis zu hüttengroßen Blöcken, beobachtet. Die denudative, talseitige Freispülung von größeren Blöcken schwächte zunächst die Widerlagerfunktionen des Feinmaterials, das infolge der durch die Steilheit gesteigerten Labilität recht bald zu jenem Abkommen führte. Die Blöcke, besonders die *sehr großen*, erhielten beim 350 Höhenmeter tiefen Abwärtsrollen eine so *große kinetische Energie*, daß sie sogar die Taltiefenlinie weit außerhalb des eigentlichen Hangfußes noch erreichten. Die zahlreichen, gleichmäßig über die unten anschließenden Almflächen verstreuten Riesenblöcke belegen die *Regelhaftigkeit* derartigen Abkommens. Die schnell gewonnene große kinetische Energie und Geschwindigkeit solcher voluminöser Komponenten wird durch die vom Verfasser beobachteten über 10 oder gar 20 m weiten *Sprünge* der Kubaturen deutlich. Die kleinen Blöcke, die sich aus dem Hang gelöst haben, kommen dagegen nach wenigen Metern Rollvorgang in der *Rauhigkeit* des Hangblockwerkes recht schnell wieder zur Ruhe. Der in Rede stehende Podestmoränenhang ist bei alledem – trotz seiner geomorphodynamischen Lebendigkeit – nicht einmal mehr sonderlich frisch, denn der ehemals aufschiebende Gletscher ist mit seiner Zunge bereits um mehrere hundert Meter zurückgeschmolzen, und ihre Oberfläche liegt einige Dekameter tiefer als der Endmoränenfirst. Es handelt sich ganz offenbar um einen Gletscherstand von vor einigen Jahrzehnten, was der *Begrünungsgrad* der Moräne bestätigt. Aus diesem Grund wäre eigentlich eine hinreichende Konsolidierung der Hangoberfläche, d. h. ihre *Stabilisierung* zu erwarten gewesen, so daß ein anderer *Labilisierungsfaktor*, der sich über Jahrzehnte zu halten vermag, angenommen werden kann: eine *Toteisfüllung* in der Endmoräne. Ein solcher Eiskern labilisiert einen Endmoränenkomplex durch Nachsackungsvorgänge bei seinem langsamen Ausschmelzen. Außerdem kann eine Fließbewegung, ähnlich wie die durch einen *Permafrostkern* induzierte, zu einem Blockschutt *anstoßenden* Faktor werden.

2.3.3
Gletscherzungenbifurkationen vor den Widerlagern von Endmoränen

Die Voraussetzung zur *Aufspaltung* von Gletscherenden in mehrere Gletscherzungen – es können zwei oder drei, in einzelnen Fällen sogar noch mehr werden – besteht in einem hinreichenden *Breitenverhältnis* von Gletscher zu Talgefäß, soweit es sich um die hierfür interessanten *Gebirgsgletscher* handelt. Es ist trivial, daß *Flachland-Inlandeise* oder polare *Eiskappen*, auf Fjells und Hochplateaus gelegen, mehrere Gletscherzungen haben. Warum sich jedoch eine *Talgletscherzunge* aufspaltet, bedarf der Untersuchung. Bei den beiden ausdrucksvollsten *alpinen* Beispielen, dem Miage-Gletscher (Mt. Blanc-Gruppe) und dem Belvedere-Gletscher (Ghiacciajo del Belvedere, Mte. Rosa-Gruppe), handelt es sich um stark von *Obermoräne* abgedeckte Gletscherenden, welche sich verzweigen (vgl. Foto 8). Die Gletscher sind bereits dammgletscherartig oder -ähnlich aufgehöht und erreichen mit ihren Oberflächen die Ufermoränenfirste über relativ zur Gletscherlänge weite Distanzen. Es gibt jedoch in den Alpen noch weitere Gletscher, die gleichfalls Merkmale eines Dammgletschers tragen, aber *keine Zungenendenbifurkationen* aufweisen, wie z.B. der Brenva-Gletscher (ebenfalls Mt. Blanc-Gruppe). Ihm fehlt der Raum dafür. Das Val Veni ist hier so *eng*, daß es gerade eben die *kompakte* Brenva-Gletscherzunge aufzunehmen in der Lage ist. Weiter taleinwärts *vervielfacht* sich der Talquerschnitt. Dort mündet der ebenso schuttreiche Miage-Gletscher ein und splittet sich in *drei Zungenenden*. Das vom einmündenden Miage-Gletscher erreichte Haupttal ist im betroffenen Mündungsgebiet tatsächlich etwa dreimal so breit wie das gletschereinwärts zu Gebote stehende Talgefäß, was die Aufteilung in mehrere Zungenenden einleuchtend macht, wobei natürlich das Eisvolumen zur Zunge hin ohnehin *abnimmt* und zu jener Aufteilung keiner Querprofilverdreifachung bedarf. Der zur Verfügung stehende Talraum ist jedoch nur die *Voraussetzung*, nicht aber die *Ursache*. Dazu ist noch ein *Endmoränenwiderlager* notwendig, was durch seine Inhomogenität den andrängenden Eisdruck in *mehrere Flußdurchbrüche* selektiert. Besonders deutlich wird das am Belvedere-Gletscher unter der Mte. Rosa-E-Wand. *Die Zungenbifurkation* setzt gleichfalls genau dort ein, wo das oberhalb schluchtartig durch seitlich hineinreichende Felssporne verengte Talprofil recht unmittelbar *stark verbreitert* ist. Die Gletscherzunge spaltet sich hier vor einem am höchsten aufgeschobenen (insgesamt 320 m hoch) und damit das *bedeutendste Widerlager* bildenden Endmoränenzwickel, der *schiffsbugartig* weit über den heutigen (1978 registrierten) Gletscherpegel aufragt. Ein in sogar *fünf Zungenspitzen* aufgegliedertes Gletscherende zeigt der Sachen-Gletscher (Nanga Parbat-Gruppe), wobei es sich gleichfalls um Zungen eines *Dammgletschers* handelt, die eine gemeinsame *Podestendmoräne* aufbauen, welche bei stark (ca. um das drei- bis vierfache) verbreitertem Talraum über das *Grundreibungswiderlager* ihre überzeugendste Erklärung finden (Foto 8).

Zwei Beispiele aus dem E-lichen Zentralhimalaya, die Vorgänge am Zungenende des Ngozumpa-Gletschers (Cho Oyu-S-Abdachung) und an dem des Khumbu-Gletschers (Mt. Everest-S-Abdachung) belegen jene *Widerlagertheorie*. Auch dort brechen die gleichfalls in der Vergangenheit immer wieder aufgetretenen und in den überlieferten Endmoränenkonfigurationen nachvollziehbaren *Bifurkationen* mit zwei Gletscherzungen beidseits eines besonders kompakten und hoch aufgeschobenen *Stirnmoränenzwickels* aus dem gemeinsamen Gletscherzungenverband aus.

2.3.3.1
Die Beteiligung der Schmelzwasserarbeit an der Bifurkation und vergleichbaren Gletscherzungendurchbrüchen

Ein solcher doppelseitiger Zungendurchbruch konnte 1982 vom Verfasser am Ngozumpa-Gletscher beobachtet werden. Dabei wurde die *vorbereitende* Arbeit des Gletscherschmelzwassers deutlich. Das *innerhalb* der Endmoräne auf dem Gletscherzungenende aufgestaute Schmelzwasser wählt mit der Anlage zweier *Überlaufdurchbrüche* ebenfalls den etwas weniger stark und dementsprechend weniger hoch aufgeschobenen Bereich beidseits der *zentralen Stirnmoräne*. Diese Überlaufdurchbrüche *zerschneiden* den Stirnmoränenkranz an zwei Stellen, durch welche dann das nachdrängende Eis zwei neue Zungenspitzen *hindurchdrückt* und die Öffnungen verbreitert, bis die jeweils neu entwickelten, prall-konvexer werdenden Gletscherenden zu wenigstens einigen hundert Meter langen, geomorphologisch kompletten Zungen ausgebildet worden sind. Dieser Vorgang ähnelt prinzipiell dem der *Entlastungsgletscherzungenbildung*, die im Zusammenhang mit dem Vorgang der *Moränenaufschüttung* untersucht und dort als primär durch den Andruck des sich aufhöhenden Gletschereises gegen die Ufermoräne erklärt worden ist (Kapitel 2.3.1). Die angesprochene Beteiligung von Schmelzwasser ist durch die Lage weit unter der ELA auf *zweierlei Weise* möglich – wobei die zweite Art der *Wasservorarbeit* für die Gletscherendenbifurkation ebenfalls gilt. Neben dem über die Ufermoräne hinweg in kleinen Einsattelungen abfließenden und einschneidenden Wasser, welches der Topographie nach für Ufermoränen – im Gegensatz zu den zum abfließenden Schmelzwasser sehr viel besser in aufstauender Anordnung liegenden Endmoränen – nur selten realisiert sein dürfte, ist der *Sickerprozeß* wirksam. Das eher weiter unten im Eiskörper der Zunge vorhandene Schmelzwasser tritt in diesem Fall als Sickerwasser durch die Ufermoräne und labilisiert ihr inneres Gefüge, indem die pelitischen Fraktionen beim Durchfluß ausgewaschen werden.

Am *Außenhang* der Ufermoränen, zur Ufermulde hin, tritt eine *Sickerwasserquelle* aus und bewirkt über vielerorts solifluidal intensivierte Quellerosion, die rückschreitend arbeitet, einen Abtrag des Moränenhanges. Diese Wasseraustritte sind durch Ausformung kleiner *Ufersanderkegel* aus ausgewaschenem Moränenmaterial, das über wenige Dekameter verlagert wird, *noch später* nachweisbar. Der Ufermoränenaußenhang wird auf diesem Wege in doppelter Weise *geschwächt* und für einen Gletschereisdurchbruch vorbereitet: 1. Der *Quelltrichter* vergrößert sich und führt zu einem Verlust an Moränendicke und -substanz. 2. Die durch die Quellerosion lokal verstärkte Hangabtragung verlegt bis zur Kulmination hinauf den *Moränenfirst* wirksam nach unten, sie *sattelt* ihn ein.

Die *Gletscherzungenbifurkation* ist noch auf die Gesetzmäßigkeit der *Zungenendenzahl* hin, in die sich der Gletscher aufteilt, zu untersuchen. Hier liegt ein gewisser Einfluß der *Teilstromzahl* bei den Gebirgsgletschern nahe. Ihr Einfluß verliert sich allerdings mit zunehmender *Gletscherlänge* talauswärts des sich in einzelne Ursprungsäste aufgliedernden Einzugsbereiches. Am Beispiel des Miage-Gletschers, der derzeit drei Zungenspitzen und zwei dazwischenliegende bewaldete *Endmoränenzwickel* aufweist (vgl. Foto 8), lassen sich die vier bis fünf Kilometer gletschereinwärts *konfluierenden* wichtigsten drei Teilströme (die zu jenen Gletscherenden gehören) wiederfinden. Auch am noch kürzeren Belvedere-Gletscher sind in den zwei Zungenenden die beiden *paarweise zusammengefaßten* Teilströme aus der Mte. Rosa-Flanke wiederzufinden.

2.3.4
Ein Exkurs zur Gletscherteilstromseparierung

Der *funktionale* Zusammenhang von *Gletscherendenanzahl* und *Teilstromanzahl* wird durch den bereits bei VISSER (1938, Bd. 2, S. 88–90) an Karakorumgletschern geführten Nachweis,

2.3 Moränen

daß die Eiskörper der zusammengeflossenen Teilgletscher bis zum Ende des Stammgletschers *getrennt* bleiben, bestätigt. Die zusammengeflossenen Teilgletscher *vermischen sich nicht* miteinander, wie man dies ursprünglich – in Analogie zu zusammentretenden Flußwassern – vermutete und durch den sich sehr bald auswärts der Konfluenz herstellenden *einheitlichen Gletscheroberflächenpegel* nahegelegt fand. Die Oberflächennivellierung, welche geringfügige Unterschiede von nur Dekametern über kilometerbreite Eisstromquerprofile zuläßt (was natürlich sehr viel mehr ist als bei zusammentretenden Flüssen und worin sich der beträchtliche *Viskositätsunterschied* beider Flüssigkeiten abbildet), folgt aus der *plastischen Deformation* beteiligter Teilströme. Diese bleiben aber dennoch *gänzlich separat*, was ihre unzerstörte *Untermoränenbetteinfassung* beweist. Sie tritt am Gletscherende dort, wo der Einblick in ein räumliches Querprofil möglich ist, mehr oder minder offen zutage. Die Trennfunktion der Obermoränen wird durch deren Verdichtung zu Mittelmoränen, die sich bis in den Eiskörper hinein als Innenmoränen fortsetzen, sowie ihrer *Zusammensetzung* aus den zwei Seitenmoränen der zusammenfließenden Teilströme – mit häufig *unterschiedlichen* Gesteinen – unmittelbar sichtbar. Es ist jedoch *nicht die Moräne* selbst, die die Eiskörper getrennt hält. Sie blieben dies selbst bei sauberstem Eis, denn beide Eiskörper haben schwer zu vereinigende Eigenschaften. Sie sind aufgrund ihrer unterschiedlichen Herkunft nicht gleich temperiert, was – durchaus in Analogie zu verschieden warmen Meeresströmungen, die über Dekakilometer und noch größere Distanzen ungemischt fließen – ihre Separierung unterstützt. Weiter sorgt für die Aufrechterhaltung der Trennung trotz der unmittelbaren Berührung die unterschiedliche Fließgeschwindigkeit des Eises verschiedener Herkunftsgebiete. Diese Differenzen lassen die aneinanderreibenden Eiskörperkontaktflächen als Eisharnische erhalten bleiben. VISSER (ebd., Fig. 51 u. 52) hat gezeigt, daß sogar *aufgeschobene* und *überschobene* Teilströme nicht 'assimiliert' werden, sondern *vollständig* getrennt bleiben. Sie sinken, ihrem Gewicht entsprechend, in den Liegendgletscher ein, so daß ein annähernd gemeinsames Oberflächenniveau entsteht. Trotz der damit erreichten maximalen Berührung und Reibung, die die beste Voraussetzung für jede Art von *Turbulenzen* zur Vermischung von Flüssigkeiten darstellt, ist keinerlei Vermischung oder auch nur *Verzahnung* respektive *Verschraubung* der Eise miteinander nachweisbar.

In diesem Zusammenhang kehren wir nochmals zurück zur Gestaltung von *Gletscherzungenenden*. Auch bei *nicht bifurkierten* Gletscherzungen sind die *separat* gebliebenen Teilströme leicht auflösbar. An der Gletscherzungengestaltung zeigt sich die topographische Bedingung der am häufigsten vertretenen Talgletscherart, der *Quertalgletscher*. Sie fließen regelhaft von einem Gebirgskamm *rechtwinklig* ab und werden von den *Querkämmen* her von kleinen tributären Gletschern mit – zum Längstal hin – *abnehmenden* Einzugsbereichshöhen beidseitig randlich teilweise erreicht und flankiert. Da der Einzugsbereich der zentralen Stammkomponente vom *Längskamm* mit zwangsläufig den größten Gipfel- und Grathöhen (bei *größter* Entfernung von der relativen *Erosionsbasis*, d. h. von den das Gebirge gliedernden Längstälern) der höchste und in der Regel zugleich der flächenmäßig bedeutendste ist, fließt dieser Teilstrom am *weitesten* hinab. Er bildet die tiefste Gletscherzungenspitze. Die beidseitig hinzustoßenden, sich mehr oder minder *aufschiebenden* und randlich *anlagernden Nebenkomponenten* kommen normalerweise früher zu Ende und keilen oberhalb des Stammstromes aus (Fotos 1 ↓, 13 ×, 31 ↓ u. 27 ××). Ursächlich dafür ist, daß sie aus *niedrigeren* Einzugsbereichen abfließen und der randlich *verstärkten Ablation* ausgesetzt sind, die im Extremfall beträchtlich sein kann, was die Ausbildung von süd- bis westexponierten *Ablationstälern* in den *subtropischen* Gletschergebieten belegt. Diese beiden Ursachen sind es, die sie weniger weit hinabgelangen lassen als die zentrale Zunge, die – umgekehrt betrachtet – über die randliche *Nebengletscheranlagerung* eine noch *zusätzliche* Sub-

stanzerhaltung durch den auf diese Weise gewährten *Ablationsschutz* erfährt. So enden also alle Teilströme recht *unabhängig* voneinander *einzeln* und ohne jede Vermischung, so wie es die Halme einer Garbe tun und erzeugen selbst aus der Senkrechtperspektive den Eindruck eines als *Einheit* abfließenden Talgletschers. Bei großen *Längstalgletschern* sind es regelhaft die randlichen Komponenten, die von den höchsten und größten Einzugsbereichen gespeist werden und recht bald die Stammkomponente ersetzen, welche zwischen den von der Seite einmündenden Teilströmen frühzeitig *auskeilt*. Einer von ihnen bildet dann die tiefste Eisstromspitze aus. Diese Verhältnisse werden, abgesehen von Einzugsbereichsgrößen und -flächenverhältnissen, auch noch durch die topographisch angelegten *Mißverhältnisse* der Teilstromlängen *mitbedingt*. Denn die Längstalstammkomponente ist zugleich über eine zu weite Horizontalerstreckung der Ablation ausgesetzt, um das unterste Gletscherzungenende bilden zu können. Die weiter längstalauswärts erst den Haupttalboden erreichenden *Neben-*

komponenten aus den Quertälern erfahren auf den kleineren Ablationsdistanzen notwendig *geringere* Abschmelzung. Ein recht gutes Bild dieser Verhältnisse liefert die rezente Vergletscherung des Imja Kholas, S-lich des Lhotse-Nuptse-Kammes (E-licher Zentralhimalaya), wo die Lhotse Shar-Cho Polu-Baruntse-Komponente den eigentlichen Längstalstammgletscher, den Imja-Gletscher, bildet, der bereits zu Ende gekommen ist, wenn der Lhotse-Gletscher gerade erst den Haupttalboden aus seinem Nebental heraus erreicht hat und nun – in dieses einbiegend – den Längstalgletscher, auswärts an diesen beinahe unmittelbar anschließend, fortsetzt (Foto 47 □).

Es gibt eigentlich nur *eine* topographische Situation, welche die ursprüngliche primäre Teilstromseparierung *aufhebt*, das ist der *sehr große Gletscherbruch* mit eingeschalteten *Steilwandabbrüchen*, der das gesamte Gletscherquerprofil durchreißt und *Eislawinenkegel* entstehen läßt, die wieder zu einem neuen Gletscherkörper zusammenheilen (Foto 52 ○). Hier entwickelt sich aus einem *Mehrkompo-*

Foto 52: Gletscherbruch im Ngozumpa-Gletscher, Cho Oyu-Massiv, Himalaya (Aufn.: M. KUHLE, 2. 10. 1982).
Der Ursprungsarm des Ngozumpa-Gletschers wird durch eine Felssteilstufe durchrissen und heilt unter seinem Eisabbruch aus Lawinenkegeln (○) wieder zusammen. Er wird hierdurch zum regenerierten Gletscher (im Hintergr. der Ngozumpa Peak, 7975 m ü. M., 28°05′N/86°45′E).

nenteneisstrom, der aus mehreren *Firntrichtern* hervorgeht, ein in *Lawinenkegelteilströme* gegliederter Talgletscher. Dabei können stellenweise durchaus beide Gliederungsprinzipien – das der primären und das der sekundären Teilströme – deckungsgleich interferieren, indem ein eher schmaler Firnkesselteilstrom abbricht und auf nur *einen* Lawinenkegel niedergeht. Sich in diesem sammelnd, heilt er erneut zu einem *materialidentischen* Teilstrom zusammen.

2.3.5
Die Grundmoräne

Grundmoräne (WOLDSTEDT 1961, Bd. 1, S. 28 f. u. S. 90–100) ist sowohl *ausgetaute*, d. h. unter dem Gletscher abgesetzte Untermoräne (die sich aus am Gletschergrund verdichteter Innenmoräne rekrutiert) wie auch vom hangenden Gletschereis *nie* aufgenommene, aber *verdriftete*, verschuppte oder wie auch immer verlagerte *Schutt-* oder *Schotter*masse. Bei vom Gletscher überfahrenen, verschuppten Schottern, die zuvor vom Wasser transportiert, gewaschen und klassiert abgelegt worden sind, ist der *Grundmoränencharakter* nur mittelbar, d. h. anhand von Stauchungen, die sich im Schotterverband durch Schuppen und im Extremfall Falten (s. u. a. KUHLE 1976, Bd. 2, S. 24–26, Abb. 34–38), zumeist jedoch nur an Verbiegungen der Primärlagerung bemerkbar machen, also an Flexuren zu erkennen (Foto 53). Die Lockergesteinsdichte nimmt über die *Eisauflast* und den die Porenvolumina verringernden *Erschütterungs-* und *Rütteleffekt*

der überfließenden Gletscherbewegung zu, was jedoch nur durch subtile Vergleichsmessungen von Proben vor und nach der Gletscherüberfahrung wirklich verifizierbar wäre, aber so naheliegt, daß es auch ohne Prüfung als wahrscheinlich gelten kann. Alle diese durch *Gletscherüberfahrung* zu Grundmoränen gewordenen Sedimente, zu denen auch marginal häufig unter den Gletscher gelangende *Schuttfächer und -halden sowie Murkegel und -halden* gehören, erhalten eine typische Deckschicht vom Gletscher, die das *Hauptmerkmal* der Grundmoräne in mehr oder weniger großer Mächtigkeit aufweist, nämlich *chaotisch-gemischt* zu sein und damit als echter *Diamiktit* in Erscheinung zu treten. Hierin liegt die vom *generalisierten Prinzip* her *eigentlichste* Objektivation von einer Grundmoräne, denn sowohl die verdriftete, austauende Untermoräne wie auch der im Oberflächen- und Randbereich aufgenommene Schutt etc. wird durch die *Verschleppung* zwischen den *Grenzflächen* von Talboden und Gletscherboden vollständig *durchmischt* (vgl. v. KLEBELSBERG 1948, Bd. 1, S. 155–159,

Foto 53: Stauchmoräne im Vorland des Kuh-i-Jupar-Massivs, Iraniden (Aufn.: M. KUHLE, 17. 3. 1974).
Stauchfalte im Grundmoränenbereich (N-liches Vorland des Kuh-i-Jupar, 2040 m ü. M., Iraniden, 30°N/ 57°10′E). Fein geschichtete Stillwassersedimente (tonig-siltige Pelite) wurden von einem Piedmontgletscherlobus (von links nach rechts) überfahren und dabei in Knickfalten horizontal verkürzt. Die Größe und die klare Struktur der Falte deutet auf vergrößerte innere Festigkeit durch Dauerfrostboden hin.

Foto 54: *Grundmoränenaufschluß, Nyainquentanglha-NE-Rand, Zentraltibet* (Aufn.: M. KUHLE, 4.9. 1989).
Die hier aufgeschlossene Grundmoräne liegt im S-lichen Zentraltibet (Nyainquentanglha-NE-Rand, 30°38′N/91°04′E) in 4600 m ü. M. und weist alle Charakteristika auf: großanteilig lehmige, dicht gepreßte Matrix, darin polymikte, teilweise gerundete sowie facettierte Blöcke verschiedener Größen. Diese Blöcke sind durch die Grundmasse voneinander isoliert enthalten. Die hangende Eismächtigkeit wird auf über 1000 m geschätzt.

S. 253-272 u. a.). Eine etwa vorhandene Sortierung wird aufgehoben (Foto 28 ○). Als Resultat des *Zerriebes*, der aus dem Auflagedruck des Eiskörpers und der Gletscherbewegung entsteht, ist der *Feinmaterialanteil* einer Grundmoräne hoch und wird gletscherauswärts immer größer (Foto 54). Hier spielt die *Gesteinshärte* hinein, womit weiche *pelitische* Sedimentgesteine und Phyllite die bedeutendsten Feinkornanteile liefern. Die Grobkomponenteneinmischung ist ebenso und komplementär ausgangsmaterialspezifisch, womit Granit- und Gneisblöcke, aber auch massige Quarzite und andere Grobkristalline die großen Geschiebe stellen. Ihre Beimengung entscheidet über den Reichtum an Grob- bzw. Feinkornanteil, der generell, d. h. bei übereinstimmender Petrographie, in Grundmoränen *größer* ist als in der Ufer- und Endmoräne (vgl. Fig. 7, Nr. 6). Auch die Inlandeisgrundmoräne in den nordischen Flachlandgebieten ist im allgemeinen sehr viel feinkörniger als die von Gebirgsgletschern (vgl. RICHTER 1937, S. 14). Dies kommt sowohl von der zumeist größeren *Inlandeismächtigkeit* wie auch von den weiteren Transportentfernungen.

2.3.5.1
Ein wissenschaftstheoretischer Exkurs

Auf diesem Weg wird ein weiteres Merkmal glazialgeomorphologischer *Forschungslogik* transparent. Es sind zwar *generelle* Merkmale formulierbar, die jedoch im Einzelfall nur *relativen Aussagewert* haben. Ein Beispiel dazu: Ein morphologisch neutraler Ablagerungsrest besteht aus einem gut durchmischten Diamiktit, der relativ feinmaterialreich ist. Er ist seiner Durchmischung zufolge *sowohl* als End- und Ufer- wie aber auch als Grundmoränenrest anzusprechen. Da sein Substrat jedoch aus pelitreichen Phylliten aufgebaut ist, die *schnell zerrieben* werden, kann verstärkt auf Endmoräne geschlossen werden und selbst Ufermoräne, mit regelhaft *geringeren* Transportentfernungen, wäre noch einleuchtend. Da es sich andererseits im Beispielsfall um eine Position in *Talschlußnähe* handelt, besteht eine nur über wenige Kilometer mögliche Transportentfernung, so daß der *weitgehende* Zerrieb des Diamiktits aufgrund dieser topographischen Zusatzinformation doch allein über die *effizienteste* Materialbeanspruchung, nämlich durch einen hangenden Gletscher, verständlich wird. In die Beurteilung des Materials gehen somit die Informationen über die beteiligten Ausgangsgesteine wie auch die Transportentfernung, die Gesamttopographie (Gebirge, Vorland, Flachland, Talgefälle usw.), die Gletschermächtigkeit, die Lage zum Stromstrich usw. mit ein. Zuletzt ist zu allem Überfluß das Faktum nicht zu übersehen, daß ein Großteil *aller* Endmoränen und *ein Teil* der Ufermoränen mit aus Grundmoräne aufgebaut worden sein müssen und sind. Hier liegt der Grund für die

2.3 Moränen

Unabänderlichkeit, es in der Glazialmorphologie mit einer *Erfahrungswissenschaft* zu tun zu haben. Darum ist sie *nur* im Gelände selbst *intersubjektivierbar*, indem der topographische Zusammenhang – also immer wieder die Lagebeziehung – ins Kalkül einbezogen den *Ausschlag* gibt. Deshalb muß auch jeder Versuch, auf einer *niedrigen Integrationsebene* – was ja alle *agenetischen* und damit *unhistorischen* Arbeitsweisen, basierend auf der Quantifizierbarkeit von eindeutig ansprechbaren geomorphologisch-sedimentologischen Grundelementen, möglichst noch mit exakter Größenangabe, leisten zu können vorgeben – *eineindeutige* und *intersubjektivierbare* Aussagen in diesem Wissenschaftszweig zu machen, versagen. In der Geomorphologie und besonders in ihrer *glazialgeomorphologischen* Variante liegt der sehr interessante Fall einer *empirischen* Naturwissenschaft mit *historischer*, also durchaus landschafts- und klimageschichtlicher Komponente vor. Das bedingt die Notwendigkeit, den *Einzelfall* im Gelände immer wieder als gänzlich neue, *unstatistisch einmalige* geomorphologische Konstellation zu entschlüsseln. In der hier vorgelegten Darstellung der neuen Forschungsperspektive in der Glazialgeomorphologie ist jedoch zwangsläufig eine *unhistorische Generalisierung* verlangt, die bei der Beschreibung der einzelnen *Elemente des Formenschatzes* erfolgt und die – von der *individuellen* Topographie des *konkreten* Falles absehend – nur *Tendenzen von Aussagemöglichkeiten* anzubieten in der Lage ist. Dabei ist die Beschreibung eines *Formentypus* in seiner scheinbaren Konkretheit ein idealistisches Extrem, das fatalerweise eine *Absolutsetzung* suggeriert. Hierin liegt eine schädliche Zwangsläufigkeit jeder *Handbuchliteratur*, die dem Fortschritt der Forschung zuwiderläuft. Überdies wurden die Typen stets aus klassischen Gebieten der glazialgeomorphogischen Forschung destilliert, über lange Zeit aus den Alpen, so daß die *historische Zufälligkeit* der Beispielauswahl – die unglücklicherweise aus diesem im Vergleich kleinen und global eigentlich *wenig repräsentativen* Gebirge schöpfte – vollends in eine *Forschungssackgasse* führen mußte. Sie lautet:

'Was an Gebirgslandschaften nicht aussieht, wie es in den Alpen zu finden ist, ist *nicht* durch eine vorzeitliche Vereisung geschaffen worden.' An dieser Stelle soll, denn das ist das Anliegen vorstehender Ausführungen, die notwendige *Erweiterung* der Forschungsperspektive angestrebt werden, weshalb *nicht* die Reproduktion von *Lehrbuch-Typenbildungen*, sondern im Gegenteil eine Aufweichung jener starren Generalisierung durch einen verlagerten Schwerpunkt auf die methodischen Fragen intendiert ist.

Grundmoränen sind demnach gleichfalls ein sehr *vielfältiger* Ablagerungstyp, der noch zusätzlich hinsichtlich eindeutiger Ansprache den Nachteil hat, keine *scharf* definierbare Form aufzuweisen. Am geomorphologisch eindeutigsten sind die spezifischen *Blockgestaltungen* in einer Grundmoräne. Die großen Blöcke sind häufig facettiert, d. h., sie haben eine *flachflächige* Abschleifung erfahren. Ein solcher Block wurde vom Grundeis des Gletschers beinahe *allseitig* eingefaßt, wie ein zu bearbeitendes Werkstück im Schraubstock, und mit der nach außen gewendeten Restfläche über den Fels- und Schuttgrund des Talbodens geschleift. Dabei wird der Block 'abgeschliffen' und erhält eine *Facette*. Bei entsprechend großem *punktuellen* Widerstand, an dem die Blockkomponente 'festhakt', resultiert *Druckschmelzung* in der einfassenden Eisschale. Der Block verrutscht und wird unter dem Druck der Gletscherbewegung *verdreht*. Dem festhaltenden Widerstand durch die Blockdrehung enthoben, erfolgt über den Vorgang der *Regelation* (vgl. MARCINEK 1984, S. 48) ein erneutes Festfrieren in veränderter Eiseinfassung, und eine *andere Seite* des Grundmoränenblockes wird zu einer Facette abgeschliffen. Die Wiederholung derartiger Vorgänge macht die Formung drei- bis vielseitig abgeflachter Blöcke verständlich, deren Facetten durch *abgerundete* Kanten voneinander abgesetzt sind. Auf den Facettenflächen sind – bei geeignetem Material (Quarzit, Kalk mit großem Calzit-Anteil), das in der Regel auch nur die vollendete Facettierung zuläßt – sogenannte *Kritzungen* (vgl. WILHELM 1975, S. 344), Gletscherschrammen auf Blöcken, an-

Foto 55: Gekritztes Geschiebe zentraltibetischer glazialer Grundmoräne (Aufn.: M. KUHLE, 3. 9. 1989).
Glaziär gekritztes Geschiebe im Grundmoränenbereich Zentraltibets (4600 m, 30°38′N/91°04′E). Die Schrammen sind zentimeter- bis dezimeterlang (← →), setzen mit kräftigen 'impacts' ein und schwänzen sehr fein und dünn aus. Die jüngeren Schrammen durchkreuzen die älteren mehr oder minder spitzwinklig.

zutreffen (Foto 55). Der Unterschied zu den an den Felsflanken von Tälern hinterlassenen Gletscherschrammen besteht trivialerweise darin, daß der Block gegen die Talflanke bewegt wird – wobei ihm die Funktion der *Abtragungswaffe* zukommt, die den *Flanken- und Grundschliff* überhaupt erst ermöglicht, denn das *blanke Eis* ist *nicht* in der Lage, den härteren Fels zu ritzen. Dementsprechend sind die *längsten* Gletscherschrammen an den Felsflanken und auf dem Felsgrund eines Tales produziert worden und können hier mehrere Meter erreichen (Foto 25), während die *Striemungen* von Grundmoränenblöcken manchmal dezimeterlang werden, doch kaum je darüber, und natürlich in der Blockgröße ihre Begrenzung erfahren. Aufschlußreich ist die Beobachtung von *konvexen* Blockflächen, die

gekritzt sind, d.h. nicht nur von facettierten (Foto 55 ← →). Das beweist die Kritzung auf *Lockergesteinsuntergrund*, denn allein plastisches, in seiner Gesamtheit weiches Substrat kann sich der überschobenen *konvexen Blockwölbung* flächig *anschmiegen* und sie durch die Rauhigkeit und Härte seiner einzelnen Kieselkomponenten *zugleich verletzen*.

Perfekt und allseitig facettierte Blöcke sind ähnlich *selten* wie vollkommen gerundete Schotterkomponenten in einer Flußterrasse. Häufig, und hierin macht sich gleichfalls die Auflast des hangenden Eises bemerkbar, sind die großen Blöcke *zerbrochen* oder einseitig durch *Abplatzungen* versehrt. Sie zeigen darum schärfere Kanten, die mit jenen gerundeten vergesellschaftet sind, können aber auch nur drittel-, halb- oder zweidrittelseitig facettiert – bzw. an der übrigen Fläche *gerundet* – in Erscheinung treten.

Durchaus entsprechend dem Merkmal dieser Grundmoränenblockkomponenten, daß sie *vielgestaltig* sind und ihre *Durchmischung* sowohl verschiedene beteiligte Gesteinspetrographien (polymikte Blockführung) wie auch Korngrößen betrifft, ist die *Unordnung* gleichfalls hinsichtlich aller anderen morphometrischen Merkmale tendenziell als vollkommen zu denken. Es gibt neben scharfkantigen, plattigen, einseitig gerundeten, kantengerundeten Komponenten auch extrem *zusammengesetzte*, uneinheitliche *Zurundungsgrade* und sogar schottergleiche, bis zu perfekt-gerundete Blöcke, häufiger noch faust- bis kieselgroße Anteile kommen vor. Letztere sind, wenn nicht durch subglaziales *Schmelzwasser* und aus *Eistunnelfüllungen*, die in die Grundmoräne mittels Gletscherbewegung aufgenommen wurden, durch *Ufersander* oder durch überfahrene *Schotterfluren*, die in den Gletschervorfeldern glazifluvial aufgetragen worden sind, entstanden.

Im Zusammenhang mit *wechselnden* Sedimentationsbedingungen unter dem Einfluß von Klimaschwankungen, die zum Gletscherzungenende hin generell *zunehmen*, sind in *mehreren Lagen* differenzierbar abgelegte Grundmoränen anzutreffen. Solche Bankung führt häufig zu auffälligen *Stauchungsstrukturen*, die im Extremfall eine schlierig-marmorierte Textur aufweisen können (Foto 45). In vorzeitlichen Talgletschergebieten, deren Eisströme *Lawinenernährung* und damit *reiche Ober- und Innenmoränenführung* aufgewiesen haben, wie in den subtropischen Anden (z. B. Mendoziner Anden) oder im Hindukusch, im Karakorum und im Nanga Parbat-Massiv sowie im W-lichen Tienshan, ist die Grundmoräne von einer *Ablationsmoräne* abgedeckt. Diese ist leicht von der Grundmoräne zu unterscheiden, weil sie eine *hangende*, auffällig *feinmaterialärmere* Moränenschicht ausbildet (Foto 48 ×). Wie bereits in anderem Zusammenhang ausgeführt, wurde ihr pelitisches Material vom Schmelzwasser des ehemals zwischen den Schuttkomponenten liegenden Eises beim Niedertauen des Gletschers abgeführt. Eine *Vorsortierung* erfolgte bereits im Bereich der *Obermoränenverdichtung* im Verlauf der *ablationsintensiver* werdenden Verlagerung des Schutts gletscherabwärts von der Schneegrenze bis zum Zungenende hinab. Auch ist nahe der Gletscheroberfläche die *Feinmaterialabfuhr* durch supra- und intraglazialesSchmelzwasser erheblich. Außerdem fehlt der Ablationsmoräne ohnedies die der Grundmoräne vergleichbare *Dichte*, weil sie sozusagen vorsichtig vom ausschmelzenden Eis ohne jede *kinetische Energie* abgesetzt wird und keine Auflast erfährt.

Wie bei der Gegenüberstellung von End- und Ufermoränen angeführt, hängt die Möglichkeit der Stauchmoränenbildung vom *Auftreffwinkel* des Gletscherbewegungsvektors ab. Das gilt ebenso für Grundmoränenstauchstrukturen. Wie angedeutet, sind selbst überfahrene Vorstoßschotter als *primär glazifluviatile* Ablagerungen der Grundmoräne zuzurechnen, was bei stärkerer *Deformation* durch Stauchung natürlich nicht allein hinsichtlich der Lagebeziehung zum hangenden Gletscherkörper, sondern zugleich prozessual durch *Veränderungen* an und in der Schotterdecke gilt. Aufgrund des in diesem Fall sehr spitzen Auftreffwinkels des Eisvektors sowie der ca. 2,1mal größeren spezifischen Dichte von Schottern gegenüber der des Gletschers ist ihre Stauchung eher *selten* und *gering*. Ablesbar wird diese Tendenz zu allenfalls geringer Störung bereits an den in flache Talschottersohlen gelangenden Karakorum-Gletscherzungenenden (Foto 27). Das an diesen ablaufende Geschehen ist darum so aufschlußreich, weil die vorstoßende *Zungenstirnunterkante* mit der an ihrer Linie *abrupt einsetzenden Druckbelastung* der porösen und darum noch komprimierbaren Schottersedimente die günstigste Inhomogenitätsfront für aufpflügende *Exarationsprozesse* bildet (vgl. MARCINEK 1984, S.78). Allerdings ist die Gletscherbewegung hier die *geringste* überhaupt und eine solche Schotterflächenstörung allein an einen *Gletschervorstoß* gebunden, wohingegen alle gletschereinwärts ablaufenden Störungs- und Schürfprozesse von einer talaufwärts bis zur ELA hin zunehmenden Eisbewegungskomponente, die selbst beim Gletscherrückgang *erhalten* bleibt, profitieren. Die *Gesamtstabilität* von Schotterdecken gegenüber Gletscherüberfahrungen beruht auf ihrer widerstandslosen *Ebenheit*, d.h. Oberflächenausgeglichenheit, gepaart mit den *kugellagerähnlichen* Bedingungen, die ihre nach Größe sortierten, gerundeten, faust- bis kopfgroßen Komponenten dem überschiebenden Eis bieten. Vom zurückgeschmolzenen Gletscher freigegebene Vorfelder lassen die bei der Überfahrung entstandenen Exarationsspuren in Form einer *Talbodenstriemung* mit dezimeter- bis maximal metertiefen *Exarationsrillen* im Grundmoränenschottergemisch zurück (Foto 51 ↑). Solche Exarationsrillen ziehen sich vielerorts auf den die Talflanken einkleidenden, an die Ufermoränen grenzenden Grundmoränenflächen hinauf (Foto 56 ↑). Sie sind selbst an den zungenbeckeneinfassenden, zu den Endmoränenzügen vermittelnden Grundmoränenflächen im Kuenlun-Vorland um 1900–2000 m Höhe, die von den letzteiszeitlichen westtibetischen Inlandeisauslaßgletschern bis an die Wüste Taklamakan (Tarim-Becken, 50 km S-lich von Yeh Cheng) hinab ausgebaut worden sind, in unüberarbeiteter Deutlichkeit erhalten (KUHLE 1988f, S. 141; 1987f/88, S. 415). Dieser typischen

Foto 56: *Übergang: Grund- zu Ufermoräne mit Exarationsrillen, Karakorum* (Aufn.: M. KUHLE, 2.9.1986). Exarationsrillen (↑) und linienhaft am Hang angeordnete Moränenblöcke (▽) im Übergang von der Grundmoränenposition im Talboden (Vordergr.) bis zum Ufermoräneninnenhang hinauf (oberhalb ▽) (Muztagh-Tal, 3960–4400 m ü. M., Karakorum-N-Seite, 36°03'N/76°25'E).

Exarationsfurchung ist eine gleichfalls parallel angeordnete Streifenstruktur *überlagert*, die von in Reihen ausgeschmolzenen *Ablationsmoränenkomponenten* gebildet wird. Sie wechselt mit jenen Furchen ab oder füllt sie teilweise aus und unterstützt die bereits auf große Distanz als Grundmoränenfläche ausmachbare Streifung in Gletscherbewegungsrichtung (Foto 56 ▽ ▽).

Die an Ufermoräneninnenhängen hinaufreichende Exarationsrillung ist nicht nur an subrezenten Ablagerungen nachweisbar (Foto 56), sondern in tiefen, d.h. periglaziär unbeanspruchten Lagen sogar an *spätglazialen* Ufermoränen unter einer Busch- und Grasvegetation als konvergenzerscheinungsloser Indikator für vorzeitliche Gletscheranwesenheit anzutreffen.

Der Übergang von Grund- zu Ufermoräne ist ein interessanter Grenzbereich, in dem sich Materialien aus *zweierlei* Herkunftsgebieten berühren. Ähnlich, wie auf die Grundmoräne die Ablationsmoräne, die aus Innen- und Obermoräne eines ausschmelzenden Gletschers entsteht, gelegt ist, besteht jener Übergang im *Materialwechsel* von der Grund- zur Ufermoräne hinauf: Die Grundmoräne wird aus stark zerriebener, feinmaterialreicher Untermoräne gestellt, während die Ufermoräne aus der Obermoräne stammt, die aufgrund ihrer Position auf dem Eisstrom als *Seitenmoräne* bezeichnet wird. Generell ist die Obermoräne wegen fehlender Zerreibevorgänge kantiger und gröber. Somit vollzieht sich in dem mit Moräne *ausgefütterten* Gletscherbett vom Talgrund bis zum Ufermoränenfirst hinauf ein Materialwechsel von feinmaterialreicher Grundmoräne zu grobblockreicher Ufermoräne. Dieser Übergang vollzieht sich sukzessive, allerdings nicht vollständig ohne Sprünge, was dadurch verständlich wird, daß eine Gletscherzunge beim Rückschmelzen beträchtliche Materialmengen abwirft, während beim Vorstoß frisches Blankeis in die Zunge hinabbefördert wird, welches eher noch Material von den Ufermoränen unterschneidend aufnimmt. Das kommt der Grundmoränenförderung und Materialverdriftung am nun intensiver fließenden Gletscherboden zugute. Jene an die *Zungenregression* gebundene *verstärkte* Moränenablagerung betrifft also vorrangig die Absetzung von Seitenmoräne und Blockstapelung am Gletscherufer, d.h., der Ufermoräne wird kantiges Grobblockmaterial *basal* zugeführt. Die Analyse des Sedimentationsrhythmus, der die Grundmoränenförderung als an *Talgletschervorstöße* und die basale Ufermoränenabsetzung als an *Rückschmelzphasen* gebunden erkennt, führt zur Schlußfolgerung, daß in der Kehle vom Gletscherbettboden zum Ufermoränenaufbau hinauf eine *diagonal* bis beinahe senkrecht angeordnete *Wechsellagerung von gröberem Ufermoränen- mit feinerem Grundmoränenmaterial* vorliegen muß. Der *steilstehende* Materialwechsel geht nach oben zunehmend in Ufermoränenmaterial und nach unten in Grundmoränenmaterial über. Es besteht damit eine doppelte, am Ufermoräneninnenhang wechselweise aufwärts und abwärts auskeilende Verzahnung von Grund- mit Ufermoränensubstrat. *Geomorphologisch* befinden wir uns mit diesem *sedimentologischen Übergangsbereich* jedoch bereits weit oben innerhalb der eigentlichen Ufermoränenform (Fotos 39 u. 19).

2.3.5.2
Ein weiterer erkenntnistheoretischer Einschub, der die Produktivität von Begriffen betrifft

Wegen der *fehlenden* Koinzidenz von Form und Substrat bietet eine Ufermoräne ein methodisch wichtiges Exempel. Derlei *Kluft* zwischen *Form* und *Material* ist hinsichtlich des Bereiches *Genese* noch zu erweitern. Erinnern wir uns an die glazifluvialen Vorstoßschotter, die allein über den Vorgang des *Überfahrenwerdens* von einer Gletscherzunge zur Grundmoräne werden. Das gilt selbst dann, wenn sie dabei *kaum* eine Beeinträchtigung erfahren haben. Dies sind die *produktiven Grenzfälle*, bei denen die wissenschaftliche *Systematik* immer wieder ins Gedränge gerät und einer weder quantifizierbaren noch von programmierten Datenverarbeitungsverfahren zu leistenden, allein auf das *Aussageziel* ausgerichteten, qualitativ erläuternden Interpretation bedarf. Das *Aussageziel* kann z.B. die Erfassung eines maximalen Gletschervorstoßes sein. Dann wird ein kilometerweit überfahrenes Schotterfeld selbst anhand von nur punktuellen Stauchungen als einheitlicher Grundmoränenbereich kartiert werden, um ein auf das Gletscherverhalten abzielendes Ergebnis zu liefern. In diesem Fall ist die *Spannung* zwischen *Indikatorqualität*, d.h. der Qualität als ein Mittel zum Zweck und einer möglichst eindeutigen Beschreibung, und *Typenbildung*, die durch eine sehr strenge Typisierung hinsichtlich des Erkenntnisgewinns zwangsläufig an Produktivität verliert, kennzeichnend. Für unser Beispiel heißt das: Indem in einer Ufermoränenform auch Grundmoränenmaterial enthalten ist, was dem Typ 'Ufermoräne' widerspricht, wird *erkennbar*, was zur *Entwicklung* der Form gehört und eine *historische Dimension* zuläßt, die weit über die Erkenntnis 'Ein Talgletscher hat eine typische Ufermoräne aufgebaut' hinausführt. Aus dieser Sicht ist es die wichtigste Aufgabe dieses Bandes, die geomorphologischen Begriffe und Typen des glazialen Formenschatzes nach jeweils einleitender Darlegung auf dem *niedrigsten Niveau der Hauptmerkmalsbeschreibung* wiederaufzulösen und den Akzent auf *Übergangs-* und *Zwischenformen* zu legen. Erst damit – das soll betont werden – wird ein Begriff der normativen und tautologischen Scholastik entzogen und durch die Herausarbeitung *funktionaler Übergänge* zu *neuem Leben* erweckt. So notwendig auch die *klassischen* Handbücher der Glazialgeomorphologie für die *Festlegung* der Grundbegriffe und zur Typenbildung waren, so wichtig bleibt es, von Zeit zu Zeit das *Gewicht* herüber auf die *Analyse- und Synthesemethode* zu wuchten und so den *Begriffszwischenräumen* die Unwichtigkeit und in diesen dem *Einzel-* und *Ausnahmefall* die Zufälligkeit abzusprechen, um die *Notwendigkeit* der Realisierung *aller Zwischenstadien* – was zugleich das *Prozessuale* ist – herauszudestillieren.

2.3.5.3
Die subglazialen Klammeinschneidungen und Schluchten als Grundmoränenfallen

Hierin liegt eine *überzufällige* Kombination, was funktional unmittelbar einleuchtet, während auch ihr *Gegenteil*, die komplette *Ausräumung* von in einen subglazialen Schmelzwasserschluchteinschnitt hineingedrücktem Grundmoränenmaterial – eben durch jene, den Einschnitt produzierenden Wasser –, *dialektisch* genauso naheliegt. Der gesuchte Zwischenweg ist durch eine *zeitliche* Trennung, ein Nacheinander von subglazialer Einschneidung der Klamm und nachfolgender Grundmoränenverfüllung, darum nicht gefunden, weil der Wasserfluß *weder vor noch nach* der Klammeinschneidung und *nicht einmal* nach dem Gletscherrückschmelzen versiegt und die Grundmoräne noch weitaus *leichter* ausräumt als zuvor schon den anstehenden Fels. Beide Erscheinungen, klammeinschneidende Erosion und Grundmoränendeponierung, sind demnach nicht durch zeitliche, sondern allein durch *räumliche Trennung* auf kleinstem Raum, den ja eine solche Schlucht lediglich bietet, miteinander zu vereinbaren. Der *über* der subglazialen Schmelzwasserschlucht *hangende* Gletscherboden spachtelt den über den Einschnitt geschobenen Diamiktit dergestalt in den Einschnitt, daß er ihn an den beiden scharfen Klammoberkanten *abschaben* läßt. Zeitweilig, und besonders bei sehr engem Einschnitt, könnte der Schmelzwasserbach im Klammgrund nicht allein vom Gletscher, sondern auch noch von der Grundmoräne *übertunnelt* abgeflossen sein, denn die *Haft- und Haltefähigkeit* jener lehmig-fetten Masse ähnelt durchaus der von Beton. Generell aber, und einhergehend mit zunehmender *Klammbreite*, brach dieses Lockergestein dennoch wohl eher nach und hielt sich mitunter in Resten als mehrere Dekameter mächtige Felsverkleidung an den Klammwänden respektive Schluchtflanken hinauf (Foto 57 ○). Die hier photographisch belegten Beispiele sind *subrezenter* (grundmoränenverfüllte Klamm unterhalb der Minapin-Gletscherzunge im Karakorum) und *hoch-* bis *spätglazialer* Entstehung (partielle Schluchtstreckenverfüllung mit Grundmoräne im Dzarka Chu im Tibetischen Himalaya). Mit dieser Auswahl ist eine Vorgehensweise beabsichtigt, die das von LYELL (1875) formulierte *Aktualitätsprinzip teleskopartig*, auf die *nächste historische* Vergangenheit gestützt, bis zur Eiszeit in die geomorphologisch deutlich *frühere* Vergangenheit zurück auszieht. Um dem *Aktualitätsprinzip* in direkter Weise genügen zu können, müßte man in der Lage sein, heute unter die *aktuellen* Gletscher zu schliefen und hier, dem reißenden Schmelzwassertunnel gletschereinwärts folgend und von fortgesetztem Moränensteinschlag bedroht, mit einem Blitzlicht das zu sehen und aufzunehmen, was in stärker *verstürzter, überarbeiteter* und damit gealterter Form heute nur noch

2.3 Moränen

Foto 57: *Grundmoräne des Minapin-Gletschers in Klamm, Karakorum-S-Seite* (Aufn.: M. KUHLE, 14. 9. 1987).
Betonartig verdichtetes Grundmoränenmaterial (○) ist vom subrezenten 'little ice-age' Minapin-Gletscher in die Klamm gepreßt worden. Es haftet an den Steilwänden dieser subglazial angelegten Schlucht (2150 m ü. M., Karakorum, 36°12′N/74°32′E).

erhalten, aber nicht mehr in unmittelbarer Bildung begriffen ist. Erwähnenswert ist die *Überformung*, welche die in die Klamm gedrückte Grundmoräne des Minapin-Gletschers erfahren hat (Foto 57 ○): Hier ist der oben angeführte Fall subrezent realisiert, auf den bei der Abhandlung der subglazialen Schmelzwassertalquerprofile eingegangen worden ist (Kapitel 1. 1. 1), nämlich, daß die Gletscherzunge in das Schmelzwasserschluchtprofil *eingesunken* ist und dieses kastenförmig nachgearbeitet, vor allem seine annähernd senkrechten Flankenfelsen *geglättet* hat. Dort, wo diese Felsen nicht an die Oberfläche treten, sind sie von ebenfalls ausgeglätteter, wenngleich natürlich nicht blank polierter *Grundmoräne* verkleidet, die dem Anstehenden wie Beton anhaftet (Foto 57 ○). Primär und anfänglich war die Grundmoränenverfüllung der kastenförmigen Schmelzwasserschlucht weitaus *umfänglicher*.

Sie wurde dann von der mehr und mehr zuspitzenden und aus diesem Grund in diesen tiefsten Talprofilabschnitt einsinkenden Gletscherzunge *verdrängt*. Dabei ist die Grundmoräne, die anhand ihrer Feinkörnigkeit unmittelbar als solche erkennbar ist, zu den Seiten hin *verdrückt* und gewissermaßen zur Seitenmoräne umfunktioniert worden.

Am Beispiel des Dzarka Chu im Tibetischen Himalaya, etwas N-lich vom Mt. Everest, ist die glaziäre Schlucht sehr viel *größer* dimensioniert und an der weit über 100 m mächtig eingefüllten Grundmoräne sind *keine* sekundären Überarbeitungsspuren durch eine dann schmaler gewordene und darum eingesunkene Gletscherzunge nachweisbar. Die sehr große Standfestigkeit, die innere betonähnliche Härte des Substrats, wird durch seine überlieferten Steilwände, die partienweise sogar überhängen, sichtbar (vgl. Foto 57). Die Grundmoräne lagert hier dünnbankigen Gneisen auf und ist abschnittsweise durch *Runsenspülung* teilweise bis auf das Anstehende abgetragen worden. Dort, wo sie wenige Meter dick erhalten ist, wurden aus der Grundmoräne im Zusammenhang jener Erosionsprozesse flachgespannte *Naturbrücken* herausgearbeitet, welche die bedeutende *Materialstandfestigkeit* bestätigen.

2.3.5.4
Weitere Ausführungen zur Resistenz von Grundmoränen

Die *Resistenz* von Grundmoränen kann sogar an denjenigen Stellen zu ihrer *Erhaltung* seit der vorletzten Eiszeit führen, wo ein *Grundschliff* während des vergangenen Glazials besonders intensiv darüber hinweggegangen ist, in den *Gründen* steiler Gebirgstäler. Der Verfasser hat beispielsweise im Talgrund eines orographisch linken Nebentales des Mayangdi Khola (Dhaulagiri-Himalaya-S-Abdachung) einen *Felsboden* bildende, stark *glaziär geglättete*, gelbbraune Grundmoränenablagerungen angetroffen (KUHLE 1982a, Bd. 2, Abb. 184, Karte 1 : 85 000, Beilage). Ein zweites Exempel bietet sich im Longpoghyn Khola, N-lich der Annapurna-Gruppe (W-licher Zentralhimalaya), an, wo gleichfalls ältere grundmoränenartige (rißzeitliche) Tillite überliefert sind, die dann vom Gletscher der letzten Vereisung im Talflankenbereich zurückgeschliffen worden sind. Die in feiner Matrix 'schwimmenden' groben Komponenten sind dabei mitunter heruntergeschliffen worden, *ohne* ausgebrochen zu werden, was einerseits das *vorletzteiszeitliche* Ablagerungsalter und zugleich die *längerer* Zeiträume bedürftige diagenetische *Verfestigung* anzeigt (KUHLE 1982a, Bd. 2, Abb. 78 u. 184). Diese ist allerdings in allen *kalkführenden* Lockergesteinen kaum ein Zeitproblem, was deutlich wird, wenn man an die noch außerdem durch das *strahlungsintensive* Mittelmeerklima mit hoher Verdunstungsrate geförderten Verfestigungen und *Calichebildungen* des nur wenige Jahrtausende alten Marmor-Bauschuttes z. B. auf der Akropolis (Griechenland) denkt.

2.3.5.5
Die Grundmoränenrampe in ihrer Entstehung aus der Überschiebungsgrundmoränenrampe

Ein *methodisch* überaus wichtiger Punkt ist die *Begriffsbildung*, welche wesentlich über die rein sprachliche *Substantivbildung* erfolgt und erfolgen muß, denn der Begriff ist das *Bezeichnete*, das durch das *sprachliche* Zeichen, das Bezeichnende, sein notwendiges Äquivalent erhält. Die grammatikalische Konstruktion des Deutschen trägt dem Rechnung wie kaum eine andere Sprache, und zwar durch die Lizenz, *zusammengesetzte Substantive* bilden zu können, wie 'Grundmoränenrampe' und sogar 'Überschiebungsgrundmoränenrampe'. Wahre Wortungetüme von enormem Erklärungswert, so daß die Wissenschaft und zumal die Glazialgeomorphologie es sich leisten sollten, das klanglich Unästhetische in Kauf zu nehmen, wenn nicht gar an ihm die andere, die *methodische Ästhetik* zu erkennen.

Eine Grundmoräne ist eigentlich beinahe formlos und auf das Material sowie seine Merkmaldetails ausgerichtet (s. o.). Der Zusatz *Rampe* spricht eine kompakte, schräge Vollform an, die aus diesem Substrat aufgebaut ist. Das klassische Beispiel, an dem diese *Grundmoränenform* beschrieben worden ist, befindet sich im Talboden des Thak Khola um 2300 bis 2600 m ü. M. am Fuß der 5700 m hohen Dhaulagiri-E-Flanke (W-licher Zentralhimalaya), unter der *Mündungs-* und vorzeitlichen *Gletscherkonfluenzstufe* des Dhaulagiri-E-Gletschers (KUHLE 1982a, Bd.1, S. 45f.; Bd. 2, Abb. 82, linke Hälfte; KUHLE 1983a, S. 238ff.).

Die *Grundmoränenrampe* vermittelt zwischen dem *Haupttalboden* und der *Mündungsstufe*, indem sie als Schräge von der Schottersohle bis an die *Felsstufenstirn* ansteigt und dort, mehrere hundert Meter hoch hinauf anliegend, auftrifft. Damit schlichtet sie den *Fußknick* der Mündungsstufe zum Haupttalboden hin, ihn *keilförmig* ausfüllend. Das Substrat beweist den Grundmoränencharakter. Ein steil herabfließender Gletscher jedoch baut im *Fußknick* nicht ohne weiteres eine Lockergesteinsrampe auf, sondern kolkt in seinem Gefälleknick eher aus. Er übertieft also eher durch *Grundschlifferosion*, als daß er sich durch *Materialzufuhr* sein Bett aufhöht. Nun kommt der genetische Zusammenhang mit seinem zusätzlichen Erklärungswert zum Tragen und geht auf den einzigen, den hier dargestellten *Widerspruch auflösenden Prozeß* ein, der in Frage kommt. Es ist derjenige der Gletscherüberschiebung. Der heute beinahe 1500 m über dem Thak Khola-Boden endende Dhaulagiri-E-Gletscher brauchte eine ELA-Depression von ca. 800–900 m, um den *Haupttalboden* zu erreichen. Dieser kam ihm allerdings zuvor schon durch die *Gletscherverfüllung* des Haupttales entgegen. Der *aufwachsende* Talgletscherpegel des frühglazialen Thak Khola-Eisstromes verhinderte den Auskolkungsprozeß durch jene Hänge- und Nebengletscherzunge des Dhaulagiri-E-Gletschers, indem sie seine Zunge abfing und sich *aufschieben* ließ. Da dieser *Treffpunkt* der beiden Eisströme zwischen etwa 2500 und 2800 m variiert haben dürfte und die zugehörige ELA niemals unter 3900 m ü. M. verlaufen ist, bestand ein durch intensive Ablation (mehr als 1100 m unter der Schneegrenze) verstärkter Moränenauswurf, wobei die *Lawinenkesselernährung* aus den über 2000 m hohen Wänden des Dhaulagiri-Gipfelaufbaus *bedeutende* Moränenproduktion garantierte. Der Dhaulagiri-E-Gletscher schob sich also als tributärer Hängegletscher im Bereich der steilen Konfluenzstufe dem Hauptgletscher *auf* und füllte mit seiner abgestreiften Untermoräne den Zwischenraum des *Ufertälchens* zwischen dem Hauptgletscher mit dessen Eisrand und der Mündungsstufe auf. Diese Entwicklung erfolgte vom Früh- zum Hochglazial *rückläufig*, weil der Haupttaleisstrom sein gesamtes Talgefäß zunehmend beansprucht hat. Nachhochglazial und spätglazial dagegen *taute* der Thak Khola-Gletscher langsam *nieder*, was immer auch mit einer Breitenreduktion gekoppelt gewesen sein muß. In diese sich dabei mehr und mehr auftuende Ufermulde des Liegendgletschers schob der Hangendgletscher seine Moräne, wobei man sich betreffende *Untermoränenentledigung* bzw. *Grundmoränenablagerung* im *Gefällebruch* zum Liegendgletscher und an dessen Uferrand abstreifend besonders *forciert* vorstellen muß. Die prozessual *nächste Phase* betrifft das sukzessive *Nieder-* und zuletzt das *Austauen* des Liegendgletschers, während der Nebengletscher überdauert. Diese Phase ist dadurch *nachgewiesen*, daß heute nur noch der Dhaulagiri-E-Gletscher, das Relikt des vorzeitlichen Hangendgletschers, vorhanden ist. Während des Niedertauvorganges wurde der Liegendgletscher immer *flacher* und *schmaler*, während damit einhergehend die *Grundmoränenplombe* des Ufertales immer breiter *ausgewalzt* worden ist. Zuletzt fehlte der Liegendgletscher völlig, und der ehemalige Hangendgletscher kam mit seiner Zungenspitze am Ende der nun maximal *abgeschrägten Überschiebungsgrundmoränenrampe* auf dem jetzt *freigeschmolzenen* Haupttalboden zu Ende. Die funktionale Vergenz zu einer *Podestmoränenentwicklung* (Kapitel 2.3.2) ist verblüffend und verführt zu folgendem *Syntheseversuch*, der freilich nicht ohne hypothetischen Charakter zur Disposition gestellt werden soll: Um einen Grundmoränendamm, auf dem dann auch ein Dammgletscher abfließt, aufzuschütten, bedarf es eines *primär* hochgelegten Gletscherendes, was durch eine Auf- bzw. Überschiebung auf einen Liegendgletscher realisiert wird. Nun entwickelt sich unter dem Gletscher eine nebentalaufwärts rückstauende *Grundmoränenrampe*, die ein dem zähen Eisfluß entsprechendes, *ausgeglichenes Gesamtgefälle* des Eisstromes anstrebt. Alle Untergrundunebenheiten werden dabei durch das aufhöhende Liegendgletscheroberflächenniveau, auf das der hangende *Dammgletscher* mit seinem Ende eingestellt ist, aufgehoben und *moränisch* ausgeglichen. Wenn, wie es bei angehobener Schneegrenze zwangsläufig geschieht, der Haupttalgletscher *ausgeschmolzen* ist, endet der an höhere Einzugsbereiche unmittelbarer, d. h. kürzer angeschlossene Neben- und Dammgletscher auf dem Haupttalboden (s.o.). Ursprünglich lag er dem Liegendgletscher auf, nun ist dieser durch eine mehr und mehr *ausgewalzte* Grundmoränenrampe ersetzt worden (s. Foto 50 ↓).

Über die Entwicklung von *Grundmoränenrampen* aus *Überschiebungsgrundmoränenrampen*, deren Entstehung durch den *genetisch-funktionalen* Begriffszusatz 'Überschiebung' erklärt ist, der die *Material-* und *Formenbeschreibung* des Wortes 'Grundmoränenrampe' ergänzt, wurde ein zweites, teilweise *alternatives* Entstehungsmodell für *Dammgletscher* versucht. Es steht im Gegensatz zu einer *vorschüttenden* Grundmoränendammentstehung, bei der mehr und mehr Grundmoräne dammartig talauswärts gefördert, den Eisstrom unterlegt und anhebt. Hier geht die Anhebung durch den als Liegendgletscher fungierenden Haupttalgletscher vor sich und ist mehr noch das Resultat des *topographischen Gefüges* von Neben- zu Haupteisstrom, als abhängig von der Moränenproduktion des Nebengletschers zu sein.

2.3.5.6
Zur Verbreitung von vorzeitlichen Grundmoränen

An die *hocheiszeitliche* Gletscherbedeckung gebunden, sind sie in ihrer Erhaltung von den *überarbeitenden* Prozessen abhängig. Diese erfolgen aufgrund der bedeutenden *Reliefenergie* im Hochgebirge am intensivsten, so daß die Flachlandinlandeisgebiete einen *Erhaltungsvorsprung* haben. Die starke und damit schnelle Morphodynamik im Gebirge ist vorherrschend *erosiv*, jedenfalls für die talboden- und tiefliniennahen Reliefausschnitte, wo sich die *Wildwasserabkommen* konzentrieren. Es gibt nur wenige Lokalitäten, an denen Grundmoränen auf Talböden ohne den Schutz von Klammen und Schluchten erhalten sind (Foto 58 □). Akkumulativ durch Zusedimentation dem Nachweis enthoben sind die Grundmoränendeponien an den Talflankenfüßen, wo sie von jungen Schuttkegeln- und -halden konservierend abgedeckt werden. In den einzelnen Inlandeisauslaßgletscherzungenbecken ist die Grundmoräne *selten* bzw. flächenanteilsmäßig nur *geringfügig ausgeräumt*, so z. B. im Gebiet der engeren Talsohle und Aue der Weichsel in der Umgebung von Torun. Weit großflächiger dagegen sind sie von den *Schotterteilfeldern*, die während der *spätglazialen* Rückzugsstadien geschüttet worden sind, abgedeckt. Viel *mächtiger* sind die Grundmoränendecken – vor allem im Verhältnis zur hangenden *Eismächtigkeit* – im Gebirge. Das *extremste* *Mißverhältnis* zeigt sich in Gestalt der *Dammgletscher*. In dieser Differenz objektiviert sich die sehr viel *geringere* Schuttfracht von *Inlandeisen* gegenüber beinahe ununterbrochen und allseitig Detritus aufnehmenden *Talgletschern in Gebirgen*. Der über die gesamte quartäre *Eiszeitära* erfolgende *Materialversatz* ist für die Inlandeisgebiete kennzeichnend, wie auch, daß er zu 95% über die *Verdriftung von Grundmoräne*, die von Eiszeit zu Eiszeit immer wieder *erneut* aufgenommen wird, stattfindet. Dabei sind aber zugleich auch wechselnde Transportmechanismen wirksam. Es wird also nicht überall gleichzeitig Grundmoräne neu aufgenommen, sondern es sind Sanderphasen zwischengeschaltet, die während der spätglazialen Gletscherrückgänge das Material – es aus der Grundmoräne auswaschend – *glazifluvial* weiterverfrachtet haben. Bei erneuter Vereisung wurde das Material dann wiederum zur Grundmoräne zurück- bzw. umgestaltet. Im steten Wechsel zwischen Vorstoßschotterschüttung und Gletscherüberfahrung mit Grundmoränenverdriftung, kombiniert mit fluvioglazialem Materialversatz und später dann dem Schmelzwassertransport bei der Sanderaufschüttung, der *spätglazial* mehr und mehr in die hochglazialen Grundmoränengebiete zurückverlegt wird, wurde das *nordische Geschiebematerial* aus dem skandinavischen Vereisungszentrum heraus unter anderem auch in's Norddeutsche Tiefland versetzt (vgl. z. B. WOLDSTEDT 1961, Bd. 1, S. 19). Die einzelnen Geschiebesteine sind teilweise recht genau den

Foto 58: Hochglaziale Grundmoräne im unteren Indus-Tal, Nanga Parbat (Aufn.: M. KUHLE, 22.9.1987).
Grundmoränenablagerungen des letzten Glazials auf dem Boden des Indus-Tales (□ □), die vom Fluß dekametertief durchschnitten worden sind (1150 bis 1300 m ü. M., Nanga Parbat-N-Abdachung, 35°29'N/74°31'E).

Rekrutierungsgebieten der anstehenden Gesteine in den Skanden zuzuordnen. Beispielsweise sind die Porphyre aus dem Oslo-Fjord in ihrem *Transportweg* ebenso rekonstruierbar wie die Tammela Uralitporphyrite aus Südschweden oder auch die Varietäten von Augengneisen aus den Skanden und die Wiborgrapakiwi von der Komponente des Finnischen Eisstromes. Dabei zeigt sich, abgesehen von der *fächerförmigen* Ausbreitung, d. h. der Divergenz der Geschiebestreuung ('Beschüttungskegel', s. HAUSER 1912), die aus den *radialstrahlig* angeordneten Fließvektoren des Inlandeises resultiert, ein *Zickzackverlauf* im Leitgeschiebetransport. Er wurde zunächst über einen *monoglazialen* Erklärungsversuch *nicht faßbar* und spiegelt die von Inlandeis zu Inlandeis der aufeinanderfolgenden Eiszeiten etwas *veränderten* Fließrichtungen der Teilströme sowie den *übergangszeitlichen*, versetzenden Schmelzwassereinfluß wider. In die unterschiedlichen Fließrichtungen gehen, neben den sicher leicht variierenden klimatischen Einflüssen auf den immer erneuten Inlandeisaufbau, vor allem die jeweils veränderten *tektonischen* Verhältnisse, im Beispielsfall die Höhenlagen der Skanden, als Inlandeisansatz und -'kristallisationsgebiet' mit ein. Eine diesbezügliche erhebliche Veränderung in der *Gletscherernährungsbilanz*, die eine differierende Fjell-Hebung in verschiedenen Skandenabschnitten von nur 100–300 m bewirkt, kann innerhalb von 40–100 Ka leicht erfolgen. Hierbei wird von den glazialisostatischen Ausgleichshebungen, die spätglazial bereits einsetzen und während der früh-postglazialen vollständigen Deglaziation ihr Maximum erreichen, noch ganz abgesehen. Dies bedeutet konkret, daß nach MÖRNER (1978, Fig.: ›rate of glacio-isostatic uplift‹) für den Bereich des Bottnischen Meerbusens und Teile der S-Skanden mehrere Dezimeter Hebung pro Jahr (bis zu 50 cm/J) mit ausklingender Phase als wahrscheinlich gelten und noch heute bis zu 1,1 cm/J verzeichnet werden. Auf diese Weise überlagern sich *beschleunigte* und verkomplizierend überdies *differierte* Hebung, die dann während einer *neuen* Vereisungsperiode in *anderer* regionaler Reihenfolge die Schneegrenze unter das *ungleichmäßig* gehobene Berg- und Fjellrelief absinken läßt. Dabei steht die glazialisostatische Hebung in einem *unmittelbaren* Verhältnis zur Lage der vorzeitlichen *Eisauflast*, d. h., sie ist im Zentrum des Inlandeises und den am nächsten benachbarten Gebirgsgebieten – das waren in Skandinavien der N-liche Bottnische Meerbusen und die davon N-lich liegenden Massive der Skanden (Sarek- und Kebnekaise-Massiv) – am größten gewesen (vgl. unten und S. 108). Wenn nun die zweite Inlandvereisung während einer zweiten Eiszeit mit ihrer *absinkenden Schneegrenze* einsetzt, bevor die glazialisostatische *Entlastungshebung* der vorhergehenden abgeschlossen ist, setzt der neue Eisaufbau *verschoben* vom Zentrum des Inlandeises der *vorhergehenden* Vereisung ein. Daraus muß ein anderes Ab- und Ausflußverhalten resultieren, welches von dem nun zunächst *verlagerten* Eiszentrum ausgeht. Dieser *differierende* Fluß und immer wieder in regional *variierender* Reihenfolge stattfindende Vorstoß der Inlandeisteilgebiete macht den angeführten *Zickzacktransportverlauf* der Geschiebe einzig über den *polyglazialen* Ansatz nachvollziehbar. Trotz des Zickzackkurses ist die Bewegungsrichtung der Grundmoränenleitgeschiebe immer in genereller Ausbreitungsrichtung des Inlandeises und *nirgends gegenläufig* dazu nachgewiesen worden (vgl. u. a. WOLDSTEDT 1961, Bd. 1, S. 111–118).

2.3.5.7
Ein Einschub zur Frage nach der historischen Dimension in der Glazialgeomorphologie

An diesem Zusammenhang wird exemplarisch ablesbar, daß durch die *Überlagerung* verschiedener Faktoren, wie das Inlandeiswachstum in Klimaabhängigkeit, die Orogenese mit zugehöriger primär-*tektonischer* Hebung, die *glazialisostatische Absenkung* sowie postglaziale Hebung durch die Deglaziation – das alles gedämpft von der *Zeitverzögerung* durch das *Krustenverhalten* des Fennoskandischen Schildes (das als Funktion von Auflagebasis und Mächtigkeit des Eisschildes sowie entsprechender Gewichtsabnahme mit dem peripher-zentral zurückschmelzenden Inlandeiskomplex korrespondiert) – eine *historische*, d. h. *undefinierbare* Dimension in das glazialgeomorphologische Geschehen gelangt. *Weder* der Gletscher- und Inlandeisaufbau hat sich von Eiszeit zu Eiszeit in seiner Struktur *wiederholt, noch* sind – und das ist die Ursache dafür – die *Randbedingungen* die gleichen geblieben, was soviel heißt wie: Bei derartigen Prozessen gibt es *keine* oder *kaum* Randbedingungen, und es läßt sich nur sehr schwer *entscheiden*, welche geomorphologischen, tektonischen und klimatischen Bedingungen wirklich *unwichtig*, d. h. *konsequenzlos* oder wenigstens 'konsequenzarm' sind. Hierin liegt ein wissenschaftliches *Hauptinteresse*, sich mit einer alten Disziplin wie der Glazialgeomorphologie *erneut* zu befassen. Es entspricht demjenigen, das z. B. die *systematische* Biologie daran haben mußte, in ihren Ordnungshierarchien einen *schwarzen* Schwan unterzubringen, dem aufgrund des fehlenden 'Schwanenweiß' lange Zeit eine Einordnung verwehrt und die *Schwanenhaftigkeit* abgesprochen werden konnte – vielleicht sogar mußte. Aus dieser *Forschungsperspektive* heraus werden Grundmoränen-Probleme noch über die Einbeziehung einer anderen *Versuchsanordnung* der Natur, die das vorzeitlich *stark* vergletscherte *tibetische* Hochland bietet, weiter behandelt werden. Dabei geht es *nicht* um die Frage der Veränderungen im *Inlandeisverhalten* als Resultat von *geologisch-geomorphologisch-historischen* Veränderungen in den Einzugsgebieten, sondern um einen *topographisch-klimatischen* Sonderfall.

2.3.5.8
Die Grundmoränenbeschaffenheit in Hochtibet als geomorphologischer und sedimentologischer Indikator eines subtropischen Inlandeises

Wir befinden uns hier in den *Subtropen*, wo die Sonne sehr *steil* steht (BERNHARDT et al. 1958; BISHOP et al. 1966; HAECKEL et al. 1970; KUHLE 1985b, S. 45f.). Die *Einstrahlung* wird durch die große Meereshöhe zwischen 4000 und 6000 m ü. M. aufgrund der extremen *Transparenz* der Höhenatmosphäre besonders wirksam und erreicht annähernd die gleichen Energiewerte wie sie bei gleicher *Zenitdistanz* an der Obergrenze der Atmosphäre theoretisch (nach dem Strahlensatz) zu ermitteln sind (KUHLE et al. 1988, S. 597–600; 1989d, S. 276f.). Der dadurch bewirkte Unterschied zu den *nordischen* Eisen, die im Gegensatz zum *tibetischen* Inlandeis *Flachlandeise* bzw. Tieflandeise gewesen sind, ist durch den *Eisoberflächenhöhenunterschied* von etwa 4000 m bedingt (Fig. 14) und die exponentielle Einstrahlungsabnahme zwischen 30° und 50°N Breite besonders signifikant, denn zwischen dem 30. und 50. Breitenkreis ist die *Abnahme* der auftreffenden *Strahlungsenergie* als geometrische Funktion der interferierenden Größen 'Bogenmaß' und 'Eklyptikschiefe' am *bedeutendsten* überhaupt. Diese *Einstrahlungs-* und *Energieverhältnisse* der Subtropen führen bei heutiger, um im Mittel 1200 m angehobener ELA dazu, daß das Hochland von Tibet mit seiner 2,5 Mio km^2 großen Fläche die bedeutendste *Aufheizfläche* der irdischen *Atmosphäre* ist (FLOHN 1959). In dieser Richtung wirksam ist auch die *Wolkenbedeckung*, die nach MILLER (1943) in den *Subtropen* nur ein Drittel bis ein Viertel der Bewölkung in höheren Breiten – in den Bereichen der vorzeitlichen nordischen Inlandeise – ausmacht. Solche *einstrahlungsbetonten* Verhältnisse dürften durch die eiszeitlich um 10–30% verringerte Luftfeuchte auf der Erde noch zusätzlich *versteilt* gewesen sein. Dazu kommt, daß die heute stark *monsunal* gesteuerten *Niederschläge* Tibets durch das zwangsläufige *Zusammenbrechen* der Monsuntätigkeit infolge der Auflösung des *ansaugenden* sommerlichen *Hitzetiefs* über dem zentralen Hochplateau und dessen Ersatz durch ein über dem Inlandeis gelegenen flachen Kältehoch reduziert gewesen sein müssen. Auch die aus der Eisauflage resultierenden, randlich absteigenden *katabatischen* Luftmassen müssen zunehmend *austrocknend* gewirkt haben. Die in den einfassenden Randgebieten eiszeitliche größere *Trockenheit* ist durch eine Anzahl von Untersuchungen, dar-

2.3 Moränen

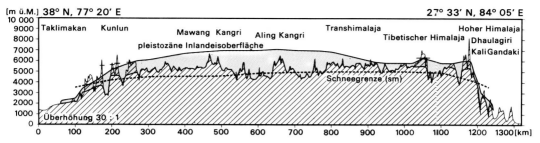

Fig. 14: Querprofil des eiszeitlichen Tibeteises (s. auch Fig. 15) (Entwurf: M. KUHLE 1987).
Ein Querprofil des hochglazialen, in subtropischer Breite gelegenen tibetischen Inlandeises. Die Auslaßgletscher in der Himalaya-S-Abdachung flossen bis auf ca. 1000 m ü. M. hinab. Die klimatische Schneegrenze verlief auf diesem Profil zu 83–86 Flächenprozent unter der mittleren Plateauhöhe Tibets. Die Oberfläche der Inlandeiskuppel ist hypothetisch.

unter für die *größere Ausdehnung* der Wüste Tharr und einen trockenen Westsaum S-Indiens sprechende geomorphologische Analysen (SEUFERT 1973), belegt. Der hocheiszeitliche tibetische Inlandeiskörper hat sich innerhalb von ca. 10 bis 20 Ka aufgebaut (KUHLE, HERTERICH & KALOV 1989, S. 204f., Fig. 6 u. 7) und bedurfte hierzu eines *Niederschlags* von nur 100 mm/J *oberhalb* der Schneegrenze. Heute fallen in Zentraltibet im Mittel 300–700 mm *Jahresniederschlag*. Waren es eiszeitlich anstatt 100 vielleicht doch 200 oder 300 mm/J, dann erfolgte der *Inlandeisaufbau* dementsprechend schneller, innerhalb von 5 bis 10 Ka oder noch kürzerer Zeit (Fig. 15). Die vorgestellte Datenauswahl zeigt bereits hinreichend deutlich an, daß es sich um ein *subtropisch-arides* Inlandeis gehandelt haben muß, das durch dementsprechend geringe *Gletschereistemperaturen* gekennzeichnet gewesen ist (s. Kapitel 1.3 u. 1.3.1). In der Antarktis wird das Inlandeis unter ebenfalls *ariden* Bedingungen realisiert. In ihren Zentralgebieten fallen nur mehr 50–30 mm/J (5–3 g/cm^2; SCHWERDTFEGER 1970, S. 303, Fig. 33), und trotzdem ist eine *positive Massenbilanz* erreicht. Auch dort wird also der *Eisaufbau* in sehr viel größerem Umfang, als das für die nordischen, vergleichsweise *feuchten* Inlandeise galt, durch sehr *geringe Temperaturen* bedingt. Es ist immer das *Produkt* der Faktoren *Niederschlag* und *Temperatur*, das einen Gletscher substantiiert. Die niedrigen Temperaturen

werden in der Antarktis durch die *Pollage* erzielt, in Tibet dagegen war die *große Meereshöhe* des gesamten Plateaus ursächlich. Es war annähernd der vollständige spätere Inlandeisgrundriß, der primär *tektonisch* über die frühpleistozäne ELA gehoben worden ist und vergleichsweise *plötzlich* zum *Nährgebiet* des sich *aufbauenden* Inlandeises wurde. Die Situation der nordischen Inlandeise war dagegen eine *andersartige*. Dort waren es *zentrale Gebirge*, die mehr und mehr über die *Schneegrenze* gerieten, von denen dann die Gletscher allmählich bis in die Vorländer hinausflossen und sich dabei *rückstauend aufhöhten*. Der zuletzt aufgebaute Inlandeiskuchen lag dann mit seinen *basalen Rändern* etwa 400–800 m *unter* der Schneegrenze. In Hochtibet hingegen verlief die ELA während des Hochglazials 400 bis zu 800 m *unter* der *gesamten* Inlandeisbasis. Für die aufzehrende *Ablation* sorgten folglich nicht – wie bei den nordischen Eisen – die tief unter die Schneegrenze reichenden Inlandeisränder, sondern die sehr steil vom Plateaurand abgeflossenen *Auslaßgletscherzungen*, wie sie am *N-Rand* Tibets durch den Kuenlun-Kamm hindurch (KUHLE 1981, S. 79–82; 1982b, S. 69–74; 1984b, S. 301; 1987b, S. 308–311, Fig. 9) und vom *S-Rand* durch den Himalaya-Hauptkamm (KUHLE 1980, S. 246f.; 1982a, Bd. 1, S. 150–152 u. 169f.; 1985b, S. 38; 1988g, S. 487–492 u. S. 505–507; 1990b, S. 419–421), aber auch für den *W-Rand* des Plateaus durch den Karakorum bzw. an ihm entlang (KUHLE 1988f, S. 137–143;

110   2. Akkumulations- und Abtragungsvorgänge

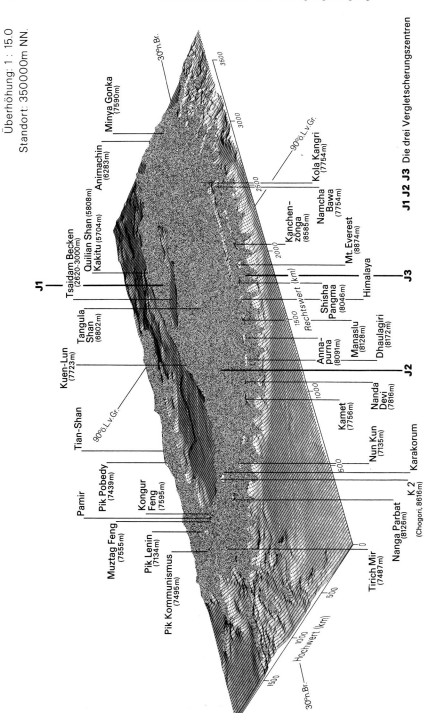

Fig. 15: Blockbild des pleistozänen tibetischen Inlandeises (Entwurf: M. KUHLE).
Das hocheiszeitliche tibetische Inlandeis hatte eine ca. $2,4 \times 10^6$ km² große Grundfläche. NW-lich angeschlossen war der Tienshan-Bogen über seine Plateaugletscher- und Eisstromnetzbedeckung (s. auch Fig. 14).

1988e, S. 606f.; 1989d, S. 271–274) nachgewiesen werden konnten. Im W-lichen Kuenlun-Gebiet reichten die Gletscherzungen während der letzten Eiszeit bis auf 1900 m ü. M. hinab, wohingegen das angrenzende Hochplateauniveau zwischen 4300 und 5300 m oszilliert. Die zugehörigen Endmoränen sind auf 22,0 ± 3,3 bis 32,9 ± 4,9 Ka TL-datiert worden (KUHLE & XU DAOMING 1991 [in Vorbereitung]; TL-Analysen von FEDOROWICZ) und liegen demnach 2400–3400 m *unter* der Inlandeisbasis und etwa 2000 m unter der zugehörigen *Schneegrenze*. Im Bereich des gesamten Himalayabogens vom Indus-Tal im W bis zum Tamur-Tal im E flossen die Auslaßgletscherzungen bis auf etwa 900–1200 m ü. M. hinab. Auch hierzu liegen dem Verfasser *absolute* Altersdatierungen vor (KUHLE 1991 [in Vorbereitung]; ^{14}C-Analysen dazu von GEYH 1987–1990), die diese Gletscherausdehnungen ins letzte Glazial um etwa 50–15 Ka vor heute stellen. Der von diesen aus dem Inlandeis ausgeflossenen *Talgletschern* geränderte S-tibetische Plateaubereich liegt mit seinen hier im Süden nur in Resten vorhandenen *Hochflächen* und in diese eingeschnittenen *Hochtälern* zwischen 4000 und 5300 m ü. M., d. h. 2800 bis über 4000 m *über* jenen Auslaßgletscherenden. Die scharf nach S absinkende ELA verläuft dabei immer noch 2300–3000 m *über* diesen *tiefsten* Gletscherenden.

Diese *grundlegende* Differenz zu den nordischen Eisen, die eben Tieflandeise ozeanisch-warmer Ausprägung, jedenfalls im Kontrast zum kalten, subtropisch-ariden Hochlandeis, gewesen sind, hat *konstituierenden* Einfluß auf die *akkumulativen* Zeugen eines Inlandeisschildes. Weitgespannte, *lobenförmige* Endmoränen müssen fehlen, weil es sich bei den Auslaßgletscherenden um in Talgefäßen *kanalisierte* Zungen handelt, die Moränen aufgeschoben haben. Nicht einmal auf dem tibetischen Hochplateau selbst lassen sich *spätglaziale* Endmoränen häufig finden, denn auch dazu liegt sein Niveau in Relation zur damaligen ELA noch zu hoch. Diese wurden gleichfalls in die Täler der das Plateau einfassenden Randgebirge hinabverfrachtet und als *Talgletschermoränen* kleinräumig deponiert. Im Bereich der nordischen Vereisungen sind die hoch- und spätglazialen Ablagerungen über die *topographischen* Bedingungen eines *Tieflandeises* verständlich und dementsprechend sehr *weit* auseinander, d. h. *viele hundert* Kilometer voneinander entfernt, abgelagert worden. Die spätglazialen Endmoränen liegen beispielsweise in Skandinavien. Sie sind von den norddeutschen Eisrandlagen durch die gesamte Ostseebreite getrennt. Dazwischen liegt die hochglaziale Grundmoräne, die partiell von spätglazialen Schotterfeldern abgedeckt ist. Am *Steilrand* des Tibeteises lagen dagegen die hoch- und spätglazialen Endmoränen – bei klimatisch etwa gleichem Abstand wie in Nordeuropa – nur *wenige Kilometer* voneinander entfernt. Das bedeutet, sie liegen in gleicher *Vertikaldistanz* voneinander wie im nordischen Inlandeisbereich. So befinden sich beispielsweise im Thak Khola (Durchbruchstal zwischen Dhaulagiri und Annapurna) die hochglazialen Endmoränen um 1010–1160 m hoch, während die Endmoräne des Ghasa-Stadiums (I), des ältesten spätglazialen Eisrandes, nur 23 km taleinwärts eine *Basishöhe* von 1870 m hat. Bei konstantem Niederschlag entspricht das einem Temperaturanstieg von ca. 2,4–3° C (ELA-Anstieg von 400–500 m bei einem Gradienten von 0,6° C/100 m = 2,4–3,0° C), was für den hoch- zum spätglazialen *Temperatursprung* ein *global angemessener Betrag* ist (KUHLE 1982a, Bd. 1, S. 55 ff. u. S. 152; S. 81 u. S. 155; Bd. 2, Abb. 7, S. 103, S. 104, S. 91 u. S. 92). Das bedeutet eine großflächige, *weitgehende Überdeckung* von hochglazialer Grundmoräne durch die späteiszeitliche Grundmoräne *in Tibet* und zugleich, daß dort kaum eine spätglaziale *Schotterflurabdeckung* von Grundmoräne stattgefunden haben kann. Eine solche Abdeckung konnte nur auf den Vorgang der endgültigen jung-spätglazialen und neoglazialen *Deglaziation* beschränkt bleiben, der mit der *Auswaschung* und *Verlagerung* von einigen Moränendeponien einhergegangen sein dürfte.

Aufgrund der hohen Lage des Plateaus und damit der *Inlandeisbasis*, die selbst noch während des Spätglazials *nicht unter der Schneegrenze* gelegen hat, muß der Deglaziationsprozeß *später* und dann infolge der *Aridität schneller* erfolgt sein als in Nordamerika und Nordeurasien. Bis in das späte Spätglazial hinein haben sich lediglich die tibetischen *Auslaßgletscherzungen*, was die Horizontalentfernung betrifft, etwas zurückgezogen und sich dabei bis über 1000 m weit hinauf zurückentwickelt, aber *ohne* daß das *eigentliche* Inlandeis vom Ablationsprozeß erreicht worden wäre. Dementsprechend ist die zentraltibetische Deglaziation jung und die Grundmoränenlandschaft unvergleichlich viel *frischer* überliefert als in den nordischen Tieflandgebieten. Zugleich ist sie aufgrund der kürzeren verstrichenen Zeit und der die Verdunstung fördernden Aridität in einer Ausdehnung *nicht* überarbeitet, die auf der Erde sonst keine Wiederholung hat (Fotos 43 u. 59).

Bemerkenswert daran ist, daß das *tibetische Inlandeis trotzdem* oder vielleicht *gerade darum* das zuletzt konstruierte ist. Nicht vernachlässigt werden darf allerdings die extreme *Abgelegenheit* des auch heute nur mit *expeditiver* Logistik zugänglichen Gebietes. Andererseits liegt in den Einblick begünstigender Weise eine der deutlichsten Grundmoränenplatten Hochasiens unmittelbar an der Piste von Golmud im N nach Lhasa im S. Wissenschaftshistorisch bemerkenswert ist der Kontrast zu den glazifluvial stark umgelagerten und verschütteten Grundmoränenvorkommen der nordischen Eisgebiete, wo die Grundmoräne nur schollen-, schuppen- und fetzenweise in kleinen Aufschlüssen und nicht in großen baum- und sogar tundrenfreien Flächen, die sich bis zum Horizont erstrecken, vorzuführen sind, wie das für die *hochtibetischen* Blocklehmplatten gilt (s. Foto 16). Die *Klarheit* der Grundmoränen Hochtibets ist aus dem gleichen Grund *exemplarisch*, aus dem ihre *fehlende* Überarbeitung resultiert. Es ist die große Höhe und die ELA-Nähe der Basis jenes Inlandeises, denn wir befinden uns hier oberhalb der *Permafrostlinie* und weit über der *Baumgrenze*, sind also *klimatisch* der vorzeitlichen Inlandeisbedeckung auch noch heute viel näher als irgendwo sonst in den Zentralgebieten vorzeitlicher Inlandvereisungen. Eine entsprechende Nähe wird sonst nur noch in der Arktis *kleinräumig* erreicht, wie z. B. in den von ertrunkenen Trogtälern gegliederten Tundren- und Schuttfjellgebieten Spitzbergens bei 80°N.

Die regionale, *topographische* Besonderheit der tibetischen Inlandeisbedeckung hinsichtlich der Grundmoränenqualität liegt in den überall zugeschalteten *Gebirgsgletschern* der zentraltibetischen Gebirgsstöcke begründet. Hierin besteht eine gewisse Ähnlichkeit zur *Antarktis*, wo z. B. das Vinson-Massiv (Sentinel Range) lokale Gletscher aus *Firnmulden* und -*kesseln* unterhalb von steilen Bergrückwänden entsendet, die sich in den umfließenden Inlandeiskörper integrieren und ihm seine *Lokalmoräne* zutragen. Diese *Lokalmoränen* aus den zentralen tibetischen Massiven, wie dem Tangula Shan (Foto 60), dem Mayer Kangri und dem Nyainquentanglha (Foto 59) sowie aus den randlicheren Gebirgssystemen wie dem Transhimalaya und den höher aufragenden Bergen des Tibetischen Himalaya mit beispielsweise dem Lankazi-Massiv, reichern die Moränen und damit auch die *Grundmoränen* noch *weit* vom eigentlichen Inlandeiszentrum entfernt mit *Grobfraktionsanteilen* an. Das galt in den nordamerikanischen und nordeuropäischen Inlandeisgebieten nicht. Im Falle des letzteren bestand allein im *Zentrum* ein Gebirgsaufbau, die Skanden, aber randlich fehlen Aufragungen, deren Felsen dem glaziären Abtrag exponiert waren. In Nordamerika hatte das Inlandeis allein in den *Randgebieten*, im Norden an der Baffin-Insel, im Westen am Mackenzie-Gebirge und an den südlich fortgesetzten Rocky Mountains, Gebirgsanschluß. Es erhielt folglich auch keine mit dem tibetischen Eis vergleichbare großflächige Moränenzufuhr, wie sie in erheblichem Umfang durch über den Eispegel nunatakartig aufragende Berge mit ausgedehnten *Bergschrundverläufen* zugeführt werden kann. Warum ist dieser Sachverhalt wichtig? Weil er erkennen läßt, wieso die Grundmoräne in den nordischen Flachlandeisgebieten, z.B. von Skandinavien bis nach Norddeutschland, vom Zentrum bis zur Peripherie, immer *feinkörniger* wird, was für den tibetischen Bereich *nicht* gilt. Hier fehlt diese

Foto 59: Grundmoränenplatte im S-lichen Zentraltibet (Aufn.: M. KUHLE, 4. 9. 1989).
Typische Grundmoränenplatte im S-lichen Zentraltibet (NE-Nyainquentanglha, 4700 m ü. M., 31°04'N/ 91°41'E) mit meterlangen Granitblöcken, die in einer lehmigen bis kiesigen Zwischenmasse isoliert voneinander lagern.

Foto 60: Grundmoränenfläche E-lich des Tangula Shan, Zentraltibet (Aufn.: M. KUHLE, 2. 9. 1989).
Im Vordergrund ist eine wahrscheinlich spätglaziale Grundmoränenfläche (○), die glazifluvial geringmächtig überschüttet worden ist, zu sehen. Daran schließen jungspätglaziale Endmoränenzüge zwischen 5000 und 5200 m ü. M. (□) an. Dahinter ragt das in 6621 m Höhe (1) kulminierende Massiv des Tangula Shan auf (33°35'N/91°33'E). Die rezenten Gletscher (●) fließen bis auf 5300–5500 m ü. M. hinab.

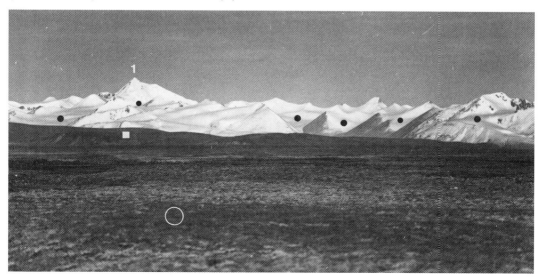

Materialsortierung gänzlich. Aus jedem benachbarten Gebirgsstock liegt frisches, *grobblockiges Lokalmoränenmaterial* in der Grundmoräne vor (Foto 54). Petrographisch sind die Ausgangsmaterialien unterschiedlich resistent, so daß sich in den Grundmoränen Tibets die *massig-kristallinen*, oft auch *erratisch* positionierten Blöcke häufen bzw. die groben Komponenten liefern. Das ist die Ursache dafür, daß die Grundmoränen in den relativ seltenen Gebieten mit grob-kristallinem anstehenden Gestein am besten, d. h. mit sehr eindeutig *großem Korngrößenspektrum* ausgestattet sind. Dort aber, wo sie sich aus homogenem Schutt von *metamorphen Sedimentgesteinen* zusammensetzen, sind sie nicht immer leicht von lokalem *Solifluktionsdetritus* bzw. *Frostschutt* zu unterscheiden – zumal die periglaziäre *Längsachseneinregelung* in die Hangfallinie ebenso an *solifluidal überprägten* Grundmoränen möglich ist.

Die hochtibetische Landschaft ist durch eine Fülle von Gebirgssystemen, durch Bergrücken, die sich schwellenartig in einzelne Depressionen und Wannen aufgliedern, gerastert. Diese Wannen sind auf der Karte über die zahlreichen, teilweise beinahe verlandeten Flächen mit stauender Nässe ausgewiesen. Die abtrennenden *Rücken* und *Schwellen* schwingen – hier einmal von den Extremen der über 6000 bis 7000 m aufragenden Gebirgsmassive abgesehen – mit ihren Kulminationen zwischen etwa 5000 und 5900 m Höhe. Die zwischenliegenden, glaziär zu *Schliffwannen* ausgearbeiteten Hohlformen, die frühpleistozän durch Gletscher bzw. Inlandeisgrundschliff in ihrer ersten Anlage entstanden sein können, was bisher allerdings noch offen ist, boten ausgedehnte *Sedimentationsfallen* für Grundmoränenablagerungen (Foto 22). Hierzu müssen die *Fließinhomogenitäten* des sich einpressenden und dann wieder durch die Aufwärtsbewegung zur Überwindung eines Gegengefälles einer Schwelle, eines Hügels, aufwärts gebogenen *Grundeises*, wie auch seines *Abhebens* bzw. seiner Entlastung im 'Sprung' hinter einem Felshindernis gute Voraussetzungen geliefert haben. Zugleich *verhinderte* diese kleinräumige Kammerung der Hochplateauoberfläche eine *überformende* Einflußnahme der letztspätglazialen und postglazialen *glazifluvialen* und *fluvialen* Aktivitäten, die auf diese Weise, noch über den Faktor der relativen *subtropischen Trockenheit* hinaus, topographisch reduziert waren. Diese Wannenformen mit teilweise abflußlosen oder *gefällearmen* und dazu relativ kleinräumigen Verbiegungen und Windungen versehene Böden lassen den *Grobblockeintrag* leicht als rein *glaziär* diagnostizieren, weil die *Transportleistung* der selbst heute, bei vermehrtem Niederschlag (um 400–600 mm/J), nur kleinen Bäche zu ihrer Erklärung nicht ausreicht. Ausschnitte dieser *Diamiktitbodenfüllungen* liegen mit ihren Zentren einige hundert Meter bis Kilometer weit von dem für einen Solifluktionstransport in Frage kommenden Bereich entfernt, so daß auch ein derartiger Blockbewegungsmechanismus auszuschließen ist (Fotos 16 u. 59).

Bei diesen Analysen wurde noch ganz abgesehen von denjenigen Blocklehmen, die sich durch *erratisches* Material auszeichnen, welches ohnehin nicht an den zur lokalen Materialzufuhr in Frage kommenden Hügelhängen ansteht. Dazu muß außerdem betont werden, daß die *morphometrischen* Merkmale der Komponenten, wie auch die durch eine *pelitreiche* Matrix voneinander *isolierten* Blöcke in der Diamiktitdecke bereits *für sich allein* den *Grundmoränencharakter* des Sediments zu erkennen geben. Eine *Besonderheit* sind hierbei jedoch die beteiligten kantengerundeten, gerundeten bis gutgerundeten Granit- oder Syenitblöcke, und diese mag auch noch für andere, ähnlich harte massige kristalline Gesteine zutreffen: Diese Materialien wittern bereits weniger oder mehr *gerundet* aus dem Verband des anstehenden Gesteins heraus. Solche von einigen Autoren (u. a. WILHEMY 1958) untersuchten Erscheinungen der auf *Hydratation* zurückgeführten *sphäroidalen Verwitterung*, die durch H_2O-Anlagerung im Kristallgitter zu einer kugelförmigen *Volumenzunahme* führt und dabei *Desquamationen* in Form von zwiebelschalenartigen Strukturen vorbereitet, die dann bei Exhumierung und Herauswitterung in jene

Blockformen umgesetzt werden, sind im wesentlichen von den Klimazonen unabhängig und auch im rezenten Periglazialmilieu Tibets an zahlreichen Granitaufschlüssen, z. B. im Bereich des Lhasa-Plutons, nachweisbar. Die reine *Zurundung* der Granitblöcke reicht folglich nicht als Indikator eines wie auch immer gearteten, in diesem Falle glaziären *Transportbeweises* aus. Auf diesem Weg kann allein über Quarzit- oder Lyditblöcke, jedenfalls über *kaum hydrierbare* massige oder geschichtete Metamorphite ein Nachweis für glazigenen Materialtransport geführt werden. Soweit dagegen die groben kristallinen Gesteinsblöcke *facettiert* sind, können sie als *sichere Glazialindikatoren* gelten, denn eine ein- oder vielseitig *flächig-abgeplattete* Blockform vermag die Hydratationsverwitterung im Verband des anstehenden Gesteins *nicht* vorzubereiten.

Muren scheiden als alternative Transportmechanismen für die in Rede stehenden Blocklehme innerhalb jener Schliffwannenlandschaft Zentraltibets allein schon wegen der *fehlenden höheren Einzugsbereiche* mit angeschlossenen Gletscher- oder Moränenseen, die ausbrechen können, das Moränensubstrat aufnehmen und dann über zwangsläufig große Reliefenergie beschleunigt abtransportieren lassen können, gleichfalls aus. Daß diese Murmorphodynamik vorzeitlich *nicht* erfolgte, wird durch die trotz der für Murtätigkeit günstigen größeren Niederschläge auch heute gänzlich fehlenden Murspuren belegt.

Die *speziellen* Eigenschaften eines Hochplateau-Inlandeises für die *Grundmoränenausgestaltung*, die noch durch die subtropisch-ariden Klimaverhältnisse in entsprechender Richtung Unterstützung erfahren, bestehen in seiner annähernd *gesamtheitlichen Lage über der Schneegrenze*, worin das *Hauptmerkmal* eines sehr kalten Inlandeises bereits enthalten ist. Erst als die ELA deutlich über die *Plateauhöhe* angehoben worden ist, erfolgte der Abschmelzvorgang des gesamten Eises – dann allerdings sehr plötzlich und forciert –, so daß für alle die Grundmoränenplatten *überformenden* subglazialen und glazifluvialen *Überarbeitungen* nur ein kurzer Zeitraum mit vergleichsweise *geringer Dynamik* zur Verfügung gestanden haben kann. Das war bei den nordischen Inlandeisen *anders*. Als sich zum Beispiel das nordeuropäische Inlandeis von seiner hochglazialen Ausdehnung, die bis nach Norddeutschland reichte, nach Skandinavien bis in das Gebirgsvorland der Skanden bis zum jüngeren Spätglazial zurückzog, erfolgte ein 10 Ka bis 12 Ka dauernder, *langsamer* Abbau des Eisschildes, der trotz des großflächigen Eisrückganges mit einem *bedeutenden Massenumsatz* gekoppelt gewesen sein muß. Das hat seinen Grund in der *gemeinsamen Wurzel* von vergleichsweise *warmem Tieflandeis* und *ozeanischer Feuchte*, die allein den Aufbau eines tendenziell warmen Inlandeises ermöglicht. Bei dem wegen der *Tieflandlage* langsamen Eisrückzug und verstärkt wegen des gleichzeitig *großen* Massenumsatzes, war die überarbeitende fluvioglaziale und glazifluviatile Aktivität bzw. der *Schmelzwasseranfall* sehr beträchtlich und die *guterhaltenen* Grundmoränen wurden selten.

Es ist der Versuch unternommen worden, die *verallgemeinernde, pauschalisierende* Aussagequalität des Begriffes 'Grundmoräne' dergestalt aufzulösen, daß man eine guterhaltene *Hochlandinlandeis-Grundmoräne* von einer stark überarbeiteten *Tieflandinlandeis-Grundmoräne* zu unterscheiden lernt, was natürlich *nicht* am lokalen, d. h. *kleinräumigen Einzelfall* möglich ist. Im Detail finden sich viele sedimentologische *Übereinstimmungen*, aber unter Berücksichtigung *aller* zu Gebote stehenden Merkmale im Gesamtüberblick und vor allem denen des *Erhaltungszustandes* zeichnet sich ein *markanter* Unterschied ab. Spannend ist dabei die *erkenntnistheoretische Inversion*, die darin besteht, daß man die *hochtibetische* Grundmoräne gerade wegen ihrer übertrieben scheinenden *Deutlichkeit*, die sie stark von dem, was man an Grundmoränenausbildungen aus den *klassischen nordischen* Inlandeisgebieten an *überarbeiteten* Grundmoränen kannte, unterscheidet, lange Zeit nicht zu diagnostizieren vermochte. Ganz offenbar wurde in der *Andersartigkeit* ein noch stärkeres Argument *gegen* den Grundmoränencharakter gesehen, als die unumgestaltete, sehr offensichtlich eindeutige Struktur sowie geomorphologische Ausprägung und Erhaltung unmittelbar *für* ihn sprach. Man suchte daraufhin, nicht ohne Konsequenz, die *offenbaren Grundmoränen* über *andersartige* Prozesse wie Solifluktion und Muraktivitäten zu erklären, was – wie oben gezeigt werden konnte – nicht trägt. Auf diesem Wege wird einmal mehr offenkundig, daß der *Vergleich* als Methode in der Geomorphologie *immer nur* unter Berücksichtigung der sich *überlagernden* regionalen, klimatischen, topographischen und hypsometrischen Faktoren – die ja in der Regel *nicht alle* gleichfalls übereinstimmen – erkenntnisfördernd ist. Umgekehrt gesagt: In dem Moment, wo das *Regional-Spezifische* mit dem *Wesentlicheren-Allgemeineren* verwechselt wird, wie im Beispielsfall, wo die *subglaziale* und *glazifluviale* Schmelzwasserarbeit in Form von *Zerschneidungen* und überlagerter *Schotterdeckensedimentation* anstatt der *eigentlichen Grundmoränenbeschaffenheit* jenseits dieser regionalen Vergesellschaftung zum Entscheidungskriterium dafür geworden ist, daß es sich um einen Hinweis auf eine vorzeitliche Gletscherbedeckung handelt, ist man gründlich in die Irre geraten. Dies ist wieder genau der Punkt, wo eine *tiefere* und damit *schöpferische Einsicht* in alle wesentlichen Zusammenhänge gefordert ist. Diese ist über *keine* generalisierende numerische Merkmalsklassifikation und durch keine Computerrasteranalyse von Merkmalsüberlagerungen und -koinzidenzen zu leisten, sondern *allein* von einer *projizierenden, hypothetisierenden* Intelligenz.

2.3.6
Die Muren und verwandte feuchte Massenbewegungen wie 'mudflows' als Erscheinungen, die glaziären Diamiktiten konvergente Ablagerungen produzieren

Zweifellos sind bereits vielerorts Mur- und 'mudflow'-Sedimente mit moränischem Material *verwechselt* worden. Dies nicht einmal zu Unrecht, denn *glaziäre* Sedimente werden sehr häufig von Murabgängen umgelagert, so daß es Moränenmaterial ist, was – *ohne die Eigenschaften zu verändern* – zu Mursediment wurde. Hier führt dann die allzu naheliegende Mißinterpretation als Moräne zur Rekonstruktion von viel *zu tiefen* vorzeitlichen Eisrandlagen sowie Schneegrenzhöhen und damit fehlerhaften *paläoklimatischen* Auslegungen. Ein möglicher Irrtum solcher Art verlangt danach, die *speziellen Merkmale* von Muren und 'mudflows' im Rahmen einer Glazialgeomorphologie zu analysieren, denn die Chance, eine ungewöhnlich *tief unten* in geringer Meereshöhe und/oder in gemäßigter, tropischer oder sogar subtropischer Breite angetroffene Moräne *zu beweisen*, verhält sich *proportional zum Ausschluß* von Mur- und 'mudflow'-Aktivitäten.

Dreierlei ist wichtig für Murabgänge, wobei diese drei Komponenten als Faktoren eines Produktes *zusammenwirken:* das Vorhandensein von *Reliefenergie,* von *Lockergestein* und von *Feuchtigkeit.* Die notwendige Reliefenergie, d. h. die möglichst *große Vertikaldistanz* auf geringe Horizontaldistanz, also *große* potentielle Energie, die in kinetische Energie umgewandelt werden kann, findet sich in den Gebirgen, speziell natürlich in den extremen *Hochgebirgen.* Im Himalaya ist die Murtätigkeit darum bedeutend und sind die mit ihr verbundenen Probleme für den *siedelnden* Menschen vielfältig, weswegen zahlreiche Murabgänge auch *abseits* der Grundlagenforschung *registriert, beschrieben* und aus ihnen Konsequenzen für die *Siedlungslage* und *Verkehrswegetrassierung* gezogen worden sind. Die not-

2.3 Moränen

wendigen *Lockergesteine* entstehen durch *chemische* Verwitterung des anstehenden Gesteins, soweit es sich um Gebiete geringer Ausgangshöhenlagen handelt. Im eigentlichen Hochgebirge aber herrscht die *physikalische* Verwitterung, speziell die *Frostverwitterung* vor. Was hierbei entsteht, sind *primäre*, dem Fels in situ auflagernde Verwitterungsdecken von Dezimeter- bis Metermächtigkeit und – unterhalb von Steilhängen – Schuttkegel und -halden. Besonders mächtig aber, und darum für einen großen, weit hinabreichenden Murabgang geeignet, sind *Moränendeponien*, in denen jene *primären* und durch Massenselbstbewegung erfolgten *sekundären* Detritusablagerungen von einem Talgletscher *zusammengeschoben* worden sind. Speziell die Beimengung von durch den Grundschliff des Eisstromes abgeschürftem *Gesteinsmehl*, die das Moränensediment fett, ton- bis siltreich, also lehmig und *wasserstauend* werden läßt, stellt eine wesentliche *Murgunstvoraussetzung* dar. Auch sollte es sich nach Möglichkeit um die *interglazialen* oder *interstadialen*, also *warmzeitlichen* und darum hochliegenden Gebirgsgletscher handeln, weil diese in den Talflankengehängen oder in Hängetälern oberhalb steiler Mündungsstufen bzw. auf exponierten Karschwellen in *abgangsbereiten Positionen* ihren *mächtigen* Schutt in Form von *Endmoränen* ablegen. Die *Feuchtigkeit* kann auf unmittelbarem Weg von hohen *Niederschlägen* eine günstige Voraussetzung bieten, aber auch mittelbar als *Gletscherschmelzwasser*. Hinsichtlich dieses Faktors *kreuzen sich mehrere Kurven*: Dort, wo es relativ *arid* ist, im Karakorum-System zum Beispiel, ist dementsprechend die *Frostverwitterung* – einerseits über die thermisch nicht gedämpften *Strahlungswetterlagen* mit großer Frostwechselzahl und andererseits auch wegen der *fehlenden Vegetationsdecke* – sehr intensiv. Darum ist die *Schuttförderung* der Gletscher dort erheblich. Ohne deren Anwesenheit wäre hier wegen der mangelnden Feuchte die Muraktivität *gering* und ausschließlich an die seltenen Starkniederschläge gebunden. Diese allerdings sind wegen der fehlenden Vegetationsdecke – wie in allen Wüsten und Halbwüsten – sehr formungs- und *murwirksam*. In den *feuchten* Gebieten, wie z.B. den Himalaya-Vorketten, ist zwar auch *ohne Gletscher* hinreichend viel Wasser vorhanden, aber die Frostwechselzahl ist über die *Strahlungsabschirmung* und die dortige Energiedeponie als *latente* Wärme *gedämpft*. Was den *Vegetationsbesatz* auf *vorzeitlichen Moränen* betrifft, verhindert er zwar das Platzgreifen von *kleineren Murabgängen* an ihren Hängen, fördert jedoch eine *tiefergründige Detritusdurchtränkung* und läßt daraus weit *größere* Ereignisse entstehen (KUHLE 1984d, S. 5 u. 6), die darum auch entsprechend *seltener* ablaufen. *Voraussetzung* für diese Aussage ist ein hinreichender *Niederschlagsüberschuß*, der die erhöhte *Evapotranspiration* durch die Blattoberflächen bei weitem übertrifft und damit jene tiefe Durchfeuchtung des Schutts garantiert. Auch hier liegt also ein *Qualitätssprung* vor von *arider* respektive *semiarider* Vegetationsbedeckung, die den Oberboden und oberflächennahen Schutt *bindet* und die Niederschlagsfeuchte beinahe aufbraucht. Damit wird sie, der Murvorbereitung *entzogen*, zu einer noch *stärker* die Oberfläche befestigenden, vor einem Murabgang schützenden Pflanzendecke, und – wie für humide und verstärkt für monsunfeuchte Gebiete charakteristisch – in ihrer Feuchtigkeitsabgabepotenz vom Niederschlag bei weitem übertroffen. Aus diesem Grund – und das ist der wesentliche *Widerspruch* zum Schutz der zum Abtrag bereit liegenden Detritusdeponien durch dichte Vegetations- bis sogar zur Waldbedeckung – sind die Muren und 'mudflows' an der monsunfeuchten Himalaya-S-Abdachung mit ihrem *dichten Hochwald*, wie auch im feuchten Gebiet der meridionalen Stromfurchen und des E-tibetischen Plateauabfalls vom Minya Gonka-Massiv nach Zetschuan hin, sehr häufig und zugleich vom extrem großen *Dimensionen* und *Reichweiten*.

Bei dieser gegenüberstellenden Merkmalsdestillierung wird klar, daß die *Kombination* von Gletscherschmelzwasser und primärem Niederschlag – wobei beides noch überlagert wird durch jahreszeitliche Schneeschmelzabkommen – die *idealen Mur- und 'mudflow'-Voraussetzungen* bei steilem Relief großer Vertikaldistanz darstellen. Sie liegen im Himalaya und den angrenzenden Monsungebieten, aber auch noch in den tropisch-feuchten äquatornahen Anden bis zur Cordillera Blanca und Cordillera de Huayhuash vor. An glazialgeomorphologisch vorbereitenden Strukturen sind neben schmelzwasserspeichernden *Gletscherstuben* vor allem die wesentlich größeren Wasserreservoire der *Moränenstauseen*, speziell von *Endmoränenstauseen* zu nennen (vgl. Foto 50 ○). Diese können z. B. durch austauendes Toteis ihren Überlaufdurchbruch sehr *plötzlich* und mit exponentiellem Durchlaß öffnen und dann in einem einzigen *großen Schwall* auslaufen. Dabei werden beträchtliche Moränenmassen mobilisiert, indem sie durchfeuchtet und mitgerissen werden. Sie lassen einen *Schlammstrom* von Schutt und Wasser in zunehmend guter Durchmischung entstehen, der dem *Bachbett* folgt und erst weit talauswärts bei hinreichendem *Wasserverlust* erstarrt und dadurch endet. Zur eigentlichen *Murauslösung* eignen sich *Gletscherstauseen* vielleicht noch besser, weil durch das Rückschmelzen der Eisbarriere, die den See aufstaut, oder ihr *scharnierartiges* Wegklappen, wenn das Eiswiderlager dem *andrängenden* Wasserdruck nicht mehr standhält, ein sehr großer, *plötzlicher Wasserschwall* von vielen Millionen Kubikmeter freigesetzt wird, der unmittelbar unterhalb bedeutende *Schuttmengen* aufzunehmen in der Lage ist. Hierbei wälzen sich dann mitunter den ganzen Talquerschnitt mehrere Dekameter hoch auffüllende, orbital bewegte Ströme aus Gemischen von Wasser, Gletschereisschutt, Moränenschutt, Schottermaterial und in vielen Berggebieten auch entwurzelter Vegetation bis hin zu ausgewachsenen Baumstämmen dekakilometerweit unter donnerähnlichem Getöse talauswärts. Entsprechendes berichtet VISSER (1935, S. 116) über den von ihm miterlebten Gletscherseeausbruch im Shyoktal vom 16. August 1929. Dabei war der 65 km^2 große und bis 122 m tiefe See mit einem Inhalt von 3575 Mio m^3 durch einen quer durch die sperrende Kumdun-Gletscherzunge entstandenen *Schmelzwassertunnel*, der zunächst über mehrere Monate lediglich einen *normalen* Schmelzwasserbach entlassen hatte und folglich klein gewesen sein muß, sich dann aber plötzlich auf ein vielfaches Lichtraumprofil weitete und vielerorts *nachbrach*, in einem Zuge leergelaufen. Dieser Vorgang wiederholte sich in den 30er Jahren etwa alle 2^1/$_2$ Jahre (VISSER 1938, S. 31–33).

Für die *Entstehung von Muren* sind die Gletscher – als das im Hochgebirge am *stärksten variable* großdimensionierte Landschaftselement – und deren Verhalten generell von großer *initialer* Bedeutung. Was bei den *Gletscherstauseen* die nur unverläßlich lange abdämmende und letztlich einer anwachsenden Wasserlast nicht standhaltende Eiszungenbarriere ist, das ist hinsichtlich von *Moränenstauseen* die erneut vorstoßende und in den See kalbende Gletscherzunge (Foto 33). Solche vorstoßende Zunge kann aber auch mit ihrem Ende den abdämmenden Endmoränenbogen *dislozieren* und den vollkommenen *Seeausfluß* veranlassen. Ebenso *labilisieren* große *Kalbungsaktivitäten*, die einigen *Wellengang* erzeugen können, den moränischen Uferbereich, der an seinem sensibelsten Punkt, dem *Überlaufdurchbruch*, sehr anfällig gegen Unterschneidung und dadurch Querschnittsvergrößerung ist, die dann durch Selbstverstärkung zum plötzlichen Seeauslauf führen kann. Neben kalbendem Gletschereis kommen als Wellenauslöser gleichfalls *Rutschungen* an den steilen Moräneninnenhängen, wie auch ins Wasser schlagende *Felsstürze* in Betracht. Auch gibt es lokale, immer wieder eintretende Situationen, die durch über einen See hängende Gletscherzungen entstehen, welche *steilen Mündungsstufen* aufliegen und dabei ein *Eisabbruchsrisiko* unter Beteiligung *großer kinetischer Energie* darstellen. Alle hier nur andeutungsweise hinzugezogenen und nicht bis ins Detail erläuterten, topographisch-geomorphologischen Beispiele sind in variierter *Kombination* analog wirksam. So kommen bei Kar- und Trogseen durch Fels-, Berg- und Gletscherstürze ausgelöste Flutwellen vor, die regelhaft auf den Kar- bzw. Trogschwellen lagernde *Moränensedimente* in einen Schlammstrom zu modifizieren und abkommen zu lassen in der Lage sind. Ein Beispiel liefern die Bergstürze, die innerhalb der vergangenen 90 Jahre in den Lovatnet (NW-Jotunheimen, am Jostedalsbreen, Skandinavien) abgegangen sind und so große Flutwellen erzeugten, daß sie einige Dekameter hoch über den Seespiegel an den Uferhängen hinaufschwappten. Als Extrem einer als *kombiniert* einzuordnenden *Mur- und 'mudflow'-Auslösung* bzw. einer *Gletschersturz-Mure* ist die Nevado Huascaran-W-Wand-Mure (peruanische Anden) vom 31. Mai 1970 anzuführen. Aus dem 40 m hohen *Gipfeleisbalkon* ist initial, durch ein Erdbeben ausgelöst, ein Stück von 15 Mio m^3 nach SCHÖHL (1970, S. 508) herausgebrochen und über eine 700–1000 m hohe Steilwand auf die *Wandfußgletscherfläche* (Gletscher Nr. 511) gestürzt. Von dort ging die Fahrt auf einem von seiner *Auftreffenergie* erzeugten *Schmelzwasserfilm* gletscher- und gletscherzungenauswärts bis in das Gletschervorfeld hinab, wo in einem Moränental, dem Shacsha-Tal, durch *Schuttaufnahme* von etwa 3000 t das eigentliche *Murgemisch* entstanden ist. Die hierbei an Masse immer noch *zunehmende* Mure wurde dann durch eine flaschenhalsartige Talverengung weiter beschleunigt und erzielte für ihren dekakilometerlangen Weg eine Durchschnittsgeschwindigkeit von mind. 360 km/h (nach PLATZELT, vgl. JÄTZOLD 1971, S. 109). Der sich im Mündungsbereich eines sehr weiten Längstales, des Santa-Tales, ausbreitende große Murauslauffächer hat dann eine ganze Stadt (Yungay), in 14 km Entfernung vom 6654 m hohen Gipfel und 3900 m tiefer, mit über 20 000 Einwohnern beinahe vollständig zerstört – nur der Friedhofshügel, der im Fließschatten eines 140 m hohen Bergspornes liegt, blieb teilweise unversehrt. 15 000 – nach anderen Angaben sogar 31 500 Menschen fanden den Tod (vgl. JÄTZOLD 1971, S. 108). Entsprechendes kann sich in der Huascaran-W-Abdachung *wiederholen*, und man hat darum seit 1970 die Stadt andernorts, in sicherer Lage auf einer Terrasse 2,8 km flußaufwärts vom SE-lich gelegenen Hauptarm der Mure erneut aufgebaut. Am 10. Januar 1962 erfolgte der vorletzte Schadmurenabgang im Shacsha-Tal (SCHNEIDER et al. 1962). Obwohl es sich 1970 um einen *sehr schnellen, feuchten Massenselbstbewegungsprozeß* handelte, bei dem das Murgemisch im *engsten* Abschnitt des Flaschenhalses oberhalb vom Talausgang über den 140 m hohen, für einen sicheren Schutz gehaltenen Riedel großteils *hinweggeschleudert* worden ist (JÄTZOLD 1970, S. 115), wird von ihm ein dem *glaziären ähnlicher Diamiktit* sedimentiert. Die *Form* der Ablagerung, der Sedimentationsfächer, hat keine Ähnlichkeit mit einer Endmoräne, sondern allenfalls mit dem Talmündungsrest einer Grundmoräne. Die *Ähnlichkeit* besteht in der *fehlenden* Klassierung und ist, was die Details betrifft, in der Tatsache begründet, daß es sich um umgelagerte Moränen handelt.

2.3.6.1
Die polygenetische Mure am 28. August 1983

Als ein Beispiel ähnlich *kombinierter Auslösung* und vergleichbar durchlaufener *Vertikaldistanz* soll die im Rolwaling-Himalaya abgegangene Mure Erwähnung finden, die aus der Gletscherregion (aus 4600–4800 m ü. M.) bis auf etwa 1600 m ü. M. in den immergrünen Wald hinab das Bo Chu- bzw. Sun Kosi-Tal durchlief und dabei die 'Freundschaftsbrücke' (Friendship bridge) sowie eine Siedlung zerstörte. Über 100 Menschen kamen ums Leben. Das Abkommen ereignete sich anläßlich monsunaler *Starkniederschläge*. Es erfolgte in 4600–4800 m ü. M. in der bis auf etwa 6000 m ansteigenden weiteren orographisch linken Flanke des Sun Kosi zwischen den Siedlungen Nielamu und Choksum (genau bei 28°09N′/86°02′E). Die Mure wurde in einem *Nebental zweiter Ordnung* ausgelöst, das durch ein *Quertal* an das Sun Kosi (Bo Chu) angeschlossen ist. Dieser Haupttalanschluß besteht aus einer *Klammstrecke*, die eine *Konfluenzstufe* zum Bo Chu mit *steil geneigter* Tiefenlinie durchsägt. In betreffendem Nebental zweiter Ordnung liegt die seit etwa 1930 bis 1950 um annähernd Kilometerlänge *zurückgeschmolzene* Gletscherzunge und unterhalb ein *Morä-*

nensee, der von *historischen Endmoränenwällen* aufgestaut worden ist. Am 28. August 1983 ereignete sich wahrscheinlich ein *Gletscherlauf*, d.h. ein *Gletscherstubenausbruch*, der den See sehr plötzlich zu *verstärktem Auslauf* nötigte und dadurch den Überlaufdurchbruch *heruntschnitt*. Am Überlaufdurchbruch erfolgte dabei die *Aufnahme* großer *Moränenmaterialmassen* in den Abfluß, was den eigentlichen Murabgang initiierte. Talauswärts jener Stirnmoräne, an welcher nun durch Unterschneidung ein großer Rutschungsanriß entstanden war, hat die Mure *weiteren Detritus* aus zunächst neoglazialen und dann auch spätglazialen Moränenablagerungen aufgenommen. In der anschließenden Hängetalklammstrecke erhielt der *vollständig* mit Geschiebe *aufgeladene Schlammstrom* über die hier eingetretene *Flaschenhalswirkung* eine erhebliche *Beschleunigung*, welche diejenige des steiler werdenden Gefälles noch verstärkte. Am unteren *Klammausgang* in 3300–3250 m ü.M., dort, wo in einem Stichtälchen des Hauptales eine erste Straßenbrücke fortgerissen worden ist und von wo an sich das *Querprofil der Schußbahn* abrupt *weitet*, haben die Murschuttmassen die Klammwände zu einem *Murtobel* trogförmig ausgeschliffen. Die Mure durchlief den Tobel bis zu einem von frischen *Schleifspuren* markierten, je nach Querschnitt (∅ 5–10 m) bis zu 4–5 m hohen Pegel. Auswärts stürzte die Mure nun in die Tiefenlinie des Hauptales hinab und folgte dieser auf einer Entfernung von 17 km, ehe sie die 'Freundschaftsbrücke' erreichte und mitriß. Eine letzte Beschleunigung erfuhr die Murmasse in einer extrem engen und steilen Schluchtstufe 0,8 km taleinwärts der Brücke. Die nach der Zerstörung wieder aufgebaute Spannbrücke wurde daraufhin – ca. 200 m taleinwärts der alten – auf Felssockeln gegründet. Sie wird mit einer lichten Höhe von über 12 m im dortigen erweiterten Talsohlenquerprofil flachere kleinere Muren durchlassen können, ohne zerstört zu werden.

Das Substrat, was am Ende der Murbahn tief unten im Hauptalboden zur Akkumulation gekommen ist, trägt beinahe alle Elemente einer *Grundmoräne*, die ja geomorphologisch die *unspezifischste Moränenart* ist und sich darum vorrangig anhand ihrer *Sedimentmerkmale* zu erkennen gibt.

2.3.6.2
Sedimentologische Unterschiede von Mure zu Moräne

Das Hauptaugenmerk muß offenbar auf der Frage liegen, ob durch eine Mure *umgelagertes* Substrat über die *erneute Ablagerung* eine hinreichend signifikante *andere Qualität* gewinnt, um unterscheidbar zu werden. In diesem Punkt ist bisher lediglich das Aussageniveau der *Plausibelmachung* erreicht. Es liegt nahe, daß ein durch Gletscherauflast *verfestigtes* Grundmoränenmaterial bzw. eine durch *langsame* Sedimentation und horizontale Druckkräfte *kompaktierte* Endmoräne durch jene Umlagerung eine *Auflockerung* erfährt, die durch den *Erstarrungsprozeß* des Murendes, welcher sich mit dem *Auflaufen* und *Nachdrücken der Fließmassen* nach rückwärts talaufwärts fortsetzt, wieder *rückgängig* gemacht wird. Ob vollständig oder nicht, ist die Kernfrage. Generell gilt, daß neben den Kräften die Dauer ihrer *Einwirkung* entscheidend ist für die *Verdichtung*, denn das Wasser muß *ausgepreßt* und die Pelitpartikel dabei in möglichst *porenvolumenarme* Position gebracht, d.h. miteinander *verzahnt* werden. In dieser Hinsicht ist also dem glaziären als dem langsameren Prozeß die Priorität für die *Kompaktion* zuzusprechen. Bei sonstiger Übereinstimmung ist der moränische Diamiktit der *dichtere*. Das macht jedoch bei im Gelände kaum jemals nachprüfbaren *identischen* Gesteinsvoraussetzungen allenfalls einen Unterschied von 0,1 g/cm^3 aus.

An Murzungen ist häufig eine *igelartige* Aufstellung der *Komponentenlängsachsen* senkrecht von der Zungenoberfläche nach oben zu beobachten (Foto 18 ×). Das belegt die durch *Rückstauung* erzielten *Druckkräfte* und macht die *Einregelung* in die situmetrische Gruppe IV (senkrecht zur Bewegungsrichtung) verständlich, womit zugleich die andere für horizontale Rückstaukräfte typische Einregelungsachse evident wird, nämlich diejenige horizontal und zugleich quer zur Bewegungsrichtung, also die der Gruppe III. Diese Aussage ist allerdings *nicht genau* quantifizierbar. Festgehalten werden aber kann: *Murablagerungen* enthalten vergleichsweise großanteilig die Einregelungsgruppen IV und III. Das gilt speziell für ihre Oberflächenbereiche, weil dort das fehlende Widerlager die *Aufstellung* der Komponenten erleichtert. Die *Einschränkung* 'vergleichsweise großanteilig' berücksichtigt den Umstand, daß die genannten Einregelungsgruppen IV und III mit Ausnahme derjenigen von fluvialen Geröllen, wo sie 40 bis 60% einnehmen, generell selten sind und auch bei den Muren *keine absolute* statistische Vormacht – sondern nur eine vergleichsweise – erzielen. Wie an früherer Stelle angeführt, sind natürlich auch alle durch *Schubkräfte* und Stauchungen zusammengetragenen Moränen – darum speziell die Stirnmoränen – durch größere Quer- und Senkrechteinregelungsanteile ausgewiesen, weshalb denn auch die Möglichkeit der Abgrenzung zum Mursediment hier fehlt.

Das bisher einzige eindeutige Nachweisverfahren eines *Mursedimentes* ist über seine strukturelle *Anlehnung* an die Murzungenform in ihrem Querschnitt zu führen. Es ist dies der Übergang in der Komponenteneinregelung von Gruppe III im Zentrum der Mure zu Gruppe IV an ihrer Oberfläche. Dabei sind die Längsachsen vom Murzentrum aus in mehr oder minder entfernter Annäherung *radialstrahlig* nach außen angeordnet, womit sich in dieser Anordnung der *linearen Elemente* die *halb- oder dritteltonnenförmige* Gestalt des Murzungenendes abbildet und bei großenteils *abgetragener* Form deren Beschaffenheit *rekonstruierbar* macht. Anhand von ausgedehnten *Mur- und Moränenaufschlüssen* sind noch weit größere Strukturen als Merkmale auszuweisen (Fotos 61 u. 62). Ein *Ufer-* oder *Endmoränenaufschluß* kann *leicht gebankt* sein und enthält Limnite und Schotterbänder, die gestaucht und dabei *gefaltet* worden sind oder *Flexuren* erhalten haben. Ein hinreichend großer *Murkegelaufschluß* jedoch, der durch den Aufbau aus *mehreren* Murabgängen gleichfalls die separierbaren Murkörper als Bänke erkennen läßt, ist davon sehr leicht an der die *einzelnen Muren* abgrenzenden *Linsenstruktur* zu unterscheiden. Im Fall eines aus zahlreichen Muren aufgebauten *Murkegels* besteht natürlich ohnehin *keinerlei* Ansprache- und Verwechslungsproblem mit einer Moräne, aber er zeigt – eben gerade wegen seiner *Eindeutigkeit* – das *Übereinstimmende* sowie auch das *Separierende*, das anhand des Aufschlusses *einer einzelnen* Mure nicht erkennbar wäre, sehr deutlich (Foto 3 ×). Die einzelnen Murkörper sind im Querschnitt *linsenförmig* und gegeneinander – erkennbar an ausgespült erscheinendem gröberen Schutt- und Blockwerk – abgesetzt. Im Inneren der Murkörper ist dagegen der *dichtgepackte Diamiktit* mit großer *Moränenähnlichkeit* deutlich. Im Fall dieser im Karakorum beispielhaften Murkegelbildung, die hier sehr unmittelbar und kurzangeschlossen aus den Calzit- und Dolomitwänden der Shaksgam-Talflanken geschüttet worden ist, unterscheidet sich jedoch auch die *Kantigkeit* der gröberen Komponenten auffällig von der Blockform der *weiter transportierten* glaziären Diamiktite. Allerdings sind bei kleinräumig fördernden Kargletschern in gleichem Ausgangsgestein entsprechend kantige Komponenten in den Ablagerungen sehr wohl nachweisbar. Die Entstehung jener im Querprofil linsenförmig angeordneten groben Komponenten mit *frei gehaltenen*, entsprechend groben *Porenvolumina* ist nicht recht geklärt. Wahrscheinlich sind für sie wirklich Spülprozesse ursächlich, die denudativ die groben Komponenten, die sich vermehrt an der Murkörperoberfläche befinden, freigelegt haben und die von einem später angelagerten Murkörper als einem *Grenz- und Reibungsflächenbereich* nicht wieder *vollständig* in ihren Zwischenräumen verfüllt werden. Die anlagernde Mure setzt gleichfalls einen *gröberen Außenmantelbereich* jener älteren Grenzfläche entgegen, so daß sich von beiden Seiten her vermehrte Grobblockfraktionen zusammenschließen, was in den gröberen Liniamenten in beschriebener Linsenform erfolgt (s. Foto 62).

Eine Variante von Muraktivitäten sind die

2. Akkumulations- und Abtragungsvorgänge

Foto 61: Aufschluß in hochglazialer Endmoräne bei Pusha, NW-Rand Tibets (Aufn.: M. KUHLE, 29. 10. 1986).
Endmoränenaufschluß von Pusha (Kuenlun-N-Abdachung, 37°02′N/77°10′E, 2000 m ü. M.) im Gebirgsvorland zum Tarim-Becken. Ein Inlandeisauslaßgletscher hat das Material zusammengeschoben und gestaucht. Letzteres ist durch die Flexuren eingeschalteter Sandbänder (×) deutlich. Das Korngrößenspektrum ist maximal. Die polymikten Blöcke sind isoliert voneinander eingestreut und großteils kantengerundet sowie facettiert. Die Matrix ist nicht so 'fett' wie in Tieflandgebieten, d. h., hier herrschen Silt bis Sand vor.

Foto 62: Aufschluß eines Murkegels im Shaksgam-Tal, Karakorum-N-Seite (Aufn.: M. KUHLE, 1. 9. 1986).
Über 100 m hohe Aufschlußwand eines Murkegels im Shaksgam-Tal (Karakorum-N-Seite, 4050 m ü. M., 36°08′N/76°34′E). Jedes einzelne Murablagerungsereignis ist durch eine Diamiktitlinsenform (×), deren Ränder aus ausgespültem gröberem oder poröserem Material bestehen, dokumentiert.

2.3 Moränen

Lahare. Das sind murähnliche oder sogar murartige *Schlamm- und Schuttströme*, die vermittelst auslaufender *Vulkanseen*, z. B. *Kraterseen*, ihre Auslösung erfahren. Derartige Prozesse werden durch erneute *Eruptionen*, die beispielsweise kraterseeabdämmende Kalderen partiell zerstören können, initiiert. Bei einem solchen Vorgang mischen sich infolgedessen *glutflüssige* Lava mit *Wasser* und *erkaltete* Laven und/oder vulkanische *Aschen* miteinander zu einem Murkörper. Das geschieht unter *Dampfexplosionen*, die das Wasser und den Schutt aufwirbeln und beides vermischen. Aus dem sehr großen *thermischen Gefälle* von bis zu 1100°C, welches an diesen Prozessen beteiligt ist, werden die *rasanten* und in vergleichsweise erheblichen Ausmaßen ablaufenden nassen Schuttfließungen verständlich. Sie reichen, manchmal *dekakilometerweit* in die umliegenden Täler hinab und werden dort als *vulkanische Mur-Diamiktite* in durchaus *großer Moränenähnlichkeit* sedimentiert. *Eisströme*, die von großen Vulkanbergen abfließen oder geflossen sind, hinterlassen sehr ähnlich aufgebaute Moränen, die ebenso aus groben *Effusiva-Komponenten* bestehen, die in einer gleichfalls aus *vulkanischen* Bestandteilen aufgebauten Zwischenmasse 'schwimmen'. Damit ist die Differenzierung wieder recht schwierig, wenngleich die oben ausgeführten generellen Unterschiede zwischen Moränen- und Murablagerungen auch hier Geltung besitzen. Studien zur Unterscheidung werden seit langem in den *Anden* betrieben (z. B. ABELE 1981), und die Struktur von aus *Vulkaniten* aufgebautem Moränenmaterial ist an den ostafrikanischen *Hochvulkanen*, wie dem Kilimandscharo und Mt. Kenya, großräumig aufgeschlossen. An diesen Bergen besteht ein tiefliegender Moränenkranz aus den Zeiten hochglazialer Vergletscherung.

2.3.7 Die Erratika

Die Bedeutung von *Erratika* für die *Rekonstruktion* von vorzeitlichen Eisbedeckungen ist wegen der *Eindeutigkeit* des auf diesem Wege möglichen *Beweises* eminent. Der Sachverhalt ist schlicht. *Ferntransportierte* Blöcke liegen andersartigem anstehenden Gestein auf und können *allein* durch Gletschertransport an die betreffende Stelle gekommen sein. *Inhärent* ist dabei die jeweilige *Topographie* berücksichtigt, denn in beinahe jedem längeren *Flußlauf* gelangt ebenfalls Fremdmaterial streckenweise über anderes anstehendes Gestein; das erfolgt jedoch bei *gleichsinnigem* Gefälle. Die *nachweisträchtige Position* von glazigen verfrachteten Erratika zeichnet sich demgegenüber speziell dadurch aus, daß sie in vom *Flußtransport* nicht erreichbarer Lage weit oberhalb des Talgrundes besteht. Beispielsweise sind die Positionen auf *Taltrennsätteln* oder sehr *weit* an den Talflanken *hinauf* klassisch. Dazu kommt, daß dieses erratische Material große Korngrößen, d.h. *Block-* und *Riesenblockdimensionen*, aufweist. Mit ihnen wird einmal mehr klar, daß ein Flußtransport solchen Materials – selbst bei Hochwasser – *ausscheidet*.

Das größte Risiko für eine *Mißinterpretation hochliegender Blöcke* aus Fremdgestein als glaziäre Erratikaablagerung besteht in der häufiger auftretenden *Durchpausung* partiell abgetragener und durch Verwitterung aufgelöster *Hangendgesteine*. So liegen S-lich unterhalb des 5300 m hohen Pang La-Passes (28°30′N/87°07′E) in S-Tibet um 5250 m Höhe in einer Mulde und von da aus bis auf einen Gratrücken hinauf zu verfolgen, große bis *sehr große* Quarzitblöcke auf phyllitartigen Metamorphiten (Foto 63). Sie entsprechen ganz dem Erscheinungsbild von *erratischen*, d.h.

Foto 63: Pseudoerratische, durchgepauste Blöcke, Tibetischer Himalaya (Aufn.: M. KUHLE, 17. 9. 1984). Große, pseudoerratische, weiße Quarzitblöcke im Bereich des 5200–5400 m hohen Panga La (S-Tibet, 28°31′N/87°04′E), die im Hangschutt der anstehenden Schiefer 'schwimmen'. Noch im Pleistozän wurden diese dunklen Phyllitserien von anstehenden Quarzitbänken überlagert (↓↓), deren Reste dann während der jüngsten Vereisungen bis ins Holozän hinein durch Verwitterung in situ aufgelöst worden sind. Auf diese Weise erklären sich die Blockvorkommen als Relikte des hangenden Gesteins.

gletschertransportierten Blöcken (vgl. KUHLE 1988g, S. 471–476). Das gilt speziell und ist besonders suggestiv deshalb, weil der eiszeitliche Gletscherpegel bis in dieses Niveau hinauf tatsächlich gelegen hat, was u.a. die gerundet *überschliffenen Felsrücken* beweisen. Genau dort, wo die gerundeten Rücken, welche die Mulde – zwanglos als flache Karmulde diagnostizierbar – einfassen und sich als mehr und mehr zugeschärfte Gratschneiden zum höchsten Punkt eines Gipfels hinauftreppen, steht jener Quarzit an. Auf dem breiteren Gratrücken unterhalb liegt er in einer als *Verwitterungsrest* gerade noch erkennbaren lockeren Blockstreu (Foto 63 ff.). Diese zieht, hangial *verlagert*, d. h. periglaziär versetzt, bis in die erwähnte Mulde hinab (s. Foto 63). Über diesen lokal schrittweise *nachvollziehbaren* Übergang vom *Anstehenden* zum blockigen *Lockergestein*, das eine *Schichtetage tiefer* den Phylliten aufliegt, wird *unmittelbar evident*, daß es sich um die *tiefergelegten Verwitterungsreste* der weiter oben im Grat noch als anstehend erhaltenen Quarzitbank handelt. Die großen Quarzitblöcke verlieren sich dann mit zunehmender Entfernung vom heutigen Anstehenden immer mehr im solifluidal gemischten Schutt der in situ aufbereiteten Gesteine. Ohne diesen *topographisch-petrographischen Gesamtzusammenhang* wären diese Blöcke jedenfalls nicht von hochliegenden Erratikern zu unterscheiden. Tatsächlich hat an ihrer kleinräumigen Verlagerung die lokale Vergletscherung durchaus ihren Anteil.

2.3.7.1
Ein weiterer wissenschaftstheoretischer, eher noch semantischer Einschub

Die Gelegenheit ist günstig, zu zeigen, wie der *scheinbar angemessene Konsens* in der Geomorphologie zu einer *knappen* und – wie man gleichzeitig glaubt – *exakten, unwidersprüchlichen* Ausdrucks- und Verbalisierungsweise drängt. Dabei wird jedoch *unangemessen* vereinfacht. Das liegt im Wesen der Glazialgeomorphologie begründet, die vor der Schwierigkeit steht, die *topographischen Zusammenhänge* darstellen zu müssen. Eine solche Darstellung ist immer *kompliziert* und *langwierig*, erscheint allzu schnell etwas *langatmig* und damit bereits tendenziell eher überflüssig. Doch liegt in dieser Auffassung ein großer Fehler. Sowohl *Druckraummangel* und *Leserlangeweile* schlagen hierbei *erkenntnishemmend* zu Buche und können wohl nur über die Aufwertung des '*Wissenschafts- und Erkenntnis-Pathos*' abgefangen werden. Der Grundsatz könnte vielleicht lauten: Die Grundlagenforschung duldet – ohne Erkenntnisverluste – keine Kürzungen im *Eigentlichen*. Was als solches empfunden wird, muß gerade in der recht komplizierten Glazialgeomorphologie durch eine *denkerisch-methodische Gründlichkeit* gekennzeichnet sein, welche die schwierig darzulegenden Geländebeobachtungen in ihren *Lagebeziehungen* hinsichtlich des einzig möglichen *Indizienbeweises* in das Zentrum ihrer Analyse stellt. Es ist eine leidige Sache, wie viele *grundlegend* bedeutungsvollen Analysen dieser Art bei der Drucklegung von *Dissertationen* in Wegfall geraten. In der *Glazialgeomorphologie* hat das hierfür letztlich an der falschen Stelle fehlende *materielle Polster* zu großen *Umwegen* im Erkenntniszuwachs geführt. Eine *gründlichere Lokalanalyse* hätte ca. 50 Jahre früher zur Rekonstruktion der sehr bedeutenden *eiszeitlichen* Vergletscherung in den *subtropischen Hoch- und Bergländern* führen müssen. Dazu reichte jedoch das schlichte, allein die grob pauschalisierten Verhältnisse der *Alpen* und *Skandinaviens* reproduzierende Muster glazialgeomorphologischer Kenntnisse nicht aus. Die Ohren hinsichtlich zwangsläufig subtilerer Nachweise ehemaliger Gletscheranwesenheit mit hinreichend langem Druckraum zu spitzen, dazu war die Forschung über lange Zeit leider nicht bereit.

Nun zurück zum vorliegenden Beispiel: *Rein faktisch* und auf den *ersten Blick* handelt es sich bei den beschriebenen Quarziten um *erratisches* Blockwerk, denn es sind *verlagerte* Blöcke, die über anderes anstehendes Gestein geraten sind. Vieles von diesen Merkmalen gilt *gleichfalls* bei wechsellagernden, verschiedenartigen Gesteinen bereits im anstehenden Schichtverband; allerdings liegt der Prozeß der *Fremdmaterialauflagerung* einige oder viele Jahrmillionen zurück und erfolgte unter *gänzlich anderen* Bedingungen als den heutigen. Die sehr viel später, d. h. nach der Gebirgsanhebung einsetzende und mit der Exhumierung einhergehende *Auflösung in Blöcke*, die jetzt als Verwitterungsstreu dem Liegenden auflagern, bedeutet bereits einen – wenn auch geringfügigen – *vertikalen* Materialversatz, der die Kubaturen zu *Pseudoerratika* macht. Dann schließt die *solifluidale*, horizontal-schräge Verlagerung an. Allerdings erreicht ein derartiger Transport nur mehrere Dekameter im zur Verfügung stehenden postglazialen Zeitraum. Zugleich entspricht dieser geringfügige Materialtransport bereits vom *Mechanismus* her nicht dem, der zum Begriff 'Erratikum' gehört; dazu bedarf es des Gletschertransportes. Spannenderweise hat selbst der Gletschertransport stattgefunden, ohne daß jedoch mit *eigentlicher* Berechtigung von einer Erratikabildung gesprochen werden darf, denn dieser Transport hier – wenn auch durch einen Gletscher geschehen – ist nicht *hinreichend* gewesen, um das Hauptmerkmal der *allein möglichen* Ablage durch einen Gletscher zu substantiieren. Es folgt daraus, daß dies *nur* derjenige Transport ist, der als *allein möglich* ein Blockvorkommen erklärt. Wenn demnach einige jener Quarzitblöcke nur durch Gletschertransport in ihre Position gelangt sind, weil der dort eiszeitlich eingelegene Talgletscher und noch spätglaziale Kargletscher unmittelbar vom Anstehenden der Rückwand im Talschluß frisch herausgewittertes Quarzitblockwerk aufgenommen und als talauswärtige Ufermoränenbildung auf einem der Rücken beidseits des Abflußgefäßes abgelegt hat, dann handelt es sich dennoch um *keine* Erratika mit ihrem *eigentlichen Nachweischarakter*, da an der nämlichen Stelle Quarzitblockwerk *gleichfalls* durch Insitu-Herunterverwitterung *möglich* ist. Denkt man zu Ende, so ist selbst mit dem Merkmal des *Ferntransportes* nur *wenig* gewonnen, denn auch da ist jene durch Verwitterung mögliche *Blockdurchpausung* inzwischen längst abgetragener, hangender Schichten und Bänke *nicht auszuschließen*. Aus diesen Gründen müssen *plutonische* Gesteinsblöcke auf anstehenden *Sedimentgesteinen* als tragfähigste *Erratika* gelten, denn ein Pluton überlagert selten und wenn, dann *nur randlich* Schichtgesteine, während die *umgekehrte* Durchpausmöglichkeit durchaus häufig vorkommt.

Das Fazit dieser Überlegungen ist die Feststellung, daß im *Erratikanachweis* die Faktoren 'Transportentfernung' respektive 'Andersartigkeit der zusammengebrachten Gesteine' bzw. die 'Gesamtheit der topographischen Situation' Berücksichtigung finden müssen. Aus dieser Faktorenvielfalt und ihrer *immanenten Variabilität* geht die beinahe immer *vollständige Andersartigkeit* jeden Einzelfalles als eine stets erneut changierende *Kombination* hervor. Womit sich der *Argumentationskreis* zum Ausgangspunkt dieses Einschubes hin geschlossen hat: Nur die *subtil-langatmige Detailanalyse* und dann *-synthese* aller glazialgeomorphologischen *Einzelbeobachtungen* eines immer wieder speziellen Falles kann mit Erkenntniszuwachs belohnen. Eine *Absage* an alles *methodisch Pauschale* wird also in diesem Zusammenhang unterstrichen.

2.3.7.2
Die wichtigsten Merkmale von Erratika in exemplarischer Darstellung

Mit einem *einfachen* Beispiel soll begonnen werden – doch leider greifen die einfachen Beispiele eben wegen ihrer *Einfachheit selten* und *verstellen* den Blick für die Realität *eher*, als daß sie ihn *schärfen*. Darum hat dieses Beispiel vor allem eine Art didaktischen Erklärungswert: Auf der Halbinsel Nugssuaq in W-Grönland (bei 70°3'–70°10'N) liegt mitten im Ausgang und Mündungsbereich des nach S in die Disco-Bucht entwässernden Sarqaqdalen ein relativ (ca. 350 m) hoher, 355 m ü. M. erreichender *Riegelberg*, der Sulugssugutit qâqâ. Er ist aus *Dolerit* aufgebaut, der unter den postglazialen Klimabedingungen (KUHLE 1983, S. 326) auf dem Wege der Hydratation, die zur Des-

126   2. Akkumulations- und Abtragungsvorgänge

Foto 64: Dolerit-Rundhöcker mit Erratika, Nugssuaq, W-Grönland (Aufn.: M. KUHLE, 11. 8. 1979).
Doleritrundhöcker in talsperrender Lage (Riegelberg namens Sulugssugutit qâqâ) mit erratischen Gneisblöcken (□) (Sarquaqdalen, Halbinsel Nugssuaq, W-Grönland, 70°05′N/52°03′W, 365 m ü. M.). Im Mittelgrund weitere Rundhöcker (○) und der noch rezent vergletscherte Einzugsbereich des vorzeitlichen Inlandeises (↓).

quamation und mehr noch zur *Abgrusung* führt, subaerisch stark, d. h. *schnell* verwittert. Das gesamte Tal ist *heute* unvergletschert, und allein im alleroberesten Einzugsbereich des zentralen Hochlandes der Halbinsel ist eine *Plateauvergletscherung* mit einer *zentralen Eiskappe* vorhanden (vgl. Foto 64 ↓). Im Spätglazial dagegen, zur Zeit des *Fjordstadiums* der W-grönländischen Eisausdehnung, war das Tal noch vergletschert. Der betreffende Eisstrom dürfte mit dem Disco-Teilstrom, der vom Inlandeis von E her als großer Auslaßgletscher mit bedeutender Fließgeschwindigkeit parallel zum heutigen Jacobshavn Icebreen herabkam, konfluiert haben (WEIDICK 1968, 1972, 1976; KUHLE 1983, S. 351–354, Stadium VII u. älter). Während dieser Zeit, etwa 8000–12 000 J. vor heute, bei einer ELA-Lage um 500 m ü. M., war der angeführte *Riegelberg* vom Eis noch überflossen und fungierte als ein großer, talsperrender und querschnittverkleinernder *Rundhöcker*. Von einer zugehörigen eigentlichen *Rundhöcker-*

form ist jedoch wenig zu sehen, und man ist zunächst versucht, diesen Befund auf eine mit jener Verwitterung einhergehende, starke holozäne *Überformung* zurückzuführen, zumal eine deutliche *Anlehnung* an die Doleritbankgestaltung evident ist. Zu dieser Beobachtung tritt diejenige von Erratika hinzu (Foto 64 □). Große *Gneisblöcke* lagern in lockerer Streu bis zur Kulmination (bis 2 m unter dem Gipfel) dem Rundhöcker als z.T. gerundete und kantengerundete, aber auch beinahe kantig gebliebene Komponenten auf (KUHLE 1983c, S. 341f.). Diese Blöcke erscheinen *vollkommen frisch*, d.h., sie sind seit ihrer Deponie vollständig *unverwittert* geblieben. Das belegt auch ihr *Krustenflechtenbesatz*, der sich *unbehelligt* von etwaiger *Abgrusung* entwickeln konnte. Diese völlige Unversehrtheit kontrastiert markant zum liegenden anstehenden Doleritgestein, das so schnell *vergrust* und *absandet*, daß *Flechten* kaum Platz greifen konnten und die erratischen Blöcke mit ihren Auflageflächen als *Abtragungsschutz* vor der Denudation gewirkt haben. Das wird an regelrechten *Sockelbildungen*, die an Gletschertische erinnern, bis hin zu einige Dezimeter hohen *stelzenartigen Ständern* nachweisbar, denen die erratischen Gneisblöcke aufruhen. Anhand dieser tischbeinähnlichen Stützen wird der seit der Blockablage erzielte *Verwitterungs- und Abtragungsbetrag* an der Doleritoberfläche auf mehrere Zentimeter bis Dezimeter seit der spätglazialen Deglaziation quantifizierbar (s. Foto 64 z. B. □).

Diese erratischen Blöcke sind in ihrer Lage *eindeutig* als entweder direkt und senkrecht vom Himmel gefallen oder einzig und allein von einem Gletscher abgelegt zu verstehen. Das wird aus der *zentralen Kuppenlage* mitten im Tal, *abgesetzt* von jedwedem Talhang durch mehrere hundert Meter tiefe *Gegengefälle* – hier ist es die orographisch linke Talflanke, an der Gneis ansteht – evident. Selbst bei völliger *Zusedimentation* mit Flußschottern, die eine Mächtigkeit von über 350 m verlangt, welche aufgrund der nur 5 km entfernten Küstenlinie 365 m tiefer ohnehin im in Rede stehenden Zeitraum *nicht möglich* gewesen sein kann,

wäre die *streuartig vereinzelte* Ablage der Blöcke, die allein überliefert ist, nicht verständlich. Vielmehr müßte es sich um ein *gesamtes Schotterpaket* unter Beteiligung von *gut gerundeten Geröllen* bis zur Sandfraktion hinab handeln. Anders sieht es dagegen beim Gletschertransport aus, der stimmig zu den beteiligten vereinzelten und schlecht gerundeten Gneisblöcken paßt. Kennzeichnend ist diese Sedimentation durch den Absatz von vornherein bereits als Innen- oder Obermoräne (Mittelmoräne) *vereinzelten* Blockwerkes. Folglich muß es sich also gegenüber dem *schlichten* Antransport durch einen Talgletscher bei der dagegenstehenden *Flußaufschotterungshypothese* eine ganze Fülle von Zusatzannahmen geben, die dem *Prinzip* einer *möglichst einfachen Erklärung* bei zumindest gleicher Tragfähigkeit, d.h. gleichem Erklärungswert, widerspricht.

2.3.7.3
Zur Frage des Erratikablockalters und zur Verwitterungsintensität

Die in obigem Beispielfall zusätzliche Information, die über den erbrachten Nachweis einer Gletscherüberfahrung jenes Rundhöckers anhand von Erratika hinausgeht, liegt in der Beantwortung der immer wieder diskutierten Frage nach der postglazialen *Überarbeitung* glaziärer Formen bzw. nach der *Alterseinschätzung* von *Verwitterungsentstellungen* seit dem Ereignis des Gletscherschliffes. Die Tatsache der auf dem Rundhöcker *erhaltenen* erratischen Blöcke belegt – wie bereits gesagt –, daß der Abtrag auf seiner Oberfläche *nicht* allzu *intensiv* gewesen sein kann. Andererseits kann er um die Blöcke herum und unter diesen erfolgt sein, ohne sie nennenswert von der Stelle zu rühren. Dies ist geschehen, wie jene Blockständer- und -stelzenbildung zeigt. Daß die Blöcke jedoch durch *Denudationsvorgänge* dieser langsamen, unmittelbar der *Verwitterung* folgenden Art gänzlich abgeräumt werden können, muß in Zweifel gezogen werden. Allenfalls kann einmal ein Block durch das *Weg-*

brechen einer *Doleritstütze* an einem exponierten Hangabschnitt ins *Rollen* geraten und vollends abgehen. Ansonsten wird es das Werk der *Verwitterung in situ* sein, die die sehr resistenten Gneisblöcke in den kommenden Jahrzehntausenden aufbereitet, oder sie werden zuvor von einem erneuten eiszeitlichen Gletschervorstoß im Sarqaqdalen abgeräumt.

Die an diesem Beispiel im ozeanisch-kalten Klima der westgrönländischen Arktis beobachtete *Doleritverwitterung* innerhalb der nur wenigen Jahrtausende seit der letzten Späteiszeit ist beträchtlich und wirft ein interessantes Licht auf stärker verwitterte *Moränenablagerungen* und deren *Blockauflagen* im *Karakorum* und in der ebenfalls *arideren Himalaya-N-Abdachung*. In der älteren Literatur nämlich, wie sie beispielsweise durch v. WISSMANN (1959) für *Hochasien* ihre Kompilation erfahren hat, werden allzu viele Moränenakkumulationen mit stärkeren Verwitterungsspuren, wie z. B. *Tafonibildung,* auf der Basis solcher Aufbereitung nicht ins letzte, sondern in ein *älteres Glazial* eingeordnet. Sogar noch in der neueren chinesischen Literatur, speziell in der Tradition von SHI YAFENG (1979–1982) bis hin zu ZHENG BENXING (1988, S. 525) und LI TIANCHI (1988, S. 656), werden derartige *Block-* und *Moränenverwitterungen* als Hinweise auf sogar noch größeres, *mittelpleistozänes* Alter gedeutet. Das trifft jedoch im *semiariden*, durchaus sogar der Salzverwitterung zugänglichen *Frostverwitterungsklima* betreffender asiatischer Hochgebiete eher noch weniger zu als in der grönländischen Arktis. Daraus folgt, daß es in Hochasien noch andere, weit *resistentere* Gesteine, wie es Granite und Gneise sind, gibt, die eine *starke* Aufbereitung seit dem letzten Spätglazial erfahren haben. Sie erinnert an die geschilderte Verwitterung im Dolerit und suggeriert ein viel höheres als letzteiszeitliches Entstehungsalter.

An diese Stelle gehört das Exempel der spätglazialen Moränen im unmittelbaren Shisha Pangma-Vorland (Himalaya) nach N zum S-tibetischen Hochland hinab (Foto 65 □ □). Dort kontrastieren mancherorts zu *kantig bizarren Formen* verwitterte, sehr große bis zimmergroße Augengneisblöcke mit den auffällig *frischen* und damit jungen (jung-spätglazialen) *Moränenformen*, denen sie integriert sind respektive aufliegen (Foto 66). Ganz offenbar besteht hier eine *Beziehung* von *Verwitterungsgrad* zu *Blockgröße*. Je *größer* also jene Blöcke sind, desto stärker haben an ihnen die Verwitterungsspuren in sehr deutlicher, die *gesamte Blockform* beeinträchtigender Weise während der dafür zur Verfügung stehenden etwa 13–8 Ka angegriffen. Der *genetische* Zusammenhang ist bisher nicht endgültig geklärt. Nicht auszuschließen ist dabei die Möglichkeit einer *polyglazialen* Entstehung. Hierfür wird der Gedanke einer im Laufe der pleistozänen Vereisungen immer wiederaufgegriffenen Block-

Foto 65: Endmoränen vom Typ Bortensander, Shisha Pangma, S-Tibet (Aufn.: M. KUHLE, 16. 9. 1984).

Endmoränen vom Typ Bortensander (□ □) im N-lichen Vorland des Shisha Pangma (1) (S-Tibet, Himalaya, 28°22′N/85°47′E) zwischen 5100 und 6000 m ü. M. Diese Akkumulationsrampen und ihre Moränenwälle (→ → →) wurden im Spätglazial zwischen immer schmaler und darum länger werdenden Vorlandgletscherzungen, die vom Gebirgsabhang abgeflossen sind, als ausladende Mittelmoränenzwickel aufgebaut. Bis in den Vordergrund reicht ein flach eingeschnittener Kegelsander bzw. eine fächerförmige Schotterflur hinab (○).

Foto 66: Verwitterter Moränenblock, Shisha Pangma-N-Seite, Tibet (Aufn.: M. KUHLE, 11. 9. 1984).

Dieser auf der spätglazialen Moräne (Bortensander) im N-lichen Vorland des Shisha Pangma liegende, ungewöhnlich große Augengneisblock ist auffällig stark verwittert. So sind die großen Feldspatkristalle pockenartig residual herausgewittert (↓ ↑). Derartige, sehr große Blöcke werden vornehmlich an Moränenoberflächen deponiert, sie sind entweder polyglazialer Genese oder überliefern bereits verwitterte Oberflächenpartien des anstehenden Gesteinsverbandes, aus dem sie herausgebrochen sind. Im Hintergrund sind Makrosolifluktionszungen an den Moränenhängen weit über der Permafrostuntergrenze ausgebildet (▽) (Zentralhimalaya, 28°28′N/85°45′E).

2.3 Moränen

last, die von den Gletschern sukzessive verlagert und für gewisse Zeit mit der einen oder der anderen Seite den Atmosphärilien ausgesetzt wird, in Anspruch genommen. Dabei kommt der *generelle Umstand* zum Tragen, daß große Blöcke mit zunehmenden Ausdehnungen *immer schwerer* in das feinere Moränenmaterial einzuarbeiten sind. Sie 'schwimmen' gleichsam eher oben, weil jeder bei der Wiederaufnahme ins Glazialgeschehen vom erneut vorstoßenden Gletscher erhaltene *Stoß* und *Bewegungsimpuls* dem sehr großen Block als *Ausweichmöglichkeit* und *widerstandsloseste Bewegungsrichtung* den Weg *nach oben*, aus dem sonst notwendigerweise nur zu *verdrängenden* Moränenfeinmaterial heraus, nahelegt. Für die kleineren Blöcke findet sich dagegen noch eher Platz in der Grundmasse der Moräne, wo das *Porenvolumen* dann eben nur *geringfügig weiter* reduziert werden muß. Durch diesen Ablauf gewinnen die sehr großen Blöcke, die genug Substanz haben, um im Laufe mehrerer Eiszeiten bzw. Vergletscherungen nicht gänzlich *aufgerieben* oder zu kleinen Komponenten *heruntergearbeitet* worden zu sein, *gänzlich veränderte* Konditionen gegenüber den kleineren und sind damit tatsächlich einer sehr viel *anhaltenderen Verwitterung* als jene zugänglich.

Zusammenfassend wäre somit festzustellen, daß diejenigen Autoren (s. o.), die in der *starken Verwitterung* von großen Blöcken aus resistenten Gesteinen, wie etwa aus Gneis, einen Hinweis auf ihre Entstehung während der *vorletzten* oder einer *noch älteren* und *sehr viel älteren* mittelpleistozänen Eiszeit sehen, durchaus nicht im Unrecht sein müssen, wenngleich die von ihnen damit verbundene Schlußfolgerung, daß die *gesamte Moränenform* aus diesem Grunde nicht der letzten Eiszeit oder sogar dem Spätglazial angehören könne, ein *Trugschluß* ist. Zugleich muß betont werden, daß durch absolute Altersdatierungen (^{14}C und TL) für einige Lokalitäten konkret das letzt- oder spätglaziale Alter betreffender Moränen nachgewiesen werden konnte (KUHLE 1986a, S. 456f.; 1987b, S. 302; 1987c, S. 213-236; 1989d, S. 275; 1989b, S. 20f.; KUHLE & XU DAOMING 1991).

Die Deutung *polyglazialer* Entstehung muß allerdings nicht einmal bemüht werden, um sehr *stark angewitterte* Riesenblöcke auf jungen Moränen zu erklären. Dazu ist lediglich ein *jungglazialer Felsnachbruch* aus der Talflanke weit unterhalb der ELA nötig, eines Nachbruches also, der so tief unter der Schneegrenze liegt, daß er *unüberschliffene Verwitterungsformen* aufweist. Solche möglicherweise über *viele hunderttausend Jahre* oder noch länger vorbereiteten Felsoberflächenbeschaffenheiten bleiben natürlich auch am abgebrochenen und der Moräne *zugelieferten* Riesenblock erhalten. Da dieser Vorgang an Bereiche *weit unter der Schneegrenze* gebunden ist, kommt er vorrangig für die *hochglaziale* Blockzulieferung zu den Endmoränen in Frage. Das gilt deshalb, weil die Endmoränen entsprechend der während des Hochglazials *tiefsten Einsenkung* der Schneegrenze in das Relief am weitesten in einen *fremdartigen Klimabereich* hinabverlegt worden sind – eine Garantie für die dort von den hoch- und spätglazialen Gletschern sowieso *nicht* gänzlich ausgefüllten Talgefäße und damit die *über* der Talgletscherzungenoberfläche sehr anhaltende, wenn nicht sogar durchgängige Exposition der Felsenflanken gegenüber den geforderten *subaerischen Verwitterungsvorgängen*. Die 'Verwitterungsuhr' ist sozusagen durch *keinen Gletscherschliff*, der bis auf das bergfrische Gestein hinab erfolgt wäre, *auf Null* gestellt worden. Gleichfalls ist natürlich mit den auf diesem Wege durch die *Langzeitverwitterung* erklärten, überarbeiteten Endmoränenblöcken nichts gegen das jugendliche Alter der betreffenden Moränen gesagt.

Im Falle der Gneiserratika auf dem Dolerit-Rundhöcker in Grönland ist es das Blockmaterial, was sich als besonders *resistent* erweist, während das Anstehende *leicht verwittert*. In diesem Zusammenhang muß auf die ebenso grundsätzliche Frage nach der *Umgestaltungsgeschwindigkeit* und zugleich dem *Umgestaltungsgrad* des Dolerit-Rundhöckers zurückgekommen werden. Es ist mehr die *Position* und das über die Erratika nachgewiesene Faktum der *Eisüberschleifung*, weshalb man von 'Rundhöcker' sprechen kann, *nicht* aber seine Form. Die *Doleritbankung* ist an diesem Rundhöcker recht prägnant, und die in ihn eingearbeiteten *Dellen* und *Depressionen* mit kleinen Seefüllungen sind an jene *Strukturpräformation* angelehnt. Da man sie als Schliffwannen *primärer glaziärer Formung* ansprechen kann, bedeutet dies, daß auch *subglazial keine typischere Rundhöckerform* zustande kam, als heute überliefert worden ist, und daß sich das subaerisch als weich erkennbare Gestein *subglazial nicht* wesentlich *deformieren* ließ. Das beweist anhand jener Erratika auf subaerischen 'Verwitterungsstelzen' einen *starken* Abtrag, der allerdings *oberflächenkonkordant* erfolgt sein muß, denn die Gestalt des Rundhöckers hat dennoch alle seine *strukturorientierten subglaziären* Merkmale *beibehalten*, welche – unter dem Einfluß des *Grundschurfes* entstanden – vornehmlich aus *Abrundungen* und *Übertiefungen* bestehen.

2.3.7.4
Weitere Beispiele von Erratikavorkommen – diesmal aus dem Karakorum, dem Transhimalaya und aus Südtibet

Zwischen Muztagh-Tal und Shaksgam-Tal, recht genau N-lich des 8617 m hohen K2 in der Karakorum-Hauptkamm-N-Abdachung, befindet sich ein 4600 m hoher Transfluenzpaß mit einigen gut erhaltenen *Calzit-Rundhöckern* (s. Foto 23 ○). Auf dem Paßrücken, der E-lich eines bis 4730 m aufragenden *glazialen Hornes* (ebenfalls aus Calzit) (KUHLE 1988f, S. 138) eingesattelt ist und dessen Senke gut 500 m *über* den beiden benachbarten Talböden liegt, wurden einige bis 1,5 m lange Gneisblöcke angetroffen (ebd., S. 142). Ebenfalls auf der anderen, der E-lichen Seite des Transfluenzpasses, wo die Felsrücken und -pfeilerformen bis über 5000 m hinauflaufen, steht *ausschließlich* derselbe Kalk an. Hier ist damit die Möglichkeit durchgepauster *Gneisablagerung* von *ehemals hangenden*, anstehenden Gneisbänken her ausgeschlossen. Aus diesem Grund können die Gneisblöcke, die aus einem nicht einmal entfernt verwandten und damit möglicherweise aus *unmittelbarer* Nachbarschaft herangefrachteten Gestein bestehen, nicht als *Lokalmoräne* diagnostiziert werden, sondern sprechen für *Ferntransport*. Dieser wird außerdem durch die notwendige, relativ *große Gletschermächtigkeit* von mindestens 600–700 m, die zur Erratikaablage auf dem Sattel notwendig ist, nahegelegt. Entsprechende Gneise mit kleinen Albit-Oligoklas-Augen stehen im Bereich von Hidden Peak (Gasherbrum I) und Broad Peak, das Shaksgam-Tal aufwärts, wie auch auf der anderen Seite dieses Passes vom K2-Gipfel bis hin zum Muztagh-Tower. Neben diesen offensichtlich ferntransportierten Erratika aus Gneis werden auf demselben Transfluenzpaß *Dolomit-Erratika* auf den anstehenden Calziten angetroffen. Sie liegen den Kalken des Passes petrographisch sehr viel näher als die Gneise und stehen beispielsweise an der *gegenüberliegenden* N-lichen Flanke des Shaksgam-Tales im gesamten Aufbau des Aghil-Kammes *großräumig* an (Fig. 16). Es ist aber nicht nur *nicht* auszuschließen, daß dieser Dolomit auch an der Transfluenzpaß-Talseite ansteht und darum nur *wenige* Kilometer vom Shaksgam-Gletscher verfrachtet werden mußte, sondern aus folgenden Überlegungen heraus wahrscheinlich: Der Antransport von der *gegenüberliegenden* Talseite ist *trotz* der geringen Entfernung unmöglich, weil ein Materialversatz quer zur Talgletscherfließrichtung nicht funktioniert. Also ist hier wieder der topographische Zusammenhang, die *Lagebeziehung* und *nicht* die geringe absolute Entfernung aussagekräftiger. Sie bedeutet in dem Fall, daß der Dolomit von der anderen Talseite *gänzlich ausscheidet*, weil das Seitenmoränenmaterial von der einen Gletscherseite *nicht* auf die andere zu wechseln in der Lage ist. Der *korrekte Schluß* muß darum lauten: Da in unmittelbarer Nähe, nämlich auf der gegenüberliegenden Shaksgam-Talseite, die genau entsprechenden Dolomite (mit 95% Do u. 5% Ca) anstehen, ist die Wahrscheinlichkeit, sie gleichfalls auf der *prozessual in Frage kommenden* Talseite des Transfluenzpasses in unmittelbarer Nähe anzutreffen, *besonders*

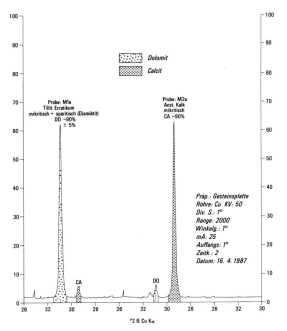

Fig. 16: Röntgendiagramm anstehenden und erratischen Gesteins, Karakorum (Entwurf: A. HEYDEMANN u. M. KUHLE).

Auf dem mit Rundhöckern und Grundschliffen (Gletscherschrammen) ausgestatteten Transfluenzpaß zwischen Shaksgam- und Muztagh-Tal (s. Foto 23), der aus anstehenden mikritischen Calziten besteht, sind Dolomit-Erratika und Diamiktite abgelegt worden. Sie beweisen eine weitgehende Ausfüllung des Reliefs durch hoch- und spätglaziales Gletschereis.

groß. Dieser Schluß ist demnach ein *mittelbarer*, der eine nur *geringe* Transportentfernung nahelegt und darum die Dolomiterratika gegenüber jenen *ferntransportierten* aus Gneis *entwertet*. Eigentlich wäre es *lediglich notwendig* zu beweisen, daß kein Dolomit im Bereich der *Fallinien* vom Fundort aus an den unmittelbaren Hängen aufwärts ansteht, um jeden *anderen* als glaziären Transport *auszuschließen*. Damit wäre gesagt, daß es einen das Haupttal in 600–700 m *Mindestmächtigkeit* ausfüllenden Shaksgam-Gletscher *geben mußte*, um – *gleichbedeutend* mit den Gneiserratika – auch die Dolomitblöcke heranzutransportieren und in *nämlicher Position* zu deponieren.

2.3.7.5
Ein Einschub zur Wissenschaftspsychologie

Da eine *nur annäherungsweise* verfahrende Schlußfolgerung unbefriedigend bleibt, wird die Notwendigkeit der gänzlichen Erfassung aller Standorte mit anstehenden Dolomiten in der Umgebung als sehr dringlich empfunden. Ihr nachzukommen ist jedoch *nicht möglich*, denn das Gelände der *extremen* Gebirge ist wegen seiner *Steilheit* und *Höhe* bei großer *Abgeschiedenheit* allein mit expeditivem Aufwand und immer nur *punktuell* zu begehen. In dieser *Spannung* und *Kluft* zwischen *idealer* Forderung an die *empirische* Geländeforschung auf der einen und dem langsamen, erst nach und nach durchführbaren und dabei noch immer *unzulänglichen* Arbeiten auf der anderen Seite liegt die sehr tiefe und ausdauernde Verwurzelung mit der *psychologischen Basis* in der *wissenschaftlichen Auseinandersetzung* auf dem Gebiet der Geomorphologie begründet. Die Tatsache, daß einer solchen, die *Substanz* der einzelnen *Forscherpersönlichkeit* berührenden Überlegung in unserer Disziplin – als nicht recht dazugehörig – kein Raum zur Erörterung, Benennung und Analyse zugestanden wird, hat ärgerlicherweise die unsachliche und auf die *persönliche* Ebene verschobene *Konkurrenzkampfsituation* nicht *entschärft*, wie man es im Zuge der 'neuen Sachlichkeit' und dem Wunsch nach ideologiefreier Wissenschaft nach dem letzten Krieg anzustreben versuchte. Vielmehr hat sich hier ein – gerade über jene 'neue Sachlichkeit' getarnter – *Verdrängungskomplex* eingenistet und zu wuchern begonnen, der als ein *echtes Tabu* erscheint, ein *ungeschriebenes, ominöses* und darum in seiner *Ungreifbarkeit* um so gefährlicher wirksames Gesetz innerhalb des eigentlichen Gesetzes der wissenschaftlichen *Klarheit* und *Transparenz*. Denn es ist der Einwand möglich und wird bestehenbleiben: ‚Hier ist *erst dann* von Dolomiterratika mit ihrem konsequenzreichen Nachweischarakter zu sprechen, wenn die gesamte, bis 1000 m höher aufragende Talflanke und -wand vollständig bis zu einer Auflösung von nur 10-m²-Sektoren abgeklettert worden und damit *auszuschließen* ist, daß an irgendeiner Stelle in der Fallinie aufwärts anstehende Dolomite vorkommen.' Diesem Einwand ist *nicht* zu begegnen. Auf diesem Gebiet sind *keine verbindlichen Ausführungsbestimmungen* hinsichtlich der notwendigen *Gründlichkeit* der Geländeanalyse zu erlassen, was den *Wert* einer daraus deduzierten geomorphologischen Aussage betrifft. Ist es der erste *pionierhafte*, aber noch zwangsläufig *wenig gründliche*, vorerst nur *gering verbindliche* Einblick in eine vorzeitliche Vergletscherungssituation von bisher nicht beforschtem Gelände oder der fast übergründliche, beinahe *endgültig-verbindliche* Nachweis eines bereits über Jahrzehnte in zunächst groben, dann immer feineren Zügen bekannten und damit eigentlich schon gänzlich erfaßten Sachverhaltes vorzeitlicher Gletscherausdehnung, dem der wissenschaftlich *höhere Wert* zukommt? Dieser *unausräumbare Ermessenssspielraum* kann nur in *fortgesetzter Reflexion* neben dem empirischen Forschungsprogreß abgewogen und so klein wie möglich gehalten werden. Dies zu erreichen ist speziell darum notwendig, um ihn nicht gerade für die besonders *potenten Forscherpersönlichkeiten*, die auf diesem Weg leicht verletzbar sind, vollends verderblich werden zu lassen.

Die *Erratika* auf dem Shaksgam-Muztagh-Transfluenzpaß sind in ihrer Aussagekraft gestützt durch die *perfekt überlieferten Rundhökkerformen* (s. Photo 23 ○). Gleichfalls ist eine sehr viel höher, d. h. weit *über den Paß hinaufreichende* Gletscherbedeckung durch bis zu 1000 m und mehr über dem Hauptalboden deutliche *Schliffgrenzen* und von dort an nach oben hin aussetzende *Schliffborde*, die speziell an der orographisch rechten bzw. der ihr gegenüberliegenden Dolomitflanke des Shaksgam-Tales erhalten sind, *bewiesen*. Das erwähnte *glaziale Horn*, das den Transfluenzpaß und die Erratikafundhöhen um 200–300 m überragt, ist bis zu seinem Gipfelpunkt hinauf zugeschärft worden. Diese Indikator-Aufzählung ist durch eine lange Reihe *ebenbürtiger, eindeutiger Beobachtungsdaten* zu erweitern. Ihre *Lagebeziehungen* zueinander bestätigen ein das vorzeitliche Relief bis hoch hinauf auffüllendes Eisstromnetz, das aus verästelt miteinander *kommunizierenden* Talgletscherkomponenten bestanden hat. Damit wird auch reflexiv die Richtigkeit jener *Erratikaansprache* durch die Substanzierung einer *hochgradigen Wahrscheinlichkeit* bestätigt.

An diesem Beispiel soll deutlich gemacht werden, daß der Einstieg in die glazialgeomorphologische Landschaftsdeutung insofern *ganzheitlich* erfolgt, als er sich an *keine Reihenfolge* in der Datensammlung und Geländebeobachtung zu halten hat. Jeder für eine Gletschereinlage und -arbeit sprechende Indikator hat eine, die anderen *zuvor oder auch nachher* gemachten Beobachtungen bestätigende, in ihrer Aussagekraft *unterstützende* Bedeutung. Aus diesem Grund gewinnen selbst die *härtesten* Gletscherindikatoren, nämlich die *Erratikafunde* – die aus sich allein heraus trotzdem häufig etwas *unzuverlässig* in ihrer *Beweistragfähigkeit* bleiben (s.o.) –, ihre eigentliche *Aussagesicherheit* erst in der *Reflexion* mit den anderen, mehr oder minder harten Einzelbefunden. Es liegt im *Wesen* glazialgeomorphologischer Analysen, daß sie sich in einer im Endeffekt *sehr sicheren*, empirischen Aussage auf eine Summe von für sich allein stehend nur mäßigen, keineswegs immer eindeutigen Belegen stützen. Im *System der Lagebeziehung* erhalten aber jene zunächst unsicheren Hinweise dann eine *Organisation*, d. h. geradezu eine Art von *Organqualität* innerhalb des *Gesamtorganismus* der vorzeitlichen Gletschereinfüllung in ein Relief. Dieser Punkt wird an abschließend zusammenfassender Stelle noch einmal aufgegriffen und in einen größeren und auch *quantifizierbaren* Zusammenhang gestellt werden.

Bei einem nächsten Beispiel aus dem Tibetischen Himalaya in S-Tibet handelt es sich um *Zwei-Glimmer-Granitblöcke*, die auf *anstehenden Basalten* lagern. Das Tal von Lulu leitet aus dem Latzu-Massiv nach S in Richtung zum Arun hinab und ist in jene Basalte eingeschnitten. Der Talboden ist zwischen 4500 und 4980 m ü. M. aus *grobblockiger Grundmoräne* gebildet. Die großen, *hellen Granitblöcke* sind bis zu mehrere Meter lang und ruhen in einer *lehmig-siltigen Grundmasse.* Der Felsboden besteht, wie auch die Talflanken, aus gebankten *dunklen* Basalten. In den Gesimsen der orographisch rechts das Tal steil abgrenzenden Felsflanke liegen gleichfalls partienweise große, *erratische* Granitblöcke. Ihnen *fehlt* die Zwischenmasse gänzlich, was auf die exponierte Position zurückzuführen ist. Die Steilheit der Talwand und die eingeschalteten kleingestuften Felsbalkone mit ihren schmalen, d. h. nur wenige Meter tiefen Auflageflächen bieten geringen, weil auch noch in der Falllinie abgeschrägten Halt, so daß die dortige Überlieferung von gut gerundeten Blöcken, die vergesellschaftet mit jungem, *autochthonen* Verwitterungsschutt liegen, beinahe als *Zufälligkeit* und deshalb als von sehr geringem Alter verstanden werden muß. Das zeigt, daß es sich um erratische Deponien der *letzten Eiszeit*, wahrscheinlich sogar des kaum seit 12000 J. vergangenen *Spätglazials* handelt. In diesem Fall liefern die Erratika – die an *petrographischer Eindeutigkeit* kaum zu übertreffen sind – durch ihre fast *labilen Lagemodalitäten* sogar Implikationen, die auf ihre *Altersstellung* bzw. die der zugehörigen Vergletscherung hinweisen. Das Beispiel soll zeigen, wieviel *weiter* ein Erratikafund weisen kann als nur auf die Eisbedeckung selbst.

Nun zurück zum Kern des Erratika-Nachweises. Die Granitblöcke können hier darum nicht von oben her *durchgepaust* worden sein, weil über einer Basaltdecke – als einem Effusivgestein – *kein Granitpluton* das hangende Gestein zu bilden vermag. Das *anstehende* Gestein ist dem Granit gänzlich *fremd*. Es ist *mafisch* (basisch) und nicht sauer und ein an der Oberfläche, also *subaerisch* abgekühltes Gestein und *kein* langsam ausgekühltes *Tiefengestein*. Das beweist, ganz abgesehen von der mineralischen Zusammensetzung, die *grobe Kristallstruktur* der Zwei-Glimmer-Granite gegenüber den *feinen Korngrößen* der Basaltkristalle. Das erratische Gestein steht *Dekakilometer* entfernt im oberen Einzugsbereich des Latzu-Massivs an und könnte allenfalls noch durch *Murabgänge* angefrachtet worden sein. Das gilt jedoch nur für die *Talbodenaufschüt-tung* mit den betreffenden Diamiktiten. Dekameterweit in die Talflanken hinauf bis zu den beschriebenen Blockdeponien auf jenen Gesimsen jedoch können eventuelle Muraktivitäten *nicht als Alternative* zu einem Gletschertransport herhalten. Der moränische Charakter des Materials im Talboden ist durch *Facettierung* und *gute Kantenabrundung* der Blöcke, wie auch durch Anteile von *Kehlgeschieben*, wie man sie an den nordwestdeutschen Inlandeisrandlagen häufig registriert hat, belegt, wobei es sich – falls ein *Murtransport* in Frage käme – um durch Muren *dislozierte* Blocklehme und Blocksilte aus einem *höheren Moränenlager* handeln müßte. Da die grundmoränenartigen Talbodenablagerungen orographisch links mit *Ufermoränenwällen* vergesellschaftet auftreten, besteht allerdings *keine* Ursache zu einer getrennten Deutung beider Erscheinungen. Zugleich handelt es sich bei dem betreffenden oberen Einzugsbereich um keinen *engen* und *steiler* werdenden Gebirgstalabschnitt, in welchem *Moränenseen* aufgestaut werden könnten und die Ausbildung einer Mure topographisch-sedimentologisch nahegelegt wäre, sondern um einen *fjellartigen* Hochlandbereich, der die *Restfläche* des hier im Tibetischen Himalaya nur stellenweise erhaltenen S-tibetischen Plateaus darstellt. Die in *Schliffwannen* und *-schwellen* gegliederte, weitgespannte Ebenheit liegt um 5300 m. Ihr sind – was ihre Grundflächenanteile betrifft nur sehr kleinräumig – einige Hügel aufgesetzt und wenige zugeschärfte, die 6000-m-Grenze überschreitende Berggipfel. Auf dieser Fläche liegen, zu den im Grundriß flach-trichterförmig einsetzenden oberen Talanfängen hin, *Blocklehmdecken* in zunehmender Mächtigkeit. Überdies gibt es keinerlei Übertiefungen des Reliefs durch z.B. Endmoränendämme und damit auch keine *Seebildungen*, die im Auslaufen einsetzende *Muraktivitäten* ermöglichen und einen auf diesem Weg erfolgenden *alternativen Moränenmaterialversatz* verständlich machen könnten.

Abschließend wenden wir uns einem zentraltibetischen Massiv zu, das im N-lichen Auslaufbereich des Transhimalaya liegt, dem Nyainquentanglha, das in zwei über 7000 m hohen Bergen kulminiert. Die beiden ausgewählten *Erratikafunde* sind besonders für die *hoch- bis spätglaziale* Tibetvereisung aussagekräftig, weil sie relativ hoch über den benachbarten *Talböden* und den großflächigen *Basisniveaus der Gletscherauflage* positioniert sind. Beide Fundorte sind an der SE-Abdachung des Nyainquentanglha in einem Abstand von 70 km voneinander in der orographisch rechten Flanke eines viele Kilometer breiten, von NE nach SW das zentrale Hochplateau Tibets entwässernden Haupttales gelegen. Position 1 befindet sich auf einem *Nebentalausgangssporn* E-lich des Hauptmassivs. Hier liegen zwischen 5100 und 5300 m, 600 bis 800 m über dem Haupttalboden des zugehörigen Querprofiles, bis über mehrere Meter ausgedehnte *Granitblöcke* auf einer schmal *zugeschärften* Gratform. Die Blöcke liegen interessanterweise *anstehenden Graniten* auf, sind dementsprechend im naheliegenden Sinne keine eigentlichen Erratika, wenngleich es sich bei den Blöcken um eine etwas *andere* Granitvarietät handelt als bei der des Anstehenden. Der Transport der Blöcke geht eindeutig aus ihrer *facettiert-kantengerundeten* bis *gerundeten* Form hervor. Sie liegen eingebettet in *autochthonen* Verwitterungsschutt, der in seiner scherbigen Form *bestätigend* zur bearbeiteten Erratikaform *kontrastiert*. Die sehr labile Lage auf der nur schmalen Gratrückenfläche *schließt* einen anderen als glaziären Transportmechanismus von vornherein *aus*, denn wenn es auch ein anderes Transportagens gibt, was fähig wäre, Blöcke dieser Kubaturen zu verlagern, so befinden wir uns hier doch *nicht* in einer *Tiefenlinie*, die allein einen Wildbach- oder Murtransport ermöglicht, sondern vielmehr auf einer *schmalen Höhenrückenverlaufslinie*. Es bedarf darum eines das bestehende Talrelief *ausfüllenden Mediums*, was sekundär ein *neues Relief* und damit die *topographische Voraussetzung* zur beschriebenen Blockablagerung geschaffen hat. Der Gratrücken bildete dabei dann sogar eine *linienhafte Depression* zwischen den zwei zusammenfließenden *Gletscherkörpern*, die weiter gratrückenaufwärts von denjenigen Felsgipfeln, die dort schroff aufragen, nunatakartig getrennt worden sind und sich gratabwärts wieder zusammenschließen. Man muß sich den Ablauf allerdings noch genauer betrachten, um nicht weitergehende Rückschlüsse auf die hier belegbare *Gletschermächtigkeit* zu übersehen. Wären die erratischen Blöcke nicht so offensichtlich *ferntransportiert*, könnten sie nur wenige *hundert* Meter verlagert aus den Flanken des Nunataks extrahiert worden sein, denn derartige *Mittelmoränen* setzen regelhaft hinter solchen die Eisströme durchragenden Felsinseln ein. In diesem Fall aber war die Gletschermächtigkeit so *bedeutend*, daß diese *gerundeten Blöcke* von weiter her als von jenem unmittelbar vorgesetzten Gratschneidenaufbau stammen können. Es muß sich deshalb um Blöcke handeln, die – ob nun als *Innen-* oder *Obermoräne* angetragen, ist *nicht* mehr zu entscheiden – aus einem mehr als 800 m mächtigen Eis ausgetaut und wie ein Kahn von einem auslaufenden See auf diesem Felsgrat abgesetzt worden sind.

Das *Hauptaugenmerk* bei der Erratikainterpretation muß wieder auf die richtige Vorstellung von der ehemaligen *Gletschereinfüllung* und deren *Oberflächentopographie* ausgerichtet sein. Dafür ist eine *ganzheitliche Imagination* zu bemühen, die sich nicht allein *vordergründig* von der Existenz einer erratischen Ablagerung ableiten läßt, sondern mehr noch an deren Lagebeziehungen ihre Ausrichtung gewinnt. Der *zugeschärfte* 'Erratika-Sporn' fällt steil zu dem sehr großen Haupttal hin ab, womit die durch ihn gebildeten Nebentaleinfassungen, die für die ausgetretenen Nebengletscher als Form und Fassung fungierten, sehr abrupt aussetzten. Darum muß ein ebenso abruptes *Auseinanderfließen* des Nebengletschereises erfolgt sein – es sei denn, das Haupttal wäre gleichzeitig gänzlich mit Eis verfüllt gewesen und hätte als ein *aufstauendes Widerlager* vor dem Nebentalausgang gewirkt. Diese *Haupttaleisausfüllung* gilt es allerdings erst nachzuweisen. Dem Nachweis vorgreifend, haben wir oben bereits von einer 800-m-*Mindesteismächtigkeit* gesprochen. Aus ihr kann gefolgert werden, welche Eisfüllung nötig ist, die betreffenden Nebengletscher so weit aufzutauen, daß sie jene Erratika am Talausgangssporn *hinterlegen konnten*. Umgekehrt und *ohne* die Haupttaleisfüllung gedacht, kann natürlich *nicht* gut unterstellt werden, daß sich die *Nebengletscheroberfläche* wirklich erst außerhalb des Nebentales – mit einem unmöglich steilen Knick also – wie in ein *Gebirgsvorland* hinaus in den *sehr weiten* Ausraum des Haupttales ergossen hat. So verhält sich keine Gletscheroberfläche. Vielmehr führt die dann *hammerkopfartige* Ausbreitung im Vorland bzw. im Haupttal zu einer *weit* in das Nebental hineingreifenden, *kontinuierlich flachen Oberflächenneigung* des Eisstromes. Ganz im Gegenteil ist die Eisoberfläche sogar selbst bei einer randlich weit *auseinandergelaufenen* Piedmontgletscherzunge in unmittelbarer *Eisrandnähe* am *größten* und *nimmt* in das ihr Eis noch zusammenhaltende Ursprungstal hinein und bis zur Schneegrenze hinauf regelhaft ab. Für unsere Folgerungen bedeutet das den *Ausschluß* jener *sehr hoch* gelegenen und zudem in *Talausgangsnähe* erfolgten Erratikadeponien *ohne* gleichzeitig *aufstauende* und damit notwendig entsprechend *hoch hinaufreichende* Haupttaleisfüllung.

Wie sich die Situation *ohne* Haupttalvergletscherung ausnimmt, wird anhand der jung-spätglazialen, hammerkopfförmige Zungenbecken einfassenden Piedmontmoränen deutlich, die den einzelnen Nebentalausgängen vorgelagert sind. Zu dieser späteren Zeit verließen die Nebengletscher, nur noch *wenige hundert Meter* mächtig (250–100 m), die Nebentalgefäße und schlossen sich zunächst, d. h. noch im älteren Spätglazial, randlich zu einer *gemeinsamen* Gletscherfront zusammen, um sich dann später zu separieren und *zwischenliegende* Ufer- und Endmoränen aufzubauen. Diese Moränen gerieten so an ihren Wurzeln in *Mittelmoränenpositionen* (Foto 45). Die genaue *Gletschermächtigkeit* beim Verlassen der Talgefäße wird an den in taleinwärtiger Verlängerung der Mittelmoränen als Ufermoränenterrassen ausgebildeten Akkumulationen – die häufig getreppt sind – unmittelbar ablesbar.

Diese anhand von *Erratika*, der *heutigen Topographie* und der vorzeitlichen *Gletschereiseinfüllung* in das Gebirgsrelief nachgewiesene *Haupttalmindesteismächtigkeit* ist für die Rekonstruktion des letzteiszeitlichen *Tibetischen Inlandeises* von beweisträchtiger Bedeutung, denn sie macht zugleich einen großen, aus dem zentralen Hochplateau ausströmenden *Auslaßgletscher* wahrscheinlich, der *allein* über eine zentrale Inlandeisbedeckung verständlich wird. Dabei muß kurz überlegt und berücksichtigt werden, wie das Verhältnis der *Gletschernährgebiete* im Hinblick auf ihre Flächen oberhalb der ELA zueinander beschaffen ist (vgl. KUHLE 1986 e, S. 47, Abb. 2 u. S. 50; 1987 g; 1988 c, S. 564–567, Fig. 9 ○). In diesem Punkt vollzieht sich nämlich eine bemerkenswerte *Inversion* der Verhältnisse. Die vergleichsweise sehr *kurz* an den höchsten Einzugsbereich des Nyainquentanglha, der in kleinräumigen Gipfelaufbauten über 7000 m weit aufragt, *angeschlossenen* Nebengletscher flossen im *späten Spätglazial* noch relativ sehr tief und weit hinab, weswegen sie das *inzwischen gletscherfreie* Haupttal erreichten. Zu jener späteren Zeit also war die Massenbilanz der kurzen Nebengletscher mit *kleinen, aber hohen* Einzugsbereichen günstiger als die des Inlandeises, aus dem der betreffende, inzwischen schon ausgetaute Auslaßgletscher, der im Hochglazial das Haupttal füllte, hervorgegangen ist. Im *Hochglazial* und auch noch während des *älteren Spätglazials* hingegen, als das Zentraltibetische Inlandeis (Eiskomplex I2 nach KUHLE 1985b, S. 41, Fig. 2) noch bestanden hat und *großflächig* die *Schneegrenze* mit seiner sehr flach gewölbten Kuppeloberfläche überragte, so daß in *Rückkoppelung* das Eis bis zu maximaler Kuppelhöhe über die ELA hinauf akkumuliert worden ist und zu einer sehr großen Nährgebietsfläche und -anteilsmäßigkeit angewachsen war, erreichte jener *Haupttalauslaßgletscher* die sehr *viel tiefere* Eisrandlage. Er floß mind. bis auf 3900 m ü. M. hinab (KUHLE 1988 g, S. 459–462, Fig. 6 u. 7) und *unterschritt* damit die betreffende Nebengletscherkonfluenzhöhe in etwa 4500 m um 600 bis 700 Höhenmeter. In diesem *Umschwung der Massenbilanz* bildet sich das

Einzugsbereichshöhen- zu Einzugsbereichsflächenverhältnis in der Gegenüberstellung von *kleinem, steilem* Nebentalgletscher zu *großem, flachem* Inlandeisauslaßgletscher ab. Solange die *Nährgebietsfläche*, wie im Fall des *Inlandeises*, noch *groß* genug ist, braucht sie nur *geringfügig* über der ELA zu liegen, um den Auslaßgletscher zu ernähren und *tief* hinabgelangen zu lassen; wenn sie jedoch *klein* und *steil* wird, wie im Fall des *Nebentalgletschers*, entscheiden die *sehr hohen* Einzugsbereiche die *vertikale Gletscherreichweite* für sich. Steigt die ELA während des jüngeren Spätglazials allzuweit an, so daß das Inlandeis großflächig *unter* die ELA gerät, taut es ab. Die randlichen Auslaßgletscher verlieren ihre Funktion und schmelzen gänzlich zurück. Jene Nebentalgletscher mit den *höchsten* Einzugsbereichen haben damit den Haupttalboden für sich, d. h., sie können sich ohne das Widerlager einer noch während des älteren Spätglazials vorhandenen Eisfüllung *hammerkopfförmig* ausbreiten (KUHLE 1989 b, S. 9 f.).

Nun zum zweiten Punkt der Erratikaablagerung im Nyainquentanglha: Verfolgt man das in Rede stehende große zentraltibetische Auslaßtal SE-lich des Massivs etwa 70 km gen SW abwärts, so ist der zweite über 7000 m hohe Gebirgsaufbau der Gruppe erreicht, der, ähnlich wie jener andere, über vermittelnde Nebentäler angeschlossen ist. In diesem Haupttalflankenbereich im weiteren Sinne, d. h. an den Bergrippen, welche die Nebentäler flankieren, stehen *ryolithische Gesteine* an, die rostbraundunkel gefärbt sind und sich durch *Chloritanteile* ausweisen. Eine hier eingekehlte und insgesamt kilometerbreite Paßsenke, deren tiefster Punkt in 5300 m liegt, ist – unter anderen Bezeichnungen – mit dem Namen Chalamba La belegt (auch Tshü-Tshü La; 29°41'N/ 90°15'E). Dieser großräumige Sattel, der in seiner Profillinie im einzelnen deutlich erkennbare *Kuppen*, speziell N-lich des tiefsten Punktes, aufweist, die *weich* und *glaziär* gestaltet sind (Rundhöckerformen), ist nicht nur in ganzer Breite, sondern auch in größerer, vielleicht sogar *großer* Mächtigkeit *gletscherüberflossen* worden. Eine *Überlaufmächtigkeit* von mind. 200 m ist durch bis auf 5500 m, d. h. 200 m über dem Kehlpunkt des Sattels angetroffene Erratika, die über den gesamten Transfluenzpaß verstreut liegen, nachgewiesen (Foto 67 ↑ ↓). Es liegen hier *gerundete* und *facettierte* Granitblöcke *heller Färbung* und darum weithin sichtbar zum Anstehenden kontrastierend auf. Unterzieht man sich – vielleicht um einem wissenschaftlichen *Genauigkeitsideal* zu frönen – der Mühe, eine *Röntgenographie* des Blockgesteins durchzuführen, dann stellt man Anteile von Kali-Felspäten fest (HEYDEMANN & KUHLE 1988, S. 616 f., Fig. 1, 3 u. 4). Die Berechtigung einer solchen mineralogischen Analyse *kann* hier in der grundsätzlichen Ähnlichkeit zum ebenfalls sauren (felsischen) Anstehenden gesehen werden, das sich ausschließlich durch einesfalls *Chlorit-* und andernfalls – bei fehlendem Chloritanteil – durch *K-Feldspatkristalle* unterscheidet.

2.3.7.6
Ein Einschub zum Verhältnis von Wissenschaftslogik und analytisch-technischem Aufwand

Es wird als nicht unwichtig angesehen, an dieser Stelle auf die psychologischen Hintergründe dessen einzugehen, was in einer – hier der unsrigen – Zeit als 'wissenschaftlich' bzw. 'dem wissenschaftlichen Ton entsprechend' und darum als *angemessen* empfunden wird. Eine mit *technischem Aufwand* durchgeführte Laboranalyse wird in ihrer Aussagequalität nicht selten höher bewertet als eine ebenso tragfähige Beobachtung – in diesem Fall z. B. der des schlichten Farbunterschiedes der zu differenzierenden Gesteine. Das ist – wenn überhaupt – *nicht logisch*, sondern nur psychologisch akzeptabel. Die Logik dagegen verlangt, daß bei *gleicher* Aussagequalität der einfacheren Methode der Vorzug gegeben werden muß. Das entspricht der *Ökonomieforderung*, die dem wissenschaftlichen Forschen *innewohnen muß*, weil es auf *Erklärung* und damit auf *Reduktion*, nicht aber auf die *verständnislose Hinnahme chaotischer Vielfalt* ausgerichtet ist. Hierin

Foto 67: Granit-Erratika auf anstehendem Rhyolit, Tshü-Tshü La, Tibet (Aufn.: M. KUHLE, 4. 10. 1989).
Helle Glimmergranit-Erratika (↓ ↑) auf dem 5300–5400 m hohen, abgerundeten Paßrücken des Tshü-Tshü La (Transhimalaya, S-Tibet, 29°54′N/90°07′E), der aus dunklem Rhyolit als anstehendem Gestein besteht. Diese Zwischentalscheide liegt 1000–1200 über den benachbarten Talböden, und die ferntransportierten großen Blöcke (↓ ↑) belegen eine weitgehende, eisstromnetzartige Gletscherabdeckung des Reliefs.

2.3 Moränen

scheint zunächst nur eine quasi-ästhetische Minderung einer *unangemessen-aufwendigen Arbeitstechnik* und *-methode* zu liegen; eine wissenschaftliche Ablehnung läßt sich damit jedoch nicht rechtfertigen. Leider aber *verselbständigt* sich ein derartiges methodisch-arbeitstechnisches mit 'Kanonen-nach-Spatzen-Schießen' zum *Ritus* der Eigentlichkeit. Dieser gewinnt damit auf schleichende Weise eine *Ersatzfunktion*, die sich nicht im *bloß Neutralen* und damit *eben auch* Erkenntnisfördernden zu halten in der Lage ist, sondern zu einem *Fetisch* abgleitet. Denn eigentlich wird jede verfeinerte Arbeits- und Analysetechnik eingeführt, um differenziertere, genauere Einsichten zu erzielen, die ihre Bedeutung *nicht vordergründig* durch ihre *technisch-aufwendige Andersartigkeit* zu gewinnen vermögen, sondern allein durch ihren *instrumentalen Werkzeugcharakter*, um damit nicht so sehr *neuen*, als vielmehr *tieferen* Zugang in Form von erweiterten und damit *weiterführenden* Einsichten zu erlauben. Die Röntgenanalyse wäre folglich erst dann an der Reihe, wenn alle *äußeren Eigenschaften* und Dünnschliffmerkmale *keine* Differenzierung zwischen anstehendem Gestein und dem der erratischen Blöcke ermöglichen. Wie man ja auch – um auf die Spatzen zurückzukommen – nicht Kanonen zu ihrer Jagd benutzte, sondern zum Luftgewehr gegriffen hat.

Derartige methodische Vergehen einer zu aufwendigen Analysetechnik wären nicht halb so schlimm, würden sie nicht – *dialektisch zurückschlagend* – den Forschungsbetrieb bis hin zur *Institutionalisierung* pervertieren. Das geschieht über den bereits entarteten Anspruch, daß eine mit *aufwendiger* Technik oder *saurem Schweiß* gewonnene Einsicht, einem *seltenen Kunststück* gleich, *höheres* Ansehen verdiene als die scheinbar nur *oberflächliche Okularinspektion* mit dem unbewaffneten Auge. Aus dieser Sicht – so soll hier betont werden – *darf* keine aufwendigere Analysetechnik auch nur als gleichwertig geduldet werden, ebensowenig wie der pharmazeutisch aufwendig 'gedopte' Sportler seiner erhöhten Leistung wegen den Vorzug verdienen kann, ohne die *Idee* des Sportes *ad absurdum* zu führen. Auf dieser Gedankenlinie wird sich die *Angemessenheit* einer Arbeitstechnik von der *Gezieltheit* ihrer Maßnahme nicht isolieren lassen und ihre größtmögliche *Einfachheit* nicht von *Eindeutigkeit* und *Tragweite*. Darum wird der *in sich geschlossene Indizienbeweis*, wie er für die glazialgeomorphologische Forschung *klassisch* ist, jedem nur statistischen Verfahren weiterhin den Rang ablaufen. Hier wird *bewiesen*, dort nur wahrscheinlich gemacht. Hier wird mit einer *einzigen* Kugel geschossen, dort ein Bombenteppich gelegt; hier *geangelt*, dort gefischt – mitunter auch im Trüben.

Der Frage nach der *Stimmigkeit* von *Forschungsgegenstand* und *Arbeitstechnik* ist darüber hinaus die *Individualisierung* jeder einzelnen glazialgeomorphologischen Detailrekonstruktion im Gelände ausgesetzt. 'Individualisierung' bedeutet dabei die Anwendung eines jeweils nötigen *Spezialwerkzeugs* von Methode und damit zugleich eine partielle *Aufhebung von Methode* überhaupt, denn 'Methode' bedeutet zum großen Teil eine weitgehende *Reproduzierbarkeit* in der Vorgehensweise. Das Element des *Reproduzierbaren* steht jedoch dem im konkreten Einzelfall *gänzlich Angemessenen* prinzipiell entgegen. Aus diesem Grund ist der mitunter krampfhafte Versuch, aus der glazialgeomorphologischen Methode im eigentlichen Sinn ins *Aufschluß-Analytische* auszuweichen, der häufig vom Bestreben nach 'handfesten' Belegen diktiert wird, sich tatsächlich aber als *willkürlich* und punktuelle *Zufälligkeit* gegenüber dem gesamten Formenzusammenhang erweist, eine verwandte *Abgleitung*. So manche stratigraphische Feinanalyse ist dabei arbeitstechnisch derartig aufwendig (Schichtenverzeichnis mit Granulometrie einschließlich Korngrößenhistogrammen und Morphometrie der Pelitkörper unter dem Mikroskop, Kalkgehalts- und Glühverlustbestimmung, Tonmineralbestimmung zur Feststellung des Verwitterungsgrades, Schwermineralanalyse, Rasterelektronenmikroskopanalyse zur Ansprache von SiO_2-Kornbruchflächenformen als Indikatoren für Gärlehm- und Grundmoränencharakter, Densitätsbestimmung, Situmetrie usw.), daß sie sich auf diese Weise selbst zu substantiieren scheint. Doch erinnert sie mitunter in ihrer Spitzfindigkeit etwas an den Versuch, aus einer genau untersuchten Hautprobe auf den Charakter eines Menschen zu schließen, während der ganzheitliche Eindruck des Betreffenden bei weitem aufschlußreicher wäre. Diese Analogie soll die Bedeutung der angemessenen *Integrationsebene* auf der die glazialgeomorphologische Analyse betrieben werden muß, beleuchten. Ihre Priorität muß dem *Formenzusammenhang*, in dem sich ein Aufschluß befindet, gehören. Seine *sedimentologischen* Indikationen können mit ihren Details die geomorphologische Analyse immer nur *unterstützen* und *vertiefen*, jedoch *nicht widerlegen*. Es sei nur an eine vom Gletscher dislozierte und vom Permafrost zusammengehaltene *Sedimentschuppe* oder *-scholle* erinnert, die ein wesentliches Merkmal einer *Grundmoränenplatte* sein kann und sich *gerade* in dieser glazialgeomorphologischen *Merkmalshaftigkeit* durch sedimentologisch *gänzlich unglaziäre* Eigenschaften (z. B. denen eines Flußschotterpaketes oder eines Jura- oder Kreidekalkschollenstückes) ausweist. Auch hier also gilt die aristotelische Hierarchie von Ober- und Unterbegriff, womit zugleich entschieden ist, daß letzterer den Oberbegriff *nicht zu widerlegen*, sondern nur zu spezifizieren, d. h. auf einen Spezialfall *einzuschränken* vermag. Der Oberbegriff prägt die glazialgeomorphologische, großräumige Analyse.

2.3.7.7
Einzelne erratische Blöcke werden immer über der Schneegrenze abgelegt

Beidseits des mit *Erratika* belegten Chalamba La-Transfluenzpasses (Tshü-Tshü La) leiten die beiden *Talschlüsse* und die sich anschließend fortsetzenden Taltiefenlinien auf relativ *kurzer Horizontaldistanz* bis über 1000 m tiefer hinab. Diese kurz angeschlossenen Talhohlräume garantieren ein sehr unmittelbares, tiefes *Absaugen* einer lokalen Eisbildung im Umfeld des 7050-m-Gipfel in der Nyainquentanghla-Gruppe, der noch heute vergletschert ist. Aus diesem Grund ist eine gänzliche Reliefauffüllung mit Eis bis mind. zum höchsten Erratikaniveau *notwendig*, um ihre Deponie zu erklären. Die *Granitblöcke* stammen von den Gesteinen der zentralen Nyainquentanghla-Kette und sind an dieser Lokalität mindestens 10 km weit transportiert worden. Wichtig ist die Beobachtung, daß es sich um eine *Erratikablockstreu* handelt, die *keinerlei* Grundmasse und *Feinmaterialbindung* aufweist. Es ist also *keine* richtige Moräne zur Ablagerung gekommen, sondern nur Moränenblöcke, denn eine nachträgliche *Feinmaterialausspülung* ist *lokalgeographisch* auszuschließen. Wir haben uns folglich eine *sporadische Erratikablockeinlage* als Innenmoräne vorzustellen, die von den N-lich gelegenen Nunatakkern *abgeschliffen* wurde und die erst beim eigentlichen *Niedertauprozeß* als nun nicht mehr weiter verfrachtete Eiseinlage abgesetzt worden ist. Der Prozeß muß als ein sehr *unmittelbarer* Blockabsatz aus einem sich ziemlich *plötzlich verkleinernden Gletschernährgebiet* gedacht werden. Andernfalls müßte sich über einen langsamen Abtauvorgang, bei dem über Jahrtausende hinweg sich aus einem Nährgebiet durch sukzessive Anhebung der ELA bis über die Fundlokalität hinauf an betreffender Stelle zunächst eine Ablationsposition anstelle der Akkumulationsposition des Gletschers entwickelt hätte, sich eine allmählich gewachsene, materialverdichtete Moräne mit dem gesamten einschlägigen Korngrößenspektrum herausgebildet haben. Sogar eine *Moränenform* wäre über derartige Materialbildung hinaus zu verlangen. Ganz offenbar wurden demnach die Blöcke *über* der ELA nicht nur verfrachtet, sondern sogar *abgelegt*. Die Nährgebietsfläche des Gletschers mußte sich also randlich bereits zurückgezogen haben, als die Schneegrenze noch tiefer verlaufen ist. Das ist möglich, weil die *Gletscherschneegrenze* niedriger verläuft als das Niveau 365, weswegen Felsrücken und Sättel zwischen zwei benachbarten Talgletschernährgebietsmulden bereits eis- und sogar firnfrei sein können. Derartiges ist weltweit in allen Gebirgen, in Skandinavien und in den

Alpen, vielfältig zu beobachten. Ein *Hauptmerkmal hoher Erratikaabsätze* ist damit ihre Deponie *über* der Schneegrenze, was die regelhafte *Vereinzelung der Blöcke* erklärt. Auf diese Weise sind Erratika häufig nicht allein *Eispegelanzeiger*, sondern zugleich Indikatoren für die *Mindestabsenkung* der vorzeitlichen Schneegrenze. *Einzeln liegende* erratische Blöcke gewinnen damit eine *klimatische* Aussagequalität, die sie *strikt* von solchen, die in eine Moränenakkumulation integriert abgelagert worden sind, *unterscheidet*.

Der Gedankengang dieses Nachweises ist noch schärfer zu fassen. Eine solche *Erratikastreu* ist demnach eine in einen Horizont – nämlich den der Paß-, Grat- oder Felsrückenoberfläche – projizierte *Innenmoräne eines Gletschernährgebietes*, was durch *fehlende* Zwischenmasse bewiesen ist. Es treten ebenfalls im *Gletscherzehrgebiet* abgelagerte Erratika auf, die jedoch – ohne den ausschließlich *nachträglichen* Prozeß der Auswaschung – in *feinerer Grundmasse* sedimentiert worden sein *müssen*, weil es ein diesbezügliches Hauptmerkmal der *Ablationsbereiche* ist, das Moränenmaterial zum unteren Gletscherrand hinab zunehmend zu *verdichten*. Der Eisabschnitt *oberhalb* der ELA ist hingegen ein 'Moränenpartikelstreuer'. Ganz abgesehen davon, daß der Moränengehalt mit wachsender Distanz gletscherabwärts *zunimmt*, steigt das *Eisvolumen* in *Relation* zum *Moränenvolumen* bis zur ELA hinab an. Der Eisabschnitt *unterhalb* der Schneegrenze ist durch *Eisvolumenverringerung* gekennzeichnet, was bei generell zunehmender Moränenmasse neben der absoluten auch zu einer überlagerten *relativen Moränenanreicherung* führt. Hieraus extrahiert sich die folgende Gesetzmäßigkeit: Je weiter *oberhalb* der Schneegrenze Erratika abgelagert worden sind, desto sporadischer und zugleich seltener treten sie auf; je tiefer *unterhalb* der Schneegrenze sie sedimentiert wurden, desto mehr nähern sie sich den anderen aus Grundmasse mitaufgebauten Moränenvarianten an. Mit dieser Auffassung ist die Vorstellung von in einem *Gebirgsrelief* relativ hoch liegenden einzelnen erratischen Blöcken verbunden und *nicht so sehr* von solchen, die in Grund- oder Untermoränenkörpern verdriftet worden sind. Am Grund eines Talgletschers oder Inlandeises liegt natürlich auch bereits im Bereich des *Gletschernährgebietes* zu einer Suspension von Fein- und Grobmaterial *verdichtetes* Substrat vor. Diese Anreicherung aber ist nicht durch die austauenden Eisanteile, sondern die *unmittelbare* Schuttaufnahme aus dem Untergrund erfolgt. Daher muß man das oben Hergeleitete unter der *topographischen Einschränkung* verstehen, daß es sich um *keine Grundmoränenbezirke* handelt, in denen die angetroffenen Erratika liegen.

Kehren wir nochmals zum Problem von *Erratikalokalität* und *Schneegrenzhöhe* zurück. Eigentlich kann es für *Gletschernährgebiete* nicht als typisch gelten, daß dort überhaupt moränisches Material sedimentiert wird, weil eine *positive Massenbilanz* von Firn und Eis den *Schuttweitertransport* durch hinreichenden Nachschub des Transportmediums garantiert. Um so erstaunlicher ist es darum, daß das für Erratika nicht gelten soll. Dabei interessiert an dieser Stelle nicht so sehr die Frage, ob es sich nun um Erratika oder eine vom Gletscher abgelegte autochthone Blockstreu sonst gleicher Merkmale handelt. Wichtig ist allein der *Mechanismus* ihrer Ablagerung und seine *klimatischen* und topographischen Voraussetzungen. Stellen wir uns – beim Beispiel bleibend – die beiden in Rede stehenden großen Haupteisströme aus dem zentraltibetischen Hochplateau heraus nach S und hier durch den Transhimalaya vor. Sie hatten mit ihren Nebengletschern die *typologischen Merkmale* eines großflächig abdeckenden *Eisstromnetzes*, das sich mit seinen *Auslaßgletschern* aus dem gänzlich *geschlossenen* zentralen Inlandeis (I2 nach KUHLE 1985–1989) an dieser wie an anderen Stellen in *zwei Teilströme* aufgeteilt hat. Sie haben das Nyainquentanglha-Massiv wie einen riesigen Schiffsrumpf umströmt und sind dahinter, das heißt unmittelbar S-lich des Massivs, am Chalamba La wieder zusammengeflossen. Der E-liche der beiden großen Teilströme war derjenige, der im großen, E-lich des Nyainquentanglha Shan verlaufenden

Haupttal kanalisiert worden ist. Dieser *beträchtliche* Eisausfluß aus dem zentralen Tibeteis schliff *nicht allein basales Gestein* von der die Eisoberfläche um über 1000 m weit durchstoßenden Nyainquentanglha-Berggruppe ab, sondern es wurden auch *lokale Granitblockanteile* von den als Nebengletscher angeschlossenen kleineren Flanken- und Hängeeisströmen aus jenen *Gipfeleisbereichen* beigesteuert. Das ist deshalb wichtig, weil wir uns hier im Gletschernährgebiet befinden, wo mit *zunehmender Transportentfernung* der Blockschutt immer *tiefer* unter die Eisstromoberfläche gerät – sofern er durch Lawinendenudation aus den Steilwänden auf diese abgegangen ist – und, dabei mehr und mehr einschneidend, in den Gletscherkörper hineingelangt. Die *Oberflächennähe* des erratischen Granitblockschuttes wird demnach vorrangig durch den zuführenden lokalen *Gebirgsgletscherantransport* und *nicht* durch den großräumigen Inlandeis- und *Eisstromnetztransport*, d.h. durch eine *geringe Transportentfernung* von den Rekrutierungsgebieten, gewährleistet. Allein damit wird erreicht, daß der Moränenschutt bzw. das Grobblockwerk in möglichst *großer Höhe* und zugleich *über* der Schneegrenze abgelagert werden kann. Dabei ist die Ablagerung selbst zwangsläufig immer mit einem *Höhenverlust* an Ort und Stelle der Erratikadeponie verbunden, denn es bedarf eines absetzenden *Gletschermaterialverlustes*, um die Blöcke aus dem Eisverband zu entlassen. An diesem Punkt stehen wir vor dem Problem, wie genau sich dieser Eissubstanzverlust vollzogen haben kann, *ohne* die *eigentliche Ablation*, wie sie erst für die Höhenlage *unter* der ELA kennzeichnend ist, in Anspruch zu nehmen. Was hier geschieht, ist ein *marginales Liegenlassen* der erratischen Blöcke bei sich *absenkendem Gletscherpegel*. Gemeint ist *kein* richtiges Ausschmelzen, sondern eine Art von *Herausverdunsten*. Also doch ein Ablationsprozeß, jedoch einer, wie er *überall* auf dem Gletscher und auch weit *über der ELA* erfolgt. Es muß demnach an den Vorgang der *Sublimation* in *kalt-aride* Luftmassen gedacht werden, der der Schmelzablation *diametral* gegenübersteht, denn letztere ist für die Gebiete *unter* der Schneegrenze charakteristisch. Entsprechend der Formel für *jeden* einzelnen Punkt der Gletscheroberfläche vom untersten Eisrand bis zum *höchsten* Flankeneis: Akkumulation minus Ablation gleich *positive* oder *negative* und nur an der Gleichgewichtslinie (Schneegrenze, ELA) *ausgeglichene Massenbilanz* (Ak. − Ab. = 0 oder $a_s + a_b = a = 0$; vgl. WILHELM 1975, S. 94) gilt für jeden einzelnen Punkt der Gletscheroberfläche: *Ablation* ist gleich *Verdunstung* plus *Abschmelzung*. Das bedeutet, daß ganz so, wie auch unterhalb der ELA jahreszeitlich im Winter akkumuliert werden kann und über der Schneegrenze im Sommer Ablation erfolgt, mit zunehmender Höhe immer *weniger* Firnabtrag durch Schmelzablation, dafür aber immer mehr durch Verdunstung stattfindet. Das heißt: *Oberhalb* der Schneegrenze geht gleichfalls Firn- und Eismasse durch *Verdunstungsablation* an jedem einzelnen Punkt des Nährgebietes verloren, jedoch nach unten hin *zunehmend*. Auf der Basis dieser Überlegung wird erkennbar, wie *über* der ELA erratische Blöcke *abgelagert* werden können. Das funktioniert immer in Kombination mit einem *Grundflächenverlust* des Nährgebietes, der mit einer *Anhebung* der ELA einhergeht. Der Prozeß, der hierbei an den Gletscherrändern des Nährgebietes abläuft, ist dem einer leerlaufenden Wanne vergleichbar. Das *schnell* auslaufende Wasser läßt trotz *größter Transportleistung* an den hinreichend flach werdenden Wannen- oder Schüsselbodenrändern selbst *leicht transportierbaren* Feinsand liegen, und nur ein Teil desselben wird abgeführt. Auf analoge Weise, die die unterschiedlichen *Viskositäts-* und *Reibungsverhältnisse* von Eis, Firneis und Firn in Relation zu großen Blöcken berücksichtigt, führte die spätglaziale Gletscherpegelabsenkung jener beiden S-lich des Nyainquentanglha wieder zusammengetretenen Eisstromnetzkomponenten auf dem zu einer bestimmten Zeit im *Gletschertrenniveau* liegenden Rundbuckel und Felsrücken des Chalamba La-Transfluenzpasses zur *marginalen Erratikaablagerung*.

Aus diesen Erratikafunden als empirischer Grundlage ist zu deduzieren: 1. Die Ablagerung von einzelnen erratischen Blöcken *über* der Schneegrenze und 2., daß diese Ablagerung an eine Zeit der *nachhochglazialen* Gletscherpegelabsenkung gebunden, also mit einer *ELA-Anhebung* verknüpft ist. Hierin liegt eine zunächst *qualitative* Analyse, die ihre Berechtigung – außerhalb der zwangsläufigen analytischen Methodik – immer zugleich auch in der *statistischen Häufigkeit* der angetroffenen erratischen Blöcke hat. Umgekehrt formuliert: Die Erratika sind dort am häufigsten – bei gleichermaßen günstiger topographischer Voraussetzung, die in hochliegenden Flächenresten und Ebenheiten besteht –, wo eine *Gletscherpegelabsenkung* erfolgte, die mit diesen Ebenheiten interferierte, d. h. diese *plötzlich* gletscherfrei werden ließ.

Das muß aber *nicht* bedeuten, daß ausschließlich spätglaziale Erratika oder – zeitlich allgemeiner gesprochen – 'Übergangserratika', die während des Überganges vom Hoch- zum Spätglazial sedimentiert wurden, anzutreffen sind. Der Prozeß ist nämlich selbst bei stabilem, hochglazialem Gletscherpegel funktionsfähig, allerdings weniger intensiv (produktiv) und *nicht* im Einklang mit *großen Transportentfernungen*. Daß sogar im Hochglazial Erratika *oberhalb* der ELA abgelegt werden, ist im weiteren Sinne auf dieselbe Tatsache zurückzuführen, d. h., daß man z. B. im antarktischen Inlandeis weit *über* der Schneegrenze Fels- und Schuttinseln antreffen kann. Sie sind eigentlich nur als *vererbte* Erscheinungen verstehbar, bei denen sich der *Insolationsenergievorsprung* infolge der *dunklen* Fels- und Schuttfarbe durch den Schneeniederschlag (ob als Primär- oder Triftschneeniederschlag ist gleichgültig) *nicht überkompensieren* läßt. Dabei spielt die *Windexposition* einer aus der Inlandeis- oder Eisstromnetzoberfläche herausragenden Hügel- oder Bergform ebenfalls eine Rolle, und speziell der *kalte Schnee* wird *abgewehrt*. Hierin deutet sich nun zugleich ein Zusammenhang mit *kalten* und damit gleichzeitig *ariden* Eisen an, der allerdings ausgeglichen wird durch den – auf dem dunklen Fels möglichen – Vorgang der *Schmelzablation* (und *nicht nur* der Verdunstungsablation).

Aber auch die *Sublimation* wird bei sehr *niedrigen* Temperaturen, wie sie in der Antarktis bestehen und im hocheiszeitlichen Tibet über der Schneegrenze herrschten (-8 bis $-12\,°C$ oder noch kälter in Tibet in der ELA, d. h. in Schneegrenzhöhe; s. KUHLE 1987/88, S. 414 u. XIE ZICHU et al. 1987), durch eine unter einer Neuschneedecke liegenden, *dunklen Felsheizfläche* forciert. Auch hier, unter dem Gefrierpunkt, gilt: Je höher seine Temperaturen sind, desto mehr Feuchtigkeit vermag die Luft aufzunehmen. Was auf einem solchen Nunatak *weit über der Schneegrenze* passiert, geschieht in abgemilderter Weise an seinen Rändern, auf welche die angefrachteten erratischen Blöcke auflaufen, ebenfalls. An der *Grenzfläche* zwischen *Gletscheroberfläche* und *Felsfläche* bestehen sozusagen *gemittelte* Bedingungen zwischen positiver und negativer Massenbilanz, wobei das Überwiegen der negativen Bilanz (auf das Eis bezogen) durch die *Existenz* des aus dem Eis herausragenden *Felsrückens* belegt ist. Es ist jetzt transparent etwas passiert. Ein solcher Felsrücken im Eis läßt die herangeführten erratischen Blöcke *auflaufen* und an der *Schwarzweißgrenze* austauen. Sie stranden gleichsam an dieser Felsinsel. Das erfolgt in beschleunigter Weise und Dichte, weil in der Regel ein derartiger Nunatak ein *Sporngipfel* eines *Gebirgsgrates* ist, der unter das sich hinter ihm zusammenschließende Eis abtaucht und von dem das Material *abgeschliffen* wird, um in Form einer Innenmoräne mit Mittelmoränenposition in Verlängerung des abtauchenden Grates abtransportiert zu werden. Der Nunatak ist dann in der Situation eines Beibootes, das – im Kielwasser eines Schiffes hinterhergezogen – den Andruck des hinter dem Schiff *zusammenschlagenden* und zugleich *aufdrängenden* Wassers erfährt. In diesem Sinn lag der Chalamba La mit seiner topographischen Anordnung leeseitig des Nyainquentanglha-Massivs, dort, wo das hochglaziale Eis der beiden großen Auslaßgletscherströme aus dem zentraltibetischen Inlandeiskomplex (I2) heraus zusammendrängte, in *idealer Position*.

Was nun die *Entfernung* der Blockrekrutierungsgebiete von solchen *Inlandeis-* oder *Eisstromnetzfelsinseln* betrifft, so hat sie, bedingt durch den beim Herantransport erfolgenden Vorgang des Einschneiens, Einfluß auf die mögliche Menge an ihnen ausschmelzender Erratika. Je *tiefer* der Blockschutt eingeschneit ist, desto wahrscheinlicher wird er an dem gesamten Nunatak *vorbeitransportiert*, ohne also an der Schwarzweißgrenze auszutauen. Es offenbart sich damit die folgende Gesetzmäßigkeit: Je *größer* die Transportentfernung ist, desto näher muß die Blockfracht bis an die *Schneegrenze* hinab versetzt werden, um – unter sonst gleichen Bedingungen – zu einer *Erratikaablagerung* werden zu können. Weiter gilt: Die Transportentfernung kann *verkürzt* werden, wenn eine *Gletscherregression* besteht und die *Schneegrenze angehoben* bzw. die *Firnoberfläche* im Nährgebiet *abgesenkt* wird. Eine Konsequenz ist, daß *ferntransportierte* Erratika tendenziell *eher* in Nähe der Schneegrenzhöhe abgelagert worden sind als nahtransportierte. Die nur etwa 10 bis 15 km verfrachteten Erratika am Chalamba La, die gleichsam im 'Kieleis' des Nyainquentanglha abgelagert worden sind, könnten bei einer *Vertikalverteilung* von etwa 4800 bis 5500 m und ab 5200 m aufwärts als *vereinzelte* Blöcke (Blockstreu ohne Matrix [s.o.] *außerhalb* einer *Grundmoränenposition* [s.o.]) durchaus *hochglazialen* bis *früh-spätglazialen* Alters sein und 300 bis 1000 m *über* der zugehörigen vorzeitlichen Schneegrenze liegen (ELA nach KUHLE 1985–1988, S. 458, Fig. 2, in diesem Gebiet um 4500 m im Hochglazial).

Der Beleg, daß Erratika weit über der ELA abgelegt werden, ist *aktualistisch* gleichfalls zu liefern, nämlich anhand von solchen, die auf antarktischen *Nunatakkern* liegen, welche ihrerseits bereits weit oberhalb der Schneegrenze aus dem Inlandeis herausschauen. Sie müssen *vorzeitlich* abgelagert worden sein, sonst befänden sie sich nicht mehr als 100 m oberhalb des *rezenten* Eispegels. Als also der Inlandeispegel dort oben lag, muß die Schneegrenze noch deutlich *tiefer* verlaufen sein als *heute*, denn eine *Oberflächenabsenkung* um mehr als 100 m ist für ein großes *Inlandeis* eine *beträchtliche* Volumenveränderung.

2.3.7.8
Der wesentliche Unterschied von einer Erratikastreu zu erratikaführender Grundmoräne im Hinblick auf die Relation zur Schneegrenze

Bei derlei Beobachtungen bleibt aber eine wichtige *Testdiagnose*, ob es sich wirklich um eine *sporadische Blockverteilung*, eine Blockstreu, handelt oder ob die Blöcke über eine Grundmasse miteinander zu einer Grundmoränenakkumulation verbunden sind. *Grundmoränen* können natürlich gleichfalls *erratisch* sein. Das gilt für die ausgedehnten, Granite führenden *Grundmoränen* Zentraltibets weitgehend und ist besonders *anschaulich*, wo diese *Sedimentgesteine* überlagern (Fotos 54, 59 u. 16). An ihnen ist jedoch *nicht zu entscheiden*, ob sie *über* oder *unter* der Schneegrenze abgelagert worden sind. Dabei tritt sogar der gemischte Fall auf, daß die Talgletscher-, Auslaßgletscher- oder Inlandeisoberflächen *über* bzw. ihr *Grundeis* sowie die Grundmoräne *unter* der ELA zu liegen kommen. Das trifft bei sehr mächtigen Gletschern *großflächiger zu* und dürfte bei Eiskappen, Plateaugletschern und bei Inlandeisen sogar für den weitaus größten Grundflächenanteil gelten. Es wäre das Modell *eines von einigen zentralen* Gebirgen aus aufgebauten Eises, das sich durch eine *Selbstaufhöhung* der Nährgebiete, die sich bis in die Gebirgsvorlandsgebiete hinaus ausdehnen, weiter entwickelt. Speziell in ozeanisch-feuchten und darum sehr ernährungsintensiven Gebieten erscheint dies gerade noch möglich, *obwohl* die ELA – wenn auch nur *geringfügig* – über der Grundfläche eines solchen Eises verläuft.

2.3.7.9
Der durch Erratika gewonnene Hinweis auf die Ausdehnung der vorzeitlichen Eisbedeckung

Nur die *unausgewaschene*, original erhaltene *Blockstreu* kann also *oberhalb* der Schneegrenze deponiert worden sein, was gleichfalls bei einer *matrixführenden Grundmoräne* gelten *kann*, aber *nicht* nachweisbar ist, weil es bei dieser – im Gegensatz zur Erratikablockstreu – nicht gelten *muß*, d. h. nicht *umkehrbar eindeutig* ist.

Eine kleine Überlegung soll hier angeschlossen werden, die auf die Aussagequalität von Erratika in der Weise eingeht, daß sie die Größe 'Transportentfernung' gegen die Größe 'Höhenlage über der ELA' ausspielt. Wie oben abgeleitet worden ist (s. Kapitel 2.3.7.7), spricht eine *große Transportentfernung* von Erratika für eine *geringe Höhe* über der zugehörigen *Schneegrenze*. Das beinhaltet einen Hinweis auf tendenziell *geringer* mächtige Eisbedeckung des Reliefs in der Umgebung des Erratikafundes. Dagegen belegt die *bedeutende* Transportentfernung einen insgesamt *großen, zusammenhängenden* Eiskomplex, an dessen *Rand* man sich demnach befinden muß. Umgekehrt zeigt eine *geringe* Transportentfernung eine eher große Höhe über der ELA an. Das bedeutet eine *sehr umfängliche* Eisbedeckung in der Umgebung des Erratikafundes und damit eine eher zentrale Lage innerhalb eines in großer Entfernung erst zu Ende kommenden Eiskomplexes. Diese letztere Situation war sowohl an Erratika-Lokalität 1 (Punkt 1) wie auch Lokalität 2 (Punkt 2) im Nyainquentanglha gegeben. Aus diesem Grunde ist ein Erratikafund, als *Ablagerung über der Schneegrenze* gelegen, in jedem Fall, d. h. ob weit oder weniger weit transportiert, ein sicherer Indikator für eine sehr *großflächige* Gletscherbedeckung, die am ehesten einer Eisstromnetz- und sogar Inlandeisvergletscherung entspricht.

Der *härteste* Hinweis auf ein *großes* Eis wäre natürlich bei *großer Transportentfernung und hoher Lage* der Erratika über der ELA gefunden. Das ist jedoch ein *zwangsläufiger* Widerspruch, der auf den folgenden *reliefspezifischen* Ansatz aufmerksam macht: Sind die Erratika *ferntransportiert* und in zwar erhabener Lage auf einem Rücken, aber bei nur *geringer* Taltiefe zugleich wenig über dem *Basisniveau* eines Talbodens oder einer *Plateaufläche* deponiert, muß man sich demnach *nicht* bereits am *Rande* des Eiskomplexes befinden, wie oben vorläufig ausgeführt wurde. Das gilt bei *großen Taltiefen* deshalb nicht, weil in dem Fall zwangsläufig das Relief abrupt abtaucht und auf dem Weg einer dadurch *entzogenen Basisfläche* für die Eisauflage der äußerste Gletscherrand der Erratikalokalität gewissermaßen nahegerückt ist. In dem dagegenzustellenden Fall *kurzer Transportentfernung* und dementsprechend *großer Erratikahöhenlage* im Verhältnis zur Schneegrenzhöhe gilt tendenziell das gleiche: Je *geringer* die benachbarte *Taleintiefung* ist, respektive je *näher* das *Grundflächenniveau*, auf dem der Eiskörper gelegen hat, gerückt ist, um so *größer* muß die zugehörige Talgletscher-, Eisstromnetz- oder Inlandeisbedeckung gewesen sein. Diese Analyse sollte jedoch vor dem *Widerspruch* zwischen *relativer Ablagehöhe* über der *Basishöhe des Reliefs* (Talboden- oder Plateauflächenhöhe) und *über der ELA* auf der Hut sein, denn große Höhe über der ELA und geringe über jenem topographischen Basisniveau würde zwangsläufig *sehr große Eismächtigkeit* bedeuten.

Am *größten* wäre die Eismächtigkeit erst dann, wenn die Schneegrenze sogar *unter dem topographischen Basisniveau* verliefe. Bei großer Eismächtigkeit aber ist von den *nahtransportierten* Erratika eine *sehr hohe* Lage über dem Basisniveau zu erwarten, weil sie in Eisoberflächennähe abgelagert worden sein müssen (s. o.). Demnach ist also doch eine *bedeutendere* Vertikaldistanz zu dem Talboden- oder Hochflächenniveau *inhärent*. Aus dieser *dialektischen Zange* befreit einzig die Folgerung, daß – handelt es sich um *nahtransportierte* Erratika – sie nur dann in Nähe des Basisniveaus liegen können, wenn es um ein Blockwerk geht, was während des *spätglazialen Niedertauvorganges* abgelegt worden ist. Es muß sich um tief unter der max. Eisoberflächenlage deponierte Blöcke handeln, in dem Fall also doch nicht um solche, die hoch über der tiefsten hochglazialen ELA überliefert worden sind. Das wiederum muß bedeuten, daß auch kurz transportierte Erratika annähernd maximale Eismächtigkeiten belegen *können*, aber nicht müssen. Sie signalisieren eine um so nähere Lage an der max. Gletscheroberfläche, je höher sie *über* dem topographischen *Basisniveau* liegen. Allein diese Konklusion bringt den Indikatorwert *geringtransportierter* Erratika als Anzeiger *eisoberflächennaher* Ablagerung *weit über* der ELA und die daraus zwangsläufig resultierende *große Eismächtigkeit* in *ein und dieselbe Prämisse*.

Zusammenfassend läßt sich demnach sagen: Je *höher nahtransportierte* Erratika über dem topographischen *Basisniveau* angetroffen werden, desto *wahrscheinlicher* handelt es sich um *Eisoberflächenanzeiger*, die weit *über* der zugehörigen vorzeitlichen Schneegrenze abgelegt worden sind. Je höher über dem Basisniveau *ferntransportierte* Erratika angetroffen werden, desto tendenziell *größer* ist der damit belegte Vergletscherungskomplex, denn sie sind auf dem Weg vom Eiszentrum dem *Eisrand* bereits näher gekommen und auf dieser langen Entfernung trotzdem noch nicht allzu tief hinabgeraten bzw. liegen – soweit sie als vereinzelte Blockstreu vorkommen – sogar hier noch *über der Schneegrenze*.

2.3.8
Die Kames, Kamesterrassen und ähnliche Übergangsbildungen

Mit den *prozessual* am einfachsten und eindeutigsten zu fassenden Erscheinungen soll begonnen werden. Sie sind als zum Teil von der Gletscheroberfläche auf den Talgrund durchgebrochene Ablagerungen einer langsam zurückschmelzenden, austauenden Gletscherzunge zu verstehen. Dieser Vorgang ist an den *Gletscherrückzug* gebunden, weil nur auf diesem Weg die Gletscheroberfläche die betreffende *Schuttlast* nach und nach nicht mehr zu tragen vermag und unter ihr *einbricht*. Zugleich ist eine bedeutende *Obermoränenansammlung* nötig, um von der anderen Seite her diese *Einbruchsdynamik* anzustreben. Für derartige *Talgletscher-Kamesbildungen* sind deshalb die *obermoränenreichen*, dekakilometerlangen Karakorum- und Himalaya-N-Flanken-Gletscher besonders geeignet (Fotos 68, 6, 8, 10, 13, 19, 20, 25, 26 u. 27). Das geomorphologische Resultat der Obermoränendurchbrüche ist im Idealfall ein meter- bis dekameterhoher, kegelförmiger *Schutthügel*, welcher der *Grundmoräne* des zurückgezogenen Gletschers oder auch seinen *fluvioglazialen Schottern* aufsitzt. Bei diesem Schutt wird es sich zwar *großanteilig* um Ober- und Innenmoränenschutt handeln, es können aber auch verstürzte *supra- und intraglaziale Schotter* am Aufbau beteiligt sein. Dieser Materialzusammensetzung entsprechend, sind in den Kameshügeln großanteilig *scharfkantige* Komponenten enthalten, was ihre Herkunft vom wenig beanspruchten Obermoränenmaterial betrifft. Stark bearbeitete Grund- und Ufermoränenanteile sind jedenfalls beinahe ausgeschlossen. In welcher Weise sich die zungenendenahen Kamesdurchbrüche im Bereich der Obermoränenführung längs des Eisstromes bereits *vorbereiten*, ist eine lohnende Frage, weil ihre Beantwortung die zukünftige Kamesbildung *prognostizierbar* macht. Hierbei bietet sich natürlich die *Mittelmoränenkonzentration* zum Zusammenfluß von zwei benachbarten Teilströmen an. Sie erfolgt überall dort, wo sich talauswärts eines trennenden Sporns die *beiden Seitenmoränen* (die orographisch rechte des einen Teilstromes mit der orographisch linken des anderen) zu einer *doppelt schuttreichen Obermoräne zusammenfügen* (s. Fotos 69 ○ 46 □, 27 ○, 36, 2, 13 × u. 44). Durch eine derartige *Schuttanreicherung*, die gletscherauswärts durch die zunehmend *ausschmelzende* Innenmoräne immer weiter zunimmt, ist die Flucht, entlang der dann in der Nähe des Gletscherzungenendes die beschriebenen *hügelförmigen Kames* nach unten auf den Talboden ausfallen, vorgezeichnet.

Kames bieten dem erneuten Gletschervorstoß einigen *akkumulativen Widerstand*, ganz im Gegensatz zu Vorstoßschotterfeldern, die sehr ausgeglättet über die Grundmoränenflächen geschüttet werden und eine Ebenheit bilden. Solche Kameshügel werden von der *vorstoßenden* Gletscherstirn zu *End- und Stirnmoränen* markanter Ausformung *zusammengeschoben*.

148   2. Akkumulations- und Abtragungsvorgänge

Foto 68: Ufersander auf dem Randeis des K2-Gletschers, Karakorum (Aufn.: M. KUHLE, 27. 9. 1986).
Der K2-Gletscher (Karakorum-N-Abdachung, 36°N/76°29′E) wird an seinem rechten Ufer um 4650 m ü. M., d. h. 600 m unter der ELA, von den glazifluvialen Schottern eines Ufersanders (bzw., nach dem Austauen des Gletschers, eines Kames) überlagert (×). Diese sind mehrere Meter mächtig und in kleine Terrassenstufen und -flächen getreppt. Der Uferbach, der noch vor einigen Monaten dem Ufertal bzw. der Ablationsschlucht weiter folgte und jene Schotter über dem Randeis aufschüttete, fließt in ein inzwischen aufgerissenes glaziäres Schluckloch (○) in oder unter den Gletscher ab.

Es gibt *Kamesfelder*, die in der Regelmäßigkeit ihrer Hügelformen und durch deren Verteilung geradezu *artifiziell* wirken. Sie erinnern an Erd- und Schutthügel, wie sie als Lawinenverbauungen in einigen Tälern der Alpen aufgeschüttet worden sind.

Der *Hauptaspekt* der Kamesbildungen liegt in der ursprünglichen *Fassung* der Akkumulation durch das Eis. Dazu kommt, daß dieses Eis immer in *Regression* begriffen ist und – schließlich ganz ausgeschmolzen – zuletzt wie bei einer *abgenommenen Kuchenform* (Springform für Torten z. B.) eine Vollform hinterläßt, die *ohne* Beteiligung von *Eis* als *Stütz- und Widerlager nicht* hätte entstehen können. In der Hinsicht sind die von der Gletscheroberfläche durchbrochenen Moränenhügel als randlich durch die Eiswände *hochgestützte* Formen zu verstehen, die wie *Oser* randlich *verstürzen*, wenn der Gletscher ausgetaut ist.

2.3 Moränen

Foto 69: Mittelmoränenzwickel mit See im Halong-Gletscher, Animachin (Aufn.: M. KUHLE, 25.6.1981).
Konfluenzbereich der beiden Teilströme des Halong-Gletschers (NE-Tibet, Animachin-Massiv, 34°47'N/ 99°27'E). Wo ihre beiden Ufermoränen zu einer Mittelmoräne (○) zusammentreten, hat ein subrezenter höherer Gletscherpegel einen Mittelmoränenzwickel mit einem Moränensee entstehen lassen. Bevor im Blankeis am Gletscherzungenende Eispyramiden restierend herauswachsen, kündigt sich ihre typisch subtropische Entwicklung durch die vorangehende Ausbildung von Eisquerwällen an (▽).

Die zweite *Grundform* und *-variante* von aufzuführenden Kames nimmt eine intermediäre Stellung zwischen ausgeschmolzenen fluvioglazialen Eistunnelsedimenten und -formen ein. Es handelt sich um *langgestreckte Schotterhügel*, die zwischen noch restierenden *Toteissträngen* und -lappen *subaerisch* aufgeschüttet worden sind. Solche länglich angeordneten, *ausdauernden Toteisbarren* sind aufgrund der sehr viel flächigeren Eisrandausbreitung von *uneingefaßten* Gletscherloben häufiger an *großen Flachland-* und *Inlandeisrändern* anzutreffen, kommen aber ebenfalls an *längsstreifig* zerfallenden, großen Talgletschern (z.B. im Karakorum, Pamir, Himalaya, Tienshan, in Alaska u. Yukon) vor. Diese Langgestrecktheit ist jedoch nicht so wesentlich, und man kann sich hier einer geradezu vereinzelnden (individualisierenden) *Grundrißvielfalt* gegenübersehen, die das Merkmal einer durch zahllose

Beispiele als unsystematisch ausgewiesenen Niedertau- und Austaulandschaft ist. Es treten beispielsweise mäandrierende, einseitig und beidseitig gebogene Kamesgrundrisse auf (Foto 68 ×). Wichtig ist ihre beinahe ausschließliche Substantiierung durch glazifluviale *Schotter*. Das rückt sie in die Nähe von Osern (Åsarn, Eskern) und macht sie sogar zu einer Übergangsform von ihnen (s. Kapitel 2.2.4). Selbst die für Oser sehr typische randliche *Verbiegung* oder *Abknickung* der ursprünglich annähernd *horizontal* geschichteten Schotterlagen infolge des Abschmelzens der randlich gegenhaltenden Eisbarren, ist ebenfalls für die Kames-Oser-Mischformen kennzeichnend.

Zuletzt war die Rede von in den zentralen Gletschervorfeldern anzutreffenden *Schotterrücken*, die aufgrund ihres *glazifluvialen* Aufbaus eine flache, für Schotterterrassen typische Oberfläche aufweisen. Das sind sozusagen *zweiseitige* Terrassen. Damit ist gemeint, daß *zwei* Terrassenkanten oder -stufen – eine nach orographisch links und eine nach rechts – ausgebildet sind. Sie weisen zu den beiden Seiten hin, an denen zuvor das Eis *angelegen* hat. Eine prinzipiell ähnliche, allerdings unsymmetrisch einseitig ausgebildete Form ist die *Kamesterrasse*.

2.3.8.1
Die Kamesterrassen und glazigene Uferbildungen

Diese Form bedarf eines *Talhanges* und ist darum an ein *Gebirgsrelief* gebunden. Der Talgletscher füllt den unteren Abschnitt des Talprofiles aus und bildet dadurch ein *Widerlager* gegenüber den höher ansetzenden *Schuttkegeln* und -halden. Auch die aus Nebentälern herausgeschütteten *Schwemmschuttfächer* und -kegel laufen gegen solch einen Talgletscher aus und weisen einen *Steilabbruch* auf, wenn sein Eis ausgeschmolzen ist. Was dann zurückbleibt, ist eine *Kamesterrasse*. Im Ablationsgebiet ist zwischen diesen *autochthonen* Schutt- und Schwemmschuttschüttungen und dem Eisrand die *Ufermoräne* eingeschaltet. Jene Eisrandakkumulationen, die Kamesbildungen, werden in diesen Abschnitten in eine *Ufermulde* bzw. in ein *Ufertälchen* hineingeschüttet (Fotos 13 △, 8 □, 40 □, 44 △, 47 □). Somit bildet hier die Ufermoräne das Widerlager und nicht der Gletscher selbst. Der Unterschied ist allerdings geomorphologisch kaum zu fassen. Nach der Deglaziation bleibt eine allgemeiner als 'Uferbildung' zu bezeichnende Akkumulationsleiste bestehen, die – aus Ufermoräne *und* Kamesakkumulation aufgebaut – keine reine, sondern eine *zusammengesetzte* Erscheinung ist (Fotos 46 □, 13 △). Die talseitige Kante wird in diesem Fall in vorderster Front von der *Moräne* gebildet und das rückwärtig anschließende Substrat zum Talhang hin zunehmend von *Kamesmaterial*. Erst wenn die Ufermoräne abgetragen worden ist – was häufig bereits beim *Gletscherrückgang* durch *Unterschneidung* des tief *eingesunkenen* Eisstromes geschieht, der einen mitunter weit über 100 m hohen, sehr steilen und darum leicht abzutragenden Ufermoräneninnenabhang hinterläßt –, tritt die *eigentliche* Kamesablagerung in die *Steilfront* ein, und es besteht eine *reine* Kamesterrasse (s. Foto 38 □). *Primäre* Kamesterrassenbildungen sind am ehesten in dem bei flachgeneigten Eisströmen einige Kilometer langen Abschnitt zwischen der Schneegrenze und dem gletscherauswärtigen Bereich eines bereits *nicht mehr* ganz das Talquerprofil ausfüllenden Eisstromquerprofiles, in dem sich verstärkt Ufermoränen ausbilden, gegeben. Nur dort laufen noch durch glaziäre *Lateralerosion* induzierte Steinschlagkegel und -halden sowie kurze, steile Schotterflurschüttungen von hängenden Nebengletschern *unmittelbar* gegen das randliche Eis des Haupttalgletschers (Fotos 68 ×, 51 ↑, 13 △).

Neben diesen gegen das Eis geschütteten *autochthonen* Akkumulationen, die etwa *parallel* zur *Hangfallinie* sedimentiert werden, sind solche auszuweisen, die als *paraglaziale* Bildungen oder *Ufersander* von den Schmelzwasserbächen in den Ufertälern längs großer Talgletscher aufgeschüttet werden. Normalerweise ist ein *Ufersander* im Ufertal zwischen *Ufermoräne* und Talhang wirksam; er wird dort aufgeschüttet. Es gibt aber auch den Fall, daß er ohne zwischenliegende Ufermoräne direkt zwischen dem *Gletschereis* und der Talflanke sedimentiert und dort mit *mudflows* und *murähnlichen Moränenverfließungen* und Dislokationen verzahnt wird. Realisiert ist sogar als Extremfall, daß über das Gletscherrandeis die Schotter solcher glazifluvialen Aktivitäten viele meter- bis dekametermächtig geschichtet worden sind (Foto 68 ×). Dabei handelt es sich um hin und wieder abschnittsweise *supraglazial* fließendes Schmelzwasser, welches diese Schotter sedimentiert. Die gletschermarginalen Schmelzwasserläufe tauchen partienweise *subglazial* ab, wenn sich im Eisrand *Schlucklöcher* als ein Ergebnis der fortgesetzten Gletscherfließbewegung öffnen, bis sie wieder *verklausen* oder wieder *zusammengeschoben* werden (Foto 68 ○). Wenn hier der Gletscherrand *abtaut*, d. h. sich gegen die Talmitte hin *zurückzieht*, verstürzen die primär fluvial und damit sehr sauber geschichteten Schottersedimente. Sie bilden aufgrund des nun fehlenden liegenden Eises eine ungleichmäßig ausgestaltete Schotterleiste, die gleichfalls als *Uferkames* bzw. als *Kamesterrasse* anzusprechen ist.

Um hier nicht dem Idealen und Prinzipiellen auf Kosten des Empirisch-Wirklichen den Vorzug zu geben, muß auf die zu starker sekundärer Morphodynamik tendierende Legierung von *Mursubstrat* mit dem *Ufersandermaterial*, speziell auf dem randlichen Gletschereis, eingegangen werden. Wie durch vielerlei Geländebeobachtungen gestützt, treten Muren hinzu, die von älterem, höher an der Talflanke klebenden *Moränenmaterial* ausgehen. Von dort oben kommen viele dieser *Gletscherrandmuren* ab. Es sind aber auch vom Material her *primäre Muren*, die gegen das Talgletschereis schütten und spätere *Kamesterrassen* substantiieren (Fotos 46 □, 44 □ u. 40 □). Wenn dann, wie im Beispielfall (s. Foto 68 ×) am orographisch rechten Rand des K2-Gletschers, das austauende Eis *pelitreiches* Seitenmoränenmaterial *wasserdurchmengt* abrutschen sowie *murartig* und breiig verfließen läßt, resultiert eine *vermischende* Verknetung mit den vorerst gut klassierten *Ufersanderschottern*. Es entwickelt sich ein Kamessediment, was als primäre glaziäre Randbildung am ehesten dem Phänotypus einer *Standufermoränenablagerung* gleicht (Fotos 44 □ u. 8 unterhalb □).

Spannend sind derartige Erscheinungen deshalb, weil sie am konkreten Beispiel aus dem rezenten glazialen Milieu der Karakorum-N-Abdachung (s. Fotos 68 ×, 40 □, 46 □ u. 38) eine der *vielfältigen Irrtums-* bzw. *Verwechslungsmöglichkeiten* des *Sedimentationsbildes* mit der *tatsächlichen Genese* einmal mehr vor Augen führen. Das Kernproblem geomorphologischer Analyse ist und bleibt die Übersetzung von den *erstarrten Chiffren* der Morphodynamik in das, was *tatsächlich abgelaufen ist*. Hierbei spielt das *Vorstellungsvermögen* des rekonstruierenden Kopfes die entscheidende Rolle. Dabei geht es offenbar um eine *vieldimensional ausufernde*, zugleich *physikalisch gezügelte* Phantasie. Grundsätzlich *überbietet* die *Natur* die *Vorstellungskraft*, was bereits dadurch belegt ist, daß selbst einfache glazialgeomorphologische Sachverhalte in verblüffender *Abwandlungsvielfalt* zu beobachten sind und dabei eine große *topographische* Färbung und Vergenz erhalten. Wenn hier sogar die *Leitmerkmale* von Stauchmoränen in diesen Kamesuferbildungen auf einen gänzlich anderen Prozeß als den durch pressendes, deformierendes Gletscheroszillieren zurückgehen, dann wird darin die mögliche Reichweite einer *prozessualen Konvergenz* bis hinein in das *zentrale* Differenzierungsmerkmal offenbar. Gleichzeitig muß erkannt werden, daß diese *Pseudostauchstrukturen* dennoch auf die *gleiche Wurzel* mit einer *echten* Stauchmoräne insofern zurückgehen, als es sich in *beiden* Fällen um *Gletscher-* und *Eiskontaktphänomene* handelt, die *übereinstimmend* am Gletscherrand auftreten und diesen hinsichtlich von Eisbedekkungsrekonstruktionen anzeigen.

Will man bis in die *feineren Details* dieses Formenkomplexes der Kamesterrassen eindringen, so wird man sich beispielsweise über *Toteisdepressionen* zu verständigen haben, welche *zusedimentierten* und dann *ausgeschmolzenen* Gletscherresten ihre Genese verdanken. Man hat sich die Abfolge dergestalt zu denken: Eine *Gletscherzunge* – in der Regel wird es sich um einen *Vorland-* oder *Inlandeislobus* handeln – schmilzt zurück; einzelne *Toteisklötze* werden von den glaziofluvialen Schotterakkumulationen einsedimentiert (Fotos 70, 7 ↓ u. 51 ↓). Dann *schmilzt* ein solcher Toteiskomplex im Laufe von Jahrzenten aus und das hangende *Lockergestein stürzt nach*, so daß – dem Prinzip einer Einsturzdoline entsprechend – eine *geschlossene Hohlform* entsteht, die häufig einen *Toteissee* einfaßt. Dabei ist es in der Regel der nahegelegene Grundwasserpegel, der den *Schmelzwasseranschluß* im weiteren Tiefenlinienbereich des Gletschervorfeldes herstellt und das verdunstende Wasser nachströmen läßt. Diese *Toteislöcher* mit oder ohne Seebildung werden, mit dem Austauprozeß einhergehend, von *Schottereinfüllungen* in Form einer *umlaufenden* Kamesterrasse *syngenetisch* ausgestattet. Ihre Kante ist gegen den ehemaligen Toteiskern gesetzt und wird später noch durch *Solifluktion* sowie kleine *Schlipfe* und *Nachrutschungen* überarbeitet, d. h. abgerundet. Ein klassisches Beispiel bietet der Teufelssee nahe der Havel bei Berlin, der von einer solchen Kamesterrasse *umlaufen* wird. Dieser kleine See ist in die *Sanderplatte* der Weichselvereisung eingelassen und wird auf *Toteisgenese* zurückgeführt.

Wesentlich ist die Einsicht in den *Mischcharakter* von *Ufermoränen* und *Kamesterrassen*, der sich am ehesten unter den Oberbegriff 'Uferbildung' fügt. Es handelt sich um eine im eigentlichen Sinn *polygenetische* Erscheinung, deren *Form* zwar *eindeutig* durch den Gletscher diktiert wird, aber *prozessual* und *sedimentologisch* in der oben ausgeführten Weise *vielfältig*, d. h. *keineswegs* rein glazigen ist. Generell gilt dabei, daß mit zunehmender *Größe* respektive *Länge* von *Eisströmen* bzw. *Gletscherkomplexen* auf der einen Seite und *Vergrößerung* der *Reliefenergie* auf der anderen die *prozessuale Vermischung* beim Aufbau von *Uferbildungen* gesteigert wird. Aus diesem Grund ist

Foto 70: Toteisblock am Gladangdong-Gletscher, Tangula Shan, Tibet (Aufn.: M. KUHLE, 25. 8. 1989). Toteisblock im Vorfeld des Gladangdong-Gletschers (Tangula Shan-E-Gletscher, Zentraltibet, 33°28′N/ 91°13′E, 5350 m ü. M.). Es handelt sich um eine große Firneispyramide, die im Zuge des Eisrückschmelzprozesses vom Gletscherzungenende isoliert worden ist. Der Eisblock liegt der subrezenten Schotterflur auf und wird von aktuellen glazifluvialen Akkumulationsvorgängen einsedimentiert.

vielerorts und partienweise im Gebirge eine Ufermoräne *kaum* eindeutig von einer Kamesterrasse zu *unterscheiden*. Ausschlaggebend dafür, ob die überlieferte Form als *Ufermoräne* ins Auge fällt *oder* als *Kamesterrasse*, ist zumeist, ob der Gletscher mit einem abschließenden Vorstoß den *Ufermoränenfirst* nochmals nachgezogen hat und durch eine *frisch aufgesetzte Wallform* prononcierte oder nicht. Aus dieser Entscheidung hält sich der Begriff 'Uferbildung' schlau heraus, ohne aber auf die *eigentlich wichtigen* Implikationen für den Vergletscherungsnachweis und die Paläoklimarekonstruktion verzichten zu müssen.

2.3.8.2
Zur Abgrenzung zwischen Kamesterrasse und einer durch Flußerosion entstandenen Terrassenbildung

Es ist deshalb hier von Flußerosion als dem *eigentlichen Terrassenentstehungsmechanismus* die Rede und nicht auch von der Aufschüttung des Sedimentes, weil eine Schottersohlenaufaufschüttung, die zur Flußterrasse zerschnitten worden ist, recht unmittelbar an der sehr ausgeglichenen Oberfläche sowie dem *sauber klassierten* und *gewaschenen* Material diagnostizierbar, ohnehin nicht Gefahr läuft, mit einer aus *Schuttfächer-* und *Kegel-* sowie *Haldenformen* aufgebauten Kamesterrassenoberfläche verwechselt zu werden. Nein, es geht um die Verwechslungsmöglichkeit von einer Talbodenverschüttung mit Schutt- und Murkegeln und -fächern, die durch *Flußeinschneidung* in diesen Talboden in zwei talhangnahe Terrassen aufgelöst worden ist, mit zwei gleichfalls talhangnahen Kamesterrassen, die jedoch infolge einer *Talgletschereinlage* von vornherein *getrennt* entwickelt und nicht erst sekundär auseinandergehalten und dabei partiell zerstört worden sind. Was also macht erkennbar, daß es sich um keinen kastenförmigen Flußausraum handelt, sondern um ein zwischenliegendes – inzwischen freilich ausgetautes – Gletscherbett?

Die Lösung des Problems erscheint wichtig, denn in vielen großen Tälern der subtropischen Anden oder im Karakorum, wie z. B. im Quebrada Horcones Superior (Aconcagua-Gruppe) oder im Shaksgam-Tal (Längstal N-lich des Karakorum-Hauptkammes), sind sehr große, bis zu 100–200 m – im Extremfall noch höher – steil abgeschnittene, zum Talboden hin fast senkrecht abbrechende *Mur-* und Schuttkegel, durch ihren Zusammenschluß zu einer gewellten Terrassenoberfläche führend oder auch voneinander isoliert und vereinzelt, anzutreffen (Fotos 3 × □ u. 62). Die sich mit diesen prägnanten Formen aufdrängende Frage ist die nach dem Entstehungsalter der mächtigen Akkumulationen in einem Tal, das im Beispielfall noch in der Hocheiszeit mit einem W-tibetischen Auslaßgletscher von mind. 1200 bis 1600 m Eisdicke bis zu den Gipfelzinnen der N-lichen Talseite (zum Aghil-Kamm) hinauf verfüllt gewesen ist (KUHLE 1988f, S. 137f., Bild 1–3). Diese Schuttkegelbildungen sind damit ganz sicher post-hochglazialer Genese. Um einen Einblick in die *Verwitterungs-* und *Schuttumlagerungsgeschwindigkeit* und damit in die *fortgesetzte Niederlegung* eines extremen Hochgebirges zu gewinnen, wäre es wichtig, diese mächtigen Ablagerungen noch genauer zu datieren. Die Frage lautet: Gehören sie in das Spätglazial oder ins Postglazial? Der Unterschied ist gewaltig, denn für das *Postglazial* ständen im Shaksgam-Tal etwa 10 Ka, d. h. etwa die Hälfte der Zeit seit dem letzten Hochglazial zur Verfügung.

Wären es *kamesterrassenartige* Bildungen, so müßten sie *gegen* die jüngste, in hinreichender Mächtigkeit den Talboden einnehmende *Talgletschereinlage* geschüttet worden sein und später, während des Post-Spätglazials, im Holozän an ihren oberen Ansätzen im Ausgang der schuttfördernden Hangrunsen und Wandschluchten zwar noch weiter gebildet, aber unten in ihren *distalen* Abschnitten *nicht mehr* als Kames gegen einen Gletscherrand geschüttet, sondern durch die Unterschneidung des lateral *erodierenden* Shaksgam-Flußes *steil gehalten* worden sein. Die *andere* Entstehungsmöglichkeit wäre die *ohne* Talgletschereinlage. In diesem Fall wären die Formen *nur* durch die Erosion des Shaksgam-Flußes *zurückgestutzt* und steil gehalten worden. Die aufgeschlossenen Steilwände zeigen eine reine *Murquerschnittstruktur* (Foto 62) und geben *keinen unmittelbaren* Hinweis auf eine ehemalige Gletschereinlage. Mittelbar aber fällt auf, daß diese Bildungen *scharfkantig* zur Talsohle mit dem anastomosierenden Gerinnenetz des Shaksgam-Flusses abfallen. Die *Scharfkantigkeit* belegt, genauso wie die vielfach *fehlenden Gerinneeinschnitte* in und durch die Murkegel bis auf die *rezente Schottersohle* hinab, daß heute kaum mehr Muren abgehen und die Kegelformen aufbauen. Sie sind demnach *vorzeitlich* und auf *veränderte* klimatisch-geomorphologische Bedingungen zurückzuführen. Hier kann für die Vorzeit von einem verstärkten Impuls für die Murabgänge durch Nivation, d. h. durch perennierende oder zumindest weit ins Jahr hinein ausdauernde *Schneeflecken*, die durch ihr Schmelzwasser die Vorgänge im Einzugsbereich auslösen, ausgegangen werden. Eine Absenkung der *Schneefleckengrenze* bedeutet zugleich eine Depression der *ELA*. Sie ist gekoppelt mit jener gerade noch bestehenden spätglazialen *Talgletschereinlage*. Hinzu kommt die Beobachtung, daß *zwischen* diesen einzelnen *älteren* Mur- und Schuttkegeln *junge*, subrezente *Schwemmschuttfächer* längs der Talflanken eingeschaltet sind, die bis auf die Haupttalschottersohle hinab von ihren Bächen zerschnitten sind. Sie liegen regelhaft in den Konfluenzbereichen, den Ausgängen von Nebentälern. Es muß deduziert werden, daß diese vorzeitliche Schuttfächerbildung erst seit der *Haupttaldeglaziation* erfolgte, während die letzte Eiseinlage die Murkegel-Kamesterrassen entstehen ließ. Der *große Mächtigkeit* erreichende *Murkegelaufbau* kann allein während desjenigen spätglazialen Zeitausschnittes erfolgt sein, als der Talgletscher nur mehr wenige hundert Meter mächtig gewesen ist. Das war im späten Spätglazial der Fall. Hieraus ergibt sich, daß max. wenige Jahrtausende zu seinem Aufbau – etwa vom mittleren bis zum späten Spätglazial (im Karakorum von etwa 15 Ka bis 13 Ka, 12 870 ± 180 a, vgl. KUHLE 1988f, S. 137, Bild 1 u. 3) – zur Verfügung gestanden haben können.

2.3.9
Die Obermoränen

Sie sind vornehmlich auf *Talgletschern* zu untersuchen, denn der *darüber aufragende Reliefausschnitt* bewirkt den zu ihrer Entstehung notwendigen *Innenmoränenanfall*. Generell ist eine *Anteilsverschiebung* von einer *Innenmoräne* zu einer *Obermoräne* gletscherabwärts zwangsläufig. Die *Obermoränenbildung* setzt unter der Schneegrenze, nach LICHTENECKER (1938) etwa 50 Höhenmeter unterhalb, ein und beginnt mit vorrangig *grobblockigem* Substrat, dem nach und nach abwärts feineres folgt. Hieran erweist sich zunächst die unterschiedliche Art der großen und kleinen Fraktionen einzuschneien. Unterhalb einer *Steilwand* des Gletschernährgebietes laufen die von Lawinen herausgerissenen groben Blöcke in der *Firnmulde* aus und schneien nicht allein vordergründig ihrer bedeutenden Dimensionen wegen langsamer ein, sondern induzieren vielerorts zunächst einmal *Windkolke*, wodurch sie schneefrei gehalten werden und über eine gewisse Zeit *länger* an der *Gletscheroberfläche* verbleiben als kleinere Fraktionen. Hinzu tritt der Faktor einer anhaltenderen und intensiveren *Ablationsenergie* der länger strahlungsexponierten *dunklen Felsblockoberfläche*, die sowohl eine kleine tageszeitliche *Schmelz-* als auch größere *Verdunstungsablation* bis weit über die ELA ermöglicht. Das ist bei kleineren Blöcken als Folge einer ungünstigeren *Oberflächen-Wärmekapazitätsrelation* nicht in dem Maße der Fall bzw. gilt nicht mit der Dauer, nämlich der bis zum *Einschneivollzug*, wie bei den großen Blöcken. Bei kleineren Komponenten *fehlen* die Windauskolkungen nicht nur, sondern es bilden sich eher *Windgangeln und -schwänze*, die den Block *rückstauend* mit einer Schneehaube versehen und sogar *beschleunigt* einschneien lassen. Enthalten ist bei derartigen größenspezifischen Unterschieden der *Qualitätssprung* in der nicht übereinstimmenden Bilanz der angreifenden Zuwehungsprozesse. Gemeint ist, daß ein kleiner Block bereits durch Deflationsprozesse und durch an Widerständen orientierter Akkumulation einer leichten Schneedrift von wenigen Stunden verdeckt werden kann, so daß ein möglicherweise erst dann wieder einsetzender *Abwehungsvorgang* vor der vollendeten Tatsache einer *nicht mehr zu differenzierenden* Schneeoberfläche steht, die damit den eingeschneiten kleinen Block *endgültig verschluckt* hat. Die Tatsache, daß der große Block *anhaltender* an der Firnoberfläche verbleibt, profitiert von der Gesetzmäßigkeit, nach der eine z. B. viermal längere Orientierungsstange im Schnee nicht etwa viermal länger *nicht gänzlich zuschneit* als jene viermal kürzere, sondern womöglich über-

2.3 Moränen

haupt nicht mehr. Jedenfalls ist durch die zunehmende *Unwahrscheinlichkeit* entsprechend immer länger notwendiger, durch Windverdriftung *ungestörter Schneeniederschläge* eine gewisse *Auffragungshöhe* eines großen Blocks dem kurzfristigen Einschneiungsprozeß zunehmend entzogen, womit er sehr viel *länger* an der *Firnfeldoberfläche* und dann auch – nach dem Zuschneivorgang – in größerer *Oberflächennähe* als die kleinere Komponente vom Gletscher abtransportiert wird. Das bedeutet zugleich ein früheres *Wiederaustauen* relativ *unmittelbar* unterhalb der Schneegrenze. Über diese Abläufe von *inhomogenen*, durch *Qualitätssprünge* gekennzeichnete Bilanzen der miteinander verflochtenen Prozesse von Schneefall, Windwirkung, Insolation und Albedo in Relation zur *Blockgröße* und auch zur *Blockform* bleiben große Blöcke in Nähe der Gletscheroberfläche und bilden *ausnahmslos* die *Obermoränenwurzel* (Foto 71).

An dieser setzt dann in strahlungsintensiven Gebieten sogleich die *Gletschertischbildung* ein. Die bis zu zimmergroßen Blöcke bieten einen Ablationsschutz für die liegende Gletscheroberfläche und lassen auf diesem Weg einen *Eissockel*, auf dem der Block ruht, *residual* herauswachsen. Dabei interessiert die Beobachtung von *Blankeissockeln*, denn diese kontrastieren zu der an diesen Lokalitäten auswärts der ELA normal vorhandenen *Firndecke*. Ursächlich für die Blankeissockel sind die *großen Auflagedrucke* der Blöcke, die den Firn annähernd punktuell zu Eis verdichten, wobei in Nähe der Gleichgewichtslinie das Blankeis nicht mehr allzuweit unterhalb der Gletscheroberfläche liegen kann. Das übrigens variiert mit dem *klimatischen Gletschertyp*. Je arider, d. h. kontinentaler und kälter der Gletscher an der ELA ist, desto mittelbarer nur tritt das Blankeis an die Oberfläche bzw. desto größer ist sein horizontaler Abstand von der ELA (vgl. SCHUMSKI 1964, S. 425, Fig. 122, S. 447, Table 6, S. 449, Fig. 123) respektive desto größer muß der Gletschertischblock sein, um direkt an der Schneegrenze einen solchen Blankeissockel auszubilden.

Eine weitere Gesetzmäßigkeit, die ins Auge

Foto 71: Gletschertische am Mittelmoränenansatz des K2-Gletschers (Aufn.: M. KUHLE, 23. 9. 1986).
Gletschertische am oberen Mittelmoränenansatz auf dem K2-Gletscher (Karakorum, 35°55'N/76°29'E). Die Obermoränenmächtigkeit ist hier in 5130 m ü. M. (200 m unter der ELA) noch so gering, daß der vergleichsweise große Ablationsschutz bedeutender Blöcke unterliegende Eissockel residual herauswachsen läßt.

fällt, ist die *Obermoränenwirksamkeit* für die *Oberflächenmorphologie* des Eises. Solange die Obermoräne eine nur dünne, *geringmächtige Streu* bildet, zwischen der das Gletschereis an die Oberfläche tritt, führt ihre immer *dunkler* als die Gletscheroberfläche auftretende Färbung zu einer *erhöhten Strahlungsenergieaufnahme* durch die verringerte Albedo und infolgedessen zu einer durch verstärkte Ablation bewirkte *Einsenkung der Eisoberfläche* (Foto 2 ↓). Dieser *Einschmelzvorgang* der dunklen Moränenkomponenten läßt auch das liegende Eis zu *Blankeis*, d.h. zu stark verdichtetem, *sauerstoffarmem* Eis werden. Dort, wo unmittelbar benachbart die Moränenbedeckung *aussetzt*, wächst *residual sauerstoffreiches*, weißes Eis mit einer dezimetermächtigen Firneis-, Firn- oder auch nur Schneebedeckung heraus und bestätigt durch derartige

Vollformbildung auf der anderen Seite jenen Albedounterschied (Foto 13). Einige Kilometer gletscherauswärts ist dann eine solche *Mittelmoränenstraße* in den *Subtropen*, wo die Einstrahlung entsprechend *intensiv* ist, bis zu 10 m tief und stellenweise sogar noch mehr in die Gletscheroberfläche mit *kastenförmigem* Querschnitt eingelassen. Sie wird von einer der hohen Insolation ebenfalls Rechnung tragenden Auflösung der *schuttfreien* Eisoberfläche in viele Meter hohe *Firneispyramiden* flankiert (Fotos 70, 13 ○ u. 2 ▽). Derlei Erscheinungen fehlen in *ozeanisch humiden* Gletschergebieten und sind in den *feuchten Tropen* im Vergleich zu den *subtropisch trockenen* Eisflächen gleichfalls kaum mehr ausgeprägt. Die *Vertiefung der Mittelmoräneneinschmelzung* ist z. B. an der Himalaya-N-Abdachung 300 bis 500 m tief *unter* dem Bereich *höchster* Vorkommen von austauenden *Obermoränenblöcken* anzutreffen. Dann kippt die zugrundeliegende Bilanz um, und die *Mittelmoränenoberfläche* nähert sich wieder mehr und mehr der *gesamten Gletscheroberfläche* an. Das ist auf die inzwischen erreichte Mächtigkeit der Obermoränenabdeckung zurückzuführen, die damit sukzessive zum Ablationsschutz verkehrt wird.

Hierin ist die inhärente Beziehung zwischen dem *Schuttreichtum* des Gletschers und der *Ablationsintensität* erkennbar, die verdeutlicht, daß die *Obermoränenmächtigkeit* auch bei übereinstimmendem Klima und unmittelbar benachbarten Eisströmen im Verlaufe eines *unterschiedlichen* Höhenabstieges von der ELA *vergleichbare* Beträge erreicht haben kann. Je reicher an *Innenmoräne* ein Gletscher ist – was auf schuttzufuhrintensiver *Lawinenernährung* beruhen kann –, desto früher ist jene *Umkippmächtigkeit* der Obermoräne erreicht. Es kann allerdings bei *übereinstimmendem* Innenmoränengehalt die *Dichte* des dem Gletscher zugeführten *Schuttes im Eis* gleichfalls über die *Vertikaldistanz* zu der entsprechenden *qualitativen* Veränderung beim Erreichen jenes *Bilanzumkippunktes* entscheiden. Das geschieht beispielsweise dadurch, daß der Mittelmoränenstrang eines Gletschers viel *schmaler* ist als der eines benachbarten, während die Innenmoränenführungen, die zu Obermoränen werden, übereinstimmen. Zugleich entscheidet die *Gletscheroberflächenneigung* und damit die Horizontaldistanz bei übereinstimmender Fließgeschwindigkeit über die *Obermoränenverdichtung*. Da ein *Ablationsprozeß* zugrunde liegt, geht der Faktor *Zeit* mit ein. Gemeint ist, auf je längerem Wege die *Kryokonitwirkung* des die Gletscheroberfläche abdeckenden *dünnen* Schuttbelages das Eis tiefer verlegt, desto mehr Innenmoräne schmilzt pro hundert Meter Gletscherabstieg aus. Das heißt soviel wie: Ein *flacher, langsam* fließender Gletscher erreicht in *geringerer* Vertikalentfernung zur Schneegrenze den Punkt, an dem die Obermoränenmächtigkeit zur *Gletschereisisolation* führt (Fig. 17). Ab hier verläuft jener unterschiedliche Ablationsvorgang von hellem Blankeis beidseits eines Ober- (Mittel-)Moränenstranges, der im Gegensatz zu dem des Mittelmoränenabschnittes steht, gegenläufig. Das zunächst eingesenkte Kastenprofil wird ab nun flacher und erreicht einige Kilometer auswärts wieder die *allgemeine Eisstromoberfläche*, um sie danach weiter gletscherauswärts sogar noch zu *überragen* (Fotos 27 ○ u. 69 ○). Die *Mächtigkeitsgrenze* liegt bei *wenigen Dezimetern* Schuttauflage und ist etwas abhängig von der mittleren *Schuttfärbung*. Das bedeutet, daß der *dunklere* Schutt in *kürzerer* Zeit durchheizt als der hellere. Der *dunkle* muß damit von *größerer* Mächtigkeit sein, um das liegende Eis gegen die Insolation respektive deren Wärmeenergie zu schützen, als der helle. Das gibt dem helleren Schutt, z. B. demjenigen der Turmalingranit-Einfassungswände auf den Gletschern unterhalb des Makalu (8484 m, E-licher Zentralhimalaya) eine *geringere* geomorphologische *Wirksamkeit* als dem dunklen Phyllitschutt auf den Eisströmen unterhalb der Berge Mt. Everest und Lhotse (8501 m, Mahalangur-Himal). Die *dunkle* Obermoräne bewirkt nämlich sowohl einen *stärkeren Ablations-* und *Mittelmoräneneinsenkungsvorgang* in die umliegende Gletscheroberfläche als auch einen solchen, der über eine *größere Gletscherdistanz* ausgedehnt ist, bis der erläuterte Umkippunkt

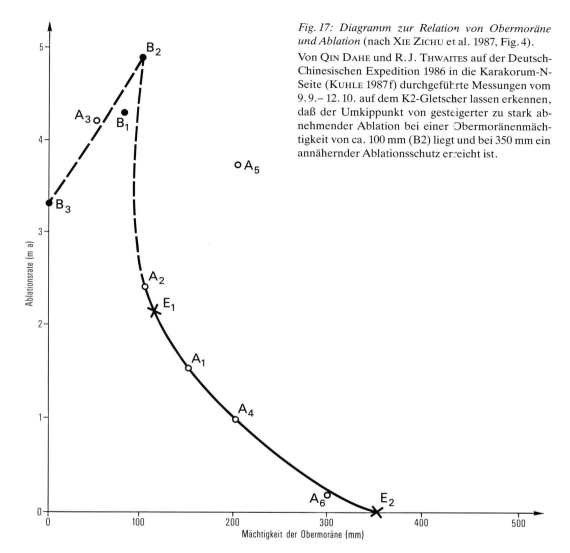

Fig. 17: *Diagramm zur Relation von Obermoräne und Ablation* (nach XIE ZICHU et al. 1987, Fig. 4).
Von QIN DAHE und R. J. THWAITES auf der Deutsch-Chinesischen Expedition 1986 in die Karakorum-N-Seite (KUHLE 1987f) durchgeführte Messungen vom 9.9.– 12.10. auf dem K2-Gletscher lassen erkennen, daß der Umkippunkt von gesteigerter zu stark abnehmender Ablation bei einer Obermoränenmächtigkeit von ca. 100 mm (B_2) liegt und bei 350 mm ein annähernder Ablationsschutz erreicht ist.

von der *forcierten* Ablation zu der durch Isolierung *gedämpften* erreicht ist. Es ist also der *Farb*- bzw. *Albedounterschied*, der verminderte oder vermehrte *Bewegung* in die Gletscherquerprofillinien bringt. Diese Erscheinung kann bei differierendem Schuttanfall, der vermittelst der Kopula von der *Gesteinsresistenz* in ihrer Beziehung zur *Gesteinsfarbe* denkbar ist, teilweise *kompensiert* bis *überkompensiert* werden. Nur wenig metamorphe Biotit-Schiefer, die als leicht spaltbare Gesteine sehr *reichlich* und in *plattiger* Form bereits innerhalb kurzer Frostwechselperioden verwittern würden, zeitigen diesem Ansatz zufolge schon innerhalb einer *kurzen* Gletscherstrecke eine zur Isolierung *hinreichende* Abdeckung. Dagegen erfolgt eine der *helleren* Farbe entsprechend *geringere* Obermoränenbildung bei den beispielhaft angesprochenen Makalu-Graniten wegen der extrem viel *höheren Frostverwitterungsresistenz* auf eine vergleichbare Horizontal- und damit Vertikaldistanz von der ELA, so daß eine dementsprechend sogar *tiefere Einschmelzung* der Obermoräne in die

Gletscheroberfläche möglich wird als bei jenem dunklen Gestein. Zugleich bleibt der *Abtauchwinkel* und dann auch der nach dem Umkippunkt anschließende *Auftauchwinkel* der Mittelmoränenoberfläche zurück an die Blankeisoberfläche und in Fortsetzung über diese hinaus abhängig von jener *Streckung* bzw. *Stauchung* durch die *Schuttauflagefarbe* in Beziehung zur *Mächtigkeitszunahme*. Beide Winkel sind um so *flacher*, je heller der Schutt ist und je *geringer* seine Mächtigkeit zunimmt; sie sind dann am steilsten, wenn die Obermoränenkomponenten *dunkel* sind und sich deshalb schnell an der Oberfläche anreichern.

Die in der Chaosforschung betonte *Unordentlichkeit der Natur* wird beim in Rede stehenden Phänomen durch die verbreitete Beteiligung von hellem und dunklem *Mischschutt*, die zu einer *grauen* Farbqualität führt, repräsentiert. Diese verschleiert natürlich die hier *herausgestellten* Gesetzmäßigkeiten.

An dieser Stelle soll auf zwei Typen von *Gletschertischen* hingewiesen werden. Einmal auf denjenigen, welcher aus der *Blankeisoberfläche*, auf der ein *vereinzelter großer Block* liegt, 'herauswächst'; von einem solchen war oben die Rede. Dann auf den Typ, der sich auf einer *abdeckenden*, aber noch relativ *dünnen* Obermoränenlage bildet und durch einen Block gekennzeichnet ist, der *deutlich dicker* und dadurch abschirmender ist als die benachbarte Schuttlage. Der letztere belegt an *Ort und Stelle*, daß die *umschlagende* Bilanz von den *Abschmelzvorgang* fördernder, *geringmächtiger* Obermoränenauflage zu der ihn *verzögernden* Auswirkung beim Überschreiten einer *gewissen* Schuttauflagedicke erfolgt.

Dort, wo die *Einstrahlungs-Abschirmungsbilanz* im Verlauf der Obermoräne *umkippt*, *überholt* die Moränenmächtigkeit mit ihrer abschirmenden Wirkung noch zusätzlich den Faktor der mit der Höhenabnahme einhergehenden *Lufterwärmung* von etwa 0,5 bis 0,7° C pro 100 m.

Von der *Auflösung* der Gletscheroberfläche in *Firneispyramiden* wurde oben gesprochen. Sie setzt mehr oder minder deutlich bereits längs derjenigen Gletscherpartien ein, innerhalb derer die *Mittelmoräneneinschmelzung* noch *progressiv* ist. Anschließend setzt sie sich beidseits parallel mit der wieder *auftauchenden* Mittelmoränenoberfläche weiter fort. Diese Fortsetzung im Verlauf der Eispyramiden geht nicht allein mit der Obermoränenmächtigkeitszunahme einher, sondern zugleich mit ihrer größer werdenden Breite. Nach und nach treten immer bedeutendere *Schuttinseln* zwischen den Eispyramiden an die tief eingesenkte Gletscheroberfläche. Sie vergrößern die Obermoränenfläche und wachsen stellenweise randlich mit den Mittelmoränenbahnen *zusammen*. Diese Entwicklung zielt gletscherabwärts auf eine *gänzliche Obermoränenabdeckung* ab, die zum Gletscherzungenende hin und bei einigen Eisströmen bereits viele Kilometer einwärts für die angeführten Himalaya- und Karakorum-Beispiele realisiert ist (s. Fotos 27, 6, 44, 36, 41 u. 25). Die Obermoränen- bzw. Mittelmoränenbahnen verbreitern sich demnach *auf Kosten* der Blankeis-, d. h. der Firnpyramidenflächen und sind mit diesen in ihrer Aufsichtstruktur *gegenläufig* verzahnt. Sie keilen *gegeneinander* gerichtet aus. Die gleichfalls im unteren Drittel der Gletscherzunge mehr und mehr restierend herauswachsenden Mittelmoränenrücken erreichen hier *zunächst* das Niveau der Eispyramidenspitzen, die dann weiter auswärts durch die *allseitige Verschneidung* ihrer Ablationsoberflächen herabgelegt werden. Auf diesem Entwicklungsgang werden die Obermoränenrücken – genauer ihr Gletschereiskern in einigen Dezimetern bis Metern Schuttiefe – vom zunehmenden Ablationsschutz durch diesen Schutt konserviert und zu großen, flachgewölbten *Vollformen* herausgebildet, die sich im gleichfalls konvexen Gletscherzungenende zu *einem einzigen* Oberflächengewölbe zusammenschließen.

Generell besteht demnach ein sich in der *Gletscherzungenoberflächenform* unterhalb der Schneegrenze spiegelnder Formungsvorgang, der das Blankeis von oben nach unten zunächst *weniger* und dann *stärker* als die mit Obermoräne abgedeckten Gletscherpartien abschmelzen läßt, so daß *nicht* pauschal von einer *Verlängerung* des Gletschers durch den

Obermoränenablationsschutz gesprochen werden kann. Der zunächst zu erwägende Ansatz, daß die Eisoberfläche durch den Obermoränenbelag einen *Ablationsschutz* erfährt, der die Gletscherzunge länger werden und tiefer hinabfließen läßt, als das bei einer Blankeiszunge mit übereinstimmenden Einzugsbereichsbedingungen der Fall wäre, ist bisher nicht endgültig untersucht worden. Eine detaillierte Bilanzberechnung von Kryokonitverlusten des Eises und ihres Gewinnes durch mächtige Schuttabdeckung steht noch aus. Einzuwenden ist nach dem oben Vorgetragenen jedenfalls, daß der Gletscherabschnitt mit noch geringfügiger, wenig mächtiger Obermoräne durch diese zunächst eine *verstärkte* Ablation erfährt. Erst viel weiter zungenauswärts wird dieser Einfluß *kompensiert* und eventuell durch die erheblich zunehmende Schuttauflage auf *langen* Karakorum- oder Alaska Range-Gletscherzungen bis auf über Metermächtigkeit *überkompensiert*. Tatsächlich ist der das Eis erheblich *konservierende* Effekt solcher Obermoränenabdeckungen von *Toteisresten* her bekannt. Bis zu 800 m unter dem rezenten Talgletscherzungenende sind bis heute Eisüberbleibsel von 'surges', die 1950 (vor 41 Jahren!) stattfanden (Namche Bawar-W-Gletscher), zu beobachten. Dort, am Namche Bawar-W-Gletscher, sind 800 m unterhalb des rezenten Gletschertores *Toteisbrücken*, die den Gletscherbach im Talboden überspannen und von auf der Obermoränenabdeckung stockenden, über 30 Jahre alten Birken (Betula utilis sp.) noch zusätzlich geschützt werden, überliefert.

2.3.9.1
Zur Möglichkeit der TL-Datierung von Moränen

Die Gletscherfließbewegung führt im Bereich einer beinahe gänzlichen Obermoränenabdeckung der Zunge zu einer *wogen-* oder *wellenähnlichen Oberflächentopographie*, die immer wieder bis zu dekameterhohe, um 20–50° geneigte, graue *Blankeisrampen* an die Oberfläche treten läßt. Durch die Eisschrägen, über welche die Obermoräne sukzessive abrodelt, erfährt sie häufig wiederholt eine erhebliche, wenn nicht vollständige Umlagerung (Foto 41, 10 ▷, 6 ▽ u. 20 ↑). Dieser Sachverhalt ist für die heute zunehmend angewandte Technik der Thermoluminiszenz-Datierung (TL-Datierung) bedeutungsvoll. Ihre Grundlage ist eine ausgiebige *Sonneneinstrahlungsexposition* der feinen (pelitischen) Fraktionen nach ihrer Verwitterungsloslösung vom anstehenden Gestein, die bis zur stabilen und endgültigen Sedimentation auf einer Ufer- oder Endmoräne fortgesetzt werden müßte, um dann durch eine *vollständig abdunkelnde* Decklage beim Überschüttungs- oder Anlagerungsprozeß der Moränendeponie ihr *datierbares* Ende zu erfahren. Die *allseitige Sonnenbestrahlung* beendet eine im anstehenden Verband ablaufende physikalisch-chemische *Veränderung* im Korn und macht durch ihr *erneutes Einsetzen* – das dann anhand betreffender Veränderung im Feinkorn nachweisbar wird – den *erneuten Abdunkelungsvorgang* als *Moränenmindestalter* meßbar. Die sich gletscherabwärts in veränderten Positionen wiederholenden *Blankeisrampenbildungen* lagern den an ihnen wieder aufs neue abrutschenden Obermoränenschutt sehr häufig um. Denkt man z. B. an die heutigen Karakorum- und größeren Himalaya-Gletscher, so ist der über viele *Kilometer* bis *Dekakilometer* transportierte Obermoränenschutt dabei über *Jahrzehnte* der subtropisch-intensiven *Insolation* ausgesetzt. Das garantiert seine *vollständige Be- und Durchstrahlung*, die die Voraussetzung zur TL-Altersanalyse bildet. Bisher wurden vornehmlich Lösse auf diesem Weg datiert, und man hat sich aus der allgemeinen Befürchtung heraus, daß die Beleuchtung von Moränenmaterial *nicht ausreicht*, an Moränendatierungen nicht recht herangewagt. Diese Befürchtung hat für Moränen von *Blankeisgletschern* gemäßigter oder sogar feucht-ozeanischer Gebiete der Ektropen ganz sicher ihre Berechtigung. Überdies gibt es in den Alpen und noch weniger in den Skanden *kaum obermoränenreiche Eisströme*. In den relativ stark vergletscherten, durch *Lawinenernährung* gekennzeichneten und darum *ober-*

moränenreichen sowie extrem *sonnenbeschienenen* Hochgebirgen der subtropischen Anden jedoch und wohl mehr noch in Hochasien ist wahrscheinlich ein weites Arbeitsfeld für Moränenaltersbestimmungen *auf TL-Basis* zu erschließen. Sie können dann bis zu 400 Ka, also sogar bis in die vorvorletzte Eiszeit, zurückgreifen.

2.3.9.2
Die Obermoränentypen

Die *häufigste* Obermoränenvariante ist die *Mittelmoräne*, die *zwischen* zwei Gletscherkomponenten bzw. in ihrem Grenzbereich aus zusammengelegten Seitenmoränen entstanden ist. Das geschieht im *Konfluenzbereich* zweier benachbarter Teilströme, die sich unterhalb der ELA, auswärts eines Bergspornes, zusammenschließen (Fotos 2 u. 31). Da, wo der Zusammenschluß *unterhalb* der Schneegrenze erfolgt und bereits jeweils *Seitenmoränen* bestanden haben, ist deren *Verschmelzung* zu *einer Mittelmoräne*, die dann häufig aus zusammengesetzter Petrographie aufgebaut ist, deutlich (Fotos 69 ○ u. 27 ○). Im Zwickel hinter dem die Eise noch trennenden Bergsporn, der einen gewissen *Fließschatten* bietet, befinden sich vielerorts die *tal-* respektive *gletschereinwärtigsten Ufermoränenbildungen*, welche sich ebenfalls in *Zwickelform* als Verlängerung des Bergspornes einpassen und auswärts derer sich die *Teilströme* durch diese Moränen etwas verzögert bzw. abwärts versetzt mit ihren *Seitenmoränen* zur gemeinsamen Mittelmoräne zusammenfügen. Derartige *Ufermoränenzwickel* stauen nicht selten kleine Seen auf (Foto 69).

Anhand der zusammengesetzten *Petrographie* kann man sogar noch am Gletscherzungenende von langen, *unübersichtlichen*, dendritischen Karakorum-Gletschern die einzelnen *Teilströme auseinanderhalten*, sofern man die bisher noch weniger gut bekannten *geologischen* Verhältnisse auskartiert hat.

Die Mittelmoräne, wie jede *Obermoräne* an die ELA gebunden, setzt mancherorts erst mehrere hundert oder gar tausend Meter auswärts von oberhalb die Gletscherkomponenten trennenden *Bergspornen* oder von *Felsinseln* im Eis, wie sie glaziale *Hörner* und *Torsäulen* darstellen, ein. Das geschieht, wenn die *Konfluenz* deutlich *über* der ELA gelegen ist und der an den Spornflanken subglazial abgeschürfte *Schutt* oder der Lawinendetritus, der von noch weiter oberhalb antransportiert ist, eingeschneit wird und weiter gletscherabwärts als eine bereits zusammengelegte *Innenmoräne* zur mittelmoränenartigen *Obermoräne* ausschmilzt.

Die noch *einfachere* Obermoränenform ist die der *Seitenmoräne*. Dort, wo das Eis unterhalb der ELA zunehmend an Substanz verliert und mehr und mehr *Innenmoräne* an die *Obermoräne* abgibt, entsteht ein breiter werdender *Schuttauflagestreifen*, der sich zum Gletscherzungenende hin mit seinem eisstromeinwärtigen Rand der gleichfalls breiter werdenden Mittelmoräne – soweit vorhanden – oder der Seitenmoränenbedeckung auf der anderen Gletscherseite *nähert*. Wenn er diese zuletzt berührt, dann ist die *gesamte* Gletscherzunge mit Obermoräne bedeckt (Fotos 27, 25 u. im Extrem auch 20).

3. Supraglaziale Ablationsformen als glazialklimatische Indikatoren

3.1
Die Firneispyramiden als Formentyp subtropischer Gletscheroberflächen

Als wesentlichstes, *klimatisch* deutbares, geomorphologisches Unterscheidungsmerkmal von Eisoberflächen ist die Ausbildung von *gesetzmäßigen Unebenheiten* zu nennen. Dabei ist nicht an *topographisch* induzierte *Eisbrüche* und *Serakbildungen* zu denken, sondern an primär *einstrahlungsspezifische* Ablationsformen, die natürlich beinahe immer an Unstetigkeitsflächen im Eis, an Bruchstrukturen, angelehnt sind. An einer mehrere hundert Meter hohen *Steilstufe*, die den Gletscher *tiefgründig* in einen Eisbruch *zerlegt*, werden *Verwerfungen* und *Klüfte* angelegt, die später ausschmelzen, wenn sie unter die ELA geraten. Dabei ist es unwesentlich, ob der Eisbruch über oder unter der Schneegrenze liegt, denn auch die unterhalb der Steilstufe, einer Rolltreppe gleich, in einer Ebene wieder zusammengeschobenen, *quer* zur Fließrichtung gebrochenen Eisblockeinheiten werden durch die einmal geschaffenen Brüche *getrennt erhalten*. Die *Sonneneinstrahlung* greift an ihnen orientiert auch dann an, wenn diese Eisklüfte wieder zusammengefroren sind. Diese *Querstruktur* der Eisoberfläche führt zu einer Art *Eismauer- oder Eiswallanordnung*, die den Gletscher in kleine geomorphologische Segmente aufgliedert. Dieser Entwicklungsstand ist als *erstes Stadium* auf dem Weg zur Eispyramidenbildung (s. auch v. KLEBELSBERG 1948; WORKMAN 1909; VISSER 1938; DESIO 1936; HELBLING 1919; REICHERT 1929) zu verstehen (KUHLE 1987c, S. 207–210). Der Ablationsprogreß wird gletscherabwärts durch das residual höhere *Herauswachsen* dieser Eiswälle bzw. -mauern deutlich. Er geht mit einer zunehmenden *Längsauflösung* dieser Vollformen einher. Damit ist der *zweite Schritt*, der zur *eigentlichen* Eispyramidenentstehung führt, getan. In ihm ist die noch *übereinstimmende* Höhe der Pyramiden enthalten, welche, wie die zuvor noch durchgängigen Wälle, das Niveau der *ehemaligen Gletscheroberfläche* wiedergibt. Es ist in den *abgeflachten* Pyramidenspitzen überliefert. Danach setzt nun die *unterschiedlich schnelle* Tieferlegung dieser Spitzen ein. Ihre Geschwindigkeit ist von der differierenden *Grundrißfläche* der Pyramiden abhängig. In dieser *dritten* Bildungsphase *verschneiden* sich die zumeist vier Pyramidenflanken im höchsten Punkt, wodurch dieser – scharf *zugespitzt* – recht schnell *herunterschmilzt*. Je *größer* die durch Eisklüfte präformierte Pyramidengrundfläche ist, desto *langsamer* wird die Spitze, die den annähernd gleichermaßen geneigten Facettenflächen der Pyramidenflanken aufsitzt, herabverlegt.

Die grundrißgrößten Pyramiden erreichen bis zu 20 und mehr Meter Höhe (Fotos 7, 27, 13, u. 68). In dem Maß, wie die Grundflächenanteile der *Obermoränen* zunehmen, nehmen die der *Eispyramiden* gletscherauswärts ab, bis sich zunächst ihr *übereinstimmendes* Spitzenniveau auflöst und sie ihre *größte Vertikalausdehnung* erreichen, um dann nach und nach an Höhe einzubüßen und gänzlich auszusetzen, d.h. durch eine ausgeglichene Obermoränenfläche *ersetzt* zu werden. Die bedeutendsten Eispyramidenhöhen sind nur wenige hundert Meter von der unteren Grenze ihres Auftretens entfernt zu beobachten. Wie *nahe* die Eispyramiden an das untere Gletscherzungenende heranreichen, ist von der *Einzugsbereichshöhenflächenrelation* der *schuttreichen* zu den *schuttarmen* und darum vorrangig Firneis- und Eispyramiden bildenden Gletscherkomponenten abhängig. Je *tiefer* eine Blankeiskomponente aufgrund ihres großflächig-hohen Einzugsbereiches hinabfließt, um so *tiefer* reichen auch die *Firneispyramiden*, und es gibt Eisströme wie beispielsweise den großen Tangula Shan-E-Gletscher (Gladangdong-Gletscher) in Zentraltibet, die bis in ihr heute *retardierendes Zungenende* hinein in Pyramiden aufgelöst sind (Fotos 7 ↓ u. 51 ↓). Hier tritt der Fall ein, daß diese dekameterhohen Pyramiden in *diagonalen Zeilen* angeordnet sind, die zum Gletscherende hin ausfasern und einen *geschlossenen* eigentlichen Gletscherzungenrand nicht mehr erzielen, sondern *ausfransen*. Aus diesen Eispyramiden werden zu dem Zeitpunkt, an welchem sie durch das *Abschmelzen* der *Restbrücken* von den benachbarten Pyramiden *isoliert* sind, große, noch viele Jahre restierende *Toteisklötze*, die dann an *Ort und Stelle niedertauen*. Entsprechendes geschieht auch, wenn derartige Gletscher schmaler werden. So finden sich z. B. im orographisch linken Ufertal des großen Tangula Shan-E-Gletschers eine ganze Reihe von größeren, weißen Toteisklötzen, die während ihrer *ehemaligen* Entwicklung zur Firneispyramide vom Gletscherrand *isoliert* worden sind. In den *subtropischen* Gletschergebieten Zentraltibets, die allerdings *kaum noch* als semiarid zu bezeichnen sind, weil sie im Schneegrenzniveau 500 bis 600 mm Jahresniederschlag erhalten, können derartige *Toteisabspaltungen* bis in Höhen von nur 50 bis 100 m unterhalb der ELA beobachtet werden.

Das hängt mancherorts allerdings zugleich mit der *Strahlungsexposition* in der im Beispielsfall orographisch links (bei E-licher Abflußrichtung des Gletschers) gelegenen Ablationsschlucht (VISSER 1938) oder – vielleicht noch deskriptiver gesagt – *Ablationstälchen* zusammen. Während der orographisch rechte Rand des großen Tangula Shan-E-Gletschers bis weit hinauf das Talgefäß füllend der Talflanke anliegt, wurde auf der S-exponierten linken Seite ein sehr breiter Ufersaum am Gletscher bis zur Schneegrenze hinauf von der Sonne freigehalten. Darum ist hier eine solche *Toteisbildung*, die *präformiert* ist durch jene leicht *isolierbaren* Eispyramiden, sehr gut möglich.

Die großen Firneispyramiden *stürzen* mitunter unvermittelt ein, wenn sie eine zu *steile* oder *einseitig überkragende* Form angenommen haben, was durch supraglaziale *Schmelzwasserauskolkung* und *-unterschneidung* geschehen kann. Es gehört aber *nicht* zu ihrem Normalverhalten, vielmehr bedarf es unterminierender Einflüsse, die ihre Entwicklung stören. Nicht selten tragen supraglaziale *Schmelzwassertümpel*, die wegen ihrer *geringen Albedo* (10–15%) relativ *große Einstrahlungsenergien* aufnehmen und – zwischen den Pyramiden liegend – deren Eis *thermisch unterschneiden*, dabei durch ihre Ablationswirkung Überhänge schaffend, zu solchen *Eispyramideneinstürzen* bei.

Vorstoßende Gletscherzungenenden sind *nicht* in der Lage, Eispyramiden aufzuweisen, weil sie mit ihnen keine hinreichend *kompakte* Zungenstirn substantiieren, wie sie einem durch die *Reaktio* verdichteten Schubkörper entspricht. Somit sind die durch *Eispyramidenbesatz* aufgelösten Gletscherenden bereits von weitem als im *Rückzug* begriffen erkennbar. Ein Beispiel ist der Yepokangara-Gletscher in der Shisha Pangma-N-Flanke (vgl. auch Fotos 7 ↓ u. 70).

3.2
Die Eispyramiden und das Klima

Der *klimageomorphologische* Zusammenhang, in dem die *Eispyramidenbildung* steht, ist evident. Die deutlichsten, höchsten Pyramiden kommen in den *subtropischen Gebirgsgletschergebieten* vor, was auf *zweifache* Weise über die extreme *breitenkreisspezifische* Einstrahlung zu verstehen ist. Wegen der *hohen*

Energien steilstehender Sonnenstrahlen, die vier- bis fünfmal mehr Watt pro m² einbringen als in den höheren *ektropischen* Breiten, wo die Einstrahlungsenergie jenseits des 50. Breitenkreises *beschleunigt* schnell *abnimmt* (was mit der annähernd *stabilen* Lage von Ekliptikschiefe und Präzession erklärt wird), findet man die Gletscher allein in *großen Höhen* im Gebirge. Die ELA verläuft hier am *höchsten* überhaupt auf der Erde, in 5000 bis 6000 m ü. M., stellenweise noch höher. Dies ist der Fall z. B. am Llullaillaco und Cerro el Liberdador, zwei ca. 6720 m hohen Vulkankegeln, die bei 25°S über der Puna de Atacama (S-amerikanische Anden) stehen, wo sie sogar 6400–6600 m Höhe erreicht.

Etwas tiefer läuft die Schneegrenze in den Subtropen sonst *nur dort*, wo *Monsunbewölkung* die Einstrahlung *abschirmt* und diese *Gletschergunst* außerdem noch durch für die übrigen Subtropen untypische, *hohe Niederschläge* unterstützt wird. Letzteres gilt für die *Luvseite* des Hohen Himalaya, die dem Feuchtigkeit liefernden Arabischen Meer und dem Golf von Bengalen zugewendet ist. Hier steigen die Niederschläge von 400 mm auf den Gletschern der Himalaya-N-Seite, der Leeseite des Gebirges, auf über 1000 mm und partienweise noch deutlich mehr auf seiner S-luvseitigen Abdachung im Schneegrenzniveau an.

Die oben betonte, planetarisch-notwendig große Höhe der Gletscher führt zu einer weiter *gesteigerten* Einstrahlung in der dünneren, teilchen- und flüssigkeitsfreien und dadurch *strahlungstransparenteren* Höhenatmosphäre. Der Verfasser hat auf mehreren Expeditionen seit 1984 zwischen 3200 und 6650 m Höhe in Tibet sowie einfassenden Gebirgen *Einstrahlungsmessungen* durchgeführt und dabei Werte registriert, die der *Solarkonstanten* sehr nahe liegen. Damit wurde bewiesen, daß die Höhenatmosphäre so gut wie *keine Energie* absorbiert und tatsächlich dieselben Energien auftreffen, wie sie nach der *theoretischen Berechnung* unter Berücksichtigung jeweiliger *Zenitaldistanz* an der Obergrenze der Atmosphäre max. auftreffen können (KUHLE & JACOBSEN 1988, S. 597–600). Diese Einstrahlungsenergien, die zwischen etwa 850 und 1300 W/m² *Tagesspitzen* liegen, lassen jene *Firneis-* und *Eispyramiden* restierend herauswachsen, was auf der Nordhalbkugel in Breiten zwischen etwa 27° und 36–40° erfolgt (KUHLE 1987c, S. 207–211). Vielleicht ist dies auch noch S-licher möglich, dort fehlen jedoch die für eine Vergletscherung hinreichend hohen Gebirge. Für die Einschätzung der *Klimaabhängigkeit* betreffender Pyramidenformen ist es aufschlußreich, daß sie *nicht* jede Gletscheroberfläche bestücken – wobei natürlich nicht an den abwegigen Vergleich mit kleinen, kurzen und sehr steilen Hängegletschern gedacht ist, sondern an sich entsprechende Talgletschergrößen mit vergleichbaren zu Gebote stehenden *Blankeisflächen*. Den Ausschlag für die Bildung bzw. Nichtbildung von Eispyramiden mag dann vornehmlich die *differierende* Intensität der *vorbereitenden Gletscherbrüche* im Einzugsbereich der Gletscher liefern. Damit wird, wie das hinsichtlich der weitaus überwiegenden Zahl *klimageomorphologischer* Erscheinungen gültig ist, einmal mehr klar, daß die *strukturell-topographische*, also *unklimatisch präformierende* Komponente sogar derartig bedeutungsvoll sein kann, daß sie über die Ausbildung einer klimagenetisch-typischen Erscheinung vollständig entscheidet – in diesem Fall sie sogar gänzlich *verhindert*.

Die *klimatische* Abhängigkeit der Eispyramidenbildung ist ja vor allem deshalb wesentlich, weil damit ein sehr krasser und sogar noch auf Satellitenaufnahmen diagnostizierbarer *Indikator* gefunden ist, der zwischen *Subtropen* und *Ektropen* unterscheidet und als geomorphologischer *Qualitätssprung* zwar mit den höchsten ELAs auf der Erde korreliert, aber nicht *kausal* mit ihnen verknüpft ist. Es ist in der Tat ein erstaunlich *auffälliges* Merkmal, daß die Gletscheroberflächen in den *Skanden* und *Alpen* im Gegensatz zu denen in Hochasien so ebenmäßig und glatt gestaltet sind (s. Foto 31). Will man diese *klimatische* Determinante genauer erfassen, so muß sich die Analyse auf die klimatischen *Grenz-* und *Übergangsbereiche* konzentrieren und dort nach *Übergangsformen* suchen. Da ist einmal die oben angesprochene *feuchtere* Himalaya-S-Seite, wo die *subtropischen* Klimaqualitäten durch den speziell zur einstrahlungsintensivsten Zeit des Sommers wirksamen Monsun *relativiert* werden. Hier, wo die Verhältnisse zum *Tropisch-Feuchten* hin tendieren, ist die Eispyramidenbildung *nur* im *Niederschlagsschatten* der besonders im Mahalangur-Himal (E-licher Zentralhimalaya) ausgebildeten beiden W/E-streichenden Gebirgsketten, beispielsweise am Ngozumpa-Gletscher und am Khumbu-Gletscher, deutlich, sonst jedoch *stark abgeschwächt*. Am Ngozumpa-Gletscher sind die Eispyramiden *trotz topographisch geeigneter* Verhältnisse in einer an *Übergangsformen* erinnernden Weise verändert (vgl. auch Foto 69 ▽). Es handelt sich um *Eismauern*, an denen sich gletscherauswärts die Metamorphose zu *Einzelpyramiden nicht* mehr vollzieht. In die betreffende Talkammer drückt die *Monsunfeuchtigkeit* unmittelbarer herein als am abgeknickt und geschützter liegenden Khumbu-Gletscher, wo noch sehr *große* Einzelpyramiden zu beobachten sind. Den *luvseitigsten*, nur kleinen Talgletschern – die für den Vergleich allerdings weniger geeignet sind – *fehlt* die Eispyramidenbildung, obwohl sie bei 27°N unter planetarisch größter Strahlungsgunst liegen. Die am vollkommensten ausgebildeten Eispyramiden sind in den *trockensten* Lagen der Himalaya- und Karakorum-N-Seiten anzutreffen. Beispielsweise am E-Rongbuk-Gletscher, am Zentralen Rongbuk-Gletscher und auch am W-Rongbuk-Gletscher an der N-Seite des Mt. Everest; gleichfalls am Yepokangara-Gletscher N-lich des Shisha Pangma; dann – beispielhaft für den Karakorum – auf dem Skamri-Gletscher, dem K2-Gletscher und auch auf dem Skyang Kangri-Gletscher. An allen diesen Gletschern sind die *größten* Eispyramiden überhaupt zu beobachten.

In den S-amerikanischen Anden bietet sich der Vergleich mit dem Horcones Superior-Gletscher (Ventisquero Horcones Superior) unter der Aconcagua-W-Flanke (7021 m) und dem etwa 50 km S-lich gelegenen Plomo-Gletscher (Ventisquero Bajo del Plomo) in der Cerro Juncal-Gruppe (6180 m) an. Ersterer hat *ausgeprägte*, über 10 m hohe Pyramiden aufgesetzt, während der Plomo-Gletscher trotz günstiger vorbereitender Eisbrüche *keine* Eispyramiden trägt. Hier fehlen die Klimameßdaten; wir dürfen aber davon ausgehen, daß es am Plomo-Gletscher deutlich feuchter ist als am Horcones Superior-Gletscher.

In diesem Gebiet gibt es außerdem noch Gletscher ohne Eispyramiden, die aus *anderem* Grund dieses Merkmal *nicht* aufweisen: Sie liegen mit ihrem gesamten Taleiskörper weit *unter* der ELA und werden ausschließlich durch *Eislawinen* ernährt. Daraus folgt, daß sie – wie z. B. der Horcones Inferior-Gletscher (Ventisquero Horcones Inferior) unter der Aconcagua-NNE-Wand – *vollständig* von Obermoränenschutt *abgedeckt* sind und im normalerweise oberhalb anschließenden *Eispyramidenhöhenintervall* hier eine *Steilwand* besteht, die *keine* Pyramidenbildung erlaubt. Entsprechende Verhältnisse weist der zentrale Ngozumpa-Gletscherteilstrom auf, der unter der ca. 2800 m hohen Cho Oyu-S-Wand (Zentralhimalaya), dort, wo die Lawinenkegel auslaufen, als *schuttabgedeckter* Eisstrom ansetzt.

Ein in *systematischer* Hinsicht *vermittelnder* Bereich ist das Animachin-Massiv in NE-Tibet (34°30'N). Die hier zu beobachtenden Pyramiden sind *weniger steil*, was sich bereits bei den Vorformen, den Eiswällen, ankündigt, die vergleichsweise *weiche Querprofile* aufweisen (Fotos 69 ▽, 7 ▽ u. 51 ▽). Zwischen ihnen fallen zahlreiche kleine supraglaziale *Seen* ins Auge. Sie spiegeln mittelbar das hier feuchtere Gebirgsklima wider, was, wie auf der Himalaya-S-Abdachung, *monsuninduziert* ist. Damit wird deutlich, daß von den *perfekten* und *größten* Eispyramiden über mittelmäßig ausgeprägte bis hin zu ihrem *Aussetzen* eine *insolationsabhängige* Reihe besteht, die trotz *günstiger Breitenlage* durch *Bewölkung* und *Niederschlag* beeinflußt wird, was sich bereits durch das Aussetzen oder zumindest die Reduktion der Eispyramidenbildung von den Subtropen zu den *inneren Tropen* hin abzeichnet. Denn dort sind die primären Einstrahlungsverhältnisse *nicht* ungünstiger als in den Subtropen und speziell nicht als in den Gebieten *außerhalb* der Wendekreise. N-lich von 36 bis 40°N *setzen* die Eispyramiden *unabhängig* von der jährlichen Sonnenscheindauer, also selbst bei *optimalen Einstrahlungswetterlagen*, wie sie in einzelnen Regionen des halbtrockenen Tienshan und in Abschnitten des N-lichen Pamir vorliegen, *aus*. Das zeigt, daß ab hier die Einstrahlung selbst unter günstigsten Bedingungen *nicht* mehr ausreicht, um derartige Schmelzfiguren aus der Ablationsfläche herauszulösen.

Als eine griffige, *gesetzähnliche* Formulierung bietet sich folglich an: Eispyramiden wären *zwischen* den Wendekreisen am *optimalsten* gestellt, wäre es dort nicht *zu feucht* und – in linearer Abhängigkeit davon – *zu bewölkt*. In den *Subtropen* trifft sich eine noch hinreichende Einstrahlungsenergie mit notwendiger *Bewölkungsarmut*, und außerhalb der Subtropen *fehlt* der Minimumfaktor, die *ausreichende* Sonneneinstrahlung.

3.3 Die Erscheinung der Ablationsschlucht als ebenfalls spezifisch für subtropische Gletschergebiete

Dieselbe *Klimadeterminante* bewirkt auch die sogenannten *Ablationsschluchten*, wobei noch niemand untersucht hat, ob *Eispyramiden* und *Ablationsschluchten* tatsächlich regional *koinzidieren* oder sich allein die *Kernräume* beider Phänomene überlagern und *Teilflächen* bilden. Jedenfalls sind beide Erscheinungen, so verschiedenartige Formen sie aufweisen, charakteristisch für intensive, *recht eindeutig* subtropische Einstrahlungsverhältnisse. Während jene *Vollformen* darstellen, handelt es sich bei diesen um *ufertaldimensionierte Hohlformen*, die zuerst von VISSER aus dem Karakorum beschrieben worden sind. Ihr *expositionsspezifisches* Auftreten ermöglichte die *klimagenetische* Diagnose unmittelbar. Die Ablationsschluchten werden auf der *N-Hemisphäre* in S- und W-Auslage, d. h. an den N-lichen und E-lichen Talgletscherrändern bzw. Talflanken, und auf der *S-Hemisphäre* entsprechend in N- und W-Exposition angetroffen. Dieses statistisch sehr eindeutige *Verteilungsmuster* läßt zugleich erkennen, daß diese Formen – den Eis- und Firnpyramiden gleich – *außerhalb* der Wendekreise auftreten. Lägen sie zwischen ihnen, müßte die *Expositionsstreuung* breiter, d. h. weniger deutlich ausfallen, weil der *höchste* Sonnenstand, z. B. auf der N-Halbkugel, die N-Exposition am *stärksten* bestrahlt und nicht mehr die nach Süden.

Die knappe Beschreibung einer Ablationsschlucht müßte etwa beinhalten, daß es sich um ein Ufertal *ohne* Ufermoräne, also unmittelbar zwischen Eisrand und Talhang gelegen, handelt (Fotos 7 □, 2 △, 68 × u. 41). Der Begriff 'Schlucht' ist nach den Beobachtungen des Verfassers in beinahe allen subtropischen Hochgebirgen nur *ausnahmsweise* angemessen. Zumeist muß von *Ablationstälern* oder *-tälchen* die Rede sein. Zwar ist der begrenzende Eisrand vielerorts *steil*, d. h., er hat Neigungen zwischen 25–60° und manchmal sogar bis zu 80°, aber er ist in Relation zur Gesamtbreite des Tälchens eher niedrig und kann an kaum einer Stelle der Form einen wirklichen *Schluchtcharakter* verleihen. An einigen *Karakorum-Ablationsschluchten* – und an ihnen hat VISSER diesen Begriff geprägt – bestehen tatsächlich Schluchtverhältnisse. Am K2-Gletscher beispielsweise kann man nur mit Mühe – stellenweise nur mit Eiskletterberät und Leitern – der orographisch rechten Ablationsschlucht folgen, so steil und eng ist sie über mehr als 10 km zwischen 4700 und 5100 m Höhe bis 100 m unterhalb der ELA (s. Foto 2 △). Am großen Tangula Shan-E-Gletscher (Gladangdong-Gletscher) *dagegen* besteht orographisch links ein mehrere hundert Meter breites, flaches *Ablationstal* zwischen steilem, aber nur etwa 15 bis 50 m hohem Eisrand und getreppten Ufermoränenleisten, die sich talauswärts zunehmend dem Talhang anschmiegen (s. Foto 7 □). Auf dem schrägen Boden des Ablationstales, der zum Talhang bzw. jenen Ufermoränen rampenförmig hinaufvermittelt, sind subglaziale *Schmelzwasserkanäle* im Lockergestein überliefert, die hufeisenförmige Schleifen respektive Schlingen gegen den Talhang hinauf – also mit Gegengefälle – aufweisen. Das bedeutet, daß die in Rede stehende Ablationstalung *nicht alt* ist, sondern subrezent *noch nicht* in dieser deutlichen Ausprägung bestanden hat, als die ELA vor etwa 150–300 Jahren ca. 80–100 m tiefer lag als heute. Auf den *gegenüberliegenden* Talseiten der zum Exempel ausgewählten Gletscher liegt das Eis ganz *ohne* Ablationshohlform der Talflanke bis zu den Steilwänden hinauf an (Foto 7 ↑). Diese Ablationstäler bewirken, daß die Gletscher ganz offensichtlich *asymmetrisch* im Talgefäß liegen und sich in den Schatten der sonnenabgewandten Talflanke schmiegen. In der mitunter stark differierenden Höhe der taleinfassenden Bergkämme und dem daraus resultierenden *Schattenwurf* besteht eine *expositionsunabhängige* Möglichkeit der Ablationstalausbildung.

3.4
Zum Problem der genetischen Fassung von geomorphologischen Begriffen und über das Risiko ihrer Auflösung am Beispiel des Begriffes 'Ablationstal'

Die Ausbildung von *Ablationsschluchten* interferiert immer auch ein wenig mit der ohnehin ausgebildeten *konvexen Krümmung* der Gletscherzungenquerprofile, die sich zu den tiefsten Eisrändern hin noch verstärkt. Diese *typische* Erscheinung des Ablationsgebietes, die mit zunehmendem Abstieg unter die ELA immer prägnanter wird, ist sogar zur *Bestimmung* der Schneegrenze geeignet. Etwa dort nämlich, wo die Gletscheroberfläche von einer eher *konkaven* Querprofillinie, die für die *Nährgebiete* typisch ist und die in den Ursprungsfirnmulden zum Bergschrund randlich aufbiegt (s. Fotos 31 ×, 20 ×, 2 × u. 9 ×) – vermittelt durch eine eingeschaltete, wenige Dekameter lange Zwischenstrecke mit *gestrecktem* Profil –, zu jener *konvex*-aufgewölbten Profillinie übergeht, verläuft die *Gleichgewichts-* oder *Firnlinie*. In der Regel allerdings verläuft diese Höhengrenze eher etwas tiefer, was seine Ursache in der *Ablationsverstärkung* an der *Schwarzweißgrenze* vom Eisrand zum Fels- und Moränengestein hin hat. Dort, wo die *Albedo* auf dem dem Gletscher gegenüber immer dunkelfarbigen Gestein plötzlich abnimmt und die Strahlung in Wärme transformiert wird, *schmilzt* das Eis *konvex* zurück. Das geschieht bereits etwas *oberhalb* der Schneegrenze, während auf demselben Querprofil des Eisstromes unter dem Einfluß des durch geringe Wärmebildung gekennzeichneten *Gletscherklimas* an Ort und Stelle die Eisoberfläche ganzjährig von Firn und sogar noch von Schnee bedeckt bleibt. Dieser energetische *Gletscherrandeffekt*, der jene *Konvexität* des Querprofiles erzeugt, ist in prinzipiell *gleicher Weise* an der *Ablationsschluchten*- respektive *Ablationstälchenentstehung* ursächlich beteiligt – allerdings *einseitig* verstärkt. Diese einseitige *Verstärkung* durch die Insolation bei günstiger Lage zur Sonne bleibt genaugenommen *übrig* als *Hauptabgrenzungsmerkmal* eines Ablationstälchens. Theoretisch wäre ein solcher Unterschied auch durch eine *Farb-* und *Rauhigkeitsdifferenz* des Gesteins möglich, d.h. über ein verändertes Absorptionsverhalten den gleichen Einstrahlungsgaben gegenüber. Sie liegen im Gelände jedoch kaum vor und würden dann auch unter den sehr strahlungsintensiven Voraussetzungen subtropischer Breiten – selbst also bei symmetrischer Bestrahlung – zu einem besonders deutlichen Unterschied in der Ablationstalbildung auf dem betreffenden Gletschertalquerprofil führen. Damit wird auch über diesen Analyseschritt klar, daß es tatsächlich eine *kennzeichnende subtropische Eigenschaft* der Vergletscherung ist, Ablationsschluchten und -täler auszubilden.

Hier muß aber doch noch einen Moment verweilt werden. Genaugenommen gibt es in *allen* Breiten in den Ablationsbereichen von Talgletschern Hohlformen, die Ablationstälchen ähneln, nur daß diese *weder asymmetrisch* angeordnet noch besonders *prägnant* und *tief* ausgebildet sind, womit eine hinreichend offensichtliche, d. h. intersubjektiv nachprüfbare *zonalklimatische* Anordnung und Abgrenzung auf dem Globus nicht ganz leicht zu postulieren ist. Daß diese Formen dennoch in den *Subtropen zuerst* beschrieben und sozusagen entdeckt worden sind, spricht jedoch für ihre Prägnanz in diesen Breiten. Es passierte, was immer geschieht, wenn ein Phänomen plausibel wird: Man griff nach der *sinnfälligen* Erklärung durch die *starke subtropische* Insolation und versuchte damit *zugleich*, gegen die Ektropen abzugrenzen. Das letztere war *falsch*, denn was in den Subtropen *besonders deutlich* ist, muß in den Ektropen *nicht vollständig* aussetzen. Weil das jedoch im Fall der *Eispyramiden* weitestgehend gilt (Es gilt nicht immer: So wurden vom Verfasser z. B. auf dem Matanuska-Gletscher in den Chugach Mountains in *Alaska* im Zungenendbereich *Blankeiswälle* oder *-wellen* angetroffen, wie sie kleinräumig auf dem Morteratsch-Gletscher in der Bernina-Gruppe in den *Alpen* ebenfalls anzutreffen sind. Sie erinnern stark an die weicher geformten niedrigen *Eispyramiden* beispielsweise im Animachin-Massiv bei 34°30'N), entsteht durch die Analogiebildung mit ihnen der Fehlschluß, daß dies für die *Ablationsschluchten ebenfalls* so sein müßte. Aus jedem Vergleich ergibt sich offenbar die Verpflichtung, ihn *soweit als möglich* zu treiben und damit dann das Risiko zu *überziehen*.

Jede subtropische und damit *asymmetrisch*, d. h. hier *einseitig* angelegte Ablationsschlucht signalisiert eine diagonal zum anderen Gletscherzungenufer hin talauswärts *vorspringende ELA*. Das gilt – worauf hinzuweisen hier Gelegenheit ist – ebenfalls für *unterschiedlich* breite *Ufermulden* zwischen den Ufermoränenwällen und der Talflanke. Ein gutes Beispiel bietet der aus der Mt. Everest-E-Wand das Karma-Tal nach E hinabfließende Kangschung-Gletscher im Himalaya. An seinem linken Ufer sind *viele Generationen* von Ufermoränen angelagert, und auf diesem Weg der Akkumulation entstand nach und nach ein viele hundert Meter breiter holozäner *Ufertalsaum*. Auf der gegenüberliegenden, N-exponierten und damit schattseitigen Talflanke fehlen die Ufermoränen beinahe *vollständig*, und das Ufereis *liegt der Talflanke hart an* (Fotos 7 ↑, 6 ↓ u. 2 □ □). Betrachtet man daraufhin die *Gletscherursprünge* mit ihren Lawinen- und Firnkesseln, so fällt bei *übereinstimmender* Meereshöhe ihrer Oberflächen von etwa 5550 m der auf der Zunge *tief absteigende* Übergang vom Zehrgebiet unterhalb des N-licheren und darum *weniger beschatteten* Mt. Everest-Wandfußes zum *extrem schattigen* Lhotse-Wandfuß weiter S-lich, der bereits ein sehr produktives Nährgebiet ausmacht, sofort ins Auge.

4. Bortensander als neue glazialgenetische Kennform

4.1
Die Bortensander als Kennformen semiarider Vorlandvergletscherungen

Sicher kann man sich darüber streiten, ob die Bezeichnung *Bortensander*, die der Autor 1974–1976 (KUHLE 1974, S. 477–481; 1976, S. 55–64 u. S. 82–87) anhand SE-iranischer Beispiele zu *etablieren* versuchte, angemessen und gelungen ist. Weniger strittig ist der *Zeigerwert* der damit verknüpften *Formen* und *Sedimente*. Es handelt sich um einen Eisrandlagenindikator, der neben *Sandermaterial* auch *moränische Diamiktite* enthält oder jedenfalls enthalten kann und dessen Form gleichfalls auf die *beiden* Agenzien *Eis und Wasser* zurückgeführt werden muß. Der *Materialwechsel* vom Diamiktit zu glazifluvialem Sediment muß als *wichtigstes Merkmal eines Bortensanders* gelten, denn hierin liegt die *unmittelbare, harte Unterscheidbarkeit* von Mur- oder 'mudflow'-Diamiktiten bzw. von Schwemmschuttfächerablagerungen zu einer Moräne bzw. zu einem Sander begründet. Aus einem *Mur-Diamiktit* kann nämlich *nicht* unmittelbar eine Schotterablagerung hervorgehen, aus einer Moräne aber sehr wohl, denn nur der dahinter anliegende *Gletscher* liefert das dazu notwendige Wasser. Das jedoch *fehlt* dem unmittelbaren Einzugsbereich einer Mure weitgehend. Der zugrundeliegende *Nachweisgedanke*, aus dem heraus es lohnend ist, sich mit den prinzipiellen Merkmalen des Bortensanders zu befassen, ist der eines *stratigraphischen* Nachweises, der sich nicht so sehr am Material selbst als vielmehr an seinem *Wechsel* festmacht. Das ist bereits ein *methodischer* Schritt von der reinen Quartärgeologie und -sedimentologie auf die *Glazialgeomorphologie* zu, die sich ja *eigentlich nie* am Substrat, sondern vielmehr an seinen Grenzflächen, d. h. an der Form orientiert. Eine solche *Grenzfläche* – wenngleich hier keine Grenzfläche vom Lockergestein (Lithosphäre) zur Luft (Atmosphäre), sondern von Lockergestein zu Lockergestein – ist der *Trennbereich* zwischen der oben angesprochenen Moränen- und Schotterablagerung. Es ist ein *prozessual sehr scharfer* Trennbereich, an dem die *chaotisch* ablagernde Eisarbeit in die *klassierende* Verlagerung durch fließendes Wasser übergeht. Sichtbar wird dieser Trennbereich aber eher *allmählich* anhand fortgesetzt und verstärkt *ausgespülten* und glazifluvial *verlagerten* Moränenmaterials.

Nach dieser einführenden *prinzipiellen* Bemerkung muß die *geomorphologische* Vorstellung der *Form* 'Bortensander' dargestellt werden, ehe das methodisch Grundsätzliche wieder aufgegriffen wird.

4.1.1
Die Hauptmerkmale von Bortensandern

Diese Formen (Fig. 18) kommen heute nur in *holozänen* Derivaten vor, hatten aber ihre große Zeit während der *Hochglaziale* und der *Späteiszeiten*, als die *Gebirgsvorländer* von Gebirgsgletschern beinahe weltweit durch große *Piedmonteise* bedeckt worden sind. Was jetzt noch an Bortensandern anzutreffen ist, kann lediglich die *prinzipiellen Prozesse* und die daraus resultierenden Formen in *verzerrt*

4.1 Die Bortensander als Kennformen semiarider Vorlandvergletscherungen

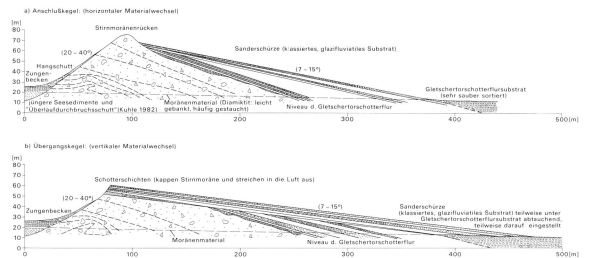

Fig. 18: Schematische Darstellung von Anschluß- und Übergangskegel (Entwurf: M. KUHLE).
Die zwei Hauptstadien der Bortensanderentwicklung, welche eine genetische Reihe bilden, so daß der Übergangskegel (b) das Endstadium darstellt (vgl. Fig. 19), was allerdings nicht immer erreicht werden muß. Der Anschlußkegel (a) wird durch einen bereits stabilen, aber noch hoch aufgewölbten Piedmontgletscherrand aufgeschoben (Stirnmoränenrücken) bzw. aufgeschüttet (Sanderschürze). Der Übergangskegel (b) dagegen ist an einen bereits heruntergeschmolzenen Eisrand gebunden, dessen supraglaziales Schmelzwasser die Stirnmoräne gekappt und darüber relativ flachlagernd sedimentierte Schotterschichten abgelegt hat (Fig. 19).

kleinen Formaten, zumeist sogar nur innerhalb von Gebirgstälern, belegen. Was aber den Bortensander eigentlich ausmacht, nämlich *Kennform semiarider Vorlandsvergletscherung* zu sein, ist allein mehr oder minder mittelbar aus dem vorzeitlichen Formenschatz heraus zu rekonstruieren. Auch hierauf ist noch einzugehen.

Die folgenden Grundzüge sind immer wieder anzutreffen: Die bestehende Hohlform eines *Zungenbeckens* (Fig. 18a) wird von *Endmoränen-* bzw. *Stirnmoräneninnenhängen* eingefaßt, die im ersten Stadium (Fig. 18a) in deutlich ausgebildeten *Moränenfirsten* kulminieren. Etwas unterhalb jener Kulminationen setzen am Moränenaußenhang relativ steil geböschte *Sanderschürzen* an, die aus den Moränen herausgespült worden sind. Es handelt sich dabei um die Wirkung von durch den Moränenwall hindurchsickerndem Gletscherschmelzwasser einer regelhaft beteiligten *su-* *praglazialen* Entwässerung der dem Innenhang anliegenden Gletscherzunge. Diese Darstellung beschreibt im Zusammenhang mit *Ufermoränenanlagerungen* und *-überschüttungen* (Kapitel 2.3.1) sowie derjenigen Stelle, wo es um *Nebengletscherzungendurchbrüche* durch Moränen und durch den Moränenwall hindurchtretendes Sickerwasser geht, das am Moränenaußenhang quellenartig austritt (Kapitel 2.3.3), eine Art Quellerosion, einhergehend mit der Aufschüttung eines kleinen Spezialschwemmfächers. Das dort Gesagte trifft ebenfalls die Verhältnisse am Außenhang einer *Bortensanderendmoräne*. Ein Teil des Schmelzwassers *durchsickert* die Moräne nicht allein da, wo sie tendenziell am wenigsten dick ist, nämlich in Firstnähe, sondern tritt auch an kleinen *Einsattelungen* über den Stirnmoränenwall hinweg. Von hier aus wird es an dessen Außenhang *moränenmaterialausspülend, verlagernd* und den Detritus neu sedimentierend, wirksam. Aus dieser Anordnung ergibt sich eine zunächst steile, dem Moränenaußenhang eng anliegende, *primäre* Sanderschürzenablagerung, die dann mit jeder weiteren Schicht *immer flacher* wird und folglich in zunehmend größerer Entfernung vom Moränenfirst die Basishöhe des Moränenaußenhangs erreicht (Fig. 18a). Dort verzahnt sich diese immer steilere Sanderschürze mit der flachen *Gletschertorschotterflur*, welche aus dem Zungenbecken in Verlängerung des Gletscherzungenendes herausgeschüttet wird. Die Gletschertorschotterflursedimente sind deutlich besser *gewaschen*, *gerundet* und *klassiert*. Sie sind von *rein fluvialen* Gebirgsschottersohlen kaum zu unterscheiden (s. Kapitel 2.1). Das ist bei den steilen Sanderschürzen anders. Sie stellen einen angenähert *kontinuierlichen* Übergang von *glaziärem Diamiktit* zu schlecht klassiertem, aber *eindeutig glazifluvial* abgelegtem Schotterfächersediment vor.

Der Prozeßablauf kann folgendermaßen gedacht werden: Der Gletscher stößt vor und schiebt mit seiner Zungenstirn die *Stirnmoräne* auf. Dabei erreicht er mit seinem *Zungenpegel* den *Moränenfirst* bzw. baut ihn als *Stapel*- oder *Satzendmoräne* mit seiner Obermoräne von der Zungenoberfläche her auf. Das ist die Situation des sozusagen *normalen* Endmoränenaufbaus. Um nun hieraus einen *Bortensander* werden zu lassen, bedarf es eines ungewöhnlich *stabilen, ausdauernden* Eisrandes. Das betrifft sowohl seine Grundrißkonfiguration wie die seines Aufrisses, schließt also die *Eisrandmächtigkeit* mit ein. Denn nur, wenn der obere Gletscherrand dem Moränenhang *hoch* anliegt, kann das *supraglaziale* Schmelzwasser sowie das am unmittelbaren Eisrand entstehende in *hinreichender Höhe* durch die Stirnmoräne *sickern*. Allein wenn dieser eher langsam und gering-wirksam ablaufende Vorgang – denn die Hauptanteile des Schmelzwassers kommen durch das Gletschertor sowie beidseits davon über die Gletscherzungenoberfläche ab und für die hier angesprochene Morphodynamik bleibt nur wenig übrig – über einen hinreichend *langen Zeitraum* garantiert ist, wird die angeschlossene *Sanderschürze* entstehen können. Das sind natürlich Verhältnisse, die auch wieder auf den *Gletscherzungengesamtgrundriß* reflektieren und ausschließlich an einen *großen Vorlandeislobus* zu denken erlauben, der ein ungleich größeres Volumen mitbringt als ein vergleichsweise schmaler, *kleiner Talgletscher*. Das *große* Eisvolumen verbürgt die *Dauerhaftigkeit* eines Eisrandes über die fortwährenden *kleinen* Klimaoszillationen hinweg. Der verhältnismäßig kleine *Gebirgstalgletscher* dagegen *folgt* hier fortwährend und *korrigiert* den eigentlichen Eisrand, so daß eine Sanderschürze und damit ein *Bortensander nicht* entstehen können. Steigt bei einer *Erwärmung* oder bei zunehmender *Trockenheit* die *Schneegrenze* über eine kleine Vertikaldistanz von wenigen Dekametern hinaus um mehr als 100 m oder gar um 200 m an, dann reagiert sogar ein sehr *voluminöses*, aus einem Gebirge ernährtes, abdeckend zusammengeschlossenes *Piedmonteis* mit der *Veränderung* des Eisrandes. Der *Grundriß* bleibt zwar noch längere Zeit stabil, aber die *Eisrandmächtigkeit* nimmt ab (Fig. 19). Die *Eismächtigkeitsabnahme* bei sonst beibehaltenem Eisrand wurde von MESSERLI (1964,

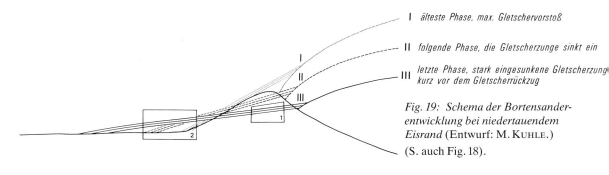

I ällteste Phase, max. Gletschervorstoß

II folgende Phase, die Gletscherzunge sinkt ein

III letzte Phase, stark eingesunkene Gletscherzunge kurz vor dem Gletscherrückzug

Fig. 19: Schema der Bortensanderentwicklung bei niedertauendem Eisrand (Entwurf: M. KUHLE.) (S. auch Fig. 18).

S. 21–27) sogar für kleine anatolische Gebirgsgletscher, in dem Fall ein *Kargletscher* am Erciyas Dagh, nachgewiesen.

Diese *Gletschermächtigkeitsabnahme* der weitgespannten *Vorlandloben* erfolgt zwangsläufig *langsam* und ist *schmelzwasserintensiv* infolge des bedeutenden absoluten *Eisvolumenverlustes*. Bei dem Niedertauen wird der *Moränenfirst* stellen- bis partienweise und allmählich dann auch *kilometerweit* längs des gesamten Eisrandes vom *Schmelzwasser gekappt*. Das von der Endmoräne abgetragene Substrat wird dabei in die immer flacher und weiter in das Vorland hinausgreifenden *Sanderschürzen* unter *abnehmendem* Schüttungswinkel integriert (Fig. 18b). Einhergehend mit der Gletschermächtigkeitsabnahme reichert sich zum Eisrand hin die Obermoräne an, die von den verstärkten *supraglazialen* Schmelzwasserabkommen als eine Art *Übergangsfächer* über den zunächst glazifluvial gekappten Stirnmoränenwall vielerorts ganz *gut klassiert geschichtet* wird und sich als weitere Vorland als *flachere*, gestreckt geschüttete *Sanderschürze* fortsetzt. In diesem *Stadium* und bei dem Ablauf *fehlt* dann die eigentliche *Stirn-* bzw. *Endmoränenbildung* vollständig. Die *Sedimentationsdynamik* wird von der Gletscherzungenoberfläche bis auf das Kegelsanderniveau in Verlängerung der viel flacheren Gletschertorschotterflur *glazifluvial* dominiert. Der Eisrand hat im Zuge seiner Volumenabnahme jegliche *Schubkraft* und damit *morphodynamische Konkurrenzfähigkeit* hinsichtlich der Sedimentation am Eisrand *eingebüßt*. Im Verlauf der sukzessiven *Tieferlegung* von *Eisrand*, Endmoräne und damit der Absenkung des *Schüttungsniveaus* am oberen Ansatz des *Bortensanders* (den der Verfasser englischsprachig auch als IMR = *Ice Marginal Ramp* bezeichnet hat; KUHLE 1989a u. 1990d) wird nicht allein die *Moräne gekappt*, sondern es werden zugleich die ersten, beim Gletscherrandhochstand noch *steil* und von *höherem* Ansatzniveau aus geschütteten *Sanderschürzensedimente* abgeschnitten (Fig. 18b). Man trifft darum als Hinterlassenschaft eines solchen *Vorlandlobus* eine *Rampenform* an, deren Decklagen aus glazifluvialem Material in geschichteter Weise aufgebaut sind und die zum Zungenbecken hin mit einer Oberflächenneigung von ca. 7–10°, die zugleich die der obersten Schichten ist, in die Luft *ausstreichen*. Das betrifft die Stelle, an der der Gletscherrand der Bortensanderrampe angelegt hat (Fotos 65 ☐ ☐ u. 72 ☐).

Dabei ist wesentlich, daß bei der Variante von Typ B nicht allein die Stirnmoräne heruntergekappt ist und dann darüber eine glazifluviale Aufschüttung in Gestalt eines Übergangskegels erfolgte, sondern daß wegen der *tiefer verlegten Wurzel* der Schüttung, die ja immer vom Eisrand – in dem Fall von einem tiefer verlegten Eisrand – erfolgen muß, die ursprünglichen, *steilen* Sanderschürzenschüttungen ebenfalls gekappt worden sind (Fig. 18 b).

Da Typ A zu Typ B wird, wenn der Eisrand *abgesenkt* wird, und dies hinreichend langsam erfolgt sein muß, damit die *Moränenkappung* und die einige Meter mächtige *Überschotterung* der Stirnmoräne statthaben konnte, wird verständlich, weswegen Typ B der am häufigsten *überlieferte Bortensandertyp* ist. Jede *komplette* Bortensanderentwicklung muß mit Typ B abschließen, weil *vor* dem Eisrückzug, d. h. dem vollständigen Austauen des Eises das *Niedertauen* erfolgen *muß*, was bei den für die Bortensanderentstehung konstituierenden Piedmontgletschern mit ihren relativ *großen Eisvolumina* entsprechend *langsam* vor sich geht. Trotzdem ist auch der Typ A *unverändert* überliefert worden, und zwar dort, wo die Gletscherzungen *gerade eben* das Gebirgsvorland erreichten, *ohne* sich randlich zu *einem gesamten* großen Vorlandeiskörper zusammenzuschließen. Erst bei einem solchen zusammengeschlossenen Gletscher erfolgt zum Gebirge hin oder sogar in dieses hinein noch ein zusätzlicher *Eismächtigkeitszuwachs* durch *Eisrückstau*. Der Typ A wurde beispielsweise im N-lichen Vorland des Kuh-i-Jupar (29–30°N SE-Iran, Kermaner Scharung, E-licher Zagros, um 2300 m ü. M.) als Zeuge der letzten hocheiszeitlichen Gletscherreichweiten beobachtet (KUHLE 1974, S. 478, Foto 8, Fig. 1; 1976, Bd. II, S. 103, Abb. 162, S. 105, Abb. 164 u. S. 75, Abb. 131). Während an der E-lichen Zungenbeckeneinfassung bereits das Stadium B jener *genetischen Reihe* mit *übergangskegelartigen* Schüttungen über die gekappte Endmoräne hinweg erreicht worden war, schließt der W-liche Teil und ein gesamtes W-lich benachbartes Zungenbecken noch mit einem *intakten Stirnmoränenwall* (Typ A) ab. Daß diese hier angeführten *kleinen* Vorlandgletscherzungen *nicht* den Bortensander-Typ B erreichen lassen, *bestätigt* die Konnexion von *langsamem Absenken* der Gletscherzungenoberfläche mit dem *Eisvolumen* – sozusagen als umgekehrte Probe bzw. *Kontrainduktion*. Die kleinen Zungen schmelzen nämlich so *schnell* herab und haben so geringen supraglazialen Schmelzwasseranfall, daß sie die Endmoräne *nicht* abzutragen, d. h. nicht zu kappen in der Lage sind. Darin besteht die Kopula des Typs A zu *kleinen* und des Typs B zu *großen* Vorlandeisloben (Foto 44 ↓↓).

Ein weiteres geomorphologisches Merkmal, das *nicht immer* übereinstimmt, ist die *Zerschneidung* und Zerrunsung der Bortensanderaußenhänge bzw. der Sanderschürzen bis hin zu ihrer Zerlegung in Tälchen (Fotos 44 ↓ ↓ u. 72 ↑↑ / /). Diese Zerschneidung *fehlt* überall dort, wo die *Solifluktion* sehr aktiv ist, was speziell nahe der Permafrostlinie gilt, wo die *größte Frostwechselmächtigkeit* des Schutts erreicht wird (KUHLE 1978, S. 355f.; 1985e, S. 186–191, Fig. 3). Als sprechendes Beispiel sind die *Bortensanderrampen* im N-lichen Vorland des Shisha Pangma anzuführen (Fotos 65 □ u. 66). Hier konnte sich *keine* Runsenspülung gegenüber der *Solifluktion* durchsetzen.

Mit dieser *Einschneidung* ist ein *Regimewechsel* verbunden, denn die *Sanderschürzen* wurden ja zunächst und *ursprünglich* durch die gleichmäßige *Sedimentation* von glazifluvial verlagerten Schottern *aufgebaut*. Nun aber muß irgendwann ein Einschneidungsvorgang *eingesetzt* haben, nach dessen *Zeitpunkt* zu fragen ist. Solange die Gletscherzunge dem Bortensander anlag, dürfte die Moränenschuttverlagerung noch in *vollem Gange* gewesen sein und die Einschneidung *unmöglich* gemacht haben. Wahrscheinlich ist, daß die *Zerrunsung* ihren ersten Anfang nahm, als das Schmelzwasser, was über dem Stirnmoränenbereich zu der Sanderschürze hin abkam, deutlich *weniger* wurde – ganz ähnlich, wie die *Wadieinschneidung* an den *Übergang* von einer *feuchten* zu einer *trockenen* Klimaphase geknüpft ist. Diese damit bei den hochglazialen Bortensandern mit der *Späteiszeit* verbundenen *Runsenansätze* wurden dann im Verlauf des *Holozäns* weiter *vertieft*. Es mag auch Formen geben, die überhaupt erst im *Postglazial* zerrunst worden sind. Hierfür spricht der gänzliche und *geomorphologisch* besonders signifikante *Umschlag* von einer *Aufschüttung* zu einer *Einsenkung*. Aus diesem Grund wäre es am *stimmigsten*, wenn die an Ort und Stelle auftreffenden, die *autochthonen Regenniederschläge* des Postglazials als Konzentration von Schichtfluten zu einer *rückschreitenden* Runsenbildung in die Bortensanderaußenhänge hineingeführt haben würden. Wie bereits gesagt, mag also nur der *erste Ansatz* der Zerrachelung stellenweise noch während der letzten Phase der Gletscheranlage bzw. während des eisrandstationären Niedertauens erfolgt sein.

4.1.1.1
Ein Einschub zur Auflösung des Gültigkeitsbereiches vom Aktualitätsprinzip

Die *Zerrunsung* der Bortensanderaußenhänge wird jedoch vorrangig die *hochglazialen* Eisrandlagen und allenfalls noch die *früh-spätglazialen* betroffen haben, weil nur diese *hinreichend tief* unter der *Permafrostlinie* liegen, um nicht zu starker *solifluidaler* Überformung ausgesetzt zu sein. Diese wirkt der Zerrunsung entgegen. Das ist die Ursache dafür, daß die spätglazialen Eisrandlagen im N-lichen Shisha Pangma-Vorland, die seit der damaligen Deglaziation S-Tibets um 400 oder mehr Meter als eine *glazialisostatische Aktivität* seit dem Abbau des tibetischen Inlandeises (KUHLE 1988g, S. 483–485; 1989d, S. 282f.) gehoben worden sind, gänzlich *runsen- und tälchenfrei* blieben und die *solifluidale* Formung unangefochten die Oberhand beibehalten konnte.

4.1 Die Bortensander als Kennformen semiarider Vorlandvergletscherungen

Hiermit wird das in der Geomorphologie sonst häufig anwendbare *Aktualitätsprinzip* (LYELL 1830–33 bzw. 1875) aufgelöst. Dies deshalb, weil die *rezenten* Gletscher um im Mittel 2000–2400 m weniger tief herabreichen, als die während der Eiszeit. Durch das *Absenkungsverhältnis* der *ELA-Depression* zur Depression der tiefsten *Gletscherenden* von etwa 1:2 flossen die Eisströme eiszeitlich bis sehr viel *tiefer* unter die Schneegrenze hinab als heute. Das bedeutet, daß die Gletscher zur Eiszeit in *fremdere Klimahöhenstufen* hinabgelangt sind. In unserem Zusammenhang heißt das, sie flossen sehr viel weiter *unter* die *Permafrostlinie*, als es den heutigen Gletschern möglich ist. Dahinter steht die *Gesetzmäßigkeit* einer *exponentiell zunehmenden* Geländeerschließung für die *Gletscherbedeckung* und zugleich ihre *vertikale* Reichweite durch eine in das Relief (besonders deutlich im Hochgebirgsrelief) eingesenkte Schneegrenze (KUHLE 1986e, S. 46–48, Abb. 5 u. 6; 1988c, S. 566, Fig. 9). Je *weiter* das Gletschernährgebiet über die ELA *aufragt*, desto *tiefer* greifen die Gletscher herab, womit die *vertikale Gletscherreichweite*, das Vermögen der Gletscherenden, bis in einen anderen, tieferen, *wärmeren* Klimabereich vorzustoßen, nicht allein von der *Verlaufshöhe* der Schneegrenze in einer bestimmten Klimazone abhängt, sondern gleichfalls von der *Einzugsbereichshöhe*. Deshalb fließen die Gletscher bei *übereinstimmender* Schneegrenzhöhe von *höheren* Bergen *tiefer* hinab als von den niedrigeren. Diese Ausführungen machen transparent, weswegen die *eiszeitlichen Bortensander* in den niedrigen Vorländern der *sehr hoch* aufragenden zirkumtibetischen Gebirge im Bereich ihrer außenseitigen Sanderschürzen stark zerrunst bis zertalt sind (s. Fotos 44 ↓, 72 ∕ ↑). Sie reichten während des Hochglazials bis tief *unter* die Höhenstufe der starken periglazialen Wirksamkeiten hinab. Da aber die *autochthone*, tiefer zerschneidende Runsenspülung erst *nach* dem Rückzug des Eisrandes von den Bortensanderinnenrändern erfolgt ist, lagen die betreffenden Bortensander nach der zur ELA in annähernd *festliegender Distanz* erfolgenden Anhebung der *Permafrostlinie* und *Solifluktionsaktivität* während des gesamten Holozäns *besonders tief* in der der Spüldenudation und *Runsenspülung* exponierten Höhenstufe.

Das *Aktualitätsprinzip setzt* nun insofern *aus*, als die *rezenten* und *subrezenten*, den Bortensandern verwandten Bildungen *desselben* innerasiatischen Gebietes beinahe alle im heutigen Solifluktionsgebiet liegen und selbst bei noch *weiterer* Anhebung der ELA bzw. Permafrostlinie weitgehend *liegenbleiben* werden. Nur diejenigen *Ausnahmegletscher*, welche an die *höchsten* Einzugsbereiche angeschlossen sind und deshalb noch heute die periglaziale Höhenstufe durchstoßen, indem sie bis *tief* in die *Waldhöhenstufe* abfließen, erreichen eine *klimatisch* für die Runsenspülung und Bortensandertälchenbildung *geeignete* Höhenstufe. Dort *verhindert* jedoch eine Bewaldung diese Morphodynamik, wie beispielsweise in Alaska und in Yukon (Alaska Range und Mt. Logan-Massiv). Aber selbst dort, wo die entsprechenden *ariden* und *semiariden* Bedingungen vorliegen wie im Karakorum und die Gletscher heute hinreichend *tief* bis *unter* die Permafrostlinie hinabgelangen – wie das im Karakorum-System ebenfalls gilt –, besteht darum *nicht* die Voraussetzung einer postglaziären Bortensanderzerrunsung, weil die Gletscherenden in den Tälern liegenbleiben und *nicht* das Gebirgsvorland erreichen. Aber *allein hier* können sich richtige Bortensander entwickeln (s.o.). Zugleich *topographischer* Art ist folglich der Zusammenhang, der das Aktualitätsprinzip im Hinblick auf die Bortensander *relativiert*. Zwangsläufig liegen die *Gebirgsvorländer* tendenziell *tiefer* als die *Gebirgstäler*, womit die *Vorlandvergletscherungen* notwendigerweise eiszeitlich *zunehmen müssen*. Diese Gesetzmäßigkeit wird von dem prinzipiell selben Verstärkungseffekt getragen, der die vorzeitlichen Gletscherenden sehr bzw. sogar zunehmend *tief* hinabfließen ließ (s.o.). Diese *Progression* der *vergletscherten* Vorlandflächen mit *Schneegrenzabsenkung* versteht sich aus der Tatsache, daß *alle Tiefländer* – die ja überwiegend Flachländer sind – als *Gebirgsvorländer* angesprochen werden müssen. Darum war auch das N-europäische Inlandeis lediglich eine extrem *vergrößerte* Version des *frühglazialen* S-skandischen *Vorlandeises*, und auch im Spätglazial ist dieses Eis zu einem *Vorlandeis* des Skanden-Gebirges zurückgeschmolzen.

Der geomorphologische Zusammenhang von 'Bortensanderbildung' und N-europäischem Inlandeis ist – und das wahrscheinlich aus *klimatischen* Gründen – nur schwer herzustellen, denn an seinem S-Rand dürften immer *kalt-humide* Verhältnisse geherrscht haben. Die Niederschläge sind dort im W auf 400 und im E auf 200–300 mm zu schätzen, was in Relation zur geographischen Breite von 51–53°N und der gegenüber der *subtropischen* Breite von Hochasien stark *reduzierten* Einstrahlung als immer noch *recht feucht* einzuordnen ist. Dennoch gibt es an den Typ des Bortensanders *angelehnte* Formen in Gestalt der sogenannten *Übergangskegel* und *Sanderwurzeln*, die auch aus dem Gebiet der hochglazialen *nordalpinen Vorlandvergletscherung* beschrieben worden sind (TROLL 1924 u. 1926; SCHAEFER 1981 u. a.). Dort lieferte eine Gletscherzunge relativ *viel Schutt*, zugleich auch *hinreichend Schmelzwasser* und ist überdies einigermaßen stationär gewesen, d. h., sie schob *kaum* Stirnmoränenmaterial zusammen, so daß partienweise *unmittelbar* vom Eisrand *ohne* zwischengeschaltete Endmoräne ein solcher *Sanderfächer* und *Übergangskegel* durchaus in Art einer *Sanderschürze* geschüttet worden ist. Im Grundriß besteht *Verwechslungsgefahr* mit einem *Kegelsander*, der zwischen den Endmoränen hindurch – ausgehend vom Gletschertor – sedimentiert wird. Der fächerförmige Grundriß betrifft den Typ 'Sanderwurzel' ebenso, wobei hier die proximalen einengenden Endmoränen seitlich des Kegelsanders fehlen. Übergangskegel und Sanderwurzelfächer sind deutlich flacher (nur um 2–5° geneigt im Mittel) als Bortensander.

4.1.1.2
Die charakteristische Grundrißkonfiguration von Bortensandern

Es war im Hinblick auf das Aktualitätsprinzip von denjenigen *Bortensanderrunsen und -tälchen* die Rede, die im wesentlichen als postglaziäre Bildungen verstanden worden sind. Ihre Anordnung richtet sich nach der *Fallinie* des Bortensanderaußenhanges. Diese fällt – der Fächer- oder Kegelrandform des Bortensanders folgend – *radialstrahlig* und *rechtwinklig* von der Flucht, in der die Stirnmoräne das Zungenbecken einschließt, ab. Die Bortensandertälchen sind demnach *rechtwinklig zum Eisrand* eingelassen worden. Es gibt zwei Entwicklungsstadien der Tälchen, die zwar postglazial weiterentwickelt worden sind, aber zeigen, daß sie *primär* mit der Bortensanderentwicklung *zusammenhängen*: 1. Repräsentiert durch die Tälchen, die bis in die Nähe der Endmoränenflucht zurückerodiert worden sind bzw. dort ihre *Ursprungsmulde* haben (Foto 72 ╱ ↑), denn es wird dabei nicht immer klar ersichtlich, ob es sich um *rückschreitende* Erosion handelt, die die Tälchen entstehen ließ, oder ob sie ihre Existenz der *Quellerosion* verdanken (Quellerosion heißt hier Erosion des durch die Stirnmoräne hindurchsickernden Wassers); 2. die Tälchen greifen *nicht nur* bis an die Rückseite der Stirnmoränenwälle respektive ihre glazifluvial übersedimentierten Fluchten zurück, sondern sogar durch diese *hindurch*, so daß ihre *Tiefenlinien* zu den inzwischen eisfreien Zungenbecken in die Luft ausstreichen (s. Foto 72 ☐ ╱). Es handelt sich um Formen, die an *geköpfte* Tälchen erinnern. Im zweiten Fall ist offenbar, daß bei der Entstehung ein unmittelbarer *Eisrandkontakt* bestanden haben muß, von dem her das Schmelzwasser über die Stirnmoräne getreten ist und das Tälchen eingeschnitten hat. Heute, postglaziär, würde nämlich der Einzugsbereich eines solchen Tälchens *fehlen*, und eine rezente *autochthone Runsenspülung* ist *nicht* in der Lage, ein *durchgehendes, gleichsinniges Gefälle* vom Zungenbeckenrand bis über die Stirnmoräne in die gebirgsabgewandten Hänge des Bortensanders

4.1 Die Bortensander als Kennformen semiarider Vorlandvergletscherungen

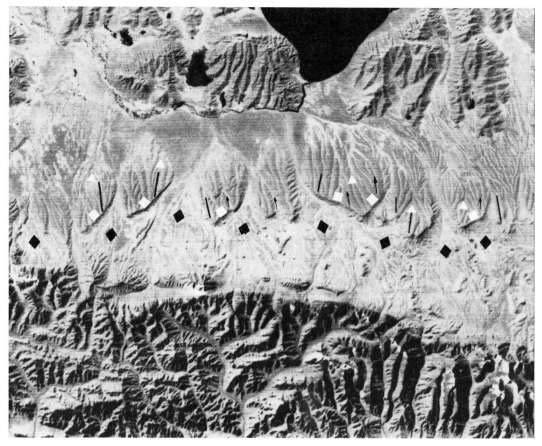

Foto 72: Senkrechtaufnahme von Bortensandern, Kuenlun, N-Tibet (Aufn.: ERTS E-2691-03112-701, 13.12. 1976).
Die Satellitenaufnahme (35°13′N/91°50′E) zeigt über 20 km von W nach E aufgereihte Bortensander (□) im S-lichen Vorland des Kuenlun-Gebirges im N-lichen Zentraltibet zwischen 4600 und 4300 m ü. M. Sie fassen den Eisrand eines von N (von oben) gespeisten, zusammengesetzten spätglazialen Piedmontgletschers ein, der einzelne zungenförmige Stammbecken (◇) hinterlassen hat. Die Bortensandertälchen (╱ ↑) führen in stumpfem Winkel von den Endmoränenkulminationen ins weitere Vorland hinab.

hinab entstehen zu lassen. Die damit aufgeworfene Frage nach der glazifluvialen Bortensandertälchenentstehung, die vor dem Problem steht, daß einmal glazifluvial aufgeschüttet wird und dann aber ein Umschwung zur glazifluvialen Einschneidung in diese Sedimente hinein zur Erklärung aussteht, kann folgendermaßen beantwortet werden: Es wird so lange über die Endmoränen hinweg aufgeschüttet, wie der *Obermoränennachschub* das supraglaziale überfließende Schmelzwasser *auszulasten* vermag. Ändert sich dann aber das *Last-Kraft-Gefüge* zugunsten des Schmelzwassers, was bei mehr und mehr aussetzendem *Schuttnachschub* seitens des abschmelzenden Gletschers und Eisrandes zwangsläufig ist, dann *schneidet* das Schmelzwasser jene *glazifluvialen* Bortensanderrunsen und -tälchen ein. Es folgt dabei mit dem *Ausgangsniveau* der Erosion der sich *absenkenden* Gletscherzungenoberfläche.

Weitere Hauptmerkmale der Grundrißkennform erlangen gleichfalls durch die weltweit zur

Verfügung stehenden Satellitenaufnahmen, welche selbst bei großem Maßstab Bortensander auf diesem Weg kartierbar machen, größere Bedeutung (s. Foto 72) (vgl. KUHLE 1984 b, S. 299, Foto 6 u. S. 301). Man hat sich – wie oben ausgeführt – im Gebirgsvorland *aufgereihte* Zungenbecken vorzustellen, die von End- bzw. Stirnmoränen eingefaßt sind. An diese schließen *Bortensanderrampen* an, die ins weitere Vorland hinaus abgedacht sind. Sie werden von *rechtwinklig* zum Eis- bzw. Zungenbeckenrand angeordneten *Bortensandertälchen* strukturiert (vgl. KUHLE 1984 a). Da die Bortensander zwischen *zwei benachbarten* Zungenbecken zu einem Mittelmoränenzwickel *spitz zusammenlaufen* und gegen das Gebirge hin vorspringen (wobei ihre Moränen von hier aus als Ufermoränen, die zu Endmoränen umbiegen, auseinanderlaufen), entstehen zwischen den Ufer- bis Endmoränenbögen der beiden Zungenbecken *konvergierende* Sandertälchen, die von jeder Moräne rechtwinklig abstrahlen und in einem *zentralen* Bortensandertal *zusammenlaufen* (s. Foto 72 △). Das Zusammenlaufen der Tälchen tritt in der *größerräumigen* Oberflächenform des Bortensanders als zwischen den zwei Ufer- bis Endmoränen eingemuldete Depression in Erscheinung. Es handelt sich also – im Gegensatz zum Schwemmschuttfächer, der *konvex* ist – um eine vom proximalen Mittelmoränenzwickel aus ins Vorland hinabziehende, im Querprofil *konkave* Form.

Die skizzierten Grundrißformen erreichen beispielsweise im Issykul-Gebiet (zentraler Tienshan) und ebenso in der Kuenlun-S-Abdachung *Dimensionen von Dekakilometern* (s. Fotos 72, 73 u. 66).

4.2 Die Schwemmschuttfächergenese als eine auszuschließende Entstehungsweise von entfernt konvergenten Erscheinungen zu den Bortensandern

Auf die *Andersartigkeit* der überlieferten Vollform eines Bortensanders und eines *Schwemmschuttfächers* ist oben hingewiesen worden. Die gleichfalls erkennbare *Ähnlichkeit* ist dann am größten, wenn man *nicht* die zwischen den Zungenbecken liegenden Bortensanderakkumulationen als Einheit betrachtet – sie sind ja auch von zwei *verschiedenen* Eisloben ausgehend zusammengeschüttet worden –, sondern wenn der einzelne, ein Zungenbecken umkränzende Bortensander betrachtet wird. Dabei könnte man die irrtümliche Anschauung gewinnen, den Rand eines großen *Schwemmschuttfächers* vor sich zu sehen, der in seinem proximalen Teil rein *zufällig* zungenbeckenförmig ausgeräumt worden ist. Diese Sicht betrifft eine Form mit ebenfalls *konvexer* Oberfläche, d. h. in dem Fall mit einer *Kegelmantelform*, wobei ihre Kulmination der *Erosion* anheimgefallen sein müßte. Eine solche alternative Erklärung ist folglich bemüht, die Bortensanderform allein durch fluviale Prozesse zu erklären. Die Aufschüttung einer Fächerform ist dabei recht unmittelbar als fluvial verständlich, jedoch macht der *zungenbeckenförmige* Ausraum Schwierigkeiten. Hier müßte der *Zufall* bemüht werden, weil die Zungenbeckenform *keinen* funktionalen Bezug zur Wildbacherosion hat. Dagegen ist der *funktionale* Bezug zu einem Gletscherende evident. Es gibt allerdings vorzeitliche oder subrezente *Schwemmschutt-Murgelkombinationen*, die in diesem Punkt einem Bortensander ähnlich sind, weil sie in ihrem prozessualen Abschnitt regelhaft in die Luft ausstreichen. Es ist dabei aber nicht wirklich der für Bortensander zu fordernde *Zungenbeckengrundriß* entstanden. Vielmehr handelt es sich eher um ausgeweitete, *linienhafte* fluviale

Einschnitte, die durch die proximalen Teile eines solchen Fächers angelegt werden. Wenn solche Fächerformen unmittelbar bzw. unvermittelt im Ausgang von kleinen, steilen Hängetälern – wie man sie zum Beispiel im Rio de las Vacas-Talbereich in den Anden (Aconcagua-Gruppe, 32°S) antrifft – entstanden sind, ist *nicht immer* endgültig zu entscheiden, ob die Form allein fluviatil, glazifluviatil oder glaziärglazifluviatil – letzteres wäre ein Bortensander – ausgebildet worden ist. Im Falle des Bortensanders wird die Sache natürlich deutlich durch die *Anwesenheit von Diamiktiten*.

Zweifelsfrei ist die Entscheidung dagegen bei *weit draußen* im Gebirgsvorland liegenden, einschlägigen Akkumulationsformen. Hier nämlich muß im Fall eines *Schwemmschuttfächers* eine *Fortsetzung seiner Oberflächenneigung* vom Vorland zum Gebirgsfuß zurück *gedacht* werden (Fig. 20). Dabei kann allein von der Oberflächenbeschaffenheit dieser Form *weit im Vorland draußen* ausgegangen werden. Anhand von Aufschlüssen ist es natürlich, parallel zu der Formenansprache von in ihnen sichtbaren Diamiktiten oder jenen im Kern steileren und zum Hangenden hin immer flacheren, gekappten glazifluvialen Schotterlagen (s.o.), auch *rein sedimentologisch* möglich, die Unterscheidung von einem Bortensander zu einem damit verwechselbaren Schwemmschuttfächer ziemlich leicht und unmittelbar vorzunehmen.

Wir wollen uns jedoch aus *nachweismethodischen* Gründen dennoch mit der Oberflächenform beschäftigen. Die um 7–15° (oder 7–10° auf Fig. 20) geneigte Rampenoberfläche des *vermeintlichen* Schwemmschuttfächerrestes liegt im ausgewählten Fall des Ch'ing-Hai-Nan in NE-Tibet 8 km vom dort unter die *Alluvionen* abtauchenden anstehenden Gebirgsfuß *entfernt*. Diese Alluvionen wurden von jüngeren *Gletschertorschotterfluren* der in das Gebirge zurückgeschmolzenen jüngeren Gletscher aufgeschüttet. Das würde hinsichtlich des *Schwemmschuttfächermodells* einen *zungenbeckenförmigen Ausraum* über eine entsprechende große Distanz bedeuten, der dann als ursprünglich verfüllt und mit etwa *gleichbleibender* Oberflächenneigung zum Gebirge hin ansteigend zu denken ist, um den vermeintlichen einstigen noch *intakten* Schwemmschuttfächer in seinen Gesamtumrissen vorzustellen. Das Diagramm macht deutlich, daß selbst bei der flacheren Schwemmschuttfächerversion (um 7° geneigt) seine Oberfläche den Sporn am Talausgang und Gebirgsfuß (bei 10 km) um beinahe 900–1000 m *überragt* und weiter gebirgseinwärts *nirgends* die Umrisse der anstehenden Berge des Massivs auch nur *schneidet*. Sogar der höchste Gipfel dieser Gebirgsgruppe des

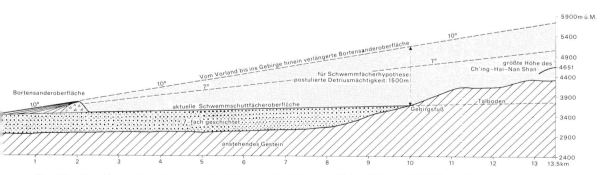

Fig. 20: *Zur Alternative: Bortensanderbildung oder Schwemmfächer* (Entwurf: M. KUHLE).
Die Skizze bringt zum Ausdruck, daß die noch am nächsten liegende alternative Erklärung für Bortensanderformen als Relikte fluviatiler Schwemmfächer vielerorts, wie beispielsweise im Ch'ing-Hai-Nan Shan, ausscheidet, weil die gebirgswärtige Verlängerung der mit 10° oder 7° ansteigenden Rampenoberflächen (– – – –) um 1249 m bzw. 500 m sogar über die größte Höhe des Gebirges (4651 m ü. M.) im Einzugsbereich hinwegzieht.

Ch'ing-Hai-Nan Shan – er erreicht 4651 m Höhe – würde selbst von jenem *flacheren* fiktiven Schwemmschuttfächerprofil um ca. 400 m *überragt* werden (vgl. Fig. 20). Die hieraus resultierenden, ganz offensichtlichen *Bilanzverhältnisse* von dem *anstehenden Gestein* des Gebirges zum möglichen *Schuttanfall* zeigt, daß das Schwemmschuttfächermodell *unmöglich* mit der Realität übereingestimmt haben kann. Keine Gebirgsgruppe kann derartig viel Schutt produzieren, daß ihr höchster Gipfel mehrere hundert Meter mächtig von Schwemmschuttfächerdetritus oder gar -geröllen abgedeckt werden kann. Hier fehlt bereits die pure *Vorstellungsmöglichkeit* dafür, auf welche Weise und *von wo herab* ein solcher, die gesamte Gebirgsgruppe verschüttender, riesiger Schwemmschuttfächer geschüttet worden, *von wo* das Wasser gekommen sein könnte usw. Tatsächlich – und das belegt diese *kontrainduktive* Analyse der offenkundig unmöglichen *Schwemmschuttfächeralternative* einmal mehr – muß die Erklärungsvariante eines primären, zungenbeckenförmigen Ausraumes als einzig nachvollziehbar gelten. Dieser Ausraum ist auf dem Wege der Schwemmschuttfächerhypothese *nicht* erzielbar, sondern *allein* auf dem der Piedmontvergletscherung, verbunden mit einer Bortensandergenese (s. o.). Auf Fig. 20 wurden dementsprechend ein *Stirnmoränenwall* aus glaziären Diamiktiten und die an ihn anschließenden, im Kern steilen und nach oben sowie in die distalen Abschnitte hinab immer flacher geschütteten *Sanderschürzenschichten* eingezeichnet. Sie sind auf der Forschungsreise 1981 in dargestellter Weise an Ort und Stelle angetroffen worden (KUHLE 1982d, S. 23; 1982b, S. 70; 1987c, S. 215–221 u. S. 259–262). Als weitere Unterstützung gegen eine Verwechselbarkeit mit Schwemmfächern kann angeführt werden, daß die in diesem Fall zu verwechselnden distalen Schichten, die in Fig. 20 eingetragen worden sind, hinsichtlich einer Schwemmschuttfächervorstellung die *flachsten* sein müßten und ihre Steilheit zum Gebirge dann zunimmt, denn eine Schwemmschuttfächeroberfläche – gerade von sehr großen, viele Kilometer übergreifenden Formen – *hängt* in ihrer Hauptschüttungsrichtung leicht konkav *durch*. Wir hätten darum zum Gebirge hin von *noch weiter* zunehmenden Schottermächtigkeiten auszugehen. Folglich gibt es *weder* sedimentologisch *noch* geomorphologisch die methodische Möglichkeit, den Typ *Bortensander* anders als primär glazialgenetisch zu erklären und zu fassen.

4.2.1
Zusammenfassende Bemerkungen zur Leitform 'Bortensander' anhand seiner beobachtbaren Verbreitung

Wie angesprochen, sind die *eigentlichen* Bortensanderformen als charakteristische Erscheinungen von Gebirgsvorländern, noch dazu von Vorlandbereichen in *semiaridem* Klima, *heute* auf der Erde kaum irgendwo anzutreffen. Dennoch wurden vom Verfasser in W-Grönland, in N-Skandinavien und auch im Himalaya den *Bortensandern adäquate* Erscheinungen angetroffen, die zwar weder von ihren *Größenordnungen* noch in bezug auf die eigentlich notwendige *Stabilität* des Eisrandes oder als Piedmonterscheinung in *semiaridem* Milieu die charakteristischen Merkmale dieses Formentyps tragen, die ihm aber in anderen, gleichfalls *wesentlichen* Einzelheiten und Prozeßabläufen, die vorzeitlich auf der Erde sehr viel ausgeprägter und verbreiteter waren, *nahe* kommen oder sogar annähernd entsprechen. Das gilt vorrangig für das *supraglazial* abkommende Schmelzwasser, das *über* die Endmoräne hinwegfließt, sie *kappt* und *über* ihr glazifluvial klassiertes Substrat *aufschichtet* (Foto 44 ↓ ↓). Auf diesem indirekten Weg war es somit möglich, in die *Vergangenheit* zurückzugelangen und anhand von reduzierten Prozeßabläufen, die heute noch beobachtbar sind – wie z. B. die Aufschüttung der Sanderschürze am Außenhang des Bortensanders über die Endmoräne hinweg –, auf die *Gesamtentstehung* jener echten Vorland-Bortensander zu schließen. Sie finden sich in den halbtrockenen, dekakilometerbreiten, relativ flachen Ufersäumen rund

4.2 Die Schwemmschuttfächergenese

Foto 73: Bortensander *(Ice Marginal Ramps), Tienshan-Vorland* (Aufn.: M. KUHLE, 10.9.1988).
Klassischer Eisrandlagenanzeiger vom Typ 'Bortensander' (IMR = Ice Marginal Ramps) im N-lichen Vorland des zentralen Tienshan (Issykul-S-Ufer, 1700 m ü. M., 42°12'N/78°E). Wo diese Rampenformen nach rechts zum Gebirge hin in die Luft ausstreichen, lag der eiszeitliche Oberrand des Vorlandgletschers, der aus den Bergen gespeist worden ist, an (◢). Das hier ausgetretene und supraglazial abgekommene Schmelzwasser schüttete die anschließende Schräge des glazifluvial sedimentierten Übergangkegels auf (←). Die eingearbeiteten, ebenfalls schrägen Terrassenkanten belegen einen Eispegel, der schrittweise (d. h. in Stufensprüngen) abgesenkt worden ist (▽).

um den Issykul-See zwischen 1600 und 2000 m ü. M. in den Gebirgsvorländern vom N-lichen und zentralen Tienshan. Hier ist auf eine Distanz von weit über hundert Kilometern Bortensander an Bortensander *gereiht* (vgl. Fotos 73 u. 66). Man trifft diese Formen *überall dort* an, wo die Gipfel der Gletschereinzugsgebiete eine bestimmte Mindesthöhe (hier am Issykul zwischen 3500 und 4000 m) überschreiten, denn *nur dort* haben die hochglazialen Eisströme das Vorland erreicht. Einzelne unter ihnen gelangten sogar bis zum 190 km langen Issykul und *kalbten* in bis zu 50 Kilometer ausgedehnten Fronten in diesen See. Auch heute fallen hier nur *wenige* hundert Millimeter Niederschlag pro Jahr, aber eiszeitlich dürften es kaum über 100–200 mm/J gewesen sein, was in der Breitenlage von 42°N als *semiarid* einzuordnen ist. Weitere Bortensander wurden am N-Rand des Quilian Shan (Nan Shan) kartiert (KUHLE 1982b, S. 71; 1987b, S. 276–279). Sie liegen in 1900–2400 m ü. M. und stellen bei gleichfalls *semiariden* bis *nahezu ariden* Bedingungen um 38–40°N die *Leitformen* zur jüngsten Rekonstruktion der *letztglazialen Eisausdehnung* bis an den Rand der Wüste Gobi hinab dar. Ihre Bedeutung liegt vor allem darin, daß sie *Leitformen zur Klimarekonstruktion* sind. Über die Bortensander am S-Abfall des Quilian Shan, am Datsaidan Shan und im Bereich der großen intramontanen Becken S-lich des Kakitu-Massivs konnten ebenfalls *vorzeitliche Gletscherausdehnungen* erschlossen werden (KUHLE 1981, S. 79; 1982b, S. 71f.; 1987b, S. 271–273 u. S. 290–293), die gerade aufgrund der semiariden Bedingungen kürzlich noch für unmöglich gehalten worden sind (u. a. v. WISSMANN 1959, S. 238–240, S. 250–252 u. S. 263–265; FRENZEL 1960, Karte: ›Eiszeitliche Vergletscherung, Schneegrenze, Binnenseen usw. in Sibirien, Zentral- u. Ostasien‹; SHI YAFENG et al. 1982; XENG BENXING 1988, S. 525 u. S. 527–535; LI TIANCHI 1988, S. 650f. u. Tab. 1).

4.2.1.1
Ein Einschub zur Verwechslung von Bortensandern mit längs von Verwerfungen verstellten Sedimenten

Bei solchen Verwechslungen ist man allerdings methodisch *unakzeptabel*, nämlich *deduktiv* vorgegangen. Der Tenor der Argumentation lautete in der Regel: Es ist zu *trocken* für eine großräumige Gletscherbedeckung z. B. in N-Tibet, N-lich der Tsaidam-Depression, weshalb sich eine solche dort *nicht* hat entwickeln können. Spannender, weil für den Wissenschaftsbetrieb ebenso charakteristisch und zugleich entlarvend, ist die daraufhin erfolgte *Umdeutung* moränenverdächtiger Ablagerungen, die bereits vor Jahrzehnten schon sporadisch beobachtet und registriert worden sind (WENG & LEE 1946 u. a.), in sogenannte *Pseudomoränen* und *Murablagerungen*. Jene Bortensander wurden von WENG & LEE aus der S-Abdachung des Quilian Shan beschrieben und bereits zutreffend als *glaziär* angesprochen. Die für Bortensander kennzeichnenden, steil in das Vorland hinausgeschütteten und dort abtauchenden *Sanderschürzenschichten* sind allerdings als postglazial tektonisch verstellte, ehemals flachlagernde Schotterflursedimente eingeordnet worden. WENG & LEE konnte die *weltweite Verbreitung* von Bortensandern (s. u. Kapitel 4.3) und damit ihre ausweisbaren typologischen Merkmale noch nicht bekannt sein. Diese großräumige und spezifische Verbreitung wurde erst 1983 (KUHLE 1984a, S. 127 u. S. 137) erkannt. Die ursprüngliche Ansprache als tektonisch induzierte Formen war methodisch jedoch darum zwangsläufig, weil die N-lichen Gebirgsrandbereiche vom Kuenlun zum Tarim-Becken (Taklamakan) – wo ebenfalls Bortensander vorkommen – oder auch vom Quilian Shan zum Becken der Wüste Gobi hinab aufgrund der zunehmenden, eingetragenen Sedimentlast tatsächlich als *Absenkungsgebiete* gelten müssen, die in einem gewissen *Ausgleichszusammenhang* zum S-lich angrenzenden Hebungsbereich des tibetischen Hochlandblockes gesehen werden können. Dabei ist an das Modell der *orogenetischen Saumsenken* zu denken, die durch die *Kohlebildungsgürtel* um – in der Regel allerdings feuchtere – Gebirge herum durch viele Erdzeitalter hindurch ihre Bestätigung als *syngenetische Absenkungsbereiche* erfahren haben. Derartige *Absenkungen*, die glaziäre Sedimente mit betreffen, sind beispielsweise auswärts der Siedlung Pusha, beidseits des Karawanenweges aus dem Kuenlun nach N, zur großen Bewässerungsoase Yeh Cheng ins Tarim-Becken hinaus, direkt am S-lichen Beckenrand zwischen 1750 und 2000 m Meereshöhe zu beobachten. Hier sind keine Schotterbänke, sondern *Ufer- und Endmoränenbankungen* an einer *Gebirgsrespektive Beckenrandverwerfung* orientiert, scharf nach N abgeknickt. Vorher annähernd sölig, fallen sie plötzlich steil (20–30°/30–35°) ein. Daß dieser Vorgang postglazial – wahrscheinlich post-rißglazial – stattgefunden hat, geht aus den Moränendatierungen, die älter als *hochwürmzeitlich* sind, hervor. Hierfür liegen dem Verfasser *unmittelbar bergwärts* entnommene Moränenproben vor, die auf ca. 38 bis 19 Ka vor heute TL-datiert worden sind (Datierung: XU DAOMING & S. FEDOROWICZ 1989). Anhand der vorliegenden geomorphologischen und stratigraphischen Indikatoren läßt sich jene *Schichtverstellung* und *tektogeomorphologische* Veränderung der Moränenrückenoberfläche unmittelbar ableiten. Aus ihrem Rückenverlauf sind nämlich dabei die ursprünglichen Moränenschichtköpfe zu *Schichtkämmen* herausgekippt worden. Sie ziehen in Generalrichtung W/E streichend über einige benachbarte Mittel- bzw. Ufermoränenrücken hinweg. Ihre Fluchtlinie macht den *Verwerfungsverlauf* erkennbar. Jene Schichtköpfe steigen geomorphologisch *unvermittelt* aus den sonst weich gerundeten und im Längsprofil *gestreckten* Hügelformen heraus. Entsprechende Verhältnisse könnten durchaus auch die steilen *Sanderschürzen* an den Bortensanderaußenhängen am Gebirgs- bzw. Beckenrand überlagernd *weiter versteilen* und an eine *rein tektonische* Entstehung denken lassen, wie sie von WENG & LEE (1946) verstanden worden ist.

An dieser Stelle soll ausdrücklich auf eine Verwechslungsgefahr von *tektonischen* Verstellungen mit jenen steilen *Sanderschüttungen* aufmerksam gemacht werden, wie sie den Außenrand von Bortensandern bilden, wo Schüttungswinkel von 7–15° auftreten, ihre Schichten zum Gebirge hin in die Luft ausstreichen und demnach scheinbar kein Einzugsbereich vorliegt. Was sich hier überlagert und das Verwechslungsrisiko vergrößert, ist das sowohl für Bortensander als auch für Gebirgsrandverwerfungen *konstituierende* Gebirgsvorland. Darum sind mit Bortensanderbildungen vielerorts jene – häufig allerdings bereits auf den *ersten* Blick von weitem zu differenzierenden – steilgestellten, oft buntfarbigen, *neogenen Sandsteinserien* vergesellschaftet. Das gilt beispielsweise im N-lichen Vorland des Bogda Shan (E-Tienshan in Richtung nach Urumschi hinab), im S-lichen Vorland des Datsaidan Shan (W-liche Tsaidam-Senke, W-lich der Siedlung Datsaidan) und im N-lichen Vorland des Kuh-i-Jupar (E-Persien, S-lich der Stadt Kerman, 29–30°N), wo die Bortensander der älteren, wahrscheinlich rißzeitlichen Vorlandvereisung mit steil- bis seigerstehenden, grobblockigen Wildflyschen und neogenen Ton-, Silt- und Sandsteinen *überlagern* (KUHLE 1976, Bd. II, S. 27, S. 28, S. 78 u. S. 80). Damit leicht differenzierbar und als jünger erkennbar, kappen bei Kerman die Bortensander der jüngeren Vereisung (Würm) die verkippten Konglomerate, die in das ältere Tertiär oder sogar in die ausgehende Kreidezeit gehören (KUHLE 1976, Bd. II, S. 59 u. S. 83). Um ein letztes Beispiel zu geben, suchen wir das Becken von Uspallata in den S-amerikanischen Anden auf. Bei 32–33°S floß das Eis in E-Auslage von der Cordillera del Chacay aus etwa 5000 m Höhe bis in das Becken von Uspallata auf 2060 m ü. M. hinab und bildete eine hammerkopfförmige Gletscherzunge aus (KUHLE 1984c, S. 1643f.; 1989a, S. 226f.). Sie baute aus einem stumpfwinkligen *Mittelmoränenzwickel* einen Bortensander auf (s. Foto 72 ◇◇). Ähnlich wie sich in der N-Abdachung des Kuh-i-Jupar (s.o.) das würmzeitliche Eis im Gebirgsvorland vor einem anstehenden Konglomerat-Felsbuckel in zwei Gletscherzungen teilte und dann das Hindernis mit einem Bortensander *überschüttete*, haben auch hier seiger gestellte,

jungtertiäre, fest verbackene Schotterbänke einen Vorlandriegel gebildet und das Gletscherende in zwei Zungen gespalten. Dort wurden dann, von diesem *Trennzwickel*, der die Funktion eines anstehenden *Kristallisationskernes* zur Bortensanderbildung übernommen hat, ausgehend, mittel- bis stirnmoränenartige Bortensander vom Typ 'Anschlußkegel' (Fig. 18a) aufgebaut (KUHLE 1984a, S. 128–132; 1990d, S. 64–67). Dadurch entsteht auf den *ersten Blick* der Eindruck, als wäre der gesamte Bortensander lediglich ein in situ verwitterter *Konglomerathügel*, dessen am Stirnhang zutage tretender *Kern* mit seinem seigeren Schichtenbau dort nur noch nicht durch Verwitterung aufbereitet worden ist, d. h. die Lockerung seines Verbandes erfahren hat. Die Differenzierung von liegendem anstehenden Gestein und hangendem Moränen- respektive Bortensandermaterial – fällt bei dem – gerade aus diesem Grund ausgewählten – Beispiel darum etwas schwer, weil der Einzugsbereich, d. h. die Herkunft *beider* Materialien annähernd *übereinstimmt* und lediglich die Altersstellung und damit die *Beschaffenheit* als *Fest-* bzw. *Lockergestein* variiert. Das oben genannte E-persische Beispiel macht dagegen die Unterscheidung durch dort enthaltene große, weiße *Moränenblöcke* aus kretazischem Kalk, die dem anstehenden *Konglomerat* fehlen, sehr viel einfacher.

In der Geomorphologie sind solcherlei *positive Rückkoppelungsprozesse*, die von einer *Vorform* ihren Ausgang nehmen, häufig, wie u. a. das Beispiel der *Dünenentstehung* im Leewirbel von Felsvorsprüngen oder von Kupsen- und Neulingshügeln aus Sand, der an Tamariskengesträuch *gebunden* wird, verdeutlichen mag. *Felshärtlinge* in Piedmontbereichen streifen sowohl vermehrt Grundmoräne von den Gletschern ab, wie sie in dargestellter Weise gleichfalls Bortensander *modifizieren*, wenn nicht überhaupt erst *ansetzen lassen*. Entsprechendes gilt für die Einflußnahme von *taltrennenden Felsspornen*, die zum Vorland hinaus unter die Lockergesteine *abtauchen* und in deren *Eisstromfließschatten* die Mittelmoränenausbildung – aus der Ansatzpunkte für die

Bortensanderbildung hervorgehen können – einsetzt.

Die Entwicklung ging dann dergestalt weiter, daß jeder *erneute* Vorgang der Piedmontgletscherausbildung während einer *darauf folgenden* Eiszeit bei hinreichend *abgesenkter* ELA im Verhältnis zur *Reliefhöhe* (gemeint ist, daß es sich gleichbleibt, ob die Klimagrenze *abgesenkt* oder durch interglaziale *Hebung* des Reliefs ein Teil ihrer Depression entbehrlich wird) das Eis auf die früher-eiszeitlichen Endmoränen und Bortensander hat *auflaufen* lassen, wodurch *polyglaziale* Bortensander entstanden sind. Die Formen wurden jedoch bisher noch nicht hinreichend genau untersucht, um ein repräsentativ generalisiertes Beispiel vorlegen zu können. Mit Sicherheit müssen dabei auch wieder *Rückkoppelungsvorgänge* abgelaufen sein, die über die *Umlenkung* des auflaufenden Eises und seine *Aufstauung* zu Bortensanderabtragungs- und -anlagerungs- sowie -überschüttungsprozessen geführt haben dürften. Viele große Bortensanderkomplexe sind darum wahrscheinlich *polyglazialer* Genese, beispielsweise einige der sehr *ausgedehnten* des Issykul-Gebietes (s. o.).

In mancher Hinsicht eine *Kombination* sind die Formen in der Shisha Pangma-N-Abdachung (Zentralhimalaya) (s. Foto 65 □). Die älteren vorzeitlichen Bortensander, die im frühen Spätglazial aufgeschüttet wurden, trugen alle *typischen* Merkmale und waren vom Gebirgsfuß mit seinen abtauchenden Felsspornen dergestalt *abgesetzt*, daß die benachbarten Zungenbecken seitlich miteinander zusammenhingen und jene Rampenformen zu den Zungenbecken hinauf in *die Luft* ausstrichen (s. Foto 72 ◇ ◇). Während der späteren spätglazialen Anhebung der Schneegrenze wurde das Vorlandeisvolumen verringert und im Fließschatten der abtauchenden Felssporne ist ein Teil der ehemaligen Zungenbecken zugesetzt und zwischen Felsspornen und zentralen Bortensanderrampen angelagert worden, so daß die Gletscherzungen von nun an separiert geblieben sind. Die *älteren* Bortensanderkomplexe wurden in die *jüngeren* integriert, inkorporiert (s. Foto 65 → →). Im *Kern* der zentralen älteren Bortensanderkomplexe befinden sich *Felshärtlinge* aus Metamorphiten, die während des letzten *Hochglazials* weit über der ELA im Abtragungsgebiet gelegen haben und der *Glazialerosion* als Rundhöcker ausgesetzt gewesen sind. Bei *hinaufrückender* Schneegrenze wurden sie dann zu den die Vorlandgletscherzungen trennenden Felsriegeln des oben beschriebenen Typs. Später sind sie zunehmend von Bortensanderakkumulationen *eingekleidet* worden und nunmehr nur noch *stellenweise* diagnostizierbar, soweit sie überhaupt an den Akkumulationsrampenoberflächen *auftauchen*.

Einmal erst beobachtet wurde – offenbar als Ausnahme – der Fall eines Bortensanders, der von der jüngeren Gletschertorschotterflur und dann von einem Vorlandschwemmschuttfächer basal dergestalt verschüttet worden ist, daß seine Rampe an ihrer *gebirgszugewandten* Seite relativ *weniger* hoch aufragt als an der abgewendeten Seite. Die *ursprüngliche* Bortensanderrampe im S-lichen Vorland des Ch'ing-Hai-Nan Shan zum Becken und See von Charka hinab (NE-Tibet, 36°47'N/99°04'E; 3200 bis 3400 m ü. M.) wies noch eine *normale* Form mit hoch hinaufziehendem, steilen Moräneninnenhang und unter die Gletschertorschotterflur abtauchendem Leehang auf. Später wurde dieser Bortensander aufgrund seiner *Zwickellage* zwischen zwei Zungenbecken von zwei Schmelzwasserbächen *lateral unterschnitten*. Die leeseitige, bergab gewandte Rampenpartie ist dabei durch die Konfluenz und *Verschneidung* jener Bäche gleichfalls unterschnitten worden, so daß sich auf diesem Weg ein sekundärer, im Profil dem Moräneninnenhang *ähnlich* sehender Steilhang ausbildete (vgl. HÖVERMANN & KUHLE 1985, S. 47, Abb. 8).

Diese nachträgliche Formabwandlung erzeugt den *verfremdeten* Eindruck, als wenn beidseitig – von der Berg- wie auch von der Vorlandseite her – eine Gletscherzunge angelegen hätte. Die Ursache dafür, daß *jene Inversion* erfolgte und nun der bergabgewandte Hang *weiter* aus dem Gletschertorschotterflurfächer herausragt, ist in der *verstärkten luvseitigen* Auf- und damit Zuschotterung zu suchen.

Sie ist in der im Spät- und Postglazial vom entfernteren Gebirgsvorland zum Gebirge zurück *abnehmenden Transportentfernung* der Kegelsander, Schotterfluren bzw. Schwemmschuttfächer begründet. Da die trotzdem annähernd gestreckt erscheinende Profillinie der Fächeroberfläche nur um wenige Grade im Vorland geneigt ist (ca. 1–3°), bildet sie als optische Trennlinie von sehr großer Ausdehnung eine Art *künstlicher Horizont* aus, der den Eindruck entstehen läßt, als sei hier die aus ihm herausragende Bortensanderrampe nicht ins Vorland hinab, sondern entgegengesetzt zum Gebirge hin geneigt (vgl. HÖVERMANN & KUHLE 1985, S. 47, Abb. 8). Aus dieser Augentäuschung könnte ziemlich leicht der Eindruck entstehen, es handele sich nicht nur um keinen *typischen* Bortensander, sondern um *überhaupt keine* Form entsprechender glaziärer Genese. Dieser auf einer *optischen Täuschung* beruhende *Verfälschungseffekt* der *ersten* Formenansprache ist am einfachsten durch *absolute Höhenmessungen* mit dem Aneroid auf der *bergseitigen* und auf der *vorlandwärtigen Kulmination* an den Oberrändern der betreffenden Steilhänge möglich. Hierbei wird dann die optische Verfälschung korrigiert, indem sich zeigt, daß die *Kulmination* der gesamten Rampenform *doch* gebirgsseits liegt und Dekameter höher aufragt als die korrespondierende vorlandwärtige Rampenkante, zu der die Rampenform demnach doch ordnungsgemäß *abfällt*. Die optische Täuschung konnte auch im Beispielfall allein durch jene absoluten *Höhenmessungen* korrigiert werden.

4.2.2
Fortsetzung der zusammenfassenden Bemerkungen über Bortensander

Was als Aufhänger für die Diskussion tektonischer Konvergenzerscheinungen oder mit Verwechslungsrisiko beladener Verstellungen herhalten mußte, nämlich die ehemalige *Fehleinschätzung* der hochglazialen *Eisbedeckung in Hochasien* aufgrund der *vermeintlich* zu großen *Trockenheit*, ließ den Autor auf den *Bortensander als überregionale repäsentative Leitform* stoßen. Sowohl im E-lichen Zagros-Gebirge (Kuh-i-Jupar, s. o.) wie auch im Uspallata-Becken in den S-amerikanischen subtropischen Anden (s. o.) und jenen anderen aufgeführten Testgebieten ist es heute so trocken, daß nur noch sporadische Zwergstrauchvegetation gedeiht. Dabei liegen die betreffenden Vorländer sogar so niedrig – zwischen 1600 und 3400 m –, daß die *geringen* Vegetationsbedeckungsgrade nicht über die herrschende Kälte, sondern – trotz aller bestehenden Kontinentalität – allein über die *Aridität* erklärt werden müssen. Zugleich sind wir hier beinahe immer so tief, daß die *Permafrostgrenze* unterschritten wurde.

Wenn das vielleicht im Hochglazial nicht immer überall galt, so hatte es doch im Spätglazial, d. h. schon relativ früh, Geltung und gilt mit Sicherheit auch heute. Hierauf basiert die Deutung jener beschriebenen *Runsenbildung* und *Zertalung* der Bortensanderaußenhänge (Kapitel 4.1.1). Diese fehlt vollständig überall dort – so kann *kontrainduktiv* gefolgert werden –, wo einige wenige spätglaziale Bortensandervorkommen noch heute die Permafrostgrenze unterschreiten. Das trifft z. B. N-lich des Shisha Pangma-Massivs in S-Tibet zu, wo die *glazialisostatische Hebung* des Hochplateaus mit der Anhebung der Permafrostlinie Schritt gehalten hat (s. Fotos 65 □ u. 66 ▽ ▽).

4.3
Zur klimageomorphologischen Bortensanderausdeutung

Die aus den Zungenbeckenauslässen zwischen den Bortensanderhälften in das Vorland geschütteten *Gletschertorschotterfluren* belegen eine zumindest jahreszeitliche *Schmelzwasserproduktion*, die relativ weit gletschereinwärts infiltriert und nicht allein *sub-* und *intra-*, sondern *großanteilig supraglazial* abkommt, d. h. einem temperierten Gletscher angehört. Genauer müßte man sagen, einen polythermalen Gletscher mit einer temperierten Gletscherzunge, denn die *semiariden* Nährgebiete sind immer so kalt, daß sie *keine* Schmelzablation ermöglichen (vgl. S. 144). Im *Winter* jedoch haben die hocheiszeitlichen Gletscherzungen ebenfalls *über* der Frostuntergrenze gelegen – selbst mit ihren Enden. Das galt sogar dort, wo die Einzugsbereichshöhen, wie in Hochasien, 7000 m überragten und – 3000 m *über die ELA* hinaufreichend – die zugehörigen Eisrandlagen *entsprechend tief* unter die ELA, d. h. im Extremfall bis auf unter 1000 m ü. M. hinabgelangen ließen. Dabei handelt es sich jedoch um Talgletschereisrandlagen des Himalaya *ohne* Bortensanderbildung. Die *tiefsten* Bortensandereisrandlagen wurden zwischen 1600 und 2300 m Meereshöhe angetroffen. Das bedeutet, daß das zentralhochasiatische Klima dort, wo Bortensander auftreten, hinreichend *arid* ist, um so *kalt* zu sein, daß trotz der großen Einzugsbereichshöhen keine *ganzjährigen* Schmelzwasserabflüsse erreicht werden.

Bei dieser Gelegenheit soll auf einen Forschungsgegenstand aufmerksam gemacht werden, den die Problematik der Bortensanderverbreitung nahelegt. Vielleicht kamen ausnahmsweise die Gletscher sehr großer Einzugsbereichshöhen *doch* zu tief und damit in ein *zu warmes Milieu* hinab, um Bortensander ausbilden zu können. So gibt es im N-lichen Vorland des W-lichen Kuenlun ins Tarim-Becken hinunter Vorlandeisrandlagen bis auf 1900 m Höhe und noch tiefer hinab, die *keine* Bortensander aufweisen. Gleichfalls gilt das für Ausschnitte des W-lichen Quilian Shan nach N in das Becken zur Wüste Gobi hinab. Beispielsweise im Vorland des Tales von Akosai (Aksay), wo eine über Dekakilometer ausgebreitete *Grundmoränenplatte* einen Eislobus, der bis auf 1700 m ü. M. abgestiegen ist, nachweisbar macht und erstaunlicherweise *jegliche* Bortensanderanklänge *fehlen* (KUHLE 1987b, S. 273). Anderseits treten in vergleichbaren Höhenlagen – jedenfalls nicht allzuviel höher – zwischen 2100 und 2400 m ü. M. wenige hundert Kilometer E-lich in gleicher Exposition und annähernd gleicher Breitenlage noch Bortensander auf (z. B. bei der Stadt Yümen [39°50'N/97°33'E]; KUHLE 1987b, S. 276). Gedacht ist dabei daran, daß es eventuell zu *warm* geworden sein könnte zur Bortensanderbildung, sehr *viel Schmelzwasser* im Gletscherzungenbereich sommerzeitlich angesammelt war und der Eisfluß zu liquide, zu gering-viskos erfolgt sein könnte, um die für Bortensander typische *Stabilität* der Eisrandlage aufzuweisen. Denn je kälter, 'trockener' und spröder das Eis bei vergleichbarem Querschnitt ist, desto *stabiler* ist es in seinen Randpositionen. Das ist bereits geomorphologisch durch die Steilheit seiner Ränder respektive die relativ große Mächtigkeit des Eises bis zu seinem äußersten Rand hin bewiesen.

Nun zurück zum Ausgangspunkt: Die *Gletschertorschotterfluren* in Kombination mit Bortensandervorkommen belegen einen verstärkten jahreszeitlichen Abfluß. *Kegelsander*, die zwischen *puren* Stirnmoränenbögen hindurchgeschüttet werden, wären auch bei *ganzjährigem* Abfluß, d. h. bei warmen Gletschern, möglich. Für die Bortensanderbildung wird über die relativ geringe Fließdynamik am unmittelbaren Eisrand hinaus *Spaltenarmut* als Voraussetzung des beteiligten *supraglaziären* Abflusses unterstellt. Das wird neben dem thermisch *wenigstens jahreszeitlich* eingeschränkten Gletscherfließverhalten auch auf die *Flächigkeit*, also *Reliefarmut* des Gebirgsvorlandes zurückgeführt. Allein das supraglaziale Wasser in *hinreichender* Menge kann die zum Gletscherrand angereicherte Obermoräne über die Endmoränenfluchten hinwegtransportieren und in den Sanderschürzen der Bortensanderaußenhänge *ablagern*. Hierbei ist bereits an Typ B, den *Übergangskegel*, gedacht worden, der der weitaus *stabilere* und – wenn man so will – eigentliche, d. h. endgültige Bortensander ist.

Mit der notwendigen Obermoränenmasse, die erwähnt worden ist, sind einige *Merkmale* des *Bortensander-Gletschereinzugsbereiches* verbunden. So ist an große *Frostwechselhäufigkeit* zu denken, wie sie speziell in den subtropischen Gebirgen mit ihren charakteristischen *Strahlungswetterlagen* in *extremer* Klimavariante auftreten. Zugleich sind neben der reinen Schuttproduktion, die vom Klima abhängt, auch die *topographischen* Voraussetzungen wesentlich. Sie bestehen nicht in einem kuppelförmigen Tieflandinlandeis ohne hindurchstoßende Gebirge, sondern in *steilen Gebirgseinzugsbereichen*, deren Felsflanken reich sind an Lawinendenudation und große, der Verwitterung exponierte Flächen aufweisen. Soweit es sich um *hochasiatische* Bortensander handelt, die nicht allein in Vorländern isolierter Gebirge, sondern im Verbund mit dem *tibetischen Inlandeis* standen, war dennoch jener zu hinreichender Schuttproduktion zwingende *Gebirgsanschluß* gleichzeitig vorhanden, denn der *gesamte* im Glazial inlandeisbedeckte zentraltibetische Plateaubereich ist von *Hochgebirgen* eingefaßt. Die *Auslaßgletscher* durchflossen aus dem zentralen Hochland heraus – genauso wie die des antarktischen Eises *heute* das Vinson-Massiv und das Transarktische Gebirge sowie benachbarte Hochgebirge durchmessen – die zirkumtibetischen Hochgipfel und erhielten auf ähnliche Weise Zufluß von autochthonen Gebirgsgletschern, so daß sowohl *topographisch* als auch *klimatisch* der notwendige *Innen-* und dann *Obermoränenanfall* zum Bortensanderaufbau sichergestellt gewesen ist. Wieder zeigt sich – was die Betrachtung betrifft – die grundsätzliche Gebundenheit jeder klimageomorphologischen Aussage an *Randbedingungen* wie die Topographie. Es ist aber für die angestrebte Stringens einer Aussage erschwerend, daß die Topographie *keineswegs* eine Randbedingung ist, sondern ein ausgewachsener dialektischer Faktor und darum von *bedeutendem Einfluß* auf die Bortensanderbildung. Denn nur da, wo Felsgebilde *über* die Eisoberfläche *aufragen*, wird der klimatische Einfluß und Zugriff der verwitternden Atmosphärilien zur Schuttbildung überhaupt zugelassen. Entsprechendes gilt natürlich auch hinsichtlich der *Vorlandtopographie*, die vorliegen muß, damit bei entsprechendem Klima Bortensander entstehen.

Bisher war im wesentlichen von Bortensandervorkommen die Rede, die in den *Subtropen* auftraten, wenngleich rezente Beispiele und *verwandte* Analogiebildungen aus der Arktis (Grönland) und Subarktis (N-Skandinavien) ebenfalls erwähnt worden sind. Wirklich eindeutig und zahlreich aber sind die Beispiele aus den *subtropisch-semiariden* Vorlandgebieten der S-hemisphärischen Anden und aus S- bis Zentralasien. Aus diesem annähernd *ausnahmslosen* Vorkommen ausgereifter Formen wird auf die *Determination* und *Gebundenheit* von Bortensandern durch respektive an subtropische, semiaride Gebirgsvorlandsgebiete geschlossen. Das ist der methodisch *normale* Weg. Hierzu gehört dann auch als *Folgeschritt* der Erklärungsversuch, die Bortensanderentstehung an subtropisch-intensive Einstrahlungs- und Ausstrahlungsverhältnisse *gebunden* zu verstehen, weil sie für die *Frostwechselhäufigkeit* als Voraussetzung bedeutender Schuttaufbereitung steht und zugleich die *Semiaridität* durch hohe Verdunstungsraten substantiiert. In der *Klimakombination* von subtropisch und semiarid ist außerdem der glaziologische Aspekt relativ *kalter* Gletscher enthalten, weil *sehr niedrige* Temperaturen nötig sind, um die geringen Niederschläge für den erforderlichen Eisaufbau zu *kompensieren*. Die *ausgedehnt-flachen* Vorlandgebiete garantieren im Vergleich zu einer Tallandschaft sehr voluminöse und *stabile* Eisränder, was die wichtigste *topographische* Voraussetzung zur Bortensanderbildung ist.

4.3.1
Der Ausnahmefund eines vorzeitlichen Bortensanders in Alaska –
oder wie aus einer Induktion eine Deduktion wird

In der N-Abdachung der Alaska Range liegt orographisch links neben der rezenten, mit Buschwerk bewachsenen Zunge des Muldrow-Gletschers, der aus der E-Flanke des 6193 m hohen Mt. McKinley abfließt, ein wahrscheinlich spätglazialer *Bortensander* im Vorland des Gebirges (63°23'N/150°32'W). Seine Basishöhe beträgt ca. 1500 m ü. M., und er ragt als sehr ausgeprägte Zwickelform, die *zwischen zwei* Vorlandloben aufgeschüttet worden ist,

400 m weit aus dem Zungenbeckenbodenniveau auf (KUHLE 1984a, S. 137). Heute fallen hier um 300–400 mm/J und in den nach *oben* anschließenden Höhenstufen bis in das Gletschernährgebiet hinauf noch *weitaus mehr*, wahrscheinlich über 1000 mm/J. Jedoch wird, obwohl dies topographisch durchaus möglich wäre, weil der Muldrow-Gletscher das Gebirgsvorland erreicht, heute *kein* Bortensander aufgebaut. Daraus sowie aus den *induktiv* gesammelten Bortensandervorkommen und den Beobachtungen zu den zugehörigen Bildungsbedingungen in den Gebirgen der S- und N-Hemisphäre extrahiert sich der methodisch nahegelegte *Umkippunkt* in eine Deduktion. Das bedeutet soviel wie: Weil es hier in der Subarktis bei 63°N spätglaziale Bortensander gibt, muß es vorzeitlich *trockener* gewesen sein als heute, d. h., es müssen *semiaride* Verhältnisse bestanden haben. Für die *Subarktis* heißt das: *viel geringere* Niederschläge als in den *Subtropen*; bei den zusätzlich reduzierten thermischen Bedingungen während des Spätglazials gegenüber heute ist dabei an nicht mehr als 100–150 mm/J zu denken. Subtropische Strahlungsverhältnisse konnten freilich auch vorzeitlich *nicht* bestanden haben. Der *gewaltige* Höhenunterschied von etwa 5000 m vom Mt. McKinley-Gipfel bis zum Bortensander hinab und der Gletscherverlauf in einem *steilflankigen* Talrelief dürfte allerdings, was die notwendige *Schuttproduktion* für die Bortensanderbildung betrifft, als vergleichbar wirksam veranschlagt werden wie die subtropische Verwitterungsintensität. Hier sind es die zahlreichen *Trennliniamente* zwischen dem blanken Fels der Steilflanken und dem aufliegenden, ihnen anhaftenden Eis, die *Schwarzweißgrenzen* also, und zugleich die erhebliche, *denudativ* wirksame Schnee- und Eislawinentätigkeit nebst der Schuttzufuhr durch die zahlreichen, auf den Haupteisstrom eingestellten Neben- und Hängegletscher, wodurch Unter- und Innenmoräne in die *höheren* Straten des Haupttalgletschers gelangen mußte, die auf anderem, d. h. außersubtropischem Weg einen *gesteigerten Schuttanfall* zustande bringen konnten.

Zur Orientierung sei darauf hingewiesen, daß 5000 m *Vergletscherungsvertikaldistanz* tatsächlich exorbitant viel ist und im Spätglazial sonst nur noch im Karakorum- und Himalaya-System erreicht wurde. Der Unterschied besteht allerdings darin, daß in diesen Gebirgen – und es handelt sich dort um die S-Abdachungen – *keiner* der Gletscher das erst viel tiefer und Dekakilometer weiter talauswärts anschließende Gebirgsvorland zu erreichen vermochte. Die Vorlandflächen des Terai S-lich des Hohen Himalaya und noch S-lich der Himalaya-Vorketten setzen erst *unterhalb* von 150–250 m ü. M. an. Selbst die tiefsten hochglazialen Gletscherzungenenden erreichten jedoch nur 890–1200 m ü. M. (KUHLE 1982a, Bd. I, S. 152; 1990b, S. 420f.) und die spätglazialen um 1400–1900 m ü. M. (ebd., S. 421, Fig. 9: I; KUHLE 1982a, Bd. I, S. 154f.).

Noch bleibt aber die Entscheidung *offen* und von der Forscherpersönlichkeit abhängig, ob es an der Zeit erscheint, die Datensammlung hinsichtlich der Bedingungen für die Bortensanderentstehung als *hinreichend* umfänglich und abgesichert zu erachten, um die *Induktion* zu einer *ausreichenden* Basis für die Prämisse zu einer *Deduktion* werden lassen, die lautet: A. *Alle* Bortensander sind in *semiariden* und *subtropischen* oder vergleichbar *schuttproduktiven* Klimaten in Gebirgsvorländern entstanden. B. (Jetzt schließt die extrazonale Beobachtung eines vorzeitlichen Bortensanders an.) Diese z. B. hier in der gemäßigt-feuchten Subarktis angetroffene *glaziär-glazifluviale Mischform in Rampengestalt ist* ein vorzeitlicher *Bortensander*. C. (Nun folgt die logisch immer zwingende Konklusion dieser Deduktion.) Das Klima *muß* zur damaligen Zeit wesentlich trockener gewesen sein als heute, sonst wäre kein Bortensander entstanden.

Wenn A. gilt, dann muß bei B. *auch C.* gelten. Das *Hauptproblem* jeder *empirischen Naturwissenschaft* ist und bleibt dabei die Frage, ob A. *wirklich* gilt? Am sichersten jedenfalls ist es, zur Vorsicht zu ermahnen und die Datensammlung als *noch nicht abgeschlossen* zu betrachten. Das womöglich auf die Gefahr hin, daß man bereits jetzt schon fast *alle* Bortensander erfaßt hat, die es auf der Erde gibt. Nach diesem nicht ganz ernst zu nehmenden Nachsatz ist zu zwei letzten Punkten zu kommen, die sich anhand des Bortensandertypus – als einer *komplex zusammengesetzten* Form – besonders gut vorführen lassen. Es geht zunächst um die spannende *Beziehung* zwischen Bortensander- und *Gletschertorschotterfluraufbau*.

4.4 Wann setzt die Bortensanderbildung aus und wann die Bildung der Gletschertorschotterflur bzw. die des Kegelsanders?

Erinnern wir uns einen Moment an das Folgende: Die Bortensanderrampen werden *so lange* aufgebaut und primär überformt, wie der Vorlandgletscherrand der Oberkante des Bortensanders *anliegt*. Nur dann kann supraglaziales Schmelzwasser *übertreten*, die in diesem Stadium bereits zur Ruhe gekommene Stirnmoränensedimentation durch Kappung der Sedimente teilweise rückgängig machen und dieses Material vorlandauswärts in die Sanderschürze verdriften. Hierbei entsteht Bortensander Typ B als eigentliches *Endstadium* dieser Form als *letztes* Glied einer *genetischen* Reihe (Fig. 18 b). Gleichzeitig baut sich über dem zum Gletschertor hinaus gebündelten Schmelzwasserstrom eine *Gletschertorschotterflur* in der Weise auf, wie dies im Kapitel 2.1 abgehandelt worden ist. Das erfolgt in der tiefsten Etage des Schmelzwasserabkommens. Hier versiegt der Wasserlauf *nicht*, solange Eis im Einzugsbereich liegt, und sogar später – auch *ohne* vergletscherten Einzugsbereich – läuft auf diesem Weg ein *Gebirgsbach* ab. Speziell dann – das ist *hier* der Punkt – wird der Gletschertorschotterflurkörper *weiter* geschüttet, wenn der Bortensander schon *nicht mehr* in Bildung begriffen ist, weil der Gletscherrand *unter* das Niveau seines Oberrandes *abgesunken* ist. In diesem Moment *schlägt* die Wasserführung *um*.

Die *supraglaziale* Schüttung wird am Endmoräneninnenhang *gebündelt* und von zwei Seiten dem Gletschertorwasser zugeleitet. Es erfolgt also im Prinzip die gleiche Wasserführung wie sie für Urstromtäler charakteristisch ist, nämlich im Halbkreis *um* den Gletscherlobus *herum*. Daraus muß abgeleitet werden, daß der in der Tiefenlinie auswärts des Gletschertores gebündelte Abfluß im Zuge des Niedertauvorganges eine Intensivierung erfährt. Dabei ist die Gletschertorschotterflur so lange in Aufsedimentation begriffen, wie der Eisrand mit dem Gletschertor nicht *zurückschmilzt*. Das bedeutet eine *periphere Überschüttung* der steil auf die Gletschertorschotterfluren eingestellten Schotterschürzen der Bortensander (KUHLE 1976, Bd. I, S. 80–82). Während der Bortensander noch aktiv war, erfolgte eine Verzahnung von Gletschertorschotterflur und Bortensanderschürze. Hinter dem Stirnmoränen- und Bortensanderdurchbruch breitet sich die Gletschertorschotterflur *fächerförmig* aus. Genau dort findet dann, in den *Abflußschatten* der Bortensander hineingreifend, jene periphere Überschotterung statt (Fig. 21). Erst wenn der Gletscherrand zurückschmilzt, erfolgt *Einschneidung* in die Gletschertorschotterflur, und es entsteht ein *Trompetentälchen*, wie es TROLL (1926, u. a. S. 23) am Beispiel des Chiemsee-Zungenbeckens (N-licher Alpenrand) beschrieben hat. Die *Wurzel* eines *neuen*, jüngeren, zum zurückgezogenen Eisrand gehörigen *Kegelsanders* wird dabei dann weiter in das Gebirgsvorland hinaus in größere Distanz, d. h. vom Bortensanderaußenhang weg, verlegt. Erst jetzt ist der gesamte Akkumulationsvorgang der Bortensander-Gletschertorschotterflursequenz *abgeschlossen*.

Aus der Abfolge wird klar, daß Bortensander bereits *fossilisiert* werden, während der Eisrand *noch anliegt* und die Gletschertorschotterfluren aktiv bleiben. Diese Einsicht erhöht das *glazialgeomorphologische Auflösungsvermögen* der *eisrandnahen* Vorgänge vom moränenaufschiebenden *Vorstoß* über die *Stagnation* bei beibehaltenem *Eisrandoberflächenpegel* bis über den *Niedertauvorgang* des Eisrandes bis hin zu seinem verzögert anschließenden *Zurückschmelzen*.

4.5 Der Bortensander als eine komplex zusammengesetzte Leitform, deren überlieferte Details bedeutenden Indikatorwert erlangen

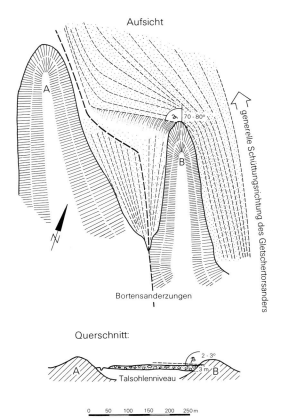

Fig. 21: Skizze zur zeitlich-räumlichen Interaktion von Sandertypen (Entwurf: M. KUHLE 1975).

Die noch aktive Gletschertorschotterflurschüttung (Gletschertorsander) fächert im weiteren Gebirgsvorland unterhalb des Endmoränen- und Bortensandergürtels zu breiten Kegelsanderformen auseinander. Dabei wird die bereits fossil gefallene Bortensanderzunge (B) im 70–80°-Winkel (α) überschüttet (vgl. Fig. 18b). Für die Schüttungswinkel hinter den Bortensandern, die sich dem „toten" Winkel nähern, gilt die Gesetzmäßigkeit: Korngröße $\triangleq \frac{1}{\alpha}$, β = const.

Dieser Beispielfall ist in der Kuh-i-Jupar-N-Abdachung (29°55′N/57°10′E) realisiert.

Der Nachteil vieler Vorzeitformen besteht in ihrem *unzulänglichen* Erhaltungszustand, was ihre eindeutige Ansprache betrifft. Terrassen oder Moränen werden fluvial bzw. glazifluvial *unterschnitten* und durch Rutschungen bis zur Unkenntlichkeit entstellt. Staffelrutschungen treten an Moränen sehr häufig auf, wenn das Eis als anliegendes Widerlager ausgeschmolzen ist (z.B. KUHLE 1982a, Bd.1, S.107; Bd.2, Abb.55; 1983a, S.305f.). Bei den Moränen ist es dann der *Diamiktit* und bei den Terrassen der flachlagernde *Schotter*, der die Formen rekonstruierbar macht. Wobei dies bei der schlichten und zugleich eindeutigen Terrasse *alternativenloser* gilt als bei der Moräne, die als – was die typische Kennform betrifft – formloser Rest *bequem* mit einer Murablagerung oder einem Bergrutsch-Diamiktit zu verwechseln ist. In dieser Hinsicht bietet der Bortensander als ein komplexerer und *trotzdem* eindeutiger Eisrandlagenanzeiger sehr viel mehr *Sicherheit* in der Ansprache. Für die ganzheitlich erhaltene Form gilt das ohnehin, denn es gibt – wie oben dargelegt – *keine* andere konvergente Erklärung für Bortensander als die durch einen *ausdauernd anliegenden* Gletscherrand. Ist das Gesamtbild dieser Erscheinung einmal in seinen *Funktionalitäten* erfaßt, so bedarf es nur mehr *weniger* erhaltener Reste, um sie in ihrer vor der durch Überformung bewirkten Verstümmelung realisierten Form zu *rekonstruieren*. Das gelingt ebenso gut, wie ein gesamter Mensch vor einem steht, auch wenn man nur ein Paar Schuhe und etwas von den Hosenbeinen unter einem Vorhang zu sehen bekommt. Die bekannte *Lagebeziehung* ist es, die den Elementen des Bortensanders ihren Platz zuordnet, und sind auch nur einzelne Elemente respektive Organe des *Organismus* 'Bortensander' überliefert, so ist damit bereits der vorzeitliche Eisrand fixiert. Darin wird die Bedeutung dieses Formentyps gesehen. Die einzelnen Teile sind auf den Fig. 18a und b in ihrem *Zusammenhang* deutlich. Die *wahrscheinlichste* Überformung erfolgt von der Bergseite. Das anlaufende Schmelzwasser unterschneidet die Stirnmoränenhänge und trägt die Endmoräne ab, bis der Hang zum Zungenbecken hinab so weit zurückgesetzt ist, daß sogar beim Typ A die *Schotterlagen* den Rampenfirst ausmachen und *nicht mehr* die Moränenmaterialien. Diese ins Zungenbecken ausstreichenden Schotterschichtköpfe sind erstens deutlich *schlechter* klassiert als Terrassenschotter, und zweitens fallen sie mit 7–15° Gefällen, was ebenfalls für Terrassensedimente nicht gilt, in das Gebirgsvorland hinaus ab. Ist die bergseitige Unterschneidung *weiter gediehen* und die Bortensanderrampe verstärkt in das Vorland *zurück* abgetragen worden, werden vom Hang die *steilen basalen* Sanderschürzenreste erreicht. Dort ist allenfalls noch etwas diamiktitisches Moränensubstrat im Liegenden der Sanderschotter erhalten geblieben (Fig. 18). Wiederum weiter gegen das Vorland hinaus sind diejenigen Reste anzutreffen, die *ausschließlich* aus Sanderschürzenmaterial bestehen und als Bortensandermerkmal sowohl die *große* Neigung ihrer Bankung aufweisen wie auch den *Wechsel* der Schichtneigung von im Liegenden *steil* zu zum Hangenden *immer flacher* bis zur flachsten Neigung der Rampenoberfläche hinauf. Kennzeichnend ist dabei, daß die nächsthöheren, flacheren von den steileren, liegenden Schichten jeweils durch eine *Diskordanz* abgesetzt sind (Fig. 18 b). In dieser Beobachtung liegt die Indikation eines am Bortensanderaufbau *gleichzeitig ständig* beteiligten Abtrags- und Kappungsvorganges, der dann wieder von einer *flacher* geböschten Sedimentation gefolgt wird.

Man hat sich demnach die oberste Schicht der glazifluvialen Schotter zum Gebirge hinauf *verlängert vorzustellen*, um sich der *vorzeitlichen Eisrandlage* anzunähern. Dabei ist *abnehmende* Klassierung und Schichtsauberkeit zu unterstellen, wie sie sich bis zum Gletscherrand der erhaltenen Bortensander hin übereinstimmend präsentiert. Diese – umgekehrt – vom Eisrand in das Vorland hinab *zunehmende* fluviale Komponente in der Sedimentation ist aus dem Moränenspülvorgang, der zunächst das Feinmaterial, die Pelite, *auswäscht* und die zunehmend größeren Komponenten abnehmend disloziert oder gar am Ort nur *absacken* läßt, zu verstehen. Je *besser* also die Sortierung und Klassierung, desto *weiter* befinden wir uns vom Eisrand *entfernt*, wobei die größere Entfernung durch das im Liegenden *fehlende* Moränenmaterial bestätigt werden kann.

Alle derartigen stratigraphisch-sedimentologischen Hinweise erlauben es, in Zusammenschau mit der Geomorphologie und den Lagebeziehungen der Einzelerscheinungen ein *Gesamtbild* von Vorlandeisrandlagen zusammenzusetzen, was, insofern es sich auf Ereignisse bezieht, die nicht weiter als bis zur letzten Eiszeit zurückliegen, von *recht verbindlicher* Genauigkeit ist.

4.6
Zum Problem der Beweisbarkeit in der Glazialgeomorphologie und zur weitreichenden Bedeutung von Lagebeziehungen – eine Zusammenfassung

In der glazialgeomorphologischen *Diskussion* wie in beinahe jeder anderen *geomorphologischen* Tagungsauseinandersetzung, auf der *Feldarbeitsergebnisse* zur Debatte stehen, fällt eine ernüchternde Desolatheit bezüglich der *Verbindlichkeit* vorgestellter Befunde ins Auge. Das hat mehrere Gründe. Einer davon ist ganz sicher die *uneinlösbare* Erwartung des Auditoriums, daß alle vorgetragenen Einzelbeobachtungen ohne ihre *Lagebeziehung* zueinander bereits für sich alleinstehend Beweiskraft besitzen. In dieser Erwartung spiegelt sich fehlende Bereitschaft, den *notwendigen* Aufwand im Nachvollziehen zu betreiben. Die Bereitschaft *muß* darum fehlen, weil sie die *Gefahr* birgt, *wirklich neue* Ergebnisse vorgestellt zu bekommen. Daran können *nur der Autodidakt* oder selten anwesende *Nachbarwissenschaftler*, die beide *außerhalb* der engeren Wettbewerbsgemeinschaft stehen, interessiert sein. Insofern zeichnet sich der *professionelle* Wissenschaftsbetrieb zwangsläufig dadurch aus, daß der 'Hund zum Jagen getragen' werden muß. Dementsprechend liegt das Hauptproblem solch einer Veranstaltung vor allem darin, wie man sich in der resultierenden *Scheindiskussion* bewährt bzw. erkennbar werden läßt, daß es sich um eine Scheindiskussion handelt. Hierzu nun wird folgende Wahl der Gegenargumente notwendig: Das auf den *ersten* Blick *eindeutige* Merkmal vorzeitlicher Gletscheranwesenheit – möglichst ein bei gutem Licht fotografisch festgehaltener Gletscherschliff o. ä. – gewinnt *unabhängig* von seiner *Lagebeziehung*, d. h. seiner *topographischen Einbindung* den Vorzug gegenüber einem *nicht fotografierbaren* Materialwechsel von z. B. Diamiktit und Schotter. Dabei kann es durchaus sein, daß jener Gletscherschliff nur mehr *wenige* Dekameter *über* der Taltiefenlinie und *wenige* Kilometer *talauswärts* der *rezenten* Gletscherzunge aufgenommen wurde, während der angesprochene *Materialwechsel* 2000 m *unter* den heutigen Gletscherenden *weit draußen* im Gebirgsvorland liegt und eine *enorme* Vergletscherung *beweist*. Auch läuft der Referent, welcher auf den *abrupten Materialwechsel* zwischen Diamiktit und Schotter als Hinweis auf einen Bortensander aufmerksam macht, Gefahr, bei der kartierten Lagebeziehung sich der gereizt eingewendeten Frage gegenüberzusehen, worin denn hier nun der Unterschied zu einer Murablagerung respektive zu einem Terrassenschotter besteht, obwohl die skizzierte Lagebeziehung der beschriebenen Erscheinungen *beide* Alternativen ausdrücklich *ausschließt*. Das sind keine *konstruierten*, sondern *erlebte* Fälle. *Lagebeziehungen* sind die Hauptsache, d. h. *beinahe alles* für die Glazialgeomorphologie, aber sie werden dennoch ungern zur Kenntnis genommen und gelten immer noch als *nicht wirklich* beweiskräftig, obwohl sich der Begriff 'Geomorphologie' auf die Form und damit die *Lagebeziehung* ihrer Elemente zueinander als sein Eigentliches beruft. Das gründet wohl darin, daß der *Reklamewert* einer Lagebeziehung – rein werbepsychologisch gesehen – gering sein muß, denn jeder topographische Zusammenhang, jede Lagebeziehung ist nur sehr *aufwendig* verbalisierbar und steht der *Abstraktion* einer Zahl *diametral* gegenüber. Das hier zwangsläufige 'Viele-Worte-Machen' muß im oben ausgeführten Sinne dem nur eingeschränkt aufgeschlossenen wissenschaftlichen Auditorium wie eine Rechtfertigung klingen und damit wie eine *eingestandene* Unzulänglichkeit. Die *demagogische* Unzulänglichkeit eines intelligent begründenden Politikers hat dieselbe Wurzel. Hier stehen nicht ohne Peinlichkeit hinterfragbare Zahlenkolonnen, Tabellen und Graphiken, die *unmittelbar* für sich selber zu sprechen vorgeben – so, als wenn Zahlen sprechen könnten –, sehr viel *weniger* konkret, *inhaltsleerer, tautologisch* unverfänglich und damit reklamewirksamer da. Der von FEYERABEND (1968/69) postulierte Gedanke, es käme allein auf die 'Reklamewirksamkeit' ihrer Aussagen an, ob sich eine Wissenschaft durchsetzen könne oder nicht, hat in der Glazialgeomorphologie ein *klassisches* Beispiel gefunden.

Aus diesem Grund ist eine strikte *Umorientierung* in der Datengewichtung notwendig. Um eine solche hat sich die klassische Geomorphologie, die bei Autoren wie HEIM, HESS, A. PENCK u. a. vorrangig Glazialgeomorphologie gewesen ist, schon immer bemüht, als sie – sich vom Substrat abwendend, auf dem noch das Augenmerk der Quartärgeologie gelegen hat – die *Form* in das Zentrum ihres Interesses stellte. Eine derartige Umorientierung verlangt eine Gewichtsverlagerung vom *einzelnen* Indikator der Arbeit des Eises auf die Lagebeziehungen mehrerer Indikatoren untereinander. Die wichtigsten Gletscheranzeiger und Leitformen stellt Fig. 22 zusammen. Ihre Darstellung ist auf die Einordnung des beschriebenen glazialgenetischen Formentypus 'Bor-

4.6 Zum Problem der Beweisbarkeit in der Glazialgeomorphologie

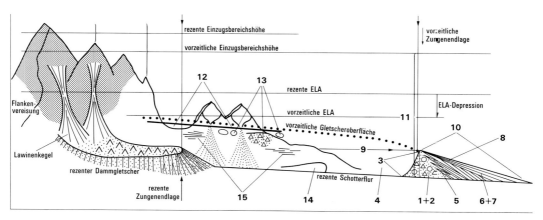

Fig. 22: Schema homologer Merkmale glaziärer Indikatoren und Bortensander (Entwurf: M. KUHLE).

Die Geländepunkte 1–15 sind homologe Merkmale der Glaziallandschaft, die sich in ihrer räumlichen Zuordnung zu einem Indizienbeweis für vorzeitliche Formung durch Gletschereinlage stützen und eine Aussage großer Wahrscheinlichkeit ermöglichen.

1 Sehr unterschiedliche Korngrößen mit verschiedenartigen Gesteinen treten auf, das Material ist kantig bis gerundet.

2 Dieses Material (1) ist ungeschichtet, d.h. vollständig durchmischt.

3 Das Material hat Wallform mit extrem steilem, bergseitigem Hang.

4 Ein zungenbeckenförmiger Ausraum nimmt den Bereich taleinwärts des Walls ein.

5 Am Außenhang vorhandenes, geschichtetes und nach Korngrößen sortiertes Material ist mit dem unsortierten Material des Walls zackenförmig verzahnt und beweist damit syngenetische Entstehung.

6 Das talauswärtige Material des Walls ist vom Wasser durch fluviale Prozesse nach Korngrößen sortiert und geschichtet.

7 Das Material (6) wird dominiert von gerundeten bis sehr gut gerundeten Komponenten mit Längsachseneinregelung quer zur Transportrichtung.

8 Die Schichten haben vom Kern des Walls bis zur Oberfläche abnehmende Schichtneigung.

9 Der Wallaußenhang wird durch diese fluvialen Schotterschichten gebildet und ist wesentlich rezente Schotterflur; er kann nicht über die aktuelle Topographie erklärt werden.

10 Tälchen, die in die Kegelmanteloberfläche eingelassen sind, beginnen ohne Ausweitung zu einem Einzugsbereich als Kerbe an der Wallkulmination und korrespondieren nicht mit den rezenten Klimabedingungen.

11 Die vorzeitliche Schneegrenze (ELA, GWL) mit ihrer Absenkung gegenüber der rezenten, d.h. der heutigen Schneegrenze. Diese Absenkung steht in einem festen Verhältnis zur Gebirgseinzugsbereichshöhe und der Höhenlage jenes Walls (1–10); d.h., bei sehr hohen Bergen liegt dieser Wall sehr tief unten und weit im Gebirgsvorland. Bei niedrigeren Einzugsbereichen dagegen liegt er höher, d.h. zugleich näher am Gebirge oder sogar – taleinwärts jedenfalls – näher am Einzugsbereich.

12 Schliffgrenzen und Transfluenzpässe.

13 Auf Transfluenzpässen und Felsschultern finden sich chaotisch durchmischte Ablagerungen sowie Fremdgesteine, d.h. erratische Blöcke, die über die große Distanz und aufgrund ihrer Größe allein über Gletschertransport zu erklären sind.

14 Im Zungenbecken befinden sich Rundhöcker und beschliffene Felsflächen.

15 Auf diesen Rundhöckern oder an den Talflanken sind in ihrer Anordnung dem Talgefälle folgende Gletscherschrammen zu finden.

tensander' *ausgerichtet* und wurde zu seiner Etablierung entworfen. Diese Perspektive oder Vergenz ist *reflexiv*, denn die Bortensandervorkommen unterstützen durch ihr Vorhandensein umgekehrt ebenso die *Evidenz* und *Tragfähigkeit* der anderen glaziären Erscheinungen wie Gletscherschrammen (Nr. 15), erratische Blöcke (Nr. 13), Rundhöcker (Nr. 14), die Relation der Eisrandlage (Endmoräne) zur zugehörigen vorzeitlichen Einzugsbereichshöhe (Nr. 11) usw. Alle diese *homologen* Merkmale zusammen *exponentieren* ihre Aussage- und Nachweisqualität für eine vorzeitliche Vergletscherung und deren Eigenschaften im einzelnen um ein *Vielfaches* (KUHLE 1990a). Dabei ist zu bemerken, daß die Lagebeziehung der einzelnen Indikatoren *zueinander* an der *ganzheitlichen* Vorstellung eines Gletschers, der sie zustande gebracht haben muß, gemessen wird und diese darüber entscheidet, ob es sich zum ersten *überhaupt* um glazialgeomorphologische und glazialgeologische Erscheinungen handelt und ob – wenn das der Fall ist – zum zweiten diese zu *ein und derselben* vorzeitlichen Vereisung gehören. Letzteres trifft beispielsweise dann nicht zu, wenn tal- oder vorlandauswärts einer Endmoräne (Stirnmoräne) Rundhöcker und Gletscherschrammen auftreten. Letztere sind Leitformen *innerhalb* der Gletscherumrisse und gehören darum in ein Zungenbecken *hinein*, aber nicht in die Areale außerhalb desselben. In dem Fall also belegen sie die Existenz eines *tiefer* hinabreichenden, zumeist größeren Vorlandzungenbeckens, dessen Endmoränen *weiter auswärts* zu suchen wären, aber nicht notwendigerweise überliefert worden sein müssen. Andererseits ist es nicht zwingend, daß alle Phänomene innerhalb eines Zungenbeckens mit ihrer Entstehung als glaziäre Indikatoren zu dem Eislobus gehören, der dieses Zungenbecken geschaffen hat. So können innerhalb eines Zungenbeckens ausgebildete Rundhöcker durchaus einer *vorhergehenden* Eisbedeckung, die eventuell ausgedehnter gewesen ist, ihre Entstehung verdanken. Sie haben dann während der jüngeren Vereisung lediglich eine *erneute Überschleifung* erfahren. Sogar eine *Überkleidung* mit Grundmoräne und dadurch eine *Konservierung* vor abermaligem Überschliff ist möglich. Für *Gletscherschrammen* auf solchen Rundhöckern ist zwar eine letzt- oder späteiszeitliche Konservierung durch Grundmoränenabdeckung vorstellbar und zu akzeptieren, aber *keine* weitere Ausformung. Bei derlei *feinfiligranen* Spuren wie Gletscherschrammen, die während einer *vorletzten* Gletscherbedeckung eingeschliffen worden sind, *muß* es angesichts der *Kürze* und Unmittelbarkeit, mit der ein überfahrender Eisstrom mit seinem mit Untermoräne imprägnierten Boden diese *Miniaturformen* entstehen läßt, als *abwegig* gelten, daß sie während einer erneuten Überfahrung weiter geformt und tiefer eingeschliffen worden sein sollten. Vielmehr *muß* von einer *Umschleifung* der Felsflächen und von einer *Schrammenneubildung* ausgegangen werden. Es gibt zwar durchaus über mehrere Eiszeiten fortgesetzt gebildete Rundhöcker, demnach aber *keine polyglazialen Gletscherschrammen*. In diesem Beispiel ist zugleich eines für die *Inhomogenität* der homologen Vergletscherungsindikatoren geliefert. Einer Schrammung kommt offenbar *größere Authentizität* zu als einem Rundhöcker, welcher auch der postglaziären Verwitterung ausdauernder standhält als die Schrammen. Die erhaltenen Schrammen stehen damit *nicht allein* für die letzte Gletscherüberfahrung, sondern zusätzlich noch für eine, die *nicht* allzu lange her gewesen sein kann.

Solcherlei qualitative Inhomogenitäten *entzieht* die *Kombination* der in Fig. 22 aufgeführten 15 homologen Merkmale der rein numerischen, d. h. gleichwertigen Betrachtungsweise. Genauer besehen, bestätigen sich nicht nur die einzelnen Phänomene, sondern sie *schränken* sich zugleich gegenseitig *ein*. Beim angeführten Beispiel muß bezweifelt werden, daß die *Gletscherschrammen*, die einen Rundhöcker mustern, die besondere Wirksamkeit des Grundschliffs für den *Abtrag* des Rundhöckers und damit seine *Formung* belegen oder ob sie nicht viel eher einen Feinschliff zeigen, der erst nach im wesentlichen erfolgter Abtragungs- und Formungsarbeit durch das Eis entstanden ist. Ganz in der Weise wie ein Farbanstrich den *Abschluß* des eigentlichen Schiffsbaues besiegelt. In diesem Fall könnten einer *jüngeren* Vereisung zugehörige Gletscherschrammen auf einem Rundhöcker sogar als *Bestätigung* dafür zu interpretieren sein, daß dieser einer *älteren* Vereisung, die mit ihrer Exaration, Detraktion und Detersion die eigentliche Großform schuf, *angehört*. Der schrammende Schliff zeigt in *jedem* Fall an – *gleichgültig*, ob er zum Abschluß einer einzigen Gletscherbedeckung die dabei erfolgte Rundhöckerformung *besiegelt* oder einer *späteren* Gletscherüberfließung angehört –, daß ein Wechsel vom eigentlichen Abtrag zur Schrammung der Erklärung bedarf. Sie ist über eine *zweite* Eisbedeckung durch ein nun gänzlich *verändertes* Abflußverhalten möglich, läßt sich jedoch ebenfalls durch die für jeden Abschmelzvorgang und Gletscherrückzug kennzeichnende *Zunahme* der Grundeistemperatur des Gletschers erklären. Der dabei entstehende *Wasserfilm* zwischen Eis und Fels *reduziert* die herausbrechende Dynamik und *begünstigt* einen Schleif- und Schrammprozeß. Diese Vergenz und Veränderung wird durch die *Eismächtigkeitsabnahme* unterstützend überlagert.

Eine weitere *Inhomogenität* der Information, die aus jenen 15 Indikationen in ihrer Kombination zu erhalten ist, besteht in der *Asymmetrie* der Erscheinungen hinsichtlich des Verhältnisses von vorzeitlicher Gletscherausdehnung und deren Alter. Dies heißt, daß die *älteren* Eisrandlagen *nur dann* überliefert sind, wenn sie mit einer *größeren* Gletscherausdehnung als der einer jüngeren Vereisung zusammenfallen. Andernfalls würden sie *überfahren* und dabei *zerstört* bzw. in die jüngere glaziale Serie integriert und damit *unkenntlich* werden. Die Bedeutung liegt beispielsweise darin, daß ein *älterer*, ehemals in einem kleineren Zungenbecken gebildeter Rundhöcker mit seiner Entstehung fälschlicherweise einer *jüngeren*, aber *ausgedehnteren* Vergletscherung *zugeordnet* wird oder sogar werden muß, weil die geringere ältere Vereisung *nicht* mehr nachweisbar ist.

Generell gilt, daß der *Grad von Stimmigkeit* aller in einer topographischen Großsituation, etwa einer Gebirgsabdachung oder auch nur in einem Tal beobachteten Einzelindikatoren über die *Tragfähigkeit* einer Vergletscherungsrekonstruktion entscheidet. So müssen sich z. B. Bortensander oder Endmoränen in denjenigen Tälern und Vorländern am *tiefsten hinab* nachweisen lassen, deren Einzugsbereichshöhen dementsprechend am *weitesten hinaufgreifen*. Andernfalls ist der Beweis geführt, daß die verglichenen Eisrandlagen *unterschiedlichen* Schneegrenzhöhen (Nr. 11) und damit *verschiedenen Altern bzw. Vergletscherungsstadien zuzuordnen sind.*

Ein zu reflektierender Sachverhalt ist die immer erneute Frage nach der Aussagekompetenz eines Befundes. Damit ist an die *Reichweite* einer Indikation gedacht. Wird eine Ufermoränenleiste (Nr. 13) längs einer Talflanke beobachtet, so ist die Reichweite der erschlossenen Konsequenz *eindeutig* und lautet 'der vorzeitliche Gletscherpegel erreichte max. den First der Ufermoräne'. Wenden wir uns dagegen dem Indikator *erratische Blöcke* zu. Sie belegen *lediglich eine Mindesthöhe*, selbst wenn wir unterstellen, daß es Obermoränenblöcke gewesen sind, die der vorzeitliche Eispegel erreicht hat. Er kann aber auch sehr *viel höher* gelegen haben. Dann repräsentieren die Erratika lediglich die *bereits abgesenkte* Oberfläche eines zurückschmelzenden Eisstromes. Ebenfalls kann man *nicht ausschließen*, daß es sich bei den überlieferten Blöcken *nicht* um Ober-, sondern um randlich ausgetaute *Innenmoränen*, d. h. talhang-*aufwärts* ausgedehnte Grundmoränenablagerungen handelt. Das würde bedeuten, daß die gleichzeitige Eisoberfläche sogar sehr viel höher gelegen hat. Ebenso geben *Talflankenschliffe* mit ihren Glättungen, Polituren und Schrammen (Nr. 15) immer nur *minimale* Pegel- respektive Gletschermächtigkeitsanhaltspunkte her. Die *Gleichsinnigkeit* des Gefälles der angetroffenen Ufermoränenreste längs einer Talflanke talauswärts ist ein Merkmal der *Gleichaltrigkeit* dieser Akkumulationsreste. Entsprechendes gilt für glaziäre *Erosionsobergrenzen* wie Schliffkehlen und -grenzen. Die Gleichsinnigkeit dieser Gefälle *muß* sich dem Talboden, der Taltiefenlinie *annähern*, andernfalls bleibt ein Verwechslungsrisiko bestehen. Falls sich das Oberflächenniveau zweier oder mehrerer Ufermoränenterrassenreste zwar talauswärts abdacht, damit aber nur dem Tiefenliniengefälle folgt und sich diesem *nicht* annähert, ist belegt, daß es sich *nicht* um ein und dieselbe Moränengeneration handelt, sondern daß man talabwärts von dem *jüngeren* Niveau in ein *älteres*, relativ *höheres* geraten ist. Jeder Taleisstrom *nähert* sich mit seiner Oberfläche talabwärts mehr und mehr der Tiefenlinie an. Seine Mächtigkeit nimmt talauswärts kontinuierlich ab. Das gilt natürlich *nur* für die *Ablationsgebiete*, denn sie sind es, von denen hier, wo von Ufermoränen aus geschlossen wird, die Rede ist.

Die vorhergehenden Seiten zielen darauf ab, in der Glazialgeomorphologie *nicht so sehr* am Einzelphänomen und Detailindikator festzuhalten, sondern diese immer gleich und vornehmlich auf ihre topographischen Bedingungen, ihre *Lagebeziehung* zu anderen Leit- und Unterformen zu reflektieren. Es sind *nicht* die glaziären Phänomene an sich, die zählen, sondern es ist die *Beziehung* zwischen diesen Erscheinungen, die über ihren jeweiligen *Indikatorwert* für die Rekonstruktion vorzeitlicher Vergletscherung entscheidet. So muß *nicht* jeder Moränenfund notwendigerweise eine größere Vergletscherung nahelegen. Findet man beispielsweise eine Ufermoräne (Nr. 13) nahe dem Ursprungszirkus eines Tales und damit relativ *weit oben*, so zeugt sie von einer eher *geringfügigen* Vereisung; jedenfalls *mehr* als von einer bedeutenden, denn sie belegt, daß die Schneegrenze (Nr. 11) eher *höher* verlaufen sein muß, weil sonst ihre Ablagerung *nicht* möglich gewesen wäre. Eine tendenziell hohe ELA belegt in einem vorgegebenen Relief eine *geringe* vorzeitliche Vergletscherung. Eine an nämlicher Stelle und oberhalb fehlende Moränenablagerung würde folglich eine größere Vereisung nicht in dieser eindeutigen Weise ausschließen. Fände man jedoch talauswärts oder im Vorland dieses Gebirges ebenfalls keine Moränen, so wäre über glaziäre Akkumulationen allerdings *keinerlei* Vergletscherung – nicht einmal eine geringfügige – nachweisbar.

Daraus wird unmittelbar ersichtlich, daß *nicht* die Moräne *an sich*, sondern erst ihre *Lagebeziehungen* zur Topographie und zu anderen Moränen oder glaziären Erscheinungen eine fundierte Aussage erlaubt. Das gefragtere und zwangsläufig subtilere Beobachtungs- und Ausdeutungskonzept muß *dialektisch* sein, was soviel heißt wie 'Relationen berücksichtigend'. Es ist dann *relativistisch* konzipiert und damit immer zugleich *ganzheitlich*.

Terminologisch sind dies Töne, die man in der Geowissenschaft nicht allzu oft benutzt und ausgesprochen findet. Um so mehr wird es Zeit dafür, und in derartiger *Metatheorie* bleibt ja zugleich auch alles das *gut aufgehoben*, was in der geologisch-stratigraphischen Methode – die von Anfang an die *Lagebeziehung* als wesentlich erachtete – an Kenntnissen und Arbeitstechniken der allgemeinen Geologie seit Jahrhunderten gepflogen worden ist. Diese *ganzheitliche* Vorgehensweise entspricht dem Zusammensetzen eines Puzzle- oder Mosaikbildes aus kleinen Bausteinen, für welches das vage *Bild* – hier das einer vorzeitlichen Vergletscherung – je nach dem der *Topographie* angemessenen Vorstellungsvermögen, *vorgegeben* ist. Es ist in dem Fall insofern doch noch etwas komplizierter, als jeder neu dazu gefundene Stein jene Vorstellung immer mehr konkretisiert und damit korrigiert. Zweifellos ist es am schwierigsten, die *ersten* Mosaiksteinchen im Gelände zu finden bzw. richtig *zu setzen*. Daraufhin wird das Verfahren zunehmend *einfacher*, und der am wenigsten schwierige ist der *letzte* Baustein. Er ist – wie der zentrale Stützstein einer echten Kuppel – nur mehr *obligatorisch* einsetzbar.

Das gilt beispielsweise mancherorts für *erratische* Blockfunde. Man hat durch Schliffgrenzen und gerundete Bergrücken zahlreiche Hinweise für die vorzeitliche Eismächtigkeit gewonnen und läuft nun die zwischenliegenden Sättel und Paßsenken, die dieses Eispegelniveau unterschreiten, nach erratischem Blockmaterial ab. Zuvor wurde bereits erkannt, daß der zentrale Einzugsbereich aus einem granitenen Bergkamm mit den höchsten Gipfeln gebildet wird. Bekanntlich liefern seit Jahrzehnten *massig-kristalline* Gesteine die besten Erratika. Weiter liegen jene aufgesuchten Zwischentalscheidensenken hinreichend tief *unter* der schon durch tiefste Eisrandlagen erschlossenen vorzeitlichen *Schneegrenzhöhe*. Auf den in Frage kommenden Senken *müssen* demnach Erratika gefunden werden. Das ist dann keine Prophetie oder wilde Hypothese mehr, sondern eine wissenschaftliche Prognose.

4.7 Die Wahrscheinlichkeit eines glazialgeomorphologischen Indizienbeweises

„Möglicherweise ist es das Charakteristikum allgemeinster Anwendbarkeit, das so vielen Naturforschern die Kategorie der Quantität als die einzige 'nicht antropomorphe', schlechthin objektive, erscheinen läßt" (LORENZ 1959, S. 267).

Daraus resultiert, wie oben angedeutet, die merkwürdig *realitätsfremde* Forderung, der 'richtige' Beweis müsse über *meßbare* Größeneinheiten geführt werden und verdiene *erst dann* das Prädikat der 'Eindeutigkeit'. Entsprechend zahlreich sind die Gründungen von Workshops, Kommissionen und Arbeitsgruppen, die sich mit der *Standardisierung*, *Normierung* und *Quantifizierung* von dem befassen, was als geomorphologisch *relevante* Größeneinheit zu gelten habe. Angesichts der verwirrenden *Polymorphie* der Phänomene ist man hier jedoch gezwungen, entweder sich auf *tautologische* Definitionen solcher Art wie: "Till is a sediment that has been transported and is subsequently deposited by or from glacier ice, with little or no sorting by water" (DREIMANIS 1982) zu einigen, mit dem *notorischen* Hinweis, daß noch sehr *viel mehr* Messungen benötigt würden, um einen *verbindlichen* Kanon von Eigenschaften festlegen zu können, oder aber man entschließt sich zu rein *normativen* Skalierungen (z. B. Basislänge eines Phänomens) und der doktrinären Festlegung, daß das Meßbare auch das für die geomorphologische Fragestellung *Relevante* sei. Diese Bemühungen finden insofern ihre wissenschaftliche *Rechtfertigung*, als die *Definition* von Einheiten die Grundlage einer *Vergleichbarkeit* von Befunden und damit die Voraussetzung für die Erkenntnis von *Wiederholung* und *Gesetzmäßigkeit* ist. Was jedoch nicht berücksichtigt wird, das ist, daß uns die Wahl der Einheiten *keineswegs* freisteht, insofern als mit ihnen zugleich die *Festlegung* auf einen bestimmten *Kontext* verbunden ist. Machen wir das Kriterium der eindeutigen *Meßbarkeit* zur *Grundlage* von geomorphologischen Einheiten, so errichten wir lediglich ein *tautologisches* Bezugssystem, in dem „die Zählmaschine unserer extensiven Quantifikation gleichsam wie ein Schaufelbagger arbeitet, der ein Schäufelchen voll irgendetwas zum vorhergehenden addiert. Wirklich stimmig und widerspruchsfrei ist ihre Arbeit nur, so lange sie leerläuft und immer nur das Wiederkehren ihrer einzigen Schaufel, der eins, abzählt. Sowie wir diese Maschine in die inhomogene Materie der außersubjektiven Wirklichkeit eingreifen lassen, geht die absolute Wahrheit ihrer Aussagen sofort verloren" (LORENZ 1959, S. 267). Interessiert uns also nicht: Welche *meßbaren Eigenschaften*, z. B. Korngrößensummenkurve, hat dieses Sediment, sondern: Welcher *Genese* ist es, und über welche *Merkmale* läßt sich dies nachweisen, so fragen wir nach seinem *ursächlichen* Kontext und müssen uns von *diesem* die Einheiten des Beweisverfahrens *diktieren* lassen.

Im Falle der Glazialgeomorphologie zeigte sich, daß die *Vergleichbarkeit* (genetische Identität) ihrer *phänomenologischen Einheiten* auf einer *Ebene* angesiedelt ist, die *nur* einer typologischen, *nicht* aber quantifizierenden Definition zugänglich ist. Dies liegt daran, daß der Prozeß glazialer Formung hochgradig *unabhängig* vom konkreten Medium seiner Realisierung ist und damit in den *resultierenden* Formen *glazialgenetische Gesetzmäßigkeit* mit *historisch-regionaler Zufälligkeit* eine *unauflösliche* Verbindung eingeht. Der Einfluß *zufälliger* Rahmenbedingungen kann hierbei so weit gehen, daß das quantitativ *Unvergleichbare* dennoch das genetisch *Übereinstimmende* ist. Diese *Inversion* des 'Vergleichbaren' ist in der Biologie seit langem bekannt und wird hier mit dem Begriff der 'Homologie' gegenüber der 'Analogie' definitorisch streng abgegrenzt. Gerade das, was sich über *quantitative* Merkmale, z. B. die aerodynamischen Eigenschaften der Flugorgane von Pteranodon (Flugsaurier), Albatros (Vögel) und Fledermaus (Säugetiere), als hochgradig *ähnlich* kennzeichnen ließe, wird hier zu einer rein *funktionalen Analogie*, die von der vergleichenden Systematik als *Fallstrick* sorgfältig gemieden werden muß. Homologe Merkmale jedoch, die dem Nachweis von Abstammungs- und Verwandtschaftsverhältnissen dienen, zeichnen sich oft gerade durch ihre quantitative *Inkommensurabilität* aus, so z. B. die Elemente des primären Kiefergelenks der Knorpelfische (Articulare und Quadratum) und ihre homologen *Entsprechungen* bei den Säugetieren, die Gehörknöchelchen (Hammer und Amboß). Die grundlegenden Leitlinien für die Entscheidung darüber, wann eine Homologie vorliegt, stammen von dem französischen *Morphologen* (Biologen) E. GEOFFROY SAINT-HILAIRE (1818). Sein erstes Prinzip der Homologisierung ist das der *Lagebeziehungen:* „So ist das einzige allgemeine Prinzip, das man anwenden kann, durch die Position, die Verhältnisse und Abhängigkeiten der Teile gegeben, das heißt durch das, was ich mit dem Ausdruck Verbindungen bezeichne und in ihn einschließe" (zit. nach MAYR 1984, S. 369). Das zweite Prinzip der 'Zusammensetzung' besagt, daß alle homologisierbaren Strukturen aus den *gleichen* Arten von Elementen bestehen.

Welches aber die gesetzmäßigen Strukturen und tragenden Elemente eines Phänomens sind, kann *nur* über eine *wiederholte* Beobachtung und einer *daraus* abgeleiteten Typenbildung, Prognose und Überprüfung erschlossen werden. Das Kennzeichen dieser Methode ist das eines *zunehmenden Wahrscheinlichkeitsbeweises* der zugrundeliegenden *Gesetzeshypothese*. RIEDL (1975) hat durch die Anwendung der *Informationstheorie* die Möglichkeit eines *quantitativen* Ausdrucks dieses Wahrscheinlichkeitsgehaltes für Gesetzmäßigkeiten der Biologie entwickelt. Die Methode kann grundsätzlich auch auf den Bereich der Geomorphologie übertragen werden (KUHLE 1990a) und soll hier knapp umrissen werden.

Im Sinne der Informationstheorie entspricht der Informationsgehalt (I) eines *Zufallsereignisses* (x) in der Maßeinheit mit dem logarithmus dualis des Kehrwertes seiner Wahrscheinlichkeit (P)

$$I_x = ld\ 1/P.$$

Im einfachsten Fall, beim *Münzwurf*, ist die Wahrscheinlichkeit (P), daß das nächste Ereignis 'Adler' (x) sein wird $P_x = 1/2$; der Kehrwert $1/P_x = 2$; zur binären Wahl bei zwei Alternativen sind $ld\ 2 = 1$ bit erforderlich, womit $I_x = 1$ bit enthält. Dies jedoch nur unter der Voraussetzung, daß die Ereignisse Kopf/Adler völlig *undeterminiert*, d. h. zufällig auftreten. Wird das System aber durch einen *deterministischen* Mechanismus auf eine Entscheidung (z. B. Adler) festgelegt, wird $P_x = 1$ und der Informationsgehalt $I_x = ld\ 1 = 0$. Aus der Perspektive der *Ordnungswahrscheinlichkeit* ist aber mit dem Schwinden der Indetermination der Determinationsgehalt (D) maximal geworden, d. h., bit_I wird zu bit_D. Nach RIEDL sind somit *zweierlei* Wahrscheinlichkeiten (P) zu beachten; die Wahrscheinlichkeit eines Zufalls- oder Indeterminations-Ereignisses (P_I) und die Wahrscheinlichkeit eines Determinationsereignisses (P_D), die sich reziprok zueinander verhalten.

Der *Wahrscheinlichkeitsgrad*, mit dem eine Gesetzmäßigkeit (P_g) vorliegt, kann ausgedrückt werden als

$$P_g = P_D/(P_D + P_I),$$

wobei $P_g = 1$ die maximale Wahrscheinlichkeit und $P_g = 0$ die maximale Unwahrscheinlichkeit einer Gesetzmäßigkeit bezeichnet. Die für die Erschließung von *Gesetzmäßigkeiten* grundlegende Rolle der *Erfahrung* wird durch diese Formulierung deutlich gemacht: Die Annahme, bei einer Serie von Münzwürfen sei das Auftreten von 'Adler' *deterministisch* festgelegt, findet beim ersten Wurf nur geringe Bestätigung: $P_g = P_D/(P_D + P_I) = 1/(1 + 0,5) = 1/1,5 = 0,66$. Mit dem zweiten, fünften und zehnten Wurf *sinkt* jedoch die Wahrscheinlichkeit einer Zufallserklärung auf 1/4, 1/32, 1/1024, also wie $1/2^2$, $1/2^5$, $1/2^{10}$, und *steigt* die Wahrscheinlichkeit einer deterministischen Gesetzmäßigkeit von $1/(1 + 0,5^2)$ auf $1/(1 + 0,5^5)$ und $1/(1 + 0,5^{10})$, d. h. von $P_g = 0,8$ auf 0,97 und 0,999. Spätestens bei der hundertsten Wiederholung kann mit *Sicherheit* von einer Gesetzmäßigkeit ausgegangen werden: $P_g = 1/(1 + 0,5^{100}) = 1/(1 + 7,9 \times 10^{-31})$.

Die Wahrscheinlichkeit der *Gesetzeserwartung* (P_g) unter Berücksichtigung der Anzahl der Anwendungen (P_{ga}) schreibt sich entsprechend $P_{ga} = P_G^a / (P_G^a + P_I^a)$, wobei (a) gleich der Anzahl des Auftretens *derselben* Kombination von Ereignissen ist.

Wird bei einer *lückenlosen* Bestätigung der Voraussage einer Serie von Ereignissen das Zugrundeliegen von Determinationsgesetzen *offensichtlich*, so vereinfacht sich die Formel zu $P_{ga} = 1/(1 + P_I^a)$.

Die Funktion der *Wiederholung* (Redundanz) für die Wahrnehmung und den Nachweis von *nicht-zufälligen* Ereignisserien steht jedoch in direkter Abhängigkeit zum *Merkmalsreichtum* der zugrundeliegenden Gesetzmäßigkeit. Je *komplexer* die Merkmalskombination des Ereignisses ist, desto *unwahrscheinlicher* ist seine Zufallserklärung schon bei niedrigen Werten von a. Für ein System aus *fünf* unabhängigen binären Entscheidungen, z.B. fünf Münzen mit definierter Position (d. h. alle 'Adler' oben), ist die *Zufallswahrscheinlichkeit*, daß diese *spezielle* Konfiguration bei einem Wurf auftritt, mit 1/32 oder 2^{-5} anzugeben, d. h. dem *gleichen* Wert wie für ein System mit einer Münze nach fünf Wiederholungswürfen (s.o.). Ein *System* aus zehn Münzen erreicht die Zufallswahrscheinlichkeit von $2^{-10} = 1/1024$. Dieses Verhältnis erhält man auch, wenn die Fünf-Münzen-Kombination *zweimal* geworfen wird (a = 2). Die Zufallswahrscheinlichkeit, daß beide Male *alle* 'Adler' oben liegen, ist $2^{-5 \times a} = 2^{-10} = 1/1024$.

Es wird damit deutlich, daß der Determinationsgehalt (D) einer Ereignisfolge sich *proportional* zu Gesetzesgehalt (G) und Redundanz, d. h. *wiederholter* Anwendung (a) verhält $D = G \times a$.

Die Wahrscheinlichkeit eines *gesetzmäßigen* Zusammenhanges – und dies entspricht dem Wesen der *induktiven* Methode – wächst somit *potentiell* mit *jedem* identifizierbaren Merkmal und *jeder* identischen Wiederholung.

Für den glazialgenetischen Typus 'Bortensander' wurde während siebzehnjähriger Feldforschungen ein Schema von 15 *homologisierbaren* Merkmalen (G) mit *spezifischer* Lagestruktur entwickelt (Fig. 22), deren *gesetzmäßige* Interdependenz im Sinne eines *gemeinsam* zugrundeliegenden Prozesses (Gebirgsvorlandvergletscherung) sich durch 15 unabhängige Wiederholungen (a) (jeweils eine Gebirgsabdachung mit mehreren Talungen) bestätigte. Wird für das Auftreten *jedes* Einzelmerkmales eine Zufallswahrscheinlichkeit von 1/2 angenommen, d. h. lediglich *eine* Alternative, so kann die *Wahrscheinlichkeit* der Zufallshypothese mit $2^{-15 \times 15} = 2^{-225} = 1/5,39 \ldots \times 10^{67}$ angegeben werden. Nach $P_{ga} = 1/(1 + P_I^a)$ berechnet sich die *Wahrscheinlichkeit der Gesetzeserwartung* auf $P_{ga} = 1/(1 - 0,5^{225}) = 0,999 \ldots$ (Werte unter 9 treten *erst* an 68ster Stelle hinter dem Komma auf).

Damit kann der *Typus* des 'Bortensanders' in seiner Interpretation als *gesetzmäßiges Formenelement* eines spezifischen *glazialgenetischen* Prozeßgefüges als *hochgradig* (bei einer Annäherung an P_g max. = 1 auf 67 Stellen hinter dem Komma) abgesichert gelten.

4.8 Zur Möglichkeit weiterer Produktivität in der Glazialgeomorphologie und ihrem Umfeld

Nun zum *letzten* Schritt in dieser Zusammenfassung, der die *Offenhaltung* zukünftiger Forschungsperspektiven für einen *produktiven* Datengewinn im grundsätzlichen Bereich der geomorphologischen und quartärgeologischen Diszplin betrifft. Es ist der Bereich, in dem die Analogie mit jenem Puzzle *nicht mehr* trägt, denn die wissenschaftliche *Produktion* – nicht die Anwendung bekannter Verfahren in einem dicht benachbarten Gebiet, sondern die mehr *schöpferische* Seite, die auch die empirischen Forschungen in der Weiterentwicklung halten – hat *kein* scharfes Bild und *keine* fixierte Vorstellung vor Augen, welche es nur noch mit den einzelnen Bausteinen *nachzuvollziehen* gilt.

Ein Beispiel liefert die *Entschlüsselung der Keilschrift* durch GROTEFEND (1837). Weder war bekannt, ob es sich bei den Gravuren überhaupt um Schriftzeichen handelte, in welcher Richtung sie zu lesen seien und in welcher Sprache sie geschrieben waren, noch lag ein übersetzter Text, d.h. ein seinem Inhalt nach annähernd *bekannter Sinn* einer solchen Inschrift, vor. GROTEFEND entwarf darum über *reine* Vermutungen eine *Arbeitshypothese*, was den *Charakter* und den *Inhalt* betreffender Inschriften ausmachen könnte. Diese Hypothese korrigierte er anhand des sich fortwährend durch die erzielten Zwischenergebnisse verändernden Bildes des Gesamtzusammenhanges. Auf diesem Wege stützten sich die *Vermutungen* und ihre *induktiven* Korrekturen über neue fokussiertere *Vermutungen* zu einem zunehmend *realistischen Sinnbild*. Der Grundansatz, auf dem solch eine Vorgehensweise basiert, ist der *Glaube* an ein in sich schlüssiges und sinnvolles, d.h. *widerspruchsfreies* Gesamtbild.

Auf dem Feld einer empirischen Naturwissenschaft wie der Glazialgeomorphologie handelt es sich analog um ein schlüssiges, genetisch-funktionales und widerspruchsfreies Gesamtbild. Man könnte sich z.B. den Entwurf zu einem in beinahe *allen wichtigen* Zügen andersartigen als dem herkömmlichen Bild der Glazialgeomorphologie für ein *kalt-arides Hochlandinlandeis in den Subtropen* vorstellen. Ein solches Eis hat dementsprechend randlich *steil* abfallende, *kleinflächige* Ablationsgebiete bzw. ein vergleichsweise *sehr ausgedehntes* Nährgebiet. Seine Spuren sollten in *grundsätzlicher Weise* von der spezifischen Geomorphologie *warm-ozeanischer Tieflandinlandeise* in hohen Breiten differieren. Ein solcher Nachweis ist bisher allenfalls in den *allerersten* Anfängen versucht worden, oder – noch vorsichtiger formuliert – die *Idee* dazu ist da.

Weiter könnte man sich um ein fortschreitendes, befriedigenderes Verständnis der glaziären *Kerbtalbildung* im Gegensatz zur *Trogentstehung* bekümmern und dann auch der Frage der *glaziären Wandfußsockelbildung* nachgehen. Im Hinblick auf die *Glazialisostasie* sind noch viele Fragen offen. Neben derjenigen nach den *maximalen Absenkungsbeträgen* z.B. in Hochtibet, auch die nach der *Verzögerung* und *Dämpfung* der Absenkung bei wachsender Eisauflast sowie die Frage der Hebung beim *Abschmelzen* des Inlandeises und *nach* der *vollständigen* Deglaziation. Die altkonsolidierten Schilde, wie der kanadische und der fennoskandische, dürften dabei eine *andere Absenkungs- und Hebungsschwingung* aufweisen als die viel *mächtigere* Kontinentalkruste, die das Hochland von *Tibet* aufbaut. Hier ist durch den Aufprall und die N-Drift des indischen Subkontinents mit einer Geschwindigkeit von früher 15 und heute 2 cm/J gegen die eurasische Masse ein schollenweises Andocken und eine Subduktion von *mehreren Schollen* erst 'weicher' Ozeankruste, dann 'harter' Kontinentkruste *untereinander* erfolgt – wie postuliert wird (vgl. KASSENS & WETZEL 1989, S.15f.). Derartige vertikale Krustenschwingungen, die mit der Ver- und Enteisung einhergehen, dürften außerdem und *überlagernd* durch die *Grundrißproportionen* sowie ihre *absoluten* Ausdehnungen in Längs- und Querrichtung gesteuert worden sein. Das hochglaziale Tibeteis hatte beispielsweise eine Länge von etwa 3000 km und eine Breite von ca. 1500 km bei einem annähernden Ellipsengrundriß. In diese Überlegungen hätten dann weiter die *Eismächtigkeit* als eine Funktion von Grundriß, Eistemperatur und Massenumsatz wie auch die *Grundreibung* als von der Untergrundbeschaffenheit und Gebirgszügen mit ihren verschiedenen Streichrichtungen usw. abhängige Größe einzugehen. Das ist bisher noch nicht versucht worden. Hierin sind durch die mehr oder minder *verzögerte* Hebung des Hochlandes von Tibet nach der hoch- und spätglazialen Vereisung *erneut* wieder *über die Schneegrenze* wesentliche Hinweise auf die *terrestrische Abkühlungsverstärkung* und die *Eiszeitmechanismen* überhaupt verwurzelt (KUHLE 1989d, S. 276 u. S. 282 ff.).

Es wäre dabei mit *formaler* Berechtigung einzuwerfen, hier handele es sich um Forschungsperspektiven, die *weit* über die reine Glazialgeomorphologie hinausgehen. Es bestünden zwar enge Beziehungen zur glazialgeomorphologischen Methode, die durch Einflüsse der Glazialisostasie auf Gletschermächtigkeiten und das resultierende Eisabflußverhalten vermittelt sind, aber wir wären eben doch auf dem Gebiet der Glazialtektonik. An diesem konkreten Fall soll jedoch deutlich werden, wie *wenig* eine formale Forschungsbegrenzung der Wissenschaft frommt. Vielmehr ist es ein Gesetz, daß sich der *Progreß* geradezu daran ablesen läßt, inwieweit er ehemalige Fächerabteilungen und Disziplinsbegrenzungen *inhaltlich* hinter sich gelassen hat. So ist es ein offenes Geheimnis, daß sich die aktuelle Forschung *immer zwischen* den Disziplinen abgespielt hat. Das galt für die Alchimie und Psychologie so gut wie für die Ethologie, die zwischen Psychologie und Biologie betrieben werden mußte, gleichwie die physikalische Chemie einen Erkenntnisboom erlebt hat, den heute die Biochemie erfährt. Damit verbunden zeichnet sich immer wieder auch eine *Umwälzung* ab, die zeitweilig als *abgetane* Forschungszweige diskriminierte Disziplinen – vielleicht sogar regelhaft mit einer Periodizität von Jahrzehnten – erneut und vor allem wider Erwarten an die *Spitze* geraten läßt. Das trifft beispielsweise für die Festkörperphysik zu, die in den fünfziger Jahren totgesagt war und drei Jahrzehnte wesentliche Ergebnisse zeitigte.

In der Geographie wird im Zuge der sogenannten ökologischen Forschungen die *ganzheitliche* Verknüpfung von natürlichem und anthropogenem Landschaftshaushalt wieder enger und zeigt eine Renaissance von geodeterministischer und landschaftskundlicher Forschungsperspektive an. Sogar mehr noch gilt das im Fall der *Glazialgeomorphologie*, die – forciert durch die zeitgeschichtliche Betonung der Klimaforschung – den in geologischen Zeiträumen *kleindimensionierten Rückgriff* in das Eiszeitgeschehen der letzten Jahrzehntausende und Jahrhunderttausende ermöglicht. Hierbei wird die Glazialgeomorphologie zum wichtigsten Instrument, die *größten* irdischen Klimaschwankungen, nämlich die der Eiszeiten, durch die für sie allein erfaßbaren Schneegrenzrekonstruktionen signifikant werden zu lassen. In diesem Forschungs- und Erkenntniszusammenhang *muß* die formale Disziplinabgrenzung zurücktreten, und vermittels der für die terrestrische Eiszeitforschung *führenden* Stellung der *Glazialgeomorphologie* durch deren *unmittelbaren* Zugang zu der ehemaligen Gletscherausdehnung und dem darin liegenden *Klimaanzeiger*, dem Schneegrenzverlauf, *muß* alles Tangierende aus den sogenannten Nachbardisziplinen nicht formal ausgegrenzt, sondern *inhaltlich einbezogen* werden.

Literatur

Abele, G. (1981): Trockene Massenbewegungen, Schlammströme und rasche Abflüsse. Mainzer Geogr. Studien, 23, S. 1–102.

Benson, C. S. (1951): Stratigraphic Studies in the Snow and Firn of the Greenland Ice Sheet. Folia Geogr. Danica, 9, S. 13–37.

Bernhardt, F. und H. Philipps (1958): Die räumliche und zeitliche Verteilung der Einstrahlung, der Ausstrahlung und der Strahlungsbilanz im Meeresniveau. Die Einstrahlg. Abh. Meteor. Hydrol. Dienst Nr. 15, S. 1–227.

Bishop, C. B., A. K. Angström, A. J. Drummond u. J. J. Roche (1966): Solar Radiation Measurements in the High Himalayas (Everest region). Journal of Applied Meterology 5, S. 94–104.

Bobek, H. (1933): Die Formenentwicklung der Zillertaler und Tuxer Alpen im Einzugsbereich des Zillers. Forsch. z. dt. L. u. Vkde. 30.

Cailleux, A. (1936): Les actions éoliennes périglaciairs quaternaires en Europe. Comptes Rend. Som. et Bull. de la soc. Géolog. France, Set. 5.

– (1942): Les actions périglaciairs en Europe. Mém. soc. géol. France, N. S. 21.

Carnap, R. (1976): Einführung in die Philosophie der Naturwissenschaften. Sammlung dialog 36, Nymphenb. Verlagsbuchhdlg., München.

De Geer, E. H. (1954): Skandinaviens geokronologi. Geologiska Föreningens Förhandlingar, 76. Stockholm.

Desio, A. (1936): Risultati geografici. La spedizione geografica Italiana al Karakoram. Bertarelli, Milano–Roma.

Deville, M. (1815): Mündl. Äußerung des Bergführers aus Chamonix über die vorzeitl. größere Ausdehnung von Westalpengletschern. Zit. nach R. v. Klebelsberg (1948): Handb. d. Gletscherkde. u. Glazialgeologie, Bd. 1, S. 1–403. Wien.

Ding, Yongijian (1987): The Study of the Thermo-Hydrological Environment of Glacial Development in the Karakoram N-Side. Lanzhou, China (unveröffentl. Manuskr.).

Dreimanis, A. (1979): Selection of Genetically Significant Parameters for Investigation of Tills. In: Ch. Schlüchter (Hrsg.): 'Moraines and varves' Balkema, S. 167–177. Rotterdam.

– (1982): INQUA-Commission on Genesis and Lithology of Quaternary Deposits. Work Group (1) – Genetic Classification of Tills and Criteria for their Differentiation: Progress Report on Activities 1977–1982 and Definitions of Glacigenic Terms. In: Ch. Schlüchter (Hrsg.): INQUA Commission on Genesis and Lithology of Quaternary Deposits. Report on Activities 1977–1982, ETH Zürich, S. 12–31.

Feyerabend, P. K. (1968/69): Vorlesung zur Wissenschaftstheorie. Mdl. Vorlesg. am Philosoph. Seminar der Freien Univ. Berlin, WS 1968/69.

Fezer, F. und M. Halimov (1988): Sieben Yardang-Typen im westlichen Qaidam-Becken (Prov. Qinghai, Westchina). In: Neueste phys.-geogr. Forschungsergebnisse aus Hochtibet und angrenzenden Gebieten. Tagungsber. u. wiss. Abh. 46. Dt. Geographentag München 1987, S. 605–607.

Finsterwalder, R. (1933): Gletschergeschwindigkeitsmessungen und gletscherkundliche Bemerkungen. In: P. Bauer: Um den Kantsch!, S. 131–143. München.

Finsterwalder, S. (1897): Der Vernagtferner. Wiss. Erg. Heft z. Zeitschr. DÖA-Verein I/1.

– (1923): Mechanismus der Gletscherbewegung und Gletschertextur. Zeitschr. f. Gletscherkd. 13.

Flint, R. F. (1947): Glacial Geology and the Pleistocene Epoch. New York–London.

Flohn, H. (1959): Bemerkungen zur Klimatologie von Hochasien. Aktuelle Schneegrenze und Sommerklima. Akad. d. Wiss. u. d. Lit., Abh. math.-nat. wiss. Kl., Jg. 1959, 14, S. 309–331. Mainz.

Frenzel, B. (1960): Die Vegetations- und Landschaftszonen Nord-Eurasiens während der letzten Eiszeit usw. I. u. II. Teil. Akad. d. Wiss. Mainz, math.-nat. Kl. 1959, S. 13 und 1960, S. 6.

Furrer, G. (1969): Vergleichende Beobachtungen am subnivalen Formenschatz in Spitzbergen und in den Schweizer Alpen. Ergebnisse d. Stauferland-Exped. 1967, 9, S. 1–41. Wiesbaden.

Gansser, A. (1983): The Wider Himalaya. A Model for Scientific Research. In: Mat. Fys. Medd. Dan. Vid. Selsk. 40: 14, S. 3–30. København.

Garleff, K. (1970): Verbreitung und Vergesellschaftung rezenter Periglazialerscheinungen in Skandinavien. Göttinger Geogr. Abh. 51, S. 1–65.

Geoffroy Saint-Hilaire, E. (1818): Philosophie anatomique. Paris.

Gorbunow, A. P. (1983): Rock Glaciers of the Mountains of Middle Asia. Fourth Intern. Confer. on Permafrost, Proceedings, S. 380–383.

Gripp, K. (1929): Glaziologische und geologische Ergebnisse der Hamburger Spitzbergen-Exped. 1927. In: Abh. Naturwiss. Verein Hamburg, 22.

– 1938: Endmoränen. C. R. Congr. Intern. Géogr., Amsterdam, Bd. 2.

Grötzbach, E. (1965): Beobachtungen an Blockströmen im afghanischen Hindukusch und i. d. Ostalpen. Mitt. Geogr. Gesellsch. München, 50, S. 175–201.

Grosswald, M. G. (1983): Ice Sheets of the Continental Shelves. In: Results of Researches of the International Geophysical Projects, S. 1–216, Moskau.

Grotefend, G. F. (1837): Beiträge zur Erläuterung der persepolitanischen Keilschrift. Hannover.

Haeberli, W. (1982): Klimarekonstruktionen mit Gletscher-Permafrost-Beziehungen. Baseler Beiträge z. Physiogeogr. 4, S. 9–17.

– (1985): Creep of Mountain Permafrost: Internal Structure and Flow of Alpine Rock Glaciers. Mittlg. d. Versuchsanst. f. Wasserb., Hydrolog. u. Glaziolog. 77, Visser, D. (Hrsg.): S. 1–142. Zürich.

Häckel, H., Häckel, K. und H. Kraus (1970): Tagesgänge des Energiehaushaltes der Erdoberfläche auf der Alp Chukhung im Gebiet des Mt. Everest. In: Khumbu Himal (2. Lief.), S. 47–60. München.

Hagedorn, H. (1971): Untersuchungen über Relieftypen arider Räume an Beispielen aus dem Tibesti-Gebirge und seiner Umgebung. Zeitschr. f. Geomorph., Suppl. Bd. 11, S. 1–251. Berlin–Stuttgart.

Halimov, M. und F. Fezer (1986): Äolische Formengemeinschaften im Qaidam-Becken (West-China). Göttinger Geogr. Abh., 81, Intern. Symp. Tibet u. Hochasien, 8.–11. Okt. 1985, Göttingen. M. Kuhle (Hrsg.): S. 207–222.

Hausen, H. (1912): Studier öfer des sydfinska ledblockens spridning i Ryssland. Bull. Com.géol. Finl. 32.

Heim, A. (1933): Minya Gongkar. Forschungsreise ins Hochgebirge von Chines. Tibet. Bern–Berlin. Mit Karte des Minya Gongkar 1:275 000 u. Skizze d. Reiseweges.

Heim, A. und A. Gansser (1939): Central Himalaya. Geological Observation of the Swiss Expedition 1936. Denkschr. d. Schweiz. Naturforsch. Gesellsch. 73, Abh. 1.

Helbling, R. (1919): Beiträge zur topographischen Erschließung der Cordillera de los Andes zwischen Aconcagua und Tupungato. 23. Jahresber. Akad. Alpenklub, Zürich.

Heuberger, H. (1966): Gletschergeschichtliche Untersuchungen in den Zentralalpen zwischen Sellrain- und Ötztal. Wiss. Alpenvereinshefte, 20. Innsbruck.

– (1986): Untersuchungen über die eiszeitl. Vergletscherung des Mt. Everest-Gebietes, Südseite, Nepal. Göttinger Geogr. Abh. 81. In: M. Kuhle (Hrsg.): S. 29–30.

Heydemann, A. und M. Kuhle (1988): The Petrography of Southern Tibet. GeoJournal, Dec. 88, vol. 17, 4, S. 615–624.

Hjulström, F. (1935): Studies on the Morphological Activity of Rivers... Bull. Geol. Inst. of Uppsala 25, S. 221–527.

Höfer, H. v. (1879): Gletscher- und Eiszeitstudien. Sitzungsber. d. Akad. d. Wiss. Wien, Math.-Nat. Kl. 1 (79), S. 331–367.

Höllermann, P. (1964): Rezente Verwitterung, Abtragung und Formenschatz in den Zentralalpen am Beispiel des oberen Suldentales (Ortlergruppe). Z. f. Geomorph. N. F. Suppl. 4. Berlin.

Hövermann, J. und M. Kuhle (1985): Typen von Vorlandsvergletscherungen in Nordost-Tibet. Regensburger Geogr. Schriften, 19/20, Festschr. Ingo Schaefer, S. 29–52.

Ives, R. L. (1940): Rock Glaciers on the Colorado Front Range. Bull. Geol. Soc. Am. 51.

Jacobsen, J.-P. (1990): Die Vergletscherungsgeschichte des Manaslu-Himalaya und ihre klimatische Ausdeutung. Diss. math.-nat. FBR d. Georg-August-Univ. Göttingen, S. 1–77. (Unveröffentl. Manuskr.)

Jätzold, R. (1971): Die verschüttete Stadt Yungay, Peru. Die Erde, Zeitschr. d. Gesellsch. f. Erdk. zu Berlin, 102. Jg., H. 2/3, S. 108–117.

Johnson, P. G. (1980): Rock glaciers: Glacial and Non-glacial Origins. IAHS-AISH Publication No. 126, S. 285–293.

Kassens, H. und A. Wetzel (1989): Das Alter des Himalaya. Geolog. Dokumente aus dem Indischen Ozean. Die Geowissenschaften, 1/89, S. 15–20.

Keilhack, K. (1917): Die großen Dünengebiete Norddeutschlands. Z. d. deutschen geolog. Gesellsch., S. 69.

Kesseli, E. J. (1941): Rock Streams in the Sierra Nevada, California. Geogr. Rev.

Kierkegaard, S. (1843): Die Wiederholung. Drei erbauliche Reden. Übers. v. E. Hirsch (Hrsg.), S. 1–168. Düsseldorf–Köln.

Klebelsberg, R. v. (1948): Handbuch d. Gletscherkd. und Glazialgeol., Bd. 1, Allg. Teil, S. 1–403. Wien.

Kudryavtsev, V. A., K. A. Kondrat'Yeva und N. N. Romanovskiy (1978): Zonal'nyye i regional'-nyye zakonomernosti formirovaniya kriolitozony SSSR-Zonal and Regional Patterns of Formation of the Permafrost Region in the USSR, S. 419–426 in Third Intern. Confer. on Permafrost (Edmonton, Alta., 10–13 July 1978), Proc. I: Ottawa, Canada Nat. Research Council.

Kuhle, M. (1974): Vorläufige Ausführungen morpholog. Feldarbeitsergebn. a. d. SE-Iranischen Hochgebirgen am Beispiel des Kuh-i-Jupar. Z. f. Geomorph. N. F. 18, S. 472–483. Berlin–Stuttgart.

– (1976): Beiträge z. Quartärmorphologie SE-Iranischer Hochgebirge. Die quartäre Vergletscherung d. Kuh-i-Jupar. Bd. 1, Text: S. 1–209; Bd. 2, Abb.: S. 1–105. Göttinger Geogr. Abh. 67.

– (1978): Obergrenze von Frostbodenerscheinungen. Z. f. Geomorph. N. F. 22, 3, S. 350–356. Berlin–Stuttgart.

– (1980): Klimageomorphologische Untersuchungen i. d. Dhaulagiri- und Annapurna-Gruppe (Zentraler Himalaya). Tagungsber. u. wiss. Abh. 42. Dt. Geographentag 1979, S. 244–247.

– (1981): Erste Deutsch-Chinesische Gemeinschaftsexped. nach Tibet u. i. d. Massive des Kuen-Lun-Gebirges 1981. Ein Expeditions- und vorläufiger Forschungsber. Tagungsber. und wiss. Abh. 43. Dt. Geographentag 1981, S. 63–82.

– (1982a): Der Dhaulagiri- und Annapurna-Himalaya. Ein Beitrag z. Geomorphologie extremer Hochgebirge. Z. f. Geomorph. Suppl. Bd. 41, 1 u. 2, S. 1–229 u. S. 1–184.

– (1982b): Was spricht f. eine pleistozäne Inlandvereisung Hochtibets? Sitz. Ber. d. Braunschweig. Wiss. Gesellsch. Sonderh. 6, S. 68–77. Göttingen.

– (1982c): DFG-Abschlußber. über d. Ergebn. d. Exped. in die Südabdachungen von Cho Qyu, Mt. Everest und Lhotse 1982, S. 1–38.

– (1982d): Periglazial- und Glazialformen und -prozesse in NE-Tibet. Sitz. Ber. d. Braunschweig. Wiss. Gesellsch. Sonderh. 6, S. 19–24. Göttingen.

– (1983a): Der Dhaulagiri- und Annapurna-Himalaya. Empirische Grundlage. Ergänzungsbd. zu Z. f. G. Suppl. Bd. 41, S. 1–383. Berlin–Stuttgart.

– (1983b): Zur Geomorphologie von S-Dickson Land (W-Spitzbergen) mit Schwerpunkt auf der quartären Vergletscherungsgeschichte. Polarforschung 53, 1, S. 31–57.

– (1983c): Postglacial Glacier Stades of Nugssuaq Peninsula, West-Greenland (70°03'–70°10' North) Late- and Postglacial Oscillations of Glaciers: Glacial and Periglacial Forms. S. 325–355. In mem. H. Kinzl und H. Schroeder-Lanz (Hrsg.). Rotterdam.

– (1984a): Zur Geomorphologie Tibets. Bortensander als Kennformen semiarider Vorlandvergletscherung. Berliner Geogr. Abh. 36, S. 127–137.

– (1984b): Die Kuen-Lun-N-Abdachung zur Tsaidam-Depression: Ausdeutung einer Satellitenfotografie (35°45'–37°40'N/91°30'–92°52'E) über Feldarbeitsbefunde benachbarter Areale mit analoger geomorphologischer Sequenz. Geogr. Rundschau 6, S. 299–301.

– (1984c): Spuren hocheiszeitlicher Gletscherbedeckung in der Aconcagua-Gruppe (32–33°S). Zbl. Geol. Paläont. Teil 1, Verhandlb. d. Südamerika-Symposiums 1984 in Bamberg, H. 11/12, S. 1635–1646.

– (1984d): Hanglabilität durch Rutschungen u. Solifluktion im Verhältnis zum Pflanzenkleid in den Alpen, den Abruzzen und im Himalaya. Entwicklung ländlicher Raum, 18. Jahrgang, H. 3/84, S. 3–7.

– (1985a): DFG-Abschlußber. über d. Ergebn. d. Chines./Deutsch. Gemeinschaftsexped. nach S-Tibet und in die N-Flanken von Shisha Pangma u. Mt. Everest (Chomolungma) 1984, S. 1–52.

– (1985b): Ein subtropisches Inlandeis als Eiszeitauslöser. Südtibet- und Mt. Everest-Expedition 1984, S. 35–51. Georgia Augusta.

– (1985c): Die Südtibet- und Mt. Everest-Expedition 1984. Geogr. Untersuchungen in Hochasien. 45 min. Farbtonfilm, Produktion IWF. Göttingen.

– (1985d): Absolute Datierungen zur jüngeren Gletschergeschichte im Mt. Everest-Gebiet und die mathematische Korrektur von Schneegrenzberechnungen. Tagungsber. d. 45. Dt. Geographentages, Berlin 1985, S. 200–208. Stuttgart.

– (1985e): Permafrost and Periglacial Indicators on the Tibetan Plateau from the Himalaya Mountains in the South to the Quilian Shan in the North (28–40°N). Z. f. Geomorph. N. F. 29, 2, S. 183–192. Berlin–Stuttgart.

– (1986a): Former Glacial Stades in the Mountain

Areas Surrounding Tibet – in the Himalayas (27°–29°N: Dhaulagiri, Annapurna, Cho Oyu and Gyachung Kang Areas in the South and in the Kuen Lun and Quilian Shan (34°–38°N: Animachin, Kakitu in the North). In: S. C. Joshi (Hrsg.): Nepal Himalaya. Geo-Ecological Perspectives, S. 437–473. New Delhi.

Kuhle, M. (1986b): New Research on High Asia, Tibet and the Himalayas. The International Symposium on Tibet and High Asia on Oct. 8–11, 1985 in Göttingen. GeoJournal 12, 3, S. 341–343.

– (1986c): The Upper Limit of Glaciation in the Himalayas. GeoJournal 13, 4, S. 331–346.

– (1986d): Kommentar zum wiss. 16 mm-Tonfilm: Die Südtibet und Mt. Everest-Expedition 1984. Publ. zu wiss. Filmen. IWF, Sekt. Geogr., V 2437, S. 3–37. Göttingen.

– (1986e): Schneegrenzbestimmung und typologische Klassifikation von Gletschern anhand spezifischer Reliefparameter. Petermanns Geogr. Mittlg. 130, S. 41–51.

– (1986f): Die Vergletscherung Tibets und die Entstehung von Eiszeiten. Spektrum der Wiss., Scientific American, 9/86, S. 42–54.

– (1986g): Neue Forschungen über Hochasien. Geogr. Zeitschr. Jg. 74, 2, S. 120–127. Wiesbaden–Stuttgart.

– (1987a): Subtropical Mountain- and Highland-Glaciation as Ice Age Triggers and the Waning of the Glacial Periods in the Pleistocene. In: GeoJournal, June 1987, 14.4, S. 393–421.

– (1987b): The Problem of a Pleistocene Inland Glaciation of the Northeastern Quinghai-Xizang Plateau (Tibet). In: Reports on the Northeastern Part of the Quinghai-Xizang (Tibet) Plateau by the Sino-German Scientific Expedition. J. Hövermann und Wang Wenying (Hrsg.): S. 250–315. Beijing, China.

– (1987c): Glacial, Nival and Periglacial Environments in Northeastern Qinghai-Xizang Plateau. Report on NE-Part of Qinghai Plateau (Tibet). Sino-German Scientific Expedition 1981. S. 176–244. Beijing, China.

– (1987d): Physisch-Geogr. Merkmale des Hochgebirges: Zur Ökologie von Höhenstufen und Höhengrenzen. In: Frankfurter Beiträge z. Didaktik d. Geogr., Bd. 10: Hochgebirge. O. Werle (Hrsg.): S. 15–40.

– (1987e): Letzteiszeitliche Gletscherausdehnung vom NW-Karakorum bis zum Nanga Parbat (Hunza-Gilgit- und Indusgletschersystem). 46. Dt. Geographentag 1987, München, Tagungsber. u. Wiss. Abh., Bd. 46, S. 606–607. Stuttgart.

– (1987f/88): Zur Geomorphologie der nivalen und subnivalen Höhenstufe in der Karakorum-N-Abdachung zwischen Shaksgam-Tal und K2-N-Sporn: Die quartäre Vergletscherung und ihre geoökologische Konsequenz. Tagungsber. u. wiss. Abh. 46. Dt. Geographentag München. S. 413–419. Stuttgart.

– (1987g): A Numerical Classifikation of Glaciers by Means of Specific Relief Parameters. Journal of Glaciology and Geocryology, Vol. 9, 3 Sept. 87, S. 207–214.

– (1988a): Eine reliefspezifische Eiszeittheorie. Nachweis einer tibetischen Inlandvereisung und seiner energetischen Konsequenzen. In: Die Geowissenschaften, 6. Jahrg., H. 5, Mai 1988, S. 142–150.

– (1988b): Zur Auslöserrolle Tibets bei der Entstehung von Eiszeiten. Spektrum der Wissenschaft, Scientific American, Jan. 1988, S. 16–20.

– (1988c): Topography as a Fundamental Element of Glacial Systems. A New Approach to ELA-Calculation and Typological Classification of Paleo- and Recent Glaciations. GeoJournal 17, 4, S. 545–568.

– (1988d): The Pleistocene Glaciation of Tibet and the Onset of Ice Ages. An Autocycle Hypothesis. GeoJournal 17, 4. M. Kuhle und Wang Wenjing (Hrsg.): S. 581–597.

Kuhle, M. und J.-P. Jacobsen (1988): On the Geoecology of Southern Tibet. Measurements of Climate Parameters Including Surface- and Soil-Temperatures in Debris, Rock, Snow, Firn and Ice During the South Tibet- and Mt. Everest Expedition 1984. GeoJournal 17. 4, M. Kuhle und Wang Wenjing (Hrsg.): S. 597–613.

Kuhle, M. (1988e): Neueste physisch-geogr. Forschungsergebnisse aus Hochtibet und angrenzenden Gebieten. Tagungsber. u. wiss. Abh. 46. Dt. Geographentag München, S. 605–607.

– (1988f): Die eiszeitl. Vergletscherung W-Tibets zwischen Karakorum und Tarim-Becken und ihr Einfluß auf die globale Energiebilanz. In: Geogr. Zeitschr. Jg. 76, H. 3, S. 135–148.

– (1988g): Geomorphological Findings on the Build-up of Pleistocene Glaciation in Southern Tibet and on the Problem of Inland Ice. Results of the Shisha Pangma and Mt. Everest Expedition 1984. GeoJournal 17. 4, M. Kuhle und Wang Wenjing (Hrsg.): S. 457–511.

– (1989a): Ice Marginal Ramps: An Indicator of Semi-arid Piedmont Glaciations. GeoJournal 18. 2, S. 223–238.

– (1989b): DFG-Bericht über die wiss. Ergebnisse

d. Deutsch-Chin. Gemeinschaftsexpedition nach Zentral-, S- und SE-Tibet 1989, S. 1–53.
- (1989c): Quantifizierender Reduktionismus als Risiko in der Geographie am Beispiel der Geomorphologischen Karte 1:25000 der BRD. Acta Albertina Ratisbonensia, Bd. 46, S. 1–39.

Kuhle, M., K. Herterich und R. Calov (1989): On the Ice Age Glaciation of the Tibetan Highlands and its Transformation into a 3-D Model. GeoJournal 19. 2, S. 201–206.

Kuhle, M. (1989d): Die Inlandvereisung Tibets als Basis einer in der Globalstrahlungsgeometrie fußenden, reliefspezifischen Eiszeittheorie. Petermanns Geogr. Mittlg. 133, 4, S. 265–285.
- (1989e): Heutige und eiszeitliche Vergletscherung Hochasiens. Ergebnisse der Südtibet und Mt. Everest-Expedition 1984. In: Publ. z. Wiss. Filmen, Sekt. Techn. Wiss. Nat. Serie 10, Nr. 10, IWF-Göttingen, S. 1–36.
- (1990a): The Probability of Proof in Geomorphology – an Example of the Application of Information Theory to a New Kind of Glacigenetic Morphological Type, the Ice-Marginal Ramp (Bortensander). Geo-Journal 21. 3, S. 195–222.
- (1990b): New Data on the Pleistocene Glacial Cover of the Southern Border of Tibet: The Glaciation of the Kangchendzönga Massif (8585 m E-Himalaya). GeoJournal 20. 4, S. 415–421.
- (1990c): The Cold Deserts of High Asia (Tibet and Continous Mountains). GeoJournal 20. 3, S. 319–323.
- (1990d): Ice Marginal Ramps and Alluvial Fans in Semi-arid Mountains: Convergence and Difference. Chapter 3 of Alluvial Fans – A Field Approach, S. 55–68. In: A. H. Rachocki und M. Church (Hrsg.): Chester–New York–Brisbane–Toronto–Singapore.

Kuhle, M. und Xü Daoming (1991): Zur zeitlichen Einordnung des hochglazialen Tibeteises an seinem W-Rand (zwischen Kuen Lun und Karakorum-Hauptkamm). GeoJournal (Manuskr. in Druckvorber.).

Kuhn, B. F. (1787/88): Versuch über den Mechanismus der Gletscher. A. Höpfner's Magazin für die Naturkunde Helvetiens Bd. 1, S. 119–136. Nachtrag Bd. 3 (1788), S. 427–436. Zürich.

Lehmann, O. (1920): Die Bodenformen der Adamello-Gruppe. Abh. Geogr. Gesellsch. Wien 11, 1.

Leiviskä, J. (1928): Über die Oser Mittelfinnlands. Fennia 51, 4. Helsinki.

Leutelt, R. (1938): Gletschermessungen im Pitztal (Ötztaler Alpen) i. Jahr 1937. Zeitschr. f. Gletscherkd. 26.

Lichtenecker, N. (1938): Die gegenwärtige und die eiszeitliche Schneegrenze in den Ostalpen. Verhandl. d. III. Intern. Quartär-Konferenz, Wien 1936, S. 141–147.

Li Tianchi (1988): A Preliminary Study on the Climatic and Environmental Changes at the Turn from the Pleistocene to Holocene in East Asia. In: GeoJournal, 17. 4; Tibet and High-Asia – Results of the Sino-German-Joint Expeditions (I). M. Kuhle und Wang Wenjing (Hrsg.): S. 649–657.

Lliboutry, L. A. (1987): Very Slow Flows of Solids – Basics of Modeling in Geodynamics and Glaciology, S. 1–510. Dordrecht–Boston–Lancaster.

Lorenz, K. (1959): Gestaltwahrnehmung als Quelle wissenschaftlicher Erkenntnis. Z. f. exp. u. angew. Psychol. 4, S. 118–165.

Louis, H. (1954/55): Schneegrenze und Schneegrenzbestimmung. Geogr. Taschenbuch, S. 414–418.

Louis, H. und K. Fischer (1979): Allgemeine Geomorphologie. 4., erw. u. ern. Aufl., S. 1–815. Berlin–New York.

Lundqvist, J. (1984): INQUA-Commission on Genesis and Lithology of Quaternary Deposits. Striae 20, S. 11–14.
- (1989): Genetic Classification of Glacigenic Deposits. Final Report of the Commission on Genesis and Lithology of Glacial Quaternary Deposits of the International Union for Quaternary Research (INQUA). In: R. P. Goldthwait und C. L. Match (Hrsg.): S. 3–16. Balkema–Rotterdam–Brookfield.

Lyell, Ch. (1875): Principles of Geology. 12. Aufl. London.

Marcinek, J. (1984): Gletscher der Erde. S. 1–214. Leipzig.

Maull, O. (1958): Handbuch der Geomorphologie. 2. Aufl., S. 1–600.

Mayr, E. (1984): Die Entwicklung der biologischen Gedankenwelt. Vielfalt, Evolution und Vererbung. Springer, Berlin–New York.

Messerli, B. (1964): Die Gletscher am Erciyas Dagh und das Problem der rezenten Schneegrenze im anatolischen und mediterranen Raum. Geogr. H. Vol. 19, 1, S. 19–34.

Miller, A. A. (1943): Climatology. New York.

Mörner, N. A. (1978): Faulting, Fracturing and Seismicity as Functions of Glacio-isostasy in Fennoscandia. Geology, 6, Boulder, Col., S. 41–45.

Müller, F. (1962): Zonation in the Accumulation Area of the Glaciers of Axel Heiberg Island. N. W. T., Canada. Journal Gl. Bd. 4, 33, S. 203–210.

Ono, Y. (1984): Annual Moraine Ridges and Recent

Fluctuation of Yala (Dakpatsen) Glacier, Langtang Himal. In: K. Higuchi (Hrsg.): Glacial Studies in Langtang Valley. Data Center for Glacier Res., Jap. Soc. of Snow and Ice, S. 73–83.

Ono, Y. (1986): Glacial Fluctuations in the Langtang Valley, Nepal Himalaya. In: Gött. Geogr. Abh. 81, Intern. Symp. ü. Tibet u. Hochasien, Okt. 1985. M. Kuhle (Hrsg.): S. 31–38.

Østrem, G. (1964): Ice-cored Moraines in Scandinavia. Geografiska Annaler XLVI, 3, S. 282–337.

Pachur, H. (1966): Untersuchungen zur morphoskopischen Sandanalyse. Berliner Geogr. Abh., 4.

Paterson, W. S. B. (1981): The Physics of Glaciers. Pergamon Press, Oxford, S. 380.

Penck, A. und E. Brückner (1901–1909): Die Alpen im Eiszeitalter. 3 Bde., Leipzig.

Perraudin, J. P. (1815): Abendvortrag in Charpentier über vorzeitlich sehr viel größere Gletscherausdehnung, belegt durch erratische Blöcke. Zitiert nach F. A. Forel (1899/1900): Jean Pierre Perraudin et Lavatier. Bull. Soc. Vand. sc. nat. 35. J. P. Perraudin, le précurseur glaciairiste. Ecl. geol. Helv. 6.

Péwé, T. L. und R. D. Reger (1972): Modern and Wisconsinan Snowlines in Alaska. Intern. Geological Congress, 24th, Montreal, Proceedings, v. 12, S. 187–197.

– (1975): Quaternary Geology of Alaska. U. S. Geological Survey Professional Paper 835, S. 145.

Philipp, H. (1920): Geologische Untersuchungen über den Mechanismus der Gletscherbewegung und die Entstehung der Gletschertextur. Neues Jahrb. f. Mineralogie, Geologie und Paläontologie, Beil. Bd. 43.

– (1929): Die Wirkungen des Eises. Handb. d. Bodenlehre, Bd. 1.

Pillewizer, W. P. (1957): Untersuchungen an Blockströmen der Ötztaler Alpen. Geomorph. Abh. d. Geogr. Inst. d. Freien Univ. Berlin, Bd. 5, S. 37–50.

– (1958): Neue Erkenntnisse über die Blockbewegung der Gletscher. IASH, Publ. Nr. 46, S. 429–436.

Playfair, J. (1802): Illustrations of the Huttonian Theory. Edinburgh, 388 f. The works of J. Playfair, 1. Bd., S. 1822.

Popov, A. I., G. E. Rozenbaum und A. V. Vostokova (1978): Kriolitologicheskaya karta SSSR – Cryolithological Map of the USSR. (Principles of Compilation) S. 434–437, Third Intern Confer. on Permafrost (Edmonton, Alta. 1978), Proc. I: Ottawa, Canada Nat. Res. Council.

Poser, H. (1947): Dauerfrostboden und Temperaturverhältnisse während der Würm-Eiszeit im nicht vereisten Mittel- und Westeuropa. Naturwissenschaften, 34, S. 10–18.

Poser, H. und J. Hövermann (1952): Beiträge zur morphometrischen und morphologischen Schotteranalyse. Abh. d. Braunschweig. Wiss. Gesellsch.

Reichert, F. (1929): La exploration de la Alta Cordillera de Mendoza. Circulo Militar, Bibliotheca des Oficial Buenos Aires.

Richter, E. (1896): Geomorphologische Beobachtungen aus Norwegen. Sitzungsber. d. Akademie d. Wissenschaften, math.-nat. Kl., Wien.

– (1900): Geomorphologische Untersuchungen in den Hochalpen. Peterm. Geogr. Mittlg. Ergh. 132.

Richter, K. (1937): Die Eiszeit in Norddeutschland. Berlin.

Riedl, R. (1975): Die Ordnung des Lebendigen. Systembedingungen der Evolution. Paul Parey, Hamburg–Berlin.

Russel, J. C. (1893): Second Expedition to Mt. Elias in 1891. Ann. Rep. USA Geol. Survey 1891/92.

Sauramo, M. (1955): On the Nature of the Quaternary Crystal Upwarming in Fennoscandia. Acta Geogr. 14. Helsinki.

Schaefer, J. (1981): Die Glaziale Serie. Gedanken zum Kernstück der alpinen Eiszeitforschung. Z. f. Geomorph. N. F. 25, S. 271–289. Berlin–Stuttgart.

Schneebeli, W. und F. Röthlisberger (1976): 8000 Jahre Walliser Gletschergeschichte. Veröff. Schweiz. Alpenclub. Zürich.

Schneider, E., F. Elminger et al. (1967): Cordillera Blanca: Nevado Huascarán, Gletschersturz-Mure vom 10. Jänner 1962, Karte 1:15000. Wien. Hrsg. v. d. Arbeitsgem. f. vergl. Hochgebirgsforsch. München.

Schneider, H. J. (1957): Tektonik und Magmatismus im NW-Karakorum. In: Geolog. Rundschau, Bd. 46, S. 426–476.

– (1962): Die Gletschertypen. Versuch im Sinne einer einheitlichen Terminologie. Geogr. Taschenb. S. 276–283. Wiesbaden.

Schöhl, W. (1970): Die Katastrophe von Peru. Kosmos 66, S. 503–510.

Schwarzbach, M. (1973): Das Klima der Vorzeit. Eine Einführung in die Paläoklimatologie. 3. Aufl., S. 1–380. Stuttgart.

Schwerdtfeger, W. (1970): The Climate of the Antarctic. In: S. Orvig (Hrsg.): Climates of the Polar Regions. World Survey of Climatology 14, S. 253–355.

Seuffert, O. (1973): Die Laterite am Westsaum Südindiens als Klimazeugen. Z. F. Geomorph., Suppl. Bd. 17, S. 242–259.

Sharp, R. P. (1951): Features of the Firn on Upper Seward Glacier, St. Elias Mountains, Canada. Journ. of Geology, Bd. 59, 6, S. 599–621.

Shi Ya-Feng und Wang Jing-Tai (1979): The Fluctuations of Climate, Glaciers and Sea Level Since Late Pleistocene in China. Sea level, Ice and Climatic Change. Proc. of the Canberra Symp. 1979.

Shumskii, P. A. (1964): Principles of Structural Glaciology. Trans. from the Russian by D. Kraus. Dover Publ., Inc., New York.

Soergel, W. (1924): Die diluvialen Terrassen der Ilm und ihre Bedeutung für die Gliederung des Eiszeitalters. Fischer, Jena.

Sun Zuozhe (1987): Flat-topped Glaciers in Qilian Mountains. Rep. on the Northeastern Part of the Qinghai-Xizang Plateau. In: J. Hövermann und Wang Wenjing (Hrsg.): S. 46–76. Beijing, China.

Tietze, W. (1958): Über subglaziale aquatische Erosion. Diss. Nat.wiss. Fak., Univ. Mainz.

– (1961): Über die Erosion von unter dem Eis fließendem Wasser. Mainzer Geogr. Studien, Festgabe z. 65. Geb. v. W. Panzer. S. 125–142. Braunschweig.

– (1973): Comments on Relief Metamorphosis in the Pleistocene. Geoforum 15, S. 62–63.

Troll, C. (1924): Der Diluviale Inn-Chiemsee-Gletscher. Forsch. dtsch. Landes- u. Volkskde., 23.

– (1926): Die jungglazialen Schotterfluren im Umkreis der deutschen Alpen. Ibid. 24.

Ussing, N. V. (1903): Om Jyllands Hedesletter. Oversigt k. danske Vidensk. Selsk. Forhandl.

Valbusa, U. (1932): Il 'Petraio'. Condizione di formazione e di movimento. Atti Soc. Ital. p. progresso 2.

Venetz, J. (1830): Sur l'ancienne extension des glaciers et sur leur retrait dans leur limites actuelles. Act. Soc. helv. sc. nat. 15 réun. 1829, Lausanne 1830. Neue Denkschr. d. Schw. Gesellsch. f. d. ges. Naturw., Bd. 18.

Visser, Ph. C. (1934): Benennung von Vergletscherungstypen. Z. f. Glkd. Bd. 21, S. 137–139.

– (1935): Durch Asiens Hochgebirge. Leipzig.

– (1938): Wiss. Ergebnisse d. niederl. Expeditionen in den Jahren 1922, 1925, 1929/30 u. 1935. In: Ph. G. Visser: J. Visser-Hooff (Hrsg.) vol. 2, IV: Glaziologie. Leiden.

Wahrhaftig, C. und A. Cox (1959): Rockglaciers in the Alaska Range. Bull. Geol. Soc. Amer. 70, S. 383–436.

Washburn, A. L. (1979): Geocryology. A Survey of Periglacial Processes and Environments. 2nd ed. S. 1–406. Norwich.

Weidick, A. (1968): Observations on some Holocene Glacial Fluctuations in West-Greenland. Kopenhagen. Medd. om Grønland 165 (6), S. 1–202.

– (1972): Notes on Holocene Glacial Events in Greenland. In: J. Vasari, H. Hyvärinen und S. Hicks (Hrsg.): Climatic Changes in Arctic Areas During the Last Ten-Thousand Years, S. 177–202. Oulu.

– (1976): Glaciation and the Quaternary of Greenland. In: A. Escher und W. S. Watt (Hrsg.): Geology of Greenland. Copenhagen, S. 431–458.

Weiß, J. F. (1820): Südbaierns Oberfläche nach ihrer äußeren Gestalt. München.

Werth, E. (1909): Fjorde, Fjaerde und Föhrden. Zeitschr. f. Gletscherkd. 3.

White, S. E. (1976): Rock Glaciers and Block Fields, Review and New Data. Quaternary Research 6, S. 77–97.

Wilhelm, F. (1975): Schnee- und Gletscherkunde, S. 1–434. Berlin–New York.

Wilhelmy, H. (1958): Klimageomorphologie der Massengesteine. Braunschweig.

Wissmann, H. v. (1959): Die heutige Vergletscherung und Schneegrenze in Hochasien mit Hinweisen auf die Vergletscherung der letzten Eiszeit. Akad. d. Wiss. u. d. Lit. Abh. math.-nat. wiss. Kl. Nr. 14, S. 1103–1407. Mainz.

Woldstedt, P. (1926): Probleme der Seenbildung in Norddeutschland. Zeitschr. Gesellsch. f. Erdkd. Berlin.

– (1961): Das Eiszeitalter. Grundlinien einer Geologie des Quartärs. 1. Bd.: Die allgemeinen Erscheinungen des Eiszeitalters. 3., unv. Aufl., S. 1–374. Stuttgart.

Workman, W. H. (1909): A Study of Nieve Penitente in Himalaya. Zeitschr. f. Gletscherkd. 3.

Xie Zichu u. a. (1987): The Characteristics of the Present Glaciers on the N-Slope of K2. Lanzhou, China (unveröffentl. Manuskr.).

Zheng Benxing (1988): Quaternary Glaciation of Mt. Qomolangma-Xixabangma Region. In: GeoJournal 17. 4, Tibet and High-Asia – Results of the Sino-German Joint Expeditions (I), M. Kuhle und Wang Wenjing (Hrsg.): S. 525–543.

Zilliacus, H. (1987): De Geer Moraines in Finland and the Annual Moraine Problem. Geographical Soc. of Finnland, Fennia 165, S. 145–239. Helsinki.

Orts- und Sachregister

Ablation 88. 93. 94. 105. 143. 154. 159
Ablationsmoräne 79. 81. 99. 100
– schlucht 11. 165 f.
– tal 166 f.
Aconcagua-Gruppe 8. 9. 83
Akkumulation 88
Aktualitätsprinzip 55. 102. 172–174
Alaska Range 58. 64. 173. 185 f.
Alpen, allgem. 4. 29. 34. 163
Alpenvorland (nördl.) 73
Anden, allgem. 4. 15. 81. 99. 118. 123. 153. 163. 164. 177. 181. 185
Animachin 149. 164. 167
Annapurna-Himalaya 14. 55
Antarktis 109. 112
Arbeitstechnik 140
Arktis 185
Atmosphäre 35. 108
Aufeisbildung 81
Auflastdruck 24
Auslaßgletscher 136. 142. 185

Batura-Gletscher (Karakorum) 28. 72
Baumgrenze 55. 112
Bazin-Gletscher (Nanga Parbat-S-Flanke) 58. 71. 87
Belvedere-Gletscher (Mte. Rosa-Gruppe) 91
Bergschrundlinie 10
Bergsturz 119
Bernina-Gruppe 52
Beschüttungskegel 107
Blockgletscher 79. 82
– schuttbewegung 82
Bogda Shan 181
Borku-Bergland (E-liche Zentralsahara) 33
Bortensander 40. 41. 168–189
Brenta-Gruppe (Dolomiten) 27
Brenva-Gletscher (Mt. Blanc-Gruppe) 91

Caliche 104
Castner-Gletscher (Alaska) 38
Chalamba La (Paß) 141

Cho Oyu (Zentralhimalaya) 164
Couloirs (Eis-) 82

Dammgletscher 57. 58. 61. 84 ff. 89. 90. 105 f.
Dammoräne 89
Datierung 111. 130
   TL-Datierung 159 f.
Datsaidan Shan 181
Deflationsprozesse 43
Deglaziation 32. 34. 111
Desquamation 114. 125 f.
Detersion 7. 54
Dhaulagiri (Zentralhimalaya) 14. 41. 55
– E-Gletscher 105
Diamiktit 95. 114. 120. 177. 188
Dovrefjell (Skanden) 29. 35
Druckkräfte des Gletschers 73. 87
Druckmetamorphose 24
– schmelzpunkt 29. 30. 32
Dunde-Gletscher (Tibet) 48. 49
Durchbruchsgletscherzunge 83

Einregelungsgruppe 76
Einstrahlung 108. 162 f.
Einzugsbereichshöhe 72
– größe 94
Eisdynamik 85
– lawine 85. 88
– lawinenkegel 94
– mächtigkeit, minimale 135 f. 193
Eisrandlage 116
Eisstromnetz 30. 142
Eiszeit 106
ELA (equilibrium line altitude) 7. 25. 55. 99. 109. 111. 115. 135. 141 f. 143. 160. 163. 173. 184. 194
Endmoräne 41. 47. 57. 66 ff. 73. 75. 76. 91. 92. 117
Erciyas Dagh (Anatolien) 171
Erdströme 35
Erosionsbasis 93
Erratika 123–147. 193
–, Pseudo- 125

Finnland 39
Firneispyramide 156. 158. 161–165
Firnkesseltyp 19
Flachlandeise 108
Flankenschliff 1. 11. 53. 56
Fließgeschwindigkeit d. Gletschers 5
Frostkliff 23
Frostschuttdeckenbildung 36
Frostverwitterung 23. 27. 57. 117. 157
Frostwechselklima 34

Gebirgsgletscher 91. 112
– vorlandgletscher 73
Geschiebe, facettiert 97. 134
–, gekritzt 97 f.
–, polymikt 98
–, zurundung 98. 115. 134
Gesteinshärte 96
Gladangdong-Gletscher (Tangula Shan, Zentraltibet) 11. 86
Glazialisostasie 107. 172. 198
Gletscheraufhöhung 87
– bifurkation 91 f.
– breitenoszillation 75
– bruch 94
Gletscherbrunnen 47
– ernährungsbilanz 107
– längenschwenkung 75
– massenbilanz 72. 87. 136 f.
– oberflächenpegel 93
– pegelschwankungen 75
– stausee 118
– stube 118
– teilströme 92 f.
– tisch 155
– torschotterflur 37. 60. 61. 187 f.
– überfahrung 95. 99
– überschiebung 89
– vorstoß 72. 99
Gorner-Gletscher (W-Alpen) 48. 52
Grobschuttwülste 83
Grönland (W) 125. 185
Grundmoränen 75. 81. 87. 95–116
Grundreibung (Adhäsion) 85
Grundschliff 1. 17. 23. 36. 54. 56

Hängetalgletscher 88 f.
Halong-Gletscher (Animachin, E-Tibet) 48
Himalaya, allgem. 1. 3. 4. 5. 6. 7. 15. 32. 34. 55. 109. 116. 117. 128. 163. 186
Himalaya (S-Abdachung) 54. 58. 117
– (N-Abdachung) 40. 147
Hindukusch 99

historisch 97. 102
historische Dimension 107 f.
Hohbalm-Gletscher (W-Alpen) 17
Hohlkehlen 52
Homologisierung 196
Horcones Inferior-Gletscher (Aconcagua, Anden) 80. 81. 164
Huascaran (peruanische Anden) 119

Imja Khola-Gletscher (Khumbu Himal) 80. 94
Indizienbeweis 124. 140. 195–199
Inlandeis, allgem. 75. 85. 99. 109. 198
–, sibir. 63. 64
–, tibet. 63
–, nordeurop. 63
–, nordamerik. 63. 64
–, grönländ. 66. 67
Issykul (zentraler Tienshan) 41. 42. 176. 179. 182

Jannu (Kangchendzönga-Gruppe, E-Himalaya) 77
Jostedalsbreen (Skanden) 35
Jotunheimen (Skanden) 35

K2-Gletscher (Karakorum-N-Abdachung) 6. 14. 28. 29. 38. 44. 68. 151. 165
Kakitu-Massiv (NE-Tibet) 24. 73. 179
Kames 73. 147–154
Kangchendzönga-Gletscher (E-Himalaya, N-Abdachung) 11. 55
Kangchung-Gletscher (Mt. Everest-E-Wand) 15
Kangdoshung-Gletscher (Chomolönzo-NE-Wand, E-Himalaya) 27
Karakorum, allgem. 1. 4. 12. 27. 58. 99. 100. 109. 117. 121. 128. 131 f. 147. 153. 160. 165. 173. 186
Kare 16. 18
Kargletscher 19. 89
– mulden 82
– niveau 17
– schwelle 16. 17. 18. 117
– see 16. 118
– terrasse 19
– treppe 25
– typen 19
– ursprungsmulde 27
Karma-Tal (S-Tibet) 16
Kavitationskorrasion 7. 49
Kebnekaise-Massiv (N-Skandinavien) 17
Kegelsander 37. 40. 42. 46. 174. 189 f.
Keilschrift 198
Kerbtalform 1. 6. 7
–, glazigen 56
Khumbu-Gletscher (Mt. Everest-S-Abdachung) 164
kinetische Energie 90. 116. 118

Orts- und Sachregister

kinematischer Berg 87
Klamm 8
–, subglazial 50. 51. 54. 62. 102
Kodi, Tal von (Kuenlun) 43
Konfluenzstufe 104
Kontinentaldrift 198
Kontinentale Hochländer 36
Korasionsformen 33
Korngrößenverteilung 37. 43
Krustenflechten 127
Kryokarstsee 79
Kuenlun 32. 40. 74. 99. 109. 122. 175. 176. 184
Kuh-i-Jupar (Zagrosgebirge, Iran) 51. 171. 181
Kurztrog 16

Längstalgletscher 14. 85
Lagebeziehung 76. 97. 99. 124. 131. 133. 135. 188f. 189. 195. 196
Lahare 123
Lawinenkegel 14. 85
– teilstrom 95
Leitformen 192
Lhasa 112
Lhotse-Gruppe (Zentralhimalaya) 18
Lhotse-Gletscher 94
Liegendgletscher 89. 93
Linearerosion 35
Lithosphäre 35
Lötschental (Berner Oberland) 3
Longpoghyn Khola 104
Luzern (Gletschergarten) 34

Mahalangur Himalaya 14.
Massenbilanz d. Gletschers 72. 142
Massenselbstbewegung 82. 117
Mayangdi Khola (Dhaulagiri-Himalaya) 14. 103
Mendoziner Anden (Aconcagua-Gruppe) 2
Mer de Glace (Alpen) 48
Miage-Gletscher (Mt. Blanc-Gruppe) 91
Minapin-Gletscher (Karakorum) 102f.
Minya Gonka-Massiv 117
Mittelmoränenlandschaft 73. 75
Monsun 108. 163f.
Moränenanlagerung 85
– kanzel 84
– sediment 117
– see 86. 134
– sockel 57
– stausee 118
– überschüttung 75
Morphometrie 43. 114
Morteratsch-Gletscher 167
Mt. Everest (Zentralhimalaya) 103. 167

– -E-Wand 15. 55
Mt. McKinley (Alaska) 58
Muldrow-Gletscher (Mt. McKinley-Massiv) 58. 185f.
Mure 115. 116. 123. 134. 151. 153f.
Murabgang 116f.

Namche Bawar (E-Tibet) 10. 14
Nanga Parbat (Karakorum) 84. 85. 86. 87. 99. 106
Ngozumpa-Gletscher (Cho Oyu-S-Abdachung) 91. 164
Nivationsnische 23
Nunatak 135
Nuptse-Gletscher (Mahalangur-Himal) 26. 71
Nuqssuaq (W-Grönland) 20
Nyainquentanglha (S-liches Zentraltibet) 79. 90. 96. 112. 134f. 142

Obermoräne 79. 154. 160
Orogenese 107
Oser 39. 64. 150
Oszillationsbeanspruchung 75
Ozeanische Tiefländer 36

Partnach-Klamm (N-Kalkalpen) 54
Periglazialregion 55
Permafrostauftaumächtigkeit 36
– linie 55. 81. 112. 173
– segregationseis 79
–, rezent und fossil 63. 64. 80
– untergrenze 81
Piedmonteise 168. 182
Pingo 64
Pisan-Gletscher (Rakaposhi-N-Flanke, Karakorum) 3
Plomo-Gletscher (Anden) 40. 59. 164
Podestgletscher 57. 84f. 88. 89. 90
Podestmoräne 89f.
– moränenaufbau 61
protalus ramparts 84

Quantifizierbarkeit 97. 101. 195f.
Quertalgletscher 93
Quilian Shan 40. 74. 179. 180. 184

Regelation 33. 97
Reliefenergie 106. 116. 152
Rongbuk-Tal (Mt. Everest-Gebiet-N-Seite) 89. 164
Rundhöcker 28. 30. 32. 33. 34. 52. 126f. 130f.
Rupal-Flanke (Nanga Parbat-S-Seite) 87

Sachen-Gletscher (Nanga Parbat, W-Himalaya) 12. 81. 87
Sahara 66
Sander 37
Sanderkegel 92
- schürze 39. 87. 170f.
Sango Sar (See) 87
Sarpo Laggo-Gletscher (Karakorum) 58
Satzendmoräne 78. 81. 82
Saudi-Arabien 33
Schaigiri-Gletscher (Nanga Parbat-Gruppe) 87
Scherflächen 48
- horizonte 48
Schlauchkar 27
Schliffbord 133
- glättungen 8
Schliffgrenze 8. 133. 193
- kehle 8. 10
- wanne 114. 134
- wannenschwellen 30. 32. 33
schluchtförmiger Trog 1
Schluchtprofil, subglazial 60
Schmelzwassererosion 7. 60
- rinnen 48
-, subglazial 6. 55. 59. 60. 102. 151. 166
- tümpel 79
- tunnel 64. 118
Schneegrenze 29. 47. 54
Schneehaldenmoränen 84
Schotterflurtreppe 41. 42. 47
Schwarzweißgrenze 1. 10. 19
Sella-Gruppe (Dolomiten) 27
Shaksgam-Tal (Aghil, Karakorum) 7. 45. 46. 122. 131f. 153
Shisha Pangma 162. 172. 182
Shyoktal 118
Sibirien 63
Sickerwasser 92
Situmetrie 76
Skamri-Gletscher (Karakorum-N-Seite) 39. 58
Skanden 4. 29. 34. 107. 112. 163
Skyang Kangri-Gletscher 28. 44
Solifluktion 114. 172
Spätglazial 36
Spitzbergen (Arktis) 24
Stapelmoräne 70. 78
Stauchung 82. 99
Stauchvorgänge des Gletschers 76
Stauchwälle 82
Steinernes Meer (N-liche Kalkalpen) 52
Stirnmoränen 39. 67. 75. 91. 92
Strudeltöpfe 50. 51

Sublimation 144
Sukzession 35
Sun Kosi 119
supraglaziales Wasser 6. 47. 48
Surukwat-Tal (Aghil-Gebirge, W-Tibet) 31

Tafonibildung 128
Taklamakan-Wüste 43. 99
Talgletscher 73
- ineinanderschachtelung, glaziär 57
- querprofile 2. 7
- weitung 72
Tamur-Tal (Kangchendzönga-Massiv) 50. 52
Tangula Shan 33. 49. 113. 152. 162. 165
Tarim-Becken 180. 184
Taschach-Ferner (Alpen) 59
Teufelssee 152
Thak Khola (W-licher Zentralhimalaya) 56. 59. 60. 62. 104. 111
Thermokarst 79
Tibet 81. 108. 131f. 177. 180. 182
Tieflandeis 111. 115. 198
Tienshan 40. 99
Tilicho-See (Annapurna-Himalaya) 18
Tongqiang Peak (Tibet. Himalaya) 19
Torsäule 19
Toteis 91. 118. 152. 162
Transfluenz-Paß 28. 30. 31. 131. 133
Transhimalaya 131f.
trogförmige Schlucht 1
Trogseen 16. 118
Trogtal 16. 52
Trompetentälchen 187
Tsaidam-Becken (N-Tibet) 33
Tsangpo-Schlucht (E-Tibet) 8
Tundrenpolygone 64
Tunneltalfüllung 39
Typenbildung 97. 101f. 196

Überarbeitung, postglazial 127
Überlaufdurchbruch 16. 86. 92. 118
Überschiebungsgrundmoränenrampe 89. 104f.
Übertiefungsschwellen 62
Ufermoränen 66. 71. 73. 76. 78. 83. 87. 92
Ufermulden 71. 76. 83. 85
Untermoräne 85. 87. 88
Untermoränenschutt 23
- nachschub 88
Uspallata-Becken 181

Verfestigung, diagenetische 104
Vertikaldistanz 116. 118
Verwerfung 180

Verwitterung, chemisch und physikalisch 117
Vinson-Massiv (Antarktis) 185
Vorlandvergletscherung, alpine 174
Vorstoßdistanz 72
– schotter 57. 61. 99

Wahrscheinlichkeitsbeweis 196
Wandfußgletscher 19. 119
– sockel 14. 16. 118
Wandrückverlegung 16
Wandschluchten 13. 25
Wechsellagerung 101

Weichsel 106
Windexposition 144
Würmhochzeit 36. 61
Wüste Gobi 33. 179. 180. 184

Yamatri-Gletscher (Kangchendzönga-Massiv) 84
Yardang 33. 34
Yarkand-Tal (Aghil-Gebirge) 43. 53
Yosemite-Gruppe (Rocky Mountains) 8

Zentraltibet 22. 29. 32
Zugkräfte des Gletschers 73